钢板–混凝土结构

樊健生　著

清华大学出版社

北京

图书在版编目(CIP)数据

钢板-混凝土结构/樊健生著. —北京:清华大学出版社,2024.3
ISBN 978-7-302-64806-2

Ⅰ. ①钢… Ⅱ. ①樊… Ⅲ. ①板—钢筋混凝土结构 Ⅳ. ①TU375.2

中国国家版本馆 CIP 数据核字(2023)第 205052 号

责任编辑:秦 娜 赵从棉
封面设计:陈国熙
责任校对:欧 洋
责任印制:刘 菲

出版发行:清华大学出版社
  网   址:https://www.tup.com.cn,https://www.wqxuetang.com
  地   址:北京清华大学学研大厦 A 座   邮 编:100084
  社 总 机:010-83470000   邮 购:010-62786544
  投稿与读者服务:010-62776969,c-service@tup.tsinghua.edu.cn
  质量反馈:010-62772015,zhiliang@tup.tsinghua.edu.cn
印 装 者:三河市天利华印刷装订有限公司
经   销:全国新华书店
开   本:185mm×260mm   印 张:22.5   字 数:548 千字
版   次:2024 年 5 月第 1 版   印 次:2024 年 5 月第 1 次印刷
定   价:88.00 元

产品编号:100803-01

序

钢-混凝土组合结构将钢材与混凝土有机组合,扬长避短,具有优越的力学性能并能产生显著的综合技术经济效益。组合结构近30年来得到了长足发展,为解决复杂工程难题提供了新的解决方案。其中最具代表性的是钢-混凝土组合梁及楼盖、钢管混凝土组合柱,均已得到了广泛工程应用。

随着我国"交通强国""海洋强国""双碳目标""新型城镇化"等重大战略的实施,土木工程面临以高性能、长寿命、低消耗、低排放为代表的更高发展需求,同时也面临着基础设施大型化和复杂化、建筑限高和净空限制、施工环境和工期受限、恶劣环境和极端条件约束、既有基础设施性能提升等挑战。钢-混凝土组合结构是高性能工程结构的重要发展方向之一,为新时代背景下工程结构的高质量发展提供了重要支撑。

需求驱动创新、创新引领发展,钢板-混凝土组合结构就是在这样的背景下不断发展创新的。早在1998年,本人就曾尝试采用钢板-混凝土组合技术加固既有混凝土结构,在多座桥梁和建筑工程的加固实践中取得了很好的效果,并提出了钢板组合抗弯和抗剪加固理论和设计方法。事实表明,钢板-混凝土组合结构是一类新型组合结构形式,具有很大的发展潜力。

我们知道,合理的结构选型、结构体系和构造措施是高性能工程结构的重要保障,要尽量做到设计方案合理,实现材尽其用、传力直接、整体牢固、构造简单、施工方便等目标。读这本书,可以深刻体会到钢板-混凝土组合结构能够突破传统结构的思维定式,具有传统结构方案所不具备的天然优势,因而在越来越多的工程中成为被优先采纳和实施的结构方案。

创新是促进工程结构高质量发展的不竭动力,但不能为创新而创新,要避免为创新而制造新的问题。从这本书中还可以发现,很多创新成果都是来源于工程建设中遇到的迫切而重要的实际问题,进而可以感受到面向工程需求开展结构工程创新研究的合理思路,以及在实践中检验创新成果的重要意义。

樊健生教授从20世纪90年代末开始一直从事钢-混凝土组合结构研究,对组合结构相关基础理论、设计方法和构造创新等做出了重要贡献。面对快速发展的大型复杂工程对钢板-混凝土结构的重大需求及其设计施工中仍存在的诸多难题,他从2008年开始在钢板-混凝土结构基础理论和设计方法等方面完成了大量卓有成效的工作,并取得了系列高水平成果,体现了他对这种新型组合结构的深刻理解和实践经验。本书是他对相关科研和工程实践的总结,也是对钢板-混凝土结构的系统介绍,具有很强的创新性和参考价值。

创新无处不在,创新无时不有,创新的空间是无限的。我郑重地向从事土木工程科研、设计、施工、管理等工作的同行们推荐这本书,希望能够为大家提供一些创新的思路和借鉴。

张建国

2023 年 10 月于清华园

前 言

PREFACE

如何将钢材与混凝土这两种材料的优势充分发挥出来,取得更好的经济技术效果,是结构工程师始终不渝的努力方向。其中,钢-混凝土组合结构,就是这一努力过程中的重要成果。具体来说,组合结构的发展过程,就是不断探索将钢材与混凝土两种材料更合理有效地组合为整体共同工作,使每种材料都处于能够发挥其优势的最合适位置的过程。钢-混凝土组合梁、钢管混凝土柱是研究和应用最为成熟的两种组合结构构件形式。除了梁、柱构件可以应用组合结构技术取得更好的经济效益外,墙、板、壳等构件也可以采用钢-混凝土组合结构,由此引出了一类新的组合结构形式——钢板-混凝土结构。

作者自本科生阶段即开始在聂建国老师指导下对钢-混凝土组合结构进行研究。当时,导师根据工程发展需求,在钢-混凝土组合梁、钢管混凝土柱等组合结构的基础上,提出了钢板-混凝土组合结构的多种新构造、新工艺、新方法,并在结构加固、异形桥梁、防护工程等方面得到了成功应用。随着工程界对钢板-混凝土结构的逐步认可和工程需求的增加,包括课题组在内的研究者针对高层建筑、核电站、大跨桥梁、沉管隧道、防护工程等应用场景的特点,对其在强度、刚度、延性、耐久性、抗冲击性能、抗火性能、密封性能、施工性能等方面的关键设计施工问题开展了系列研究,相关成果也在大量工程中得到了成功应用。例如,我国深圳至中山跨江通道工程的沉管隧道段采用了双钢板-混凝土结构,标准管节长 165m、宽46m、高 10.6m,是当前世界最宽的沉管隧道。相比于钢筋混凝土沉管隧道结构,钢板-混凝土结构在受力性能、管节预制、浮运沉放、施工工期以及风险管控等方面均具有优势。又如,2020 年建成通车的南京第五长江大桥主桥为中央双索面三塔组合梁斜拉桥,其中索塔采用了钢板-混凝土结构,在力学性能、耐久性、施工便捷性和经济性等方面都表现出了优异性能。作者有幸参与了包括上述工程在内的多项科研工作,本书也是对这些科研和实践的总结。

全书共分为 11 章。除第 1 章概述外,第 2~6 章主要围绕若干关键基础理论问题展开,第 7~11 章则按照应用场景分别进行论述。第 1 章概述介绍了钢板-混凝土结构的由来、结构类型及特点、国内外研究进展,总结了设计与施工关键问题,并结合实例介绍了在多个工程领域的应用情况。第 2 章钢板与混凝土间的连接,通过试验、有限元和理论分析,研究了不同类型连接件的抗剪和抗拔性能及设计方法。第 3 章钢板的稳定性,针对不同连接件构造和受力模式,提出了整体和局部稳定承载力计算方法,并给出了连接件距厚比等设计建议。第 4 章钢板-混凝土结构平面内受力性能,基于试验和分析揭示了不同构造钢板-混凝土结构的面内压-弯-剪性能、轴拉性能、拉-弯-剪性能,并建立了分析模型。第 5 章钢板-混凝土结构平面外受力性能,基于试验揭示了面外受弯、受剪和冲切力学性能,提出弯剪承载力计算方法以及精细有限元模拟方法。第6章钢板-混凝土结构节点,总结了钢板-混凝土墙与墙、板、梁的连接节点的构造形式及设计方法,发展了钢板-混凝土墙与钢筋混凝土基础的连接节点。第7章钢板-混凝土组合剪力墙结构,以高层建筑为应用场景,提出了组合剪力墙的构造形式,建立了包括正截面承载力、斜截面承载力、基础锚固设计、位移角限值在内的设计计算方法。第8章钢板-混凝土组合沉管隧道结构,以沉管隧道为应用场景,归纳了组合沉管隧道结构的发展历程和典型构造,提出了相关的设计计算方法,并结合深中通道沉管隧道案例给出了设计流程和计算实例。第9章钢板-混凝土防护结构,以防护工程为应用场景,总结归纳了基于试验、理论和数值模拟的钢板-混凝土结构抗爆和抗冲击分析、计算和设计方法,并结合核电站安全壳工程实例,给出了结构设计过程。第10章钢板-混凝土组合桥面结构,以大跨桥梁桥面系为应用场景,归纳了常用的组合桥面板构造形式,特别是基于超高性能混凝土的钢板-混凝土组合桥面板方案,提出了组合桥面板设计计算方法,并介绍了多个大跨桥梁组合桥面板工程案例。第11章钢板-混凝土组合索塔,通过试验揭示了索塔及其连接件的受力性能,结合工程实例,给出了组合索塔施工阶段和成桥阶段设计方法。

本书是课题组和合作者的共同研究成果,也广泛参考和借鉴了国内外大量的相关研究,他们的工作和成果都是促进钢板-混凝土结构研究、应用不断发展的推动力,也是本书所依赖的基础。研究工作既得到了老师、前辈们多年的关怀和指导,也受益于同事、同行的支持和参与。博士及硕士研究生卜凡民、李法雄、胡红松、杨悦、周萌、马晓伟、韩亮、马原、潘文豪、刘诚、汪家继、孙启力、郭宇韬、朱尧于、王哲、邱盛源、孔思宇、唐俊跃、肖靖林等在课题研究过程中出色地完成了大量的试验、计算及分析工作,他们对本书做出了重要贡献。丁然老师做了大量校对和编辑工作。研究和撰写过程中得到了聂建国院士的精心指导。在此,向他们表示衷心感谢。

研究工作得到了杰出青年科学基金(51725803)、自然科学基金创新研究群体(52121005)、自然科学基金重大项目(51890901)、国家重点研发计划项目(2017YFC0703400、2022YFC3802000)、优秀青年科学基金(51222810)、科学探索奖等资助,合作单位也提供了大量宝贵实践机会,在此表示衷心感谢。

当前,我国基础设施建设规模不断增长、难度不断提高,工程结构大型化和复杂化发展需求日益凸显,并面临更加严苛的性能要求、更加综合的功能品质要求以及更加多样的社会环境要求等新挑战。钢板-混凝土结构是支撑重大工程建设和重大战略实施、实现建筑工业化和提升基础设施品质的重要结构形式,将随着新材料、新技术、新方法的涌现而持续发展,希望本书能在这一过程中发挥促进作用。

最后,请专家学者和学生对本书的缺陷和错误提出宝贵意见。

樊健生

2023 年 10 月

目 录
CONTENTS

第1章

概　述

1.1　组合结构与钢板-混凝土组合结构

　　钢材与混凝土是应用最普遍的两种工程材料,也是支撑当前社会运行和发展的最大宗、最基本的人工材料。钢材与混凝土材料的这种历史地位,来源于其自身在各方面的综合优势,并且是经过工程界和建筑市场长期实践和选择所形成的。众所周知,钢材是一种高强度材料,在韧性、质量稳定性、可加工性等方面也有很好的表现,同时由于原材料来源广泛且产量巨大,价格相对其他金属材料也较为低廉。混凝土则是人类历史上产量最大的一种人工材料,相对于其他人工材料其性能并不具有明显优势,但如果把易获得程度、制造成本、适应能力、耐久性与稳定性等因素考虑进来,那么混凝土是当之无愧的现代土木工程支柱。

　　钢材与混凝土有不同的材料特性,单独使用其中一种材料难以形成一座建筑。混凝土在硬化前可方便地进行浇筑,并可填充到几乎任何形状的模板内。混凝土在自然环境中也是一种具有很好稳定性的材料,相对于大部分天然和人工材料而言,其抗火、耐高温、抗腐蚀、抗风化能力都比较强。混凝土还具有较高的抗压强度,非常适用于承受压力,例如柱、墙、拱等。但是,相对于其抗压强度而言,混凝土的抗拉强度很低,在荷载作用下混凝土表现得很脆,因此将混凝土用于以受拉、受弯(部分截面受拉)、受剪(主应力方向受拉)为主的构件,可能无法实现或工作效率很低。

　　19 世纪下半叶,工程师发明了一种用钢筋来增强混凝土的新技术,即在混凝土受拉力较大的部位,在浇筑之前埋入钢筋,当混凝土硬化后二者能够充分结合成为整体来共同工作。这种新结构形式就是我们所熟悉的钢筋混凝土结构,它把混凝土抗压强度高、易于成型、价格低廉、稳定性好等优点,与钢材抗拉强度高、延性好等优势充分结合在一起,是将两种材料有机组合的典范,大大推动了结构工程技术的进步,并广泛应用于房屋、道路、桥梁、隧道、港口、水工等几乎所有的土木工程领域。

　　钢筋混凝土可以用来制作梁、柱、墙、板、壳甚至桁架、网架等结构构件。设计的关键问题之一是如何在构件的恰当部位合理配置钢筋,以充分发挥钢筋抗拉强度高的优势并弥补混凝土抗拉强度低的不足。此外,利用钢筋对混凝土施加约束以增强结构的延性和抗裂性,也是配筋的重要作用。图 1-1 是钢筋混凝土墙、板的示意图。本书所述的钢板-混凝土结构,也主要针对墙、板这两类构件形式。

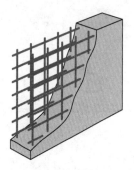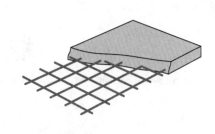

图 1-1　钢筋混凝土墙与钢筋混凝土板

钢筋混凝土结构设计的关键核心问题之一是如何保证两种材料能够共同工作。为了达到这一目的,对钢筋的构造特征和布置形式提出了各种要求,例如将钢筋表面压制出各种形状的凸肋以增大钢筋与混凝土之间的黏结力、钢筋端部有足够的锚固长度以减少钢筋与混凝土之间的界面应力,或者将钢筋设置为闭合环形来发挥其对内部混凝土的约束作用。这些方法和措施的目的都是确保钢筋与混凝土两种材料能够共同工作并发挥各自的优势,达到更高的受力效率。在后面所述的各类钢−混凝土组合结构中,如何保证两种材料的协同工作性能,同样也是最关键核心问题之一。

工程建设的发展导致技术要求也在不断提高。例如,前面提到混凝土的重要优点之一就是可以通过浇筑成型,实现各种复杂的形态来适应工程的需求。但是,由于需要架设模板、绑扎钢筋,混凝土现场浇筑成型的过程在某些工程条件下反而会表现为难以接受的缺点。再如,工程中使用的钢材有很多种形式,包括线材(钢筋、钢丝、钢绞线)、板材(钢板以及通过弯折、焊接、栓接等形成的各种构件)、型材(轧制型钢)、零件(连接件、紧固件)、铸件等。在绝大部分情况下,我们用到的钢结构都是由钢板构成的。对于这类宽厚比很大的钢板,由于其在受压状态下会发生屈曲,因而材料强度无法充分发挥。

显然,工程师始终面临的一项任务是,利用不同的材料并采取合理的施工方法,建造出满足功能要求同时成本相对最低的建筑,取得安全、经济、适用、美观以及耐久、环保等方面的综合平衡。钢−混凝土组合结构就是随着社会经济的发展,经过各国工程师和学者的共同努力,针对新的需求、新的形势,不断发展和完善起来的。具体来说,组合结构的发展过程,就是不断探索将钢材与混凝土两种材料更合理有效地组合为整体来共同工作,使每种材料都处于能够发挥其优势的最合适位置的过程。

以下以钢−混凝土组合梁和钢管混凝土柱为例,简要说明钢−混凝土组合结构的特点。

钢−混凝土组合梁(steel-concrete composite beam)的基本结构形式如图 1-2 所示。简支组合梁受到的最主要内力是荷载引起的弯矩和剪力。弯矩由顶部混凝土板压力及钢梁拉力所形成的力偶抵抗,剪力则主要由钢梁腹板所承担。通过将混凝土和钢材分别布置在受压最大的顶部和受拉最大的底部,使二者的力臂最大,从而能够尽可能地发挥出每种材料的力学性能优势。同时,这种构造形式也避免了混凝土受拉开裂、钢梁受压屈曲等不利的因素,减少了对结构抗力贡献不大的材料。为了保证钢材与混凝土的共同工作(受弯时满足平截面假定),关键是要保证二者在界面处(钢梁上翼缘顶面)能够变形协调,也就是不发生过大的纵向滑移和竖向分离,因此需要设置足够多的连接件。通常,工程中采用的栓钉等各类连接件都能够满足这一要求。作为一种性能优越、材料利用率很高的水平承重构件形式,组合梁在桥梁、房屋等各种工程中都有广泛的应用。

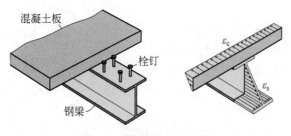

图 1-2 钢-混凝土组合梁

钢管混凝土(concrete filled steel tube,CFST)是另一类非常有代表性的组合结构构件(在房屋建筑中常称为钢管混凝土柱),其中圆形实心截面的受力性能最好。作为竖向受压构件使用时,在加载初期,混凝土产生微裂之前,根据荷载作用的位置不同(是作用于内核的混凝土截面还是外层的钢管截面),钢管与混凝土分担的竖向力有所不同。由于钢管的泊松系数大于混凝土的横向变形系数,这一阶段二者之间并不会产生互相挤压或约束作用。随着竖向应变的增加,混凝土产生竖向微裂并不断发展,如图 1-3 所示,其侧向膨胀速度超过钢管的侧向膨胀速度,使得钢管处于竖向受压、环向受拉的双向应力状态,而混凝土处于三向受压状态。由于混凝土在围压作用下的强度和延性都得到显著增强,整个结构的承载力、刚度、延性都会明显高于钢管与素混凝土之和。因此,作为受压构件,钢管混凝土柱是非常好的选择。

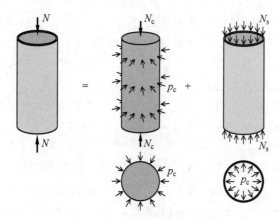

图 1-3 钢管混凝土柱

除了工程中常用的梁、柱构件可以应用组合结构技术获得更好的经济技术效益(如前面所述的组合梁、钢管混凝土柱),墙、板、壳等构件也可以采用钢-混凝土组合结构。从受力上讲,将钢板设置于对抗弯最有利的外侧,可以发挥最大的效力。

历史上,将钢板与混凝土进行组合的结构形式出现得很早,较有代表性的是压型钢板-混凝土组合板,如图 1-4 所示。根据需要可以将压型钢板压制成带凹凸板肋的各种截面形式。有时在钢板表面上也压制较浅的槽纹来提高钢板与混凝土的咬合力,甚至通过在压型钢板上附加钢筋或穿透压型钢板焊接栓钉来保证钢板与混凝土的充分连接。虽然压型钢板的主要作用是代替模板,但如果钢板与混凝土之间的连接性能能够得到保证,压型钢板也完全能够代替混凝土板内的受拉钢筋,使两种材料的受力性能得到充分发挥。

压型钢板厚度较小,通常不超过 1mm,对于民用建筑的楼板,通过合理构造压型钢板能够发挥一定的承载能力,但更多情况是作为永久模板来使用。如果采用比较厚的钢板,例如 8~20mm 甚至更厚的钢板,并通过有效的连接方式使其与混凝土共同工作,则可以形成各种满足不同工程需求的钢板-混凝土组合结

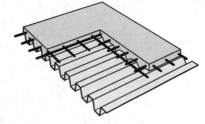

图 1-4 压型钢板-混凝土组合板

构。典型的钢板-混凝土组合结构由双面或单面钢板及混凝土构成,如图 1-5 所示。

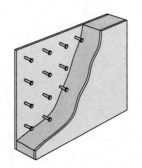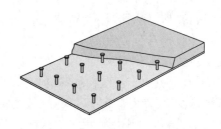

图 1-5 钢板-混凝土组合结构

钢板-混凝土组合结构可以作为竖向承重构件,也可以作为水平承重构件。前者包括高层建筑中的核心筒及剪力墙、核反应堆安全壳、桥塔塔壁等;后者包括桥面板、隧道顶板、安全壳顶盖等。其中,剪力墙等结构以承受面内压、弯、剪荷载为主,其他结构则以承受面外弯、剪荷载为主。与图 1-1 所示的钢筋混凝土墙与钢筋混凝土板相比,钢板-混凝土组合结构用钢板(具有抗拉、抗压、抗剪能力的板材)代替了钢筋(主要起抗拉作用的线材)。二者在受压、面外受弯等模式下的受力机理相近,可以在符合平截面假定的前提下给出类似的设计方法。但在受剪等状态下,则表现出较为明显的区别。钢板-混凝土组合结构的具体类型和特点将在 1.2 节中详细介绍。

在钢板-混凝土结构发展的过程中,根据其应用场合以及构造特征的不同,有过多种命名方式,例如钢板-混凝土组合结构、钢壳混凝土结构、外包钢板混凝土结构等,英文命名也有 steel-plate concrete(SC)structures、steel-plate concrete composite structures、double-skinned composite structures、steel-concrete-steel sandwich structures 等不同的表述方式。其中,有些命名比较强调"组合"这一特征,有些则未体现这一特征。钢板与混凝土结合为整体共同工作后,其各方面性能都超越了两种材料性能的简单叠加,表现出组合结构的明显优势。但与钢筋混凝土类似,在大多数应用场合下钢板与混凝土并不能单独工作,只有结合为整体才能够形成有效的结构,因此也可将"组合"一词忽略。这一点与我们熟悉的钢-混凝土组合梁有所不同,即混凝土板和钢梁也能够发挥各自的功能,但通过设置抗剪连接件使之形成整体共同工作,则可以进一步获得性能的显著提升。钢板-混凝土结构的各种命名方式体现了其在不同应用场景下的特征,也与各国或不同行业的传统习惯有关,并不妨碍我们对这种结

构形式的认识和应用。本书后续部分,并未对钢板-混凝土结构的各种命名方式做严格区分,在此进行说明。

1.2 结构类型及特点

1.2.1 结构类型

钢板-混凝土组合结构的基本构造包括钢板、混凝土及二者之间的连接。根据使用功能、构造形式、受力特征等不同,钢板-混凝土组合结构可以分为很多种类型。例如,根据钢板与混凝土之间的相对位置关系,钢板-混凝土组合结构可分为内嵌钢板(单层或双层)、外包单侧钢板、外包双侧钢板三种结构形式,如图 1-6 所示。其中,内嵌钢板-混凝土组合结构,也可以采用一层钢板或两层钢板的形式。

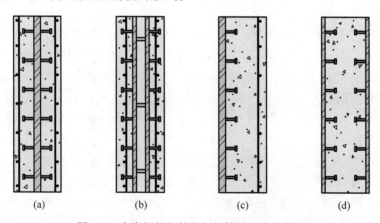

图 1-6 内嵌钢板与外包钢板结构形式示意图
(a)内嵌单层钢板;(b)内嵌双层钢板;(c)外包单侧钢板;(d)外包双侧钢板

单侧钢板的构造多适用于水平承重构件,内嵌及外包双侧钢板的形式则适用于竖向构件。内嵌钢板的构造形式,需要在混凝土内设置钢筋。钢筋一方面起到受力的作用,同时能够控制裂缝发展并对混凝土进行约束,从而避免在较大内力作用下外侧的混凝土发生脆性破坏。

相比传统钢筋混凝土结构内嵌钢板与单侧钢板组合结构,混凝土板的轴压承载力大幅提高,能够在一定程度上抑制钢板屈曲,充分发挥钢板的力学性能,保证结构在侧向荷载作用下的承载能力和耗能能力。对于内嵌钢板组合结构,外包混凝土还可起到防火和防腐作用[1]。但是,内嵌钢板和单侧钢板组合结构,在受力性能及施工性能方面存在一些不足。例如,由于混凝土位于钢板外侧,在大变形的情况下,混凝土板可能会发生开裂剥落,对钢板的约束作用大大减弱,使结构的延性耗能能力大幅降低;同时,构造较为复杂,钢板运输安装难度较大,现场需支模板、绑钢筋等工序,施工相对比较困难;再有,外露的混凝土受内部钢结构的约束,易收缩开裂,影响结构的正常使用和耐久性。

对于外包双侧钢板的构造形式,在其内部可仅填充混凝土而不需配钢筋,这对于简化施工有非常重要的价值。同时,钢板布置在最外侧,对于发挥受力性能也能起到最大的作用。

本书无特别说明时,作为墙构件使用的钢板-混凝土组合结构特指两侧均设置钢板的结构形式。

单侧钢板的结构形式则主要应用于桥面板、重载楼板等。图 1-7 是一种典型的钢板-混凝土组合桥面板的构造,主要通过栓钉或开孔板连接件将混凝土与底部钢板结合成整体。根据实际工程的需要,钢板与混凝土之间还可以有其他不同的连接构造形式,参见本章后续部分的说明。

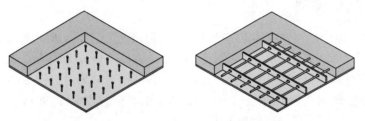

图 1-7　钢板-混凝土组合桥面板

由于可以采用较厚的钢板,钢板-混凝土组合板的承载力相对于压型钢板-混凝土组合板可以显著提升。钢板从工程应用的角度可以看作各向同性的材料,因此在水平各个方向都有很高的抗拉强度,从而能够适应异形板等更为复杂的受力条件。此外,设置合理的加劲肋和钢板连接构造措施,可以使此类结构在安装和施工等方面也具有很高的效率。

除了应用较多的平面构件外,钢板-混凝土组合构件也可制成曲面形状,应用于罐体、安全壳、穹顶等。

此外,也有学者提出了其他多种钢板-混凝土组合结构形式(图 1-8),例如波形钢板-混凝土组合剪力墙[2]、防屈曲钢板-混凝土组合剪力墙[3]、钢管束组合剪力墙等[4]。这些结构的受力性能或工作机理与本书所述的钢板-混凝土组合结构有较大区别,此处不再展开分析讨论。

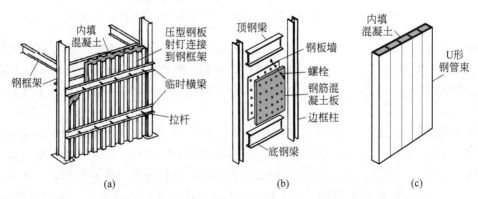

图 1-8　其他各类钢板与混凝土组合所形成的墙体结构示意图
(a) 波形钢板-混凝土组合剪力墙;(b) 防屈曲钢板-混凝土组合剪力墙;(c) 钢管束组合剪力墙

1.2.2　结构特点

以下简要分析说明钢板-混凝土组合结构的特点,特别是其相对于钢筋混凝土构件以及钢结构构件,在受力性能、施工性能等方面的特点。

1. 强度

相对于钢筋混凝土构件,钢板-混凝土组合结构可以提高含钢率且使钢板处于受弯最有利的外层,因此具有更高的抗弯承载力,或者同样承载力时,截面高度更小。钢筋混凝土构件受到钢筋构造的限制,往往无法做到很高的含钢率。例如,钢筋含钢率超过 5% 后,钢筋绑扎及混凝土浇筑将非常困难。而钢板-混凝土组合结构通过增大钢板的厚度,很容易做到比较高的含钢率,且对混凝土施工不会造成困难,从而获得更高的承载力。同时,钢板位于受弯能够发挥最大作用的最外侧,距离中性轴更远,抗力的力臂更大,这对于面外受弯为主的构件非常有利。再有,由于受拉侧混凝土不外露,钢板-混凝土组合结构通常不受裂缝宽度的限制,因此材料或结构的强度更容易充分发挥。此外,如果设置合理的隔板或对拉抗剪措施,也可以具有较高的抗剪能力。

对于面内受压的情况,外侧放置的钢板有利于增大结构的面内轴向刚度,提升结构的稳定性和承载力。面内受剪时,同样由于钢板具有比混凝土及钢筋强得多的抗剪能力,抗剪很少再起到控制作用,这一点对于类似房屋中的剪力墙结构非常有价值。

当结构处于受拉状态时,例如高宽比很大且处于高地震烈度区的建筑,竖向构件可能处于拉-剪受力状态。这对于钢筋混凝土结构非常不利,但对于钢板-混凝土结构,由于钢板的抗拉能力很高,则比较容易满足设计需求。

对于钢结构,如果其承载力和截面高度与钢板-混凝土组合结构相同,则其用钢量将会显著提高。为了防止钢板在达到屈服之前发生屈曲失稳,必须增加很多的构造用钢量,例如加劲肋、隔板等,而这一部分用钢量,并不会对构件的受弯、受剪产生直接的贡献。

2. 刚度

与钢-混凝土组合梁类似,钢板-混凝土组合结构在荷载作用下,钢板与混凝土之间会发生一定的滑移,并引起结构弯曲刚度的降低。滑移的大小受荷载水平、剪力大小和分布、界面连接构造特征等很多因素的影响。但大量的试验和实测表明,在正常使用荷载条件下,满足一定的抗剪连接构造时,滑移并不会对结构的正常使用产生值得关注的影响。

相对于钢筋混凝土受弯构件,双钢板-混凝土组合结构对内部混凝土裂缝的形成和发展有更强的约束作用,因此同样荷载下的裂缝宽度更小,因而结构的刚度更大。相对于钢结构构件,由于内部填充的混凝土也能发挥很大作用,双钢板-混凝土组合结构的刚度明显更高。

对于面内作用的工况,双钢板-混凝土组合结构由于类似的原因,其正常使用荷载下的刚度也都较高。

3. 延性

面外受弯的钢板-混凝土组合结构,如果是由受拉侧的钢板屈服来控制结构的极限破坏模式,则能够表现出非常优异的延性性能。对于双钢板组成的构件,往往两侧钢板厚度相等,即受压区和受拉区的钢材一致,这种破坏模式很容易实现。外侧钢板对内部混凝土的约束作用,可以在很大程度上避免钢板-混凝土构件出现由于混凝土脆性所带来的延性降低问题,这也使得高强混凝土更容易获得应用。

对于钢结构构件,如果要实现延性破坏,例如塑性设计方法所要求的全截面屈服状态,则需要严格限制钢板的宽厚比,即设计为密实截面,以避免发生钢板屈曲。这对于钢结构有时也是难以实现的。钢板-混凝土组合结构中的钢面板,由于受到内部混凝土和连接件的约束,达到全截面屈服的难度则要小得多。

4. 适应性

对于正常配筋范围内的钢筋混凝土构件,钢筋起到控制性的关键作用。这表现在:承载力极限状态时,钢筋首先屈服,决定了承载力的大小;在正常使用阶段,钢筋控制了裂缝的间距、宽度和发展程度。对于梁、柱等以受弯、受压为主的构件,构件内的应力方向明确。不同荷载作用下,只是内力和应力大小发生改变,应力方向改变不大,钢筋可以布置在发挥作用最高效的方向,即与主拉应力相同的方向。但板、墙等构件的应力状态要复杂得多。这种复杂性既表现为构件不同区域在同一种荷载下的主应力方向分布规律具有复杂性,也表现为在不同的荷载或内力作用下应力分布有不同的规律。例如,对于斜板、曲线板,在恒载作用下,支承边的钝角、锐角以及自由边、跨中等位置的应力方向均不同且差别很大,同时在活载(典型的为车辆轮载集中力)作用下,应力方向又与恒载有明显区别。同样,对于剪力墙,在恒载(轴压为主)作用下和在风载、地震等侧向力(受弯、受剪为主)作用下,主拉应力方向也有很大差别。这种复杂的应力分布规律,给钢筋的设计和施工带来了很大困难,无法将钢筋全部配置在受拉最大的方向,而只能寻求一定的妥协,因而材料的利用效率受到一定影响,特别是对控制裂缝发展也很不利。

在工程尺度上,钢板可以看作一种各向同性的材料,钢板在平面内的各个方向都可以发挥相同的作用。因此,利用钢板-混凝土组合结构的这一特点可以有效克服钢筋混凝土构件的上述不足,特别是用于异形构件或活荷载占比较大的构件(典型的如小跨径斜板桥),将具有比较高的受力效率,设计和施工也较为方便。

另外,对于有很高密封、耐磨要求的结构,例如核电站的安全壳、水工输水结构等,可以将结构受力钢材与钢衬合并为一体,从而使结构更为经济合理。

5. 自重

钢板-混凝土组合构件的厚度或截面高度与钢筋混凝土构件相同时,其重量也基本相同。但如前面所述,在同样承载力和刚度前提下,钢板-混凝土组合构件的截面高度可以更小,因此通常情况下其重量较轻。

当然,如果仅仅从受力的角度,纯钢结构比需要内填混凝土的双钢板-混凝土组合结构更轻。但为了满足功能以及其他方面的要求,钢结构往往无法单独使用。通过将钢材与混凝土两种材料有机结合来共同受力,钢板-混凝土组合结构往往在总体重量上也不会高于纯钢结构。

6. 耐久性

对于暴露于自然环境的结构,耐久性是必须要考虑的一个重要因素。双钢板组合结构中混凝土完全被钢板包裹,这对其耐久性很有利,设计时只需考虑钢板的耐久性。通常,仅需在外部表面上进行防腐保护。

7. 抗冲击性能

双钢板-混凝土组合结构的整体性和韧性较强,特别是背侧钢板能够防止混凝土崩落,使其抗爆和抗冲击能力显著提升。研究证明,在具有相同的抗弹丸冲击能力时,钢板-混凝土组合结构比钢筋混凝土结构的厚度可以减少 30% 以上。利用这一点,可用其建造军事防护结构以及核电安全壳、防爆墙等工程。

8. 抗火性能

对于建筑中采用的钢板-混凝土组合结构,火灾会引起一侧钢板的受热(也有可能会两侧钢板同时受到火灾作用,这种情况更为不利,但不改变钢板-混凝土组合结构在火灾下的受力机理,只是影响程度的不同)。内部填充的混凝土会起到类似散热器的作用来吸收钢板的热量,并阻止或延缓钢板强度的快速下降,使得结构的耐火时间有所延长。这一点已在结构抗火试验中得到了验证。

9. 密封性能

在不采用预应力的条件下,混凝土结构带裂缝工作,很难做到完全密封。而钢板-混凝土组合结构利用其钢结构外壳,则可以做到理论上的完全密闭,这对于地下工程、海洋工程、防护工程、储水工程等具有很大的价值。钢板-混凝土组合结构的密封性能也较容易进行检验。施工时,在浇筑混凝土之前可以较为方便地检验钢板或钢板模块的抗渗性能并进行处理,而混凝土浇筑过程也是对密闭性能的进一步测试。

10. 施工性能

钢板-混凝土组合结构施工时可以采用钢结构和混凝土结构的成熟工艺,在施工方面较为方便快捷,同时易于保障质量。

钢板在工厂内通过焊接等工序加工成所需要的形式,特别是,钢板可以制作成较为大型的预制模块,现场施工时又可以作为浇筑混凝土的永久模板。但对于结构厚度较小的情况,两侧钢板组拼后,设备和操作人员均难以到达其内部空间,因此很难在内部将两块钢板通过焊接连为整体。因此,制作钢结构部分时如何连接两块面板并保持它们之间的准确距离是一大难题。最初采用的连接方法是在其中一块钢板上焊接长栓钉,栓钉长度约为两钢板之间的距离,栓钉头可与另一块钢板点焊,同时两块钢板上分别焊接较短的栓钉。但这种工艺较为复杂,且钢板之间的连接在定位精度、受力可靠性等方面都有很大问题。英国 Corus 公司引入旋转摩擦焊并研发了一套专门的制作工艺来解决这一问题。钢杆可以同时承受压力和拉力,能够保证面板在施工荷载和内部湿混凝土压力下的准确定位。按照这一工艺生产的产品被命名为"Bi-steel",如图 1-9 所示。采用这种工艺,既可以做平板,也可以方便地做曲面板,该工艺可应用于剪力墙、防护结构以及隧道、储水池等对裂缝要求很严格的结构。

两块面层钢板通过钢连杆焊接成整体后,具有较大的整体和局部刚度,可以方便地进行运输及现场安装。现场施工时取消了钢筋绑扎,钢面板可作为模板。同时,由于面板和钢连杆所形成的体系具有较高的刚度,因此该结构作为竖向构件使用时,浇筑混凝土过程中无需额外的模板和支撑。该结构作为水平

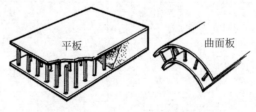

图 1-9 Bi-steel 结构示意图

构件使用且跨度不大时也可省去临时支撑,从而能够最大限度地减少工地的劳动力需求,缩短现场施工时间。此外,由于内部不设钢筋,因此避免了重载结构通常因密集绑扎钢筋带来的浇筑困难。再有,钢板能够防止水分散失,因此施工过程中不需额外采取遮蔽覆盖等工序,养护难度大大降低。同时,混凝土密闭在钢结构内可以大大减少干缩,从而使混凝土的质量通常要高于普通的钢筋混凝土结构。

　　对于钢板-混凝土组合结构,在设计阶段可以方便地进行孔洞局部加强和预埋件设计,即在工厂的钢结构制造阶段把预埋件、孔洞等与结构进行整合处理,这样现场安装时可以获得很高的定位精度并加快施工速度。对于小型的支架、支座等,在施工或使用阶段可以方便地直接连接或焊接在钢板表面,而不必像钢筋混凝土构件一样,需要采取埋入或穿透的锚固措施。但需要注意的是,钢板-混凝土组合结构现场进行开孔后再进行局部加强不易处理,因此较大的孔洞应尽量提前在钢结构部分预留。随着建筑信息模型(building information modeling,BIM)技术的发展,钢板-混凝土组合结构在工厂化制造、装配式施工方面的优势将更容易体现出来。

11. 环保性能

　　钢板-混凝土组合结构是一种符合建筑业绿色可持续发展需求的结构形式。例如,与钢筋混凝土结构相比,钢板-混凝土组合结构可以不使用或大量减少模板,因此减少了施工过程中产生的废弃物和垃圾,有助于降低环境负载。

　　针对钢板-混凝土组合结构的上述特点,综合考虑并灵活运用,该结构可以在房屋、桥梁等很多领域发挥出优势。其中,受力和施工方面的潜力及可能遇到的问题,是设计时需要重点关注的方面。总结这些特点及可能的应用领域,如表 1-1 所示。

表 1-1　钢板-混凝土组合结构的应用领域和特点

应用领域	受力性能									施工性能									其他	
	强度	刚度	延性	高强材料	稳定性	约束混凝土	复杂应力	密封抗渗	抗冲击抗爆	工厂化制造	现场施工快	模块化施工	避免模板	减少支撑	方便浇筑	方便养护	开孔及预埋	浮态施工	防腐维护	材料回收
剪力墙	○	○	○	○	○	○	○			○	○	○	○			○	○	○		○
核安全壳	○	○	○	○	○	○		○	○	○	○	○	○				○		○	
防护结构	○	○	○	○		○			○	○	○	○	○				○			○
轻型桥面板	○	○	○	○						○	○	○	○			○	○			○
异形桥面板	○	○	○	○			○			○	○	○	○			○	○			○
桥塔塔壁	○	○	○	○	○	○				○	○	○	○			○	○			○
沉井	○	○				○		○							○	○			○	
沉管隧道	○	○				○		○	○						○		○	○	○	
隧道衬砌	○	○				○		○							○	○			○	
海洋结构	○	○		○	○			○		○	○	○							○	
船坞	○	○						○							○	○			○	
液体储罐	○	○					○	○							○				○	
筒仓	○	○						○							○		○		○	○
工业容器	○	○						○							○				○	
结构加固	○	○			○						○						○		○	

1.3　国内外研究进展

　　国内外学者对钢板-混凝土结构已开展了很多研究。这些研究既包括单元、构件和结构体系层面的静、动力性能和设计方法,也包括新型构造的研发、新材料的应用。由于各个工程领域对结构性能需求的巨大差异,研究往往还需要结合实际的应用背景开展有针对性的试验测试和计算模拟。在这些研究的基础上所形成的论文、报告和规范规程,对于推动工程应用提供了支持。

1.3.1 国际研究进展

美国、日本、韩国等国的学者关于钢板-混凝土结构的研究,主要是针对其在核反应堆安全壳等方面的应用场景,研究对象包括结构单元、构件以及整体结构等。特别是以美国普渡大学 Varma 为代表的学者,针对 AP1000 以及 US-APWR 等工程需求,对钢板-混凝土结构的整体抗侧性能、面内抗剪、面外抗剪、面外抗弯、面内外组合受力以及抗冲击、节点等关键问题开展了较为系统、深入的研究。由于在事故工况下,核电厂的安全壳结构往往也要承受高温作用,因此钢板-混凝土结构在各种工况下结合温升作用的受力性能也是研究和设计时所关注的重点。针对超高层建筑、沉管隧道等实际工程需求,美国、日本等国的学者也开展了相应的研究。此外,以 Richard Liew 为代表的新加坡学者针对海洋工程的需求,对双钢板-混凝土组合结构的抗疲劳和抗爆性能等问题也开展了卓有成效的研究工作。

1. 结构整体抗侧性能

核电站中的钢板-混凝土结构,包括安全壳以及其他屏蔽结构和附属设施,承受的竖向荷载水平较低,主要以承受侧向力为主。除了单元或构件试验外,日本等国学者也完成了多项整体结构的抗震性能试验。

20 世纪 80 年代,日本学者曾针对采用钢板-混凝土结构的压水堆安全壳进行了 1:10 缩尺比的模型试验[5],验证了这种结构体系的合理性。试验模型和加载模式参见图 1-10。

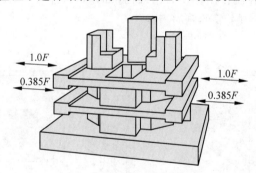

图 1-10 整体模型试验和加载模式

2003 年,日本原子能株式会社进一步完成了改进的钢板-混凝土安全壳结构的整体抗侧性能测试,试验模型的缩尺比为 1:6[6],如图 1-11 所示。

Sener、Booth 等[7-8]开发了三维非线性弹塑性分析模型和弹性分析模型。前者主要用于精准模拟试验各阶段的结构整体响应以及局部损伤发展情况,后者则用于分析结构在弹性阶段的设计指标和响应,包括给出较为保守的结构刚度和承载力计算值。

试验和有限元模拟分析表明,钢板-混凝土结构在地震作用下的整体性能,通常由各构件或单元的面内剪切行为控制,即抗侧承载力和破坏模式由与侧向力平行方向的墙体的面内抗剪强度、延性和破坏模式所控制。

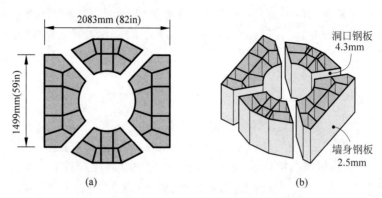

图 1-11 日本原子能株式会社核电站主屏蔽厂房试验模型示意图

(a) 平面图；(b) 轴测图

2. 面内抗剪

对钢板-混凝土结构的面内抗剪性能进行研究,可采用墙板单元的推覆试验,也可以采用专门的结构单元试验装置。

典型推覆试验的加载方式和模型的受力模式如图 1-12 所示[7]。由于研究主要针对核安全壳的应用场景和需求,其结构内部构造复杂,墙体之间往往交叉布置,彼此间可互相作为边缘构件发挥作用。因此,试验模型采用了带边缘构件的剪力墙构件。推覆试验与结构的实际受力状态相似,墙体除剪力外,也承受一定的弯矩,但不能直接模拟墙体单元的纯剪等理想受力状态。根据结构整体抗侧试验结果,钢板-混凝土构件的面内抗剪能力往往对整体结构性能的发挥起到控制作用。作为边缘构件的翼墙,能够发挥很强的抵抗倾覆力矩的作用,而腹板的墙体则承担主要的侧向荷载。

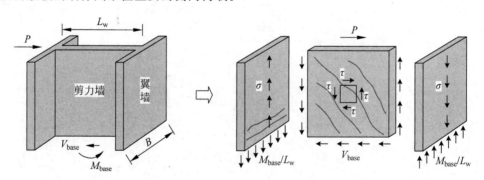

图 1-12 带翼墙整体构件的推覆试验

利用薄膜试验机,通过配置斜向钢筋和拉压耦合加载,可实现对钢板-混凝土单元的纯剪加载,如图 1-13 所示[9]。除纯剪外,通过控制正交两个方向荷载的比例关系,试验机可以模拟单元在面内的各种受力状态。通过附加面外的作动器,还可以进一步在单元内施加面外的弯矩和剪力。

此外,通过试验装置在钢板-混凝土单元的侧边直接施加平行边缘方向的荷载,也可实现单元的纯剪加载,如图 1-14 所示[10]。

针对钢板-混凝土结构的面内抗剪性能,Varma 等[11] 提出了基于力学的模型(mechanics

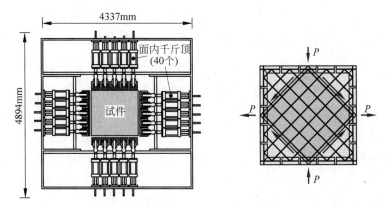

图 1-13　采用薄膜试验机进行的单元纯剪试验

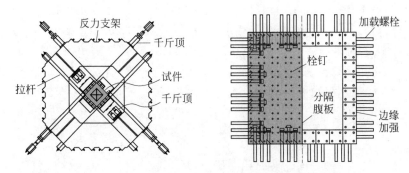

图 1-14　在单元界面直接施加剪力的单元纯剪试验

based model,MBM),用于计算结构单元在膜力作用下的力学行为,包括不同加载路径下的刚度、承载力等。本节后面部分将对 MBM 进行简要介绍。

Seo 等[12]通过 1:3 缩尺的带边缘构件的钢板-混凝土组合墙的抗侧力试验,对墙体的面内剪切性能,包括混凝土剪切开裂、钢板屈服、混凝土压溃等现象进行了观测和分析。结合收集到的其他类似试验的结果,对比分析了美国 ACI 规范、AISC 规范以及 MBM 的抗剪强度计算方法的准确性。研究表明,在合理的钢板-混凝土界面构造以及栓钉间距条件下,钢板-混凝土结构的面内剪切行为由钢板的屈服控制,构件承载力与含钢率之间成正比关系,而构件宽高比、轴向力对抗剪强度的影响可以忽略。ACI349 规范公式对抗剪强度的预测不够安全,MBM 和 AISC N690s1 公式可用于面内抗剪强度计算。

3. 面内抗弯

钢板-混凝土墙的面内抗弯性能可由截面分析得到。Kurt 等[13]设计了 8 个无边缘构件的墙构件,研究高宽比、栓钉或拉筋间距、含钢率等参数对构件受力性能的影响。所有试件破坏规律相似,依次观察到混凝土的弯曲开裂、构件底部钢板的屈服和局部屈曲、受压混凝土的压溃、受拉钢板的断裂,破坏机制均为面内弯曲破坏。根据弯矩-曲率关系、截面塑性发展、截面屈服限制等方法,给出了构件的面内抗弯承载力计算公式。

4. 面外抗剪

对于核安全壳,较大的面外剪力通常发生在墙体不连续区域,如开口较大的位置以及基底附近。钢板-混凝土结构的面外抗剪承载力由混凝土、拉筋和钢板提供,作用机理包括受压区未开裂混凝土的抗剪承载力、骨料的咬合作用、拉筋形成的桁架作用以及钢板的销栓作用。

Varma 和 Sener 等[14-16]对双钢板-混凝土的面外剪切性能进行了系列试验研究,考察的因素包括:①无抗剪配筋(即无拉筋)构件的面外剪切行为;②不同形式和间距的拉筋的影响;③膜力对面外剪切行为的影响;④事故热荷载对面外剪切行为的影响;⑤循环加载对墙体面外抗剪行为的影响。这些试验表明:无拉筋构件的抗剪承载力随含钢率的增大而增大;栓钉间距对抗弯刚度、强度和破坏模式有显著影响;面外剪切行为受尺寸效应影响较大。

为研究不同抗剪构造的影响,Sener 等[17]对中、美、日、韩等国包含 27 个剪切破坏和 12 个弯剪破坏在内的试验结果进行了分析。这些试验表明:减小拉筋间距通常会提高结构的面外抗剪强度,但拉筋间距大于结构厚度时,其对面外抗剪强度的贡献则可以忽略;采用槽钢和钢板代替拉筋,其抗剪贡献与拉筋相近,且钢板方向对抗剪强度影响不大。此外,同时作用有膜力特别是轴向拉应力的面外剪切试验表明,即使存在较大的轴向受拉,也可以按照相关规范公式对钢板-混凝土梁的面外抗剪承载力进行计算,且计算结果也偏于保守,即可以忽略轴向拉应力对面外抗剪能力的影响。

5. 面外抗弯

Sener 等[18]基于 19 个大比例模型的四点弯曲试验,研究了钢板-混凝土组合梁的面外受弯性能。结合中、日、韩等国开展的相关研究,对共包含 12 个非延性弯剪破坏试件和 14 个延性弯曲破坏试件的结果进行了分析。这些试验表明:剪跨比、拉筋数量、钢板距厚比等参数对钢板-混凝土组合梁的面外抗弯强度无显著影响,而钢板厚度或含钢率与抗弯强度几乎呈线性相关;通过设置纵向加劲肋,可提高结构的面外抗弯强度。

6. 面内外复合受力

核反应堆安全壳需要应对多种极限工况,如强烈地震、反应堆事故工况、飞机撞击等。在多工况共同作用下,结构构件或单元可能承受面内作用和面外作用均出现极大值的极端工况。

Varma 等在计算钢板-混凝土单元平面应力响应的 MBM 的基础上,进一步发展了同时考虑面外作用的计算方法[11]。这一方法对钢板、混凝土进行分层处理,并增加了对应于面外弯矩分量 M_x、M_y、M_{xy} 的曲率参数 φ_x、φ_y、φ_{xy}。基于平衡条件、本构方程和协调条件,可迭代得到每一层的应力、应变,进而积分得到单元的整体力与变形响应。

Varma 等进一步提出了一种用于计算钢板-混凝土单元在膜力(S_x,S_y,S_{xy})和面外力矩(M_x,M_y,M_{xy})共同作用下受力性能的简化分析方法。该方法将组合截面在厚度方向划分为上下两层板,每层板只受面内膜力(S_x,S_y,S_{xy})作用,而两层板各自截面合力所组成的力偶,形成面外弯矩作用(M_x,M_y,M_{xy})。这对力偶的有效力臂长度,在受拉和小轴压情况下取 $0.90T$(T 为截面厚度),而在轴压较大时取 $0.67T$。通过这一方法,可以利用已有的 MBM,简化面内、面外共同作用时的计算分析过程。

利用力偶和有效力臂分解得到两层板在各自面内的膜力状态,分解后的两层板可按图 1-15 所示的偏于保守的平面应力关系进行计算,从而简化面内外复合作用下的分析过程。

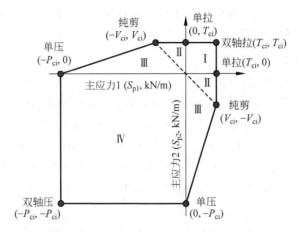

图 1-15　MBM 的平面应力包络关系

7. 节点

与其他结构相似,钢板-混凝土的节点往往也是受力最大、构造最复杂的位置。其中,典型的节点包括墙与基础之间、墙与墙之间的节点等。

为保证钢板的内力有效传递到基础的混凝土内,可以采用栓钉、锚栓和搭接钢筋等多种形式。Seo 等[19]通过拉拔试验,对搭接钢筋的长度、栓钉、拉筋等影响因素进行了试验研究,并结合对日本类似试验[20]的分析,提出了墙-基础节点的设计建议:节点应采用等强设计,连接强度取钢板-混凝土组合截面与搭接钢筋截面中较弱的一项;在搭接长度范围内应充分布置栓钉,保证栓钉的抗剪强度大于钢筋或钢板的抗拉强度;搭接钢筋在基础内的锚固长度可根据钢筋混凝土结构的相关方法计算;搭接钢筋与钢板的偏心率取 1.0 左右,过大则会引起节点的劈裂破坏,过小则因无法形成混凝土斜压杆而不能有效传力。

对于核反应堆安全壳结构中常见的 T 型和 L 型墙-墙节点,Seo 等[21-22]也分别设计并完成了一个足尺模型试验,提出了节点抗剪强度的计算方法。

8. 有限元模拟

除了模型试验外,在研究钢板-混凝土结构受力性能时,通常需要采用通用有限元软件(如 ABAQUS、LS-DYNA 等)建立精细的分析模型。这些模型中,钢板可采用 von Mises 屈服面、关联流动法则和随动硬化准则,混凝土则通常采用 CDP 模型、CEF 模型或 Winfrith 模型,栓钉可采用界面单元或弹簧单元。

随着软硬件计算条件的发展,如果研究者的计算经验较为丰富且工作细致,就大多能够取得不错的计算模拟效果。但这些研究性的计算分析多采用实体单元,通常对细节也很执着,会导致建模过程繁琐、计算代价大和计算效率低等问题。

Vecchio[23]基于修正压力场模型(MCFT)开发了扰动应力场模型(DSFM),可应用于钢板-混凝土单元的分析。MCFT 可考虑混凝土的受压软化和受拉刚化效应,而 DSFM 在MCFT 基础上,进一步考虑了裂面的滑移及其对单元变形的贡献、混凝土内部主应力和主应变方向之间的偏差、开裂后的泊松效应、热膨胀或收缩引起的弹性应变偏移、加载历程或材料屈服损伤引起的塑性应变偏移、钢板屈曲等影响。DSFM 与单轴受压、面内剪切单元和剪力墙试验结果的对比表明,DSFM 能够准确模拟试件在达到峰值荷载之前以及峰值荷载之后初期的荷载-变形关系、损伤发展历程和破坏模式,但通常会高估接近峰值时的刚度以及接近破坏时的荷载,原因可能是忽略了钢板与混凝土之间的滑移效应。

9. 理论分析——MBM

钢板-混凝土结构由外侧钢板、混凝土和连接件等构成。其中,栓钉、拉筋等连接件主要起到防止结构发生非延性破坏的作用,如避免钢板屈服前局部屈曲、面外剪切破坏、界面剪切破坏等。当满足一定的构造要求时,钢板和混凝土之间能够实现完全组合,在整个受力过程中变形协调,且钢板不会发生屈曲,钢板-混凝土结构的面内受力性能取决于钢板和混凝土所形成的组合截面。基于对上述规律的认识,Varma 等[11-12]在试验和有限元数值模拟的基础上,提出了用于钢板-混凝土单元面内受力性能分析的基于力学的模型(MBM)。

MBM 的要点如下:

一个钢板-混凝土单元,如图 1-16 所示,受单位长度均匀膜力(S_x,S_y,S_{xy})的作用,其中膜力作用在组合截面上,并假定钢板和混凝土之间应变协调。

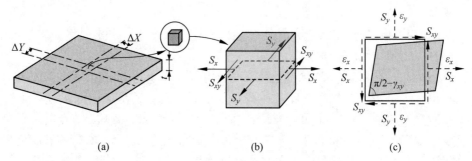

图 1-16　钢板-混凝土计算单元
(a) 板件;(b) 单元受力分析;(c) 单元变形分析

在弹性阶段,膜力(S_x,S_y,S_{xy})可用于计算主应力方向(θ_p)和对应的主应力(σ_{p1},σ_{p2})。当任一主应力方向的膜力(S_{p1},S_{p2})大于混凝土开裂强度 S_{cr} 时,认为混凝土发生开裂,S_{cr} 可按下式计算:

$$S_{cr} = \left(\frac{0.004 \sqrt{f'_c}}{E_c} - \varepsilon_{sh} \right)(E_c A_c + E_s A_s) \tag{1-1}$$

式中,混凝土强度 f'_c 的单位为 psi(1psi≈0.0069MPa);ε_{sh} 为混凝土的收缩应变。

混凝土的开裂面垂直于 S_{cr} 的方向,开裂后的混凝土为正交异性,即在开裂方向上刚度为零,而在垂直于裂缝方向取折减后的刚度(MBM 中取未开裂刚度的 70%)。

开裂后混凝土在主应力空间内的应力-应变关系如图 1-17 所示,其中假定主应变方向与主应力方向一致。同时假定钢板为各向同性的材料,在屈服前的应力-应变关系保持不变。

钢板-混凝土组合截面在膜力(S_x,S_y,S_{xy})作用下的隔离体受力模式如图 1-18 所示。图 1-18 也给出了钢板和混凝土的应力、截面平均应变(ε_x,ε_y,γ_{xy})、膜力(S_x,S_y,S_{xy})以及静力平衡方程和本构方程。

MBM 的计算步骤为:

(1) 根据施加的膜力和钢板、混凝土开裂前后的刚度矩阵以及对应的厚度计算得到截面平均应变(图 1-18)。

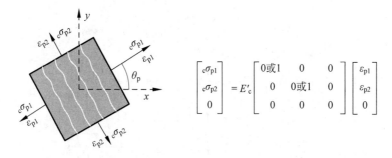

图 1-17 混凝土单元在主应力平面内的应力-应变关系

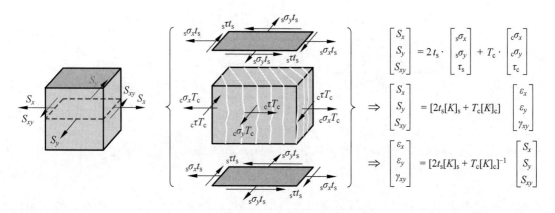

图 1-18 钢板-混凝土单元隔离体受力分析

(2) 由截面平均应变(ε_x,ε_y,γ_{xy})计算混凝土应力($_c\sigma_x$,$_c\sigma_y$,τ_c)和钢板应力($_s\sigma_x$,$_s\sigma_y$,τ_s),以及混凝土主应力($_c\sigma_{p1}$,$_c\sigma_{p2}$)和钢板主应力($_s\sigma_{p1}$,$_s\sigma_{p2}$)。

(3) 计算钢板的 von Mises 应力,判断钢板是否发生屈服。

(4) 假定混凝土为线弹性材料,因此需验算混凝土最小主应力(主压应力)在弹性范围内,即 $\min(_c\sigma_{p1}, _c\sigma_{p2})$ 不大于 $0.7f_c'$,$0.7f_c'$ 代表混凝土受压的弹性极限。

由以上 4 步可计算得到钢板-混凝土结构以混凝土开裂、钢板屈服为主要特征点的平面应力破坏准则。MBM 虽未考虑混凝土开裂后的受拉行为以及混凝土受压中的非弹性等因素,但总体上看,该模型在弹性和塑性段具有良好的计算准确度。但由于钢板采用理想弹塑性模型而未考虑强化段的影响,计算结果较为保守。

利用 MBM 计算得到的钢板-混凝土结构双轴应力状态下的强度包络图,与有限元数值模拟结果、Varma 提出的简化设计方法(单轴强度取钢板强度与 0.85 倍混凝土强度之和)的对比如图 1-19 所示。

10. 连接件

连接件是保障钢板-混凝土结构受力性能的关键。以 Richard Liew 为代表的新加坡学者,研发了多种适用于双钢板-混凝土组合结构的新型连接件。这些连接件除满足钢板与混凝土界面间的传力需求外,还能够防止两块钢板的分离作用。大量的试验和数值模拟分析表明,J 型钩连接件在施工、成本和受力等方面具有良好的综合性能[24-25],相关学者也提出了相应的

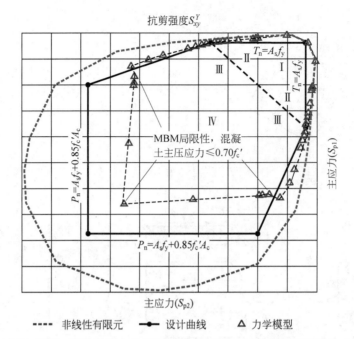

抗剪强度S_{xy}^{Y}

$T_n=A_s f_y$

$T_n=A_s f_y$

主应力(S_{p1})

II I

III

II III

IV

MBM局限性，混凝土主压应力$\leq 0.70 f_c'$

$P_n=A_s f_y+0.85 f_c' A_c$

$P_n=A_s f_y+0.85 f_c' A_c$

主应力(S_{p2})

- - - - 非线性有限元 ——●—— 设计曲线 △ 力学模型

图 1-19 钢板-混凝土结构双轴应力状态的强度包络图(有限元、简化设计方法和 MBM)

计算分析方法。例如，Yan 等[26]提出，J 型钩连接件的抗拉承载力由混凝土锥体拔出强度、连接件拔出强度、连接件杆体抗拉强度和钢板冲切强度四者中较小值决定，如图 1-20 所示。

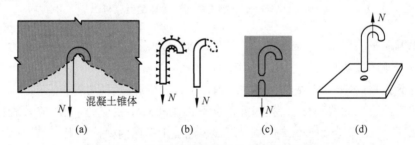

混凝土锥体

N N N N N

(a) (b) (c) (d)

图 1-20 J 型钩连接件抗拉承载力理论模型

(a) 混凝土锥体拔出；(b) 连接件拔出；(c) 连接件受拉断裂；(d) 钢板冲切破坏

11. 规范标准

美国、日本、韩国等在研究和工程实践的基础上，也编制了相应的设计规范。这些规范主要针对核电站中使用的钢板-混凝土结构，例如日本的《钢板混凝土结构抗震设计技术规程》(JEAC 4618—2009)[27]、韩国的《核设施安全相关钢板混凝土结构规范》(KEPIC-SNG 2010)[28]、美国的《核安全相关混凝土结构规范》(ACI 349—06)[29]和《核设施安全相关钢结构规范》(ANSI/AISC N690—18)[30]等。

以 ANSI/AISC N690—18 为例，其附录 N9 给出了与核设施安全相关的钢板-混凝土组合墙的设计要求。该附录的规定限于由两块钢面板及内部填充混凝土组成的墙体结构。钢面板由栓钉锚固于混凝土内，并采用对拉杆进行连接。附录内容主要包括一般设计规定、计算原则、墙体设计和连接设计几部分。该附录规定，钢板-混凝土墙的厚度不应大于

1500mm,外墙的最小厚度为450mm,内墙的最小厚度为300mm。钢面板的厚度应为6~38mm。以钢面板计算的墙体含钢率应为1.5%~5%,钢面板的屈服强度为350~450MPa,混凝土抗压强度为28~55MPa。为防止钢面板发生屈曲,也给出了宽厚比(径厚比)等构造要求,同时对加劲肋的构造要求也给出规定。规范的相关条文都针对平面墙体,当曲率半径与截面厚度的比值大于20时,曲率的影响可以忽略不计,否则应评估曲率对墙体受力性能的影响。

在计算方法上,该附录明确规定,除特别说明外,对钢板-混凝土墙及其连接的强度验算应通过弹性有限元分析确定,计算时应采用弹性、三维、厚壳或实体单元。对于冲击作用及其响应,则可采用非线性动力分析进行计算。由于核电工程中的墙体通常很厚,在大多数情况下不需要进行二阶分析。

此外,规范对于拉杆、加劲肋、洞口、节点等构造设置,加强方式和计算方法等也给出了相应的规定。

1.3.2　我国研究进展

最近二十多年,国内对钢板-混凝土结构也开展了很多研究,并直接支撑了一系列工程应用[1,31]。早期研究多针对钢板-混凝土剪力墙的受力性能,特别是抗震性能,随着在防护工程、桥梁工程以及隧道等领域工程需求的推动,研究范围也在不断拓展。

1. 剪力墙抗震性能研究

为解决超高层建筑剪力墙轴压比过高以及抗剪能力不足的问题,20世纪末开始,国内在少量工程中开始应用内嵌钢板的组合剪力墙结构,并开展了相应的研究。对于此类结构,钢板位于墙体内部,通过钢板两侧的栓钉使其与钢板协同工作,混凝土为钢板提供了双面侧向约束,从而增强了钢板的稳定性,同时也有助于提高钢板的耐久性和抗火能力。

李国强、吕西林、孙建超等[32-34]学者,采用低周往复加载方式对内嵌钢板组合剪力墙结构进行了一系列抗震性能试验,并与钢板剪力墙、钢筋混凝土剪力墙进行了对比。试验结果表明,内嵌钢板组合剪力墙的承载能力和变形能力要优于钢板剪力墙、钢筋混凝土剪力墙。这些研究也讨论分析了高宽比、墙体厚度、钢板厚度、钢板与混凝土之间的连接构造、钢板与周边构件的连接构造等因素的影响,并提出了设计计算公式,为国内相关规范的制定提供了依据。

此外,郭彦林等[35]对预制装配式的外包混凝土剪力墙也进行了研究。在往复加载过程中,混凝土板可以对内部钢板提供有效的约束,防止其屈曲,从而改善结构的耗能能力。这种结构的受力性能与纯钢板墙相近,混凝土板本身对抵抗竖向力和侧向力的贡献并不明显。

由于在实际应用中,内嵌钢板混凝土组合剪力墙的施工过程较为繁琐,外侧混凝土的开裂问题比较突出,同时因混凝土缺少有效约束而导致结构延性有所不足。针对这些问题以及实际工程需要,国内学者对钢板外置的双钢板-混凝土组合剪力墙也开展了系列研究。

聂建国等[36]较早对不同构造形式的双钢板-混凝土组合剪力墙在低周往复荷载作用下的压剪受力性能开展了研究,重点考察了高轴压比时的变形能力和破坏模式。试验证明,钢板与混凝土能形成有效的组合作用,从而充分发挥两种材料各自的优势。同时,也对栓钉、对拉螺栓、加劲肋、缀条以及多类型钢连接件应用于双钢板-混凝土组合剪力墙的效果开展了系列对比试验[37-38]。

钢筋混凝土剪力墙的约束边缘构件对其受力性能,特别是抗震性能的影响很大,我国学者对其进行了大量研究,同时相关规范对此也非常重视。相应的,国内学者对于双钢板-混凝土组合剪力墙的边缘构件,特别是墙端部的不同加强构造形式开展了大量试验研究。例如,聂建国等[39]对方钢管混凝土端柱、纪晓东等[40]对矩形钢管内设置圆钢管混凝土等构造形式开展了拟静力加载试验。试验结果表明,较强的端柱构造形式对于改善墙体的耗能能力具有很好的效果。

为研究双钢板-混凝土组合剪力墙的面外受弯性能,杨悦等[41]完成了一系列面外加载的抗震试验,考察了钢板厚度、抗剪连接构造等参数的影响。研究表明,当构件按完全抗剪连接设计时,其受力机制与钢筋混凝土相似,但钢板与混凝土界面处的滑移效应对结构刚度有一定影响。同时,塑性铰位置受压区钢板的局部屈曲对构件的承载能力和延性也有较大影响。

此外,针对高烈度区超高层建筑中组合剪力墙可能存在的拉弯剪受力状态[42-43],以及组合连梁[44]、开洞[45]等影响,国内学者也开展了部分研究。这些研究对于支撑实际工程的建设以及完善设计方法都起到了重要的作用。

2. 防护工程抗爆抗冲击性能研究

除超高层建筑中的剪力墙外,钢板-混凝土结构的另一个重要应用领域是防护工程。伴随我国在 21 世纪初引进第三代核反应堆,与之配套的双钢板-混凝土组合结构安全壳也开始受到重视。对于安全壳结构,除了基本静、动力性能的研究外,还重点对其抗飞机撞击的能力开展了研究,并提出了相应的计算分析方法[46-48]。由于钢板-混凝土结构用于防护工程的明显优势,国内学者对其抗爆和抗冲击性能也陆续开展了试验和数值仿真模拟[49-50]。

3. 规范标准

在上述研究及工程实践的基础上,我国已制定颁布多部有关钢板-混凝土结构的规范规程。

行业标准《钢板剪力墙技术规程》(JGJ/T 380—2015)[51]第 7 章给出了双钢板-混凝土组合剪力墙的构件形式、承载力计算方法以及构造措施。

1) 结构基本参数和构造措施的规定包括:

(1) 钢板厚度限值以及与墙体厚度的相对值范围。

(2) 栓钉、对拉螺栓或 T 形加劲肋的间距限值,栓钉长度和直径的限值,以及 T 形加劲肋构造要求。

(3) 剪力墙墙体暗柱、端柱的截面构造形式。

(4) 超厚墙体内分布钢筋、对拉螺栓、缀板等加强措施,分布钢筋的配筋率及间距等。

2) 在组合剪力墙计算方面,规程的主要内容包括:

(1) 基于叠加法的截面抗弯刚度、轴压刚度以及剪切刚度计算公式,用于结构内力和变形分析。

(2) 考虑剪力对钢板轴向强度降低作用下的构件全截面塑性受弯承载力计算方法。

(3) 考虑到绝大部分情况下钢板提供的抗剪能力足以满足设计要求,给出了简化的仅考虑钢板抗剪能力的受剪承载力计算公式。

(4) 构件的轴压比计算公式及考虑不同抗震等级的轴压比限值,可以较好适应国内的设计习惯。

（5）栓钉等连接件的受拉承载力计算公式。

在原《型钢混凝土组合结构技术规程》(JGJ 138—2001)基础上修订发展形成的行业标准《组合结构设计规范》(JGJ 138—2016)[52]主要针对内嵌钢板-混凝土组合结构给出了相关设计规定：

（1）给出了偏心受压、偏心受拉钢板-混凝土组合构件的正截面抗压/抗拉承载力以及斜截面抗剪承载力的计算公式。

（2）对于持久、短暂设计状况以及地震设计状况两种情形下的受剪截面，给出了墙肢部位的钢筋混凝土截面部分所承受的剪力设计值要求，并给出了钢板剪力连接件数量的计算公式。

（3）提供了轴压比的计算公式，并规定了不同抗震等级下的轴压比限值。

（4）在构造措施方面，给出了钢板绝对和相对厚度、分布钢筋最小配筋率以及混凝土保护层厚度等参数范围，并特别针对约束边缘构件、角部加强方式等提出了要求。

较早颁布的《高层建筑混凝土结构技术规程》(JGJ 3—2010)[53]也包括了少量有关内嵌钢板-混凝土组合剪力墙的规定，其中结构抗剪计算方法等内容与《组合结构设计规范》(JGJ 138—2016)一致。

针对第三代核电站的建设需求，我国制定了《核电站钢板混凝土结构技术标准》(GB/T 51340—2018)[54]。该标准包括拉筋型、钢桁架型和隔板型三种钢板对拉体系。在结构构造和构件计算方面，主要内容包括：

（1）规定了钢板含钢率、钢板厚度、连接件尺寸以及对拉构件尺寸等结构设计参数的适宜范围。

（2）规定了连接件的形式，基于防止局部屈曲以及发挥钢板与混凝土组合作用的需求，规定了连接件的间距与钢板厚度的相对关系，给出了单个连接件抗拉、抗剪承载力的设计公式。

（3）给出了单位宽度钢板混凝土剪力墙的单轴抗拉承载力设计值、考虑构件整体稳定性的抗压承载力设计值、对称布置钢板条件下的面外抗弯承载力设计值、面内面外抗剪承载力设计值的计算公式。

（4）给出了钢板混凝土单元在包括面内剪力与单向轴力共同作用，面内剪力、轴力、面外弯矩共同作用的复合受力工况下的承载力计算公式。

《钢-混凝土组合结构施工规范》(GB 50901—2013)[55]给出了单钢板-混凝土剪力墙和双钢板-混凝土剪力墙的若干关键施工控制措施，其中主要包括：不同类型墙体的施工流程；墙体钢筋绑扎与安装要求；钢板设置混凝土灌浆孔、流淌孔、排气孔和排水孔的方式；混凝土材料的流动性要求、浇筑方式以及养护方式等。

1.4 设计关键问题

设计钢板-混凝土结构时，绝大部分可以参考钢结构和钢筋混凝土结构的有关方法，并针对其特点进行有针对性的专门分析。例如，钢板与混凝土之间的连接构造是保证两种材料协同工作的前提，对连接件的受力需求、承载力和变形能力都需要进行专门的分析验算。

如果通过合理的构造措施能够保证钢板与混凝土之间的协同工作,则构件的整体受力性能都可以基于材料力学、钢结构、混凝土结构的知识予以准确判断和把握。再如,对因混凝土收缩徐变以及两种材料热工参数不同导致的内力重分布,在某些应用场合下也需要进行重点研究。但对上述问题的解释,并不表明钢板-混凝土结构的设计比钢结构或钢筋混凝土结构更为复杂。相反的,由于组合结构能够有效减少或控制混凝土开裂及钢板屈曲等不利效应,其设计计算的难度或工作量往往会更小。

无论对于单钢板-混凝土组合构件还是双钢板-混凝土组合构件,设计计算时应把握其在整个结构体系中需要发挥的功能及其受力特征。

例如,当双钢板-混凝土组合结构作为水平构件使用时,可能出现弯曲破坏、面外受剪破坏、连接件滑移破坏等多种破坏形式。弯矩作用下,如果由受拉侧的钢板屈服控制破坏时,结构延性较好,是较为理想的破坏形式。如果出现受压侧钢板首先屈服,或者受压侧混凝土压溃时受拉钢板尚未屈服的情况,其破坏模式类似于钢筋混凝土超筋构件,结构的延性较差,设计时应避免。

不设内隔板的双钢板-混凝土组合结构,受到面外弯矩及剪力作用时,上下层钢板可以提供很强的抗弯能力,而内侧缺少钢腹板或腹筋来抵抗剪力,因此有可能发生受剪破坏。对于跨高比较大的普通钢筋混凝土板,由于剪跨比大,往往是抗弯控制设计,除了冲切之外的抗剪能力不会控制设计;但对于双钢板-混凝土组合结构,其抗弯能力大大加强,使得面外抗剪问题较钢筋混凝土板更为突出,设计时需要充分重视。

双钢板-混凝土组合结构作为竖向承重构件使用时,如剪力墙、桥塔塔壁结构,则可能发生混凝土受压破坏、钢板受压屈服或局部屈曲、构件面内剪切破坏、连接件破坏、构件底部锚固失效等破坏形式。

由于混凝土存在收缩、徐变等效应,对于大尺度和高工作应力的钢板-混凝土组合结构,需要对钢板和混凝土长期变形不协调带来的问题进行分析并给出对策。

温度作用是设计钢板-混凝土结构经常需要重点考虑的问题。相对于由梁、柱构件组成的框架结构体系,钢板-混凝土结构由墙、板、壳等组成,整体刚度较大。当结构内存在较强的温度作用,例如不均匀分布的梯度温度场,构件之间以及钢板和混凝土之间较强的相互约束作用会引起结构的内力重分布,这可能导致混凝土受拉开裂等。例如,应用于核电厂房的钢板-混凝土结构,在事故工况下,环境温度剧烈变化会导致结构的瞬变非线性温度分布,不同构件或材料之间的温差在短时间内会超过 100℃。对于暴露于夏季太阳直射条件下的钢板-混凝土桥梁,其截面内的最大温差也会超过 25℃。针对这些问题,尤其是对混凝土开裂或结构变形比较敏感的工程,需要进行仔细分析。

针对钢板-混凝土组合结构在施工过程中,即钢板与混凝土二者之间尚未产生组合作用之前的状态,设计时应予以充分的考虑。这不仅会影响到结构成型之后的外观质量,也对结构的最终内力状态有很大影响。

在浇筑混凝土时,湿混凝土对面板产生向外的压力并使其鼓曲变形,而面板同时对混凝土施加向内的压力。使用过程中,内部填充的混凝土能够限制钢板的向内鼓曲,但连接件则只能在局部抑制钢板的向外鼓曲,当构件内的竖向压力逐渐增大时,连接件之间的钢面板向外鼓曲,面板与混凝土之间的压力逐渐减小至零,此时面板与混凝土脱离,失去混凝土侧向支撑的面板可能在连接件之间的区段受压屈服或产生较为复杂的屈曲形式。

根据以上的简要分析可以看出,钢板与混凝土之间的连接构造以及钢板的局部屈曲,都是钢板-混凝土结构在施工和工作阶段与其他结构形式所面临的类似但又有所不同的关键问题,以下进行简要的解释说明。

1.4.1 钢板与混凝土之间的连接

无论是单钢板-混凝土组合结构还是双钢板-混凝土组合结构,钢板与混凝土之间的连接构造,在施工和使用阶段都起到关键的作用。

以作为横向构件使用的单钢板-混凝土组合板为例,其主要受力模式为弯矩和剪力,连接件起到承受钢板与混凝土之间的纵向剪力和竖向拉拔力的作用,这一点与钢-混凝土组合梁内抗剪连接件的受力状态类似。此外,某些类型的型钢连接件同时还具有加劲肋的作用,有助于保证钢板在混凝土浇筑过程中的刚度和稳定性,减少临时支撑体系。

图1-21(a)为最常见的栓钉连接件。栓钉焊接方便,可以同时抵抗各个方向的水平剪力。设计时需要注意的是,当承受动力荷载或反复荷载作用时,由于栓钉根部往往位于截面受拉区,其疲劳强度可能受到很大影响,对此需要予以重视。

为了增强在混凝土中的拉拔锚固性能,或者为了方便与板内纵横向钢筋的拉结锚固,也可以用J型弯筋代替栓钉,如图1-21(b)所示。当桥面板或楼板较厚,需要在内部配筋,或者对抗冲击能力要求较高时,采用J型弯筋能够有效提高对混凝土的约束作用,同时施工也较为方便。

也可以采用其他类型弯筋作为连接件,如图1-21(c)、(d)所示。需要注意的是,各类弯筋连接件抵抗水平剪力和拉拔力的机理有所不同。水平剪力可以通过水平焊接段的销栓作用传递,也可以通过钢筋弯起段的拉力来抵抗,且通常只在一个水平方向具有较强的抗剪能力。竖向拉力则均通过钢筋弯起部分的拉拔和锚固作用来传递。

此外,各类型钢连接件也可以应用于单钢板-混凝土组合板,较常见的包括开孔板连接件(图1-21(e))、T型钢连接件(图1-21(f))、角钢连接件(图1-21(g))以及球扁钢连接件(图1-21(h))等。此类连接件可以将钢板的加劲肋和连接作用结合在一起,同时满足钢板加劲和界面连接的需求。开孔板连接件通常需要配合孔内的横向钢筋联合使用,其主抗剪方向为顺开孔板的方向。T型钢、角钢、球扁钢等连接件主要的抗剪方向则是垂直于型钢的方向。由于型钢连接件通过焊脚尺寸较小的角焊缝焊接于钢板,因此其抗疲劳性能通常较好。

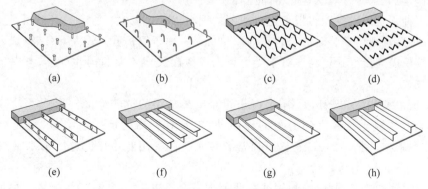

图1-21 单钢板-混凝土组合板的连接构造示意图
(a) 栓钉;(b) J型弯筋;(c) 波折弯筋;(d) Z型弯筋;(e) 开孔板;(f) T型钢;(g) 角钢;(h) 球扁钢

在双钢板-混凝土结构中,钢板与混凝土之间的连接构造起到关键的作用,主要体现在:

(1) 使钢板与内部混凝土协同工作,发挥组合作用,保证结构受力性能的发挥。

(2) 保证两侧钢板在运输和施工过程中的整体性。

(3) 作为外侧钢板在施工阶段的加劲构造。

所有类型的连接构造都起到第(1)类作用,即传递钢板与混凝土之间的剪力和拉拔力,对于保障结构抗剪、抗弯、抗压能力和延性的发挥具有重要作用。如果连接构造能够连接两侧钢板并具有一定的刚度,即具有对拉的作用,则可以发挥第(2)类作用。对拉构造也能够有效提高结构的面外抗剪能力,起到类似混凝土结构中腹筋的作用。连续焊接于钢板内侧的连接构造,通常是各类型钢件,能够在混凝土浇筑之前增强钢板的稳定,发挥上述第(3)类作用。第(2)类和第(3)类作用,都有助于防止钢板在施工特别是混凝土浇筑过程中产生过大变形。

以上 3 类作用,在图 1-22 中给出的多种钢板与混凝土之间的连接构造中都有所体现,读者可以很容易根据具体构造特点给出判断。这些构造形式,前几种已在实际工程中得到了应用和验证,另外几种仍停留在研究阶段,但在某些场合也表现出了很强的潜在应用价值。

图 1-22(a)、(b)为纵、横隔板的连接构造方式。这种构造对于内部混凝土有很强的约束作用,在施工和使用阶段都能有效保证钢板的稳定性以及结构的整体性,但整体用钢量较大、造价偏高。此外,当结构厚度较小时,钢结构的焊接质量以及内部填充混凝土的密实度都较难保证。

对于双钢板-混凝土结构,钢板之间的对拉构造是控制结构在施工和使用阶段受力性能的关键因素。图 1-22(c)为拉筋构造,通常采用对焊方式直接焊接于钢板内侧。对于厚度较大的结构,例如墙或板的厚度超过 1m 时,两层钢板之间的空间完全足以容纳人员和设备在内部进行操作,因此设计时主要关注对拉构造在受力方面的合理性。对于较薄的结构,例如厚度在 0.5m 以下时,拉筋的焊接较为困难。如果开发专用的焊接设备,例如 Bi-steel 采用的摩擦焊,或者目前发展很快的具有机器人特征的内部自动焊接设备,则这一问题也可以较方便地解决。

为了解决焊接拉筋在制造过程中的困难,可以采用如图 1-22(d)所示的对拉螺栓。在外侧钢板上开孔并穿过螺杆,并将螺母和螺帽固定在钢板外侧。这种方式避免了结构内部的焊接工作,但大量开孔对结构的密闭性有较大损伤。

另外一种则是通过设置缀板来连接两侧的钢板,如图 1-22(e)所示。缀板间通过角焊缝进行连接,制造及现场安装时的工艺较为简单可靠。由于钢板截面较大,钢结构成型后的整体刚度也较拉筋连接方式更高。对于受力较大或截面尺度较大的构件,可以考虑采用这种连接构造方式。

栓钉也称为圆柱头焊钉,是钢-混凝土组合梁最常用的抗剪连接件形式。栓钉除了具有抵抗钢板与混凝土二者之间剪力的作用外,也具有较高的抗拔承载力,因此也适用于钢板-混凝土结构(图 1-22(f))。栓钉通常要在工厂内采用专用焊枪焊接于水平放置的钢板上。

工程中常用的栓钉通常较短,因此在两侧钢板之间浇筑混凝土之后,栓钉也很难对外侧的钢板发挥充分的锚固作用。如果采用专门的长栓钉,使两侧的栓钉有一定的交错或搭接

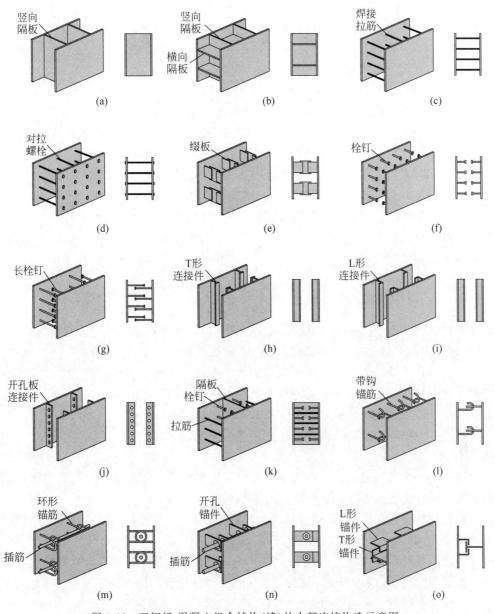

图 1-22 双钢板-混凝土组合结构(墙)的内部连接构造示意图

的长度(图 1-22(g)),则可以使栓钉的拉拔力传递到对侧,从而加强对外侧钢板的约束作用,同时也可以起到加强内部混凝土的作用。但是,与图 1-22(f)所示的短栓钉连接构造类似,在浇筑混凝土之前无法起到对拉外侧钢板的作用,因此往往需要与其他的连接构造形式配合使用来保证钢结构在施工过程中的整体性。

除了栓钉连接件外,也可以采用 T 型钢、角钢或开孔板等型钢连接件(图 1-22(h)、(i)、(j))。此类连接件都具有较强的抗剪和抗拔能力,同时还可以作为加劲肋提高钢板在制造、运输、安装和混凝土浇筑阶段的稳定性。由于型钢可能对混凝土浇筑填充的过程有一定的妨碍,影响混凝土的密实性,因此确定其尺寸和构造时,需要综合考虑受力、制造和施工等需求。

　　钢板和内填混凝土之间也可以混合采用几种连接构造方式。图 1-22(k)为栓钉与拉筋共同使用的构造形式,二者共同保证结构在施工和使用阶段的整体性。型钢连接件通常也要与其他的对拉构造措施配套使用。

　　通常来说,在钢板表面焊接各类连接件以及加劲构造,都不会有很大难度。但对于在密闭腔体内焊接对拉构造措施,特别是当两层钢板之间的距离较小时,则往往有很多困难。针对这些问题,研究者也设计或开发出了多种免于组拼后进行焊接的构造形式,如图 1-22(l)、(m)、(n)、(o)所示。这些连接构造方式通常由两部分组成,两部分分别焊接在外层钢板的内侧。其共同特点是不需要在外层钢板组拼后进行内部焊接作业,也避免了在外层钢板上开孔,而是通过相互之间的空间咬合关系并依靠后浇混凝土来形成整体,从而具有很强的拉结能力。但需要注意的是,此类连接件构造通常更为复杂,在运输和安装阶段,也仅能约束钢板向外侧的分离,而不能限制其向内侧的变形。此外,设计时对加工精度、现场组拼方式等也需要进行细致的考虑。

1.4.2　钢板的屈曲

　　根据构造特征和受力状态,钢板-混凝土结构有多种破坏模式。从受力和制造加工的角度,外侧钢板的厚度通常为 6～30mm。当外侧钢板处于受压或受剪状态时,外侧相对较薄的钢板可能会产生局部屈曲。由于内部填充的混凝土能够防止钢板向内侧的鼓曲,而仅能在连接件之间的区域发生向外侧的弯曲,从而使得钢板的局部屈曲荷载明显提高。内部填充混凝土对钢板屈曲模式的影响如图 1-23 所示。

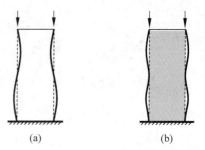

图 1-23　钢板局部屈曲示意图
(a) 纯钢结构;(b) 钢板-混凝土结构

　　与我们所熟悉的钢梁或钢柱等纯钢结构中的板件屈曲相比,钢板-混凝土结构的这种单侧的出平面凸曲模式的稳定性相对更好,并导致钢板屈曲的延迟,使得整个构件或结构具有更长的弹性工作范围,容易使钢板在屈曲之前就达到屈服应力;局部屈曲发生时,钢板有效模量的降低也较为缓慢,并能够在更大范围内发生屈曲,从而使得结构屈曲失效时的延性有所提高。

　　国内外学者针对钢板-混凝土的局部屈曲问题已开展很多研究。这些研究多针对不同的构造形式和荷载条件,通过模型试验测试了钢板的局部屈曲行为和抗压、抗剪能力。影响钢板屈曲性能的重要参数是连接件之间的间距与钢板厚度之比,也称为距厚比。已有试验的距厚比范围通常为 20～100。这一距厚比范围在工程中较容易实现,同时也能够比较有效地限制钢板的局部屈曲。在不同的距厚比条件下,钢板可能在弹性或弹塑性状态下发生屈曲。显然,距厚比越大,钢板的屈曲应力越低。

　　设计时通常应控制临界屈曲应力高于某一应力水平(例如屈服应力的 60%),计算时可以采用有效计算长度(距厚比)。当应力超过这一应力水平后,由于钢板的非弹性行为,其屈曲应力将低于按欧拉方程得到的屈曲应力计算值。结构的抗压承载力可采用同时考虑钢板与内部填充混凝土贡献的叠加法来计算,其中钢板的贡献可根据距厚比按屈服应力或屈曲应力来考虑。从经济性以及保证结构延性的角度出发,工程设计时通常应控制外侧钢板在达到承载力极限状态之前不发生局部屈曲,因此需要对距厚比也就是连接件的间距进行控制。

钢板与混凝土之间的连接件,除了传递钢板与混凝土之间的剪力,还起到减少钢板自由长度、约束其向外侧鼓曲的重要作用。因此确定连接件的间距或数量时,要同时考虑防止钢面板局部屈曲和界面抗剪的功能。各种型钢连接件以及贯穿整个内嵌混凝土的拉接构造,其法向刚度或拉拔能力通常都能够满足对钢板的约束要求。栓钉等连接件形式,则需要具有足够的锚固深度。根据试验结果,当栓钉埋入混凝土内的长度大于等于其直径的 8 倍时,可以认为其锚固能力足以起到限制钢板鼓曲的作用。

受混凝土部分变形能力的限制,钢板-混凝土结构通常不需要考虑钢板的屈曲后强度,因此可以按小挠度理论来分析其分岔屈曲。除承载力之外,局部屈曲也会导致结构刚度的降低。此外,钢板在制造和运输、安装过程中产生的几何缺陷和残余应力,都可能对局部屈曲产生影响。

1.5 施工关键问题

钢板-混凝土结构施工时,绝大部分采用了钢结构和混凝土结构的常规技术,包括钢结构的制造、运输、安装以及混凝土的制备、浇筑等。但为了进一步提升结构的建造效率和质量,使其充分发挥工业化建造方式的优势,需要充分考虑钢板-混凝土结构的特点,针对关键环节采取必要的专门措施。这些专门措施包括钢结构部分的模块化施工技术、提高混凝土密实度和减少收缩的保障措施、浇筑过程中钢结构的变形控制等。

需要说明的是,钢板-混凝土结构在施工时,通常不会产生各类混合结构体系施工时在前后工序衔接方面的困难。例如,国内超高层建筑中经常采用的混凝土核心筒+外钢框架结构体系,其中的混凝土核心筒与钢框架通常由不同的施工队伍或承包商完成。但这两种结构的精度控制标准不同,为避免钢结构在后续的施工安装时,因预埋部分的偏差过大而带来困难,需要采取严格的协调措施。但对于钢板-混凝土组合剪力墙,内部混凝土的浇筑施工与钢结构制造、安装完全独立,因此通常不会带来二者精度匹配方面的困难。

钢板-混凝土组合结构中的钢结构部分的大部分工序是在工厂预制完成的,对这部分工作的质量可以在工厂中方便地进行控制。在施工现场只需控制运输、吊装、安装及浇筑混凝土的质量。需要特别说明的是,钢板与混凝土之间的界面如果出现脱空,无论对于竖向还是水平受力的结构构件,都可能影响结构的受力性能和耐久性。因此,对于某些要求较高的结构,在建造或运营期间,需要检测钢板与混凝土之间的界面,在混凝土浇筑过程以及长期受荷过程中是否有脱空以及脱空程度多少。通常不宜采用开孔等有损检测方式。采用无损方法检测钢板与混凝土之间的脱空,包括脱空位置探查,以及脱空面积和脱空高度的检测等,是一项难度较大的专用技术,可能的技术路线包括冲击回波法、超声波法、中子射线法、红外热成像法等。

引起混凝土与钢板之间产生脱空有多种可能原因,如混凝土浇筑时钢构件下表面存在气室、振捣不密实等,而混凝土的收缩也是潜在的主要因素之一。虽然有研究表明,密闭于钢结构腔体内部混凝土的干缩进程将显著减慢,但自收缩等仍可能产生一定的影响。因此,对于易发生脱空的结构形式,如具有钢顶板的水平构件、钢板内侧连接件较少的构件以及内部有密集水平加劲或拉接构造的结构,可以考虑采用具有自流平特性和低收缩特性的混凝土。

以下对钢结构制造安装和混凝土浇筑中的几项关键问题进行简要说明。

1.5.1 钢结构模块划分及制造安装

如图 1-24 所示,钢板-混凝土结构的钢结构部分容易满足工厂化生产、装配化施工的要求,也非常适合模块化建造方式。为减少现场安装,特别是连接的工作量,钢结构模块越大越好。但是,过大的钢结构模块会给运输和吊装带来很大困难,需要在结构和施工方案设计时仔细考虑。例如,对于钢板-混凝土沉管隧道结构所使用的钢壳模块,由于与沉管节段的浮运工艺一脉相承,能够方便地利用自身浮力进行水上运输,因此预制钢结构部分的体量可以非常大,达到几千吨甚至更多,都在可以接受的范围内。但对于高层建筑剪力墙、核电厂房、桥塔及桥面结构所采用的钢模块,则需要根据工程所在位置的道路或水上运输条件以及现场吊装能力,来合理确定模块的大小。如果运输能力受到限制,一种变通的方式是,工厂制造的钢模块可以小一些,出厂运输至施工现场附近后,在临时车间内将较小的钢结构模块进行组拼,形成更大的模块后再进行安装和后续的混凝土浇筑。

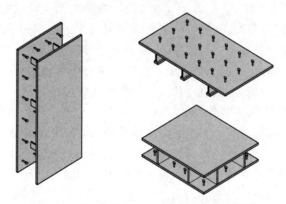

图 1-24　钢板-混凝土组合结构的钢结构模块

无论是竖向的剪力墙钢结构模块还是水平的组合桥面钢结构模块,都是在工厂内预制并在现场进行组拼和连接。控制钢结构在各个工序的制造精度,对于保障最终的结构质量和简化现场安装都有关键影响。这对于受力性能特别是对密闭性有很高要求的核安全壳结构、承压仓储结构、沉管隧道结构等,都具有更重要的意义。为了保证制造、安装精度,除了改进制造方法,特别是改进焊接工艺,还可以采取合理设置模块划分、优化连接构造、减少施工变形等措施。

钢结构模块或构件之间的连接方式,在很大程度上决定了施工工效以及总费用。焊接及螺栓连接都可以应用于钢板-混凝土结构的现场连接。由于钢板之间的拼缝通常较长,如果采用螺栓连接,不仅螺栓数量以及拼接钢板的数量较多,而且要保证螺栓孔有较高的加工精度。一旦加工误差过大,将严重影响工程质量和安装进度。此外,对构件的几何尺寸,包括钢板的平整度,也应提出较高的要求并采取相应的控制措施和检查措施。钢板-混凝土结构的钢模块或钢板连接,特别是在有较高密闭性要求等情况下,通常需采用焊接连接。焊接的现场工作量大,质量控制难度高,应尽量在设计阶段采取措施,避免形成大量不易施焊的内部焊缝、竖向焊缝和仰焊焊缝。通过开发适用的自动或半自动现场焊接设备,甚至焊接机器人,可以有效提高钢构件的组拼效率并提高焊接质量。

钢结构模块部分的质量检验主要包括焊接质量、几何尺寸等,特别是要保证连接件和钢板拉接构造的焊接质量。单钢板构件的检查较为方便。对于厚度较大的双钢板-混凝土结构,可以进入内部空间检查焊接质量。对于厚度较薄的构件,则可根据情况采用内部探查或外部无损检测等方式。

此外,预制模块中的钢板往往需要与混凝土基础、楼盖等其他结构进行连接,可以采用锚栓连接、钢筋搭接或焊接、预埋型钢等方式。除了在设计阶段尽量提出受力明确、构造简单、施工方便的合理连接方式和构造,在施工阶段也要特别注意保障这些连接部位的工程质量。

需要特别关注的是,钢板-混凝土结构中的钢结构部分,在施工过程和竣工投入使用后的受力状态有很大区别。当浇筑的混凝土达到一定强度之前,也就是形成整体共同工作之前,钢结构部分的承载力和刚度都比较低。此时,要仔细核算钢结构在运输、吊装特别是浇筑混凝土的过程中,其强度、稳定性以及变形能否满足要求。

1.5.2 竖向构件的混凝土浇筑

采用单侧钢板的钢板-混凝土结构也需要支模等工序,其浇筑方式与普通混凝土墙类似。由于受到钢板的很强约束,混凝土更容易因收缩等引起开裂,因此在配合比设计和后期养护等方面应采取更切实有效的措施。

对于双钢板组合剪力墙等竖向构件,则可以免模板施工。混凝土浇筑可以采用抛落的方式,如图1-25所示。这种方式利用混凝土坠落时的动能达到振实的效果,避免了繁重的现场振捣。采用高抛免振方式浇筑混凝土时,为达到较好的混凝土密实度,抛落高度控制在3~6m比较合适。因此,钢结构模块设计时也宜将高度控制在6m左右,否则可能需要在过高的钢结构模块上再设置额外的浇筑口。

对于内部构造复杂或钢筋密集的区域,例如墙体与基础或水平构件连接的部位,除采用自密实混凝土之外,也可能需要采取一定的振捣措施。由于钢板-混凝土结构通常不会具有类似圆钢管混凝土的很强的径向刚度,而且内部填充的混凝土方量较大,不宜采用顶升法将混凝土由结构下部泵入钢结构模块内部。

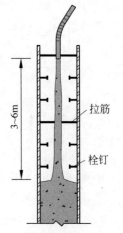

图1-25 高抛免振浇筑
混凝土示意图

混凝土浇筑速度是施工时需要慎重考虑的一个参数。钢板在施工阶段起到永久模板的作用,由于湿混凝土在初凝之前会产生很大的侧向压力,如果浇筑速度过快,就可能导致外侧钢面板内产生过大的应力和较大的永久凸起变形。这不仅会影响结构的外观,也会降低钢板的屈曲承载力。这一点与普通混凝土模板设计时所考虑的因素是一致的。考虑到钢结构模块较普通模板体系具有更高的自平衡刚度,但又具有更高的表面平整度要求,因此采用与普通混凝土结构相似的浇筑速度控制值即可。例如,设计时可以将7kPa作为浇筑过程中钢板侧向压力的控制值,则每次浇筑2m左右高度的混凝土,就可以满足这一要求。当然,混凝土的初凝时间受到温度、配合比等众多因素影响,设计和施工时应根据实际情况来确定合理的混凝土浇筑速度控制值。如果希望提高浇筑速度或加大一次浇筑的高度,可以通过增强钢板之间的拉接或采用早强混凝土来实现,当然这会付出增加结构材料用量的代价,设计时需要结合各方面的需求进行综合判断。

1.5.3 横向构件的混凝土浇筑

对于采用单层钢板的钢板-混凝土组合结构,例如桥梁中应用的钢板-混凝土组合桥面板,混凝土的浇筑工艺与普通混凝土板并无明显区别。由于省略了支模工艺,同时可以少设甚至不设钢筋,浇筑混凝土更为方便。

但对于采用双层钢板的钢板-混凝土组合结构,水平浇筑混凝土可能带来一定困难,主要是对混凝土与顶层钢板之间可能存在的脱空缺陷的担忧。因此,需要确保浇筑后顶部钢板下方没有空气或水所形成的空腔,对于竖直浇筑构件的水平隔板也有同样的要求。施工时,只能采用合理设计并经过验证的自密实混凝土进行浇筑,并合理选择浇筑方法。如图1-26所示,为达到这一点,需要设置合理的浇筑孔、连通孔、排气孔或排浆孔,也要对混凝土的流动性以及流动的路线和速度进行控制。目标是确保混凝土稳定地流入两块面板之间,并在流动过程中将空气和水排出到钢结构腔体之外。同时,也要密切监视钢板腔体内部的压强,避免压强过高引起钢板鼓起。控制混凝土的流向,更有利于排除空气。

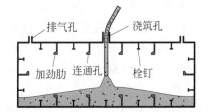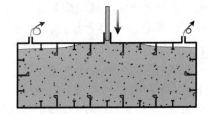

图 1-26　水平构件的混凝土浇筑示意图

双钢板-混凝土组合构件的混凝土浇筑质量主要靠控制配合比和浇筑方式来保证,通常不宜进行外部振捣。振捣容易使空气和水上浮到顶层钢板(包括竖向构件的水平内隔板)的底面并难以排出。对于排气孔,当有浆体而不是空气或水流出后,才可以进行封闭。对于没有气密要求的结构,为保证发生火灾时内部混凝土中水汽的排放,适当保留部分排气孔而不进行封闭,也是可供考虑的选择之一。

此外,当结构构件厚度较大时,混凝土浇筑时的水化热可能引起成型后结构尺寸的偏差以及内力重分布,必要时也应进行专门的分析并采取相应的控制措施。

综合采用高性能自密实混凝土、优化钢结构模块内部构造及施工工艺等措施,可以有效保障混凝土的浇筑质量。已有工程表明,采取上述措施后,完全能够保证构件内混凝土的密实度,并控制钢板与混凝土之间的脱空对结构性能的影响在可以忽略的范围内。

1.6 工程实例

1.6.1 超高层建筑钢板-混凝土组合剪力墙

超高层建筑需要承受巨大的竖向荷载和水平荷载。我国的超高层建筑多采用钢筋混凝土核心筒＋外框架（钢框架或组合结构框架）的混合结构体系,其中剪力墙既承受很大比例的竖向荷载,也是抵抗侧向地震作用和风荷载的主要构件。对于超高层结构,钢筋混凝土核心筒可承担约50%的总倾覆力矩以及80%以上的基底总剪力。

由于钢筋混凝土剪力墙刚度大、材料费用较低、防火性能好、设计和施工技术成熟等优势,其在高层及超高层建筑中得到了普遍应用。但由于混凝土材料在抗拉强度、抗剪强度以及延性方面的不足,为保证极限状态下的耗能能力和延性,设计规范对其轴压比即工作条件下的应力水平给出了严格限制,这导致超高层建筑中剪力墙墙体厚度偏大、自重偏高。由于超高层建筑的侧向作用更突出,作为主要抗侧力构件的剪力墙所占结构自重比例随建筑高度的增加也迅速上升。当建筑高度超过400m时,剪力墙占整个结构自重的比例将超过50%。这使得超高层建筑中混凝土剪力墙的工作效率大大降低,并影响到建筑的使用体验和经济效益。

此外,对于钢筋混凝土剪力墙,与钢框架、伸臂桁架等相连的节点,以及洞口和连梁的处理,也一直是结构设计和施工的难点,往往需要较为复杂的构造和繁琐的工序。施工方面,虽然开发了很多新型施工平台和施工工艺来提高混凝土剪力墙的施工效率,但钢筋混凝土核心筒的施工往往仍控制了整个建造周期。

针对混凝土剪力墙的不足,20世纪70年代开始,对完全由钢结构组成的钢板剪力墙开展了研究,并在少数工程中进行了应用[56]。钢板墙单元由内嵌钢板和竖向边缘构件（柱或竖肋）、水平边缘构件（梁或水平肋）构成（图1-27）。钢板墙的整体受力性能类似于底端嵌固的竖向悬臂梁:竖向边缘构件相当于翼缘,内嵌钢板相当于腹板,而水平边缘构件则可近似等效为横向加劲肋。

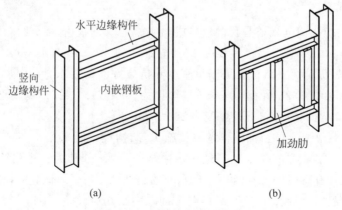

图 1-27 钢板剪力墙示意图

（a）非加劲钢板剪力墙；（b）加劲钢板剪力墙

对于带加劲肋的钢板剪力墙,加劲肋能有效地限制钢板的平面外屈曲,从而提高结构的屈曲承载力。未加劲的钢板剪力墙,可充分利用钢板的屈曲后强度。无论加劲与否,设计合理的钢板剪力墙结构都能够表现出优越的力学性能,包括较大的变形能力、良好的塑性和稳定的滞回特性等。

与混凝土剪力墙结构体系相比,钢板剪力墙结构在受力和施工方面具有很多优点,例如墙体厚度薄、结构自重轻、抗剪能力强、延性好,同时建造速度很快。但相对于混凝土剪力墙,钢板剪力墙的刚度较低,因此用于超高层建筑时,需要采取措施来提供附加的抗弯刚度。通常可在墙体端部或钢板剪力墙核心筒的角部,设置轴向刚度很大的柱子,来提高整个结构体系的抗弯刚度和抗倾覆能力。再有,钢板剪力墙在风和地震等水平作用下的屈曲荷载,受其所承受竖向压力的控制。钢板内过大的初始压应力,还会推迟张力场作用的发展。因此,设计和施工时需要采取措施,尽量使钢板在恒载作用下不承受或少承受竖向力。施工时通过延迟钢板与周边结构的连接时间,可以减少钢板的竖向应力。但这些措施很难完全消除钢板内的竖向应力,同时对钢结构安装以及结构在施工阶段的安全性也带来一定影响。再有,双面都完全暴露的钢板剪力墙的防火问题,以及较大风荷载作用下钢板鼓曲或螺栓滑移等引起的噪声问题,在设计时也需要特别予以关注。

为提高超高层建筑体系的经济技术效益,特别是解决随建筑高度增加而变得更为突出的抗侧力矛盾,以降低自重、增大延性、方便施工等为目标对剪力墙结构进行技术创新具有很大的实际价值。在钢筋混凝土剪力墙以及钢板剪力墙基础上发展起来的钢板-混凝土组合剪力墙,是重要的发展方向之一。

钢板-混凝土组合剪力墙,特别是钢板外置的双钢板结构形式,除了本章前面所述的在结构受力性能方面的优势,也可以显著提升超高层建筑的施工速度和施工质量。例如,传统的混凝土核心筒通常需3～5天施工一层,而采用双钢板-混凝土组合剪力墙之后,施工速度可以达到每天一层。结构高度越高,这种结构形式在施工效率方面带来的效益就越为显著。再有,由双钢板-混凝土剪力墙所构成的核心筒,可以采用与外部钢框架以及组合楼盖相似的工业化施工方式,结构体系各组成部分的进度更容易匹配。

以下对几个采用钢板-混凝土组合剪力墙的超高层建筑工程进行简要介绍。

1. 盐城电视塔

2011年建成的盐城电视塔是我国较早成功实施的双钢板-混凝土组合结构的实例[57]。电视塔总高195m,塔身平面形状为八边形,外轮廓尺寸为8.3m×8.3m。由于结构高宽比较大,采用常规钢筋混凝土结构无法满足刚度和抗裂方面的要求,因此塔身采用了双钢板-混凝土组合结构,如图1-28所示。塔身外墙厚度为300mm。根据所处高度不同,由下至上混凝土强度为C50～C30,外包钢板厚度为20～8mm。

为保证钢板与混凝土的协同工作并方便施工,结构设计时采用了多种构造措施,包括:每间隔800mm左右,设置一道竖向贯通的内隔板,将墙体分割为一系列箱形封闭区隔,同时在竖向内隔上开有直径80mm、间距500mm的连通孔;在每两道竖隔板之间格室的居中位置,设置对拉螺栓,直径为16～20mm,竖向间距为200mm。

2. 上海中心大厦

上海中心大厦总高632m,按7度地震设防设计。为减少混凝土核心筒的墙体厚度并提

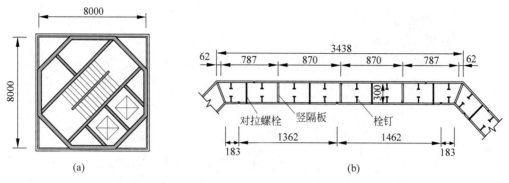

图 1-28 盐城电视塔双钢板-混凝土组合墙(单位:mm)

(a)塔身平面布置;(b)塔壁墙体典型构造

高延性,结构底部 8 层采用了内嵌钢板的组合剪力墙结构,并延伸至地下室中。内嵌钢板的厚度由抗剪需求性轴压比限值确定。同时,考虑到施工过程中的稳定性等要求,对内嵌钢板的厚度进行了限制:当墙厚小于 1m 时,钢板厚度不小于 15mm;当墙厚为 1~1.5m 时,钢板厚度不小于 20mm;当墙体厚度大于 1.5m 时,则采用双层内嵌钢板,且两层钢板之间的距离不小于 800mm。

对于内置钢板的组合剪力墙,由于钢板对外侧混凝土没有约束作用,因此混凝土内需要配置较多钢筋特别是拉接钢筋(图 1-29),给施工带来一定不便。

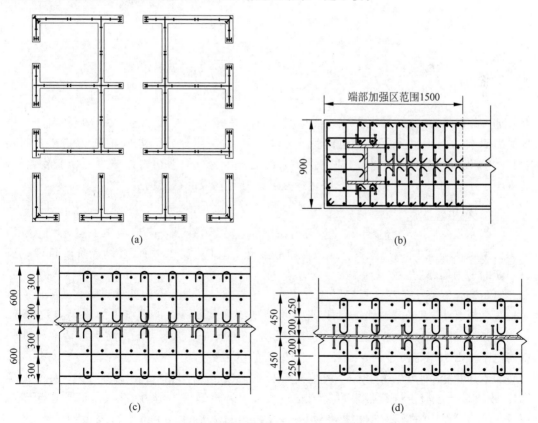

图 1-29 上海中心大厦内嵌钢板-混凝土组合剪力墙布置示意图(单位:mm)

(a)核心筒平面布置;(b)墙体端部加强区配筋;(c)1200mm 厚墙体构造;(d)900mm 厚墙体构造

3. 广州高德置地广场

广州珠江新城高德置地广场项目南塔楼,按 7 度抗震设防,共 54 层、高 282.8m。为满足基础承载力的要求,需要在保证刚度和承载力要求的前提下,尽量减轻上部结构的自重,因此在第 48~54 层采用了双钢板-混凝土组合剪力墙[58],基本构造如图 1-30 所示。

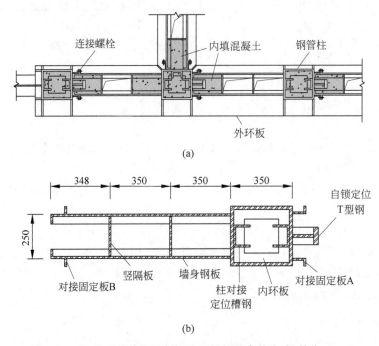

图 1-30　实、空交错填充混凝土的双钢板组合剪力墙(单位:mm)
(a) 典型墙体构造;(b) 钢结构单元

墙体厚度为 250mm,间隔 350mm 设置竖向内隔板,形成多个舱室。根据墙体各个部位的受力需求,舱室内可选择是否填充混凝土,从而可进一步降低结构的自重。另外,每间隔 3 个舱室,设置一个竖向钢管柱,柱内也填充混凝土。为方便钢结构部分的现场安装组拼,还采用了一套由自锁定位 T 型钢、固定钢板和螺栓等构成的连接构造。

4. 广州东塔

广州东塔(广州周大福金融中心)为超高层商业建筑,高 530m,地上 111 层,地下 5 层,采用巨型框架-核心筒结构体系。为减轻结构自重、增加建筑使用面积,设计阶段希望减少核心筒的剪力墙厚度。

应用高强混凝土是降低超高层建筑的轴压比或减少竖向承重构件截面的有效手段。但对于高强混凝土,由于其脆性较大,因此从保障结构延性和提高抗震能力的角度出发,设计规范对其在剪力墙中的应用进行了较严格限制。钢板-混凝土剪力墙的抗剪能力和延性较钢筋混凝土剪力墙有明显提升。对于内嵌钢板的组合剪力墙,增大配筋率能够提高对混凝土的约束作用,从而可以采用 C60 或更高标号的混凝土。但增大的墙体配筋率,会给钢筋绑扎、支模以及混凝土抗裂带来很多困难。如采用外包钢板的剪力墙结构,钢板在起到抗剪、抗压、抗拉作用的同时,也能够对内部混凝土进行约束,有利于高强混凝土的应用(图 1-31)。

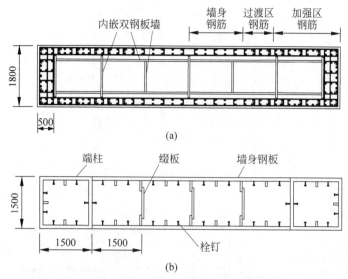

图 1-31　广州东塔核心筒剪力墙结构方案（单位：mm）

(a) 内嵌双层钢板-混凝土组合剪力墙；(b) 外包多腔钢板-混凝土组合剪力墙

广州东塔的开发商联合科研单位、设计单位、顾问单位对外包多腔钢板-混凝土组合剪力墙方案进行了研究[37]。研究表明，外包多腔钢板-混凝土组合剪力墙采用 C80 混凝土后，表现出了很好的受力性能，能够满足此类超高层建筑的受力和抗震需求。采用外包钢板的组合剪力墙方案，大幅降低了钢筋用量，墙体厚度可由 1800mm 减至 1500mm，不仅使结构自重明显减少，同时整个建筑增加的使用面积超过 1000m²，可产生良好的技术经济效益。

5. 珠海横琴总部大厦

珠海横琴总部大厦（二期）T2、T3 塔楼分别为 58、62 层的框架-核心筒结构，建筑高度分别为 273.7m、284.7m。其中，核心筒采用外包钢板多腔混凝土剪力墙，如图 1-32 所示。根据受力不同，两侧钢板之间采用缀板或竖向隔板进行连接。对于受力较大的墙端部，通过增加钢板厚度来提高墙的整体性能。

对于钢结构部分，均在工程预制成型后在现场进行组拼安装。钢结构模块按运输单元和吊装单元进行设计。运输单元的最大宽度不超过 3m，以方便公路运输。运输单元运抵工地现场后，在地面拼装形成吊装单元，并控制吊装单元的质量小于 25t。钢结构安装就位后，内部的混凝土采用高抛法进行浇筑施工。

6. 西雅图雷尼尔广场大厦

雷尼尔广场大厦（Rainier Square Tower）是美国西雅图第二高楼，共 58 层，高 259.6m，于 2020 年底建成。雷尼尔广场大厦采用了钢板-混凝土组合结构核心筒，也被称为 SpeedCore 系统，如图 1-33 所示。这种结构体系，由工厂内预制的钢结构模块在现场焊接组装后，在内部浇筑填充混凝土后形成。墙体厚度为 533～1143mm（21～45in），外层钢板基本厚度为 12.7mm（0.5in）。钢板之间设置直径为 25.4mm（1in）的拉筋，拉筋的横向和竖向间距均为 304.8mm（12in）。典型的预制墙体模块高 4.19m（13ft 9in）、宽 11.3m（37ft）。墙体之间的连梁采用矩形钢管内填混凝土的结构形式。整个工程共计使用约 500 个预制的

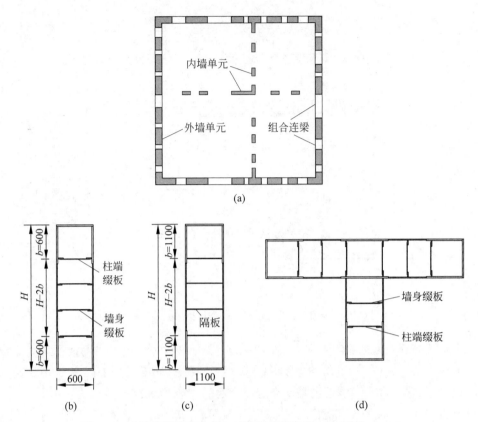

图 1-32　珠海横琴总部大厦(二期)塔楼组合剪力墙(单位：mm)

(a) 核心筒布置；(b) 内墙单元；(c) 外墙单元；(d) T 形墙单元

墙体单元。施工之前,该项目曾专门制作了 2 个足尺墙体单元模型,用来测试墙体单元运输、安装以及混凝土浇筑工艺的可行性。

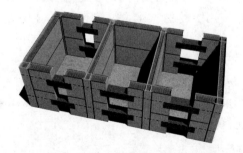

图 1-33　雷尼尔广场大厦钢板-混凝土结构核心筒

在地震作用下,核心筒首先通过钢连梁或组合结构连梁消耗地震能量,进一步还可以通过具有很高延性的墙体底部的塑性变形来耗能,从而使结构体系的抗震安全性大大提高。

除了很高的受力性能外,SpeedCore 系统的优势主要体现在施工速度方面。根据设计公司 MKA 对雷尼尔广场大厦的测算,如采用钢筋混凝土核心筒,结构施工需要 474 个工作日,而采用钢板-混凝土组合剪力墙核心筒,则仅需 377 个工作日。缩短的建造周期,将使整个工程在融资成本、管理费用、租金收入等方面获得数千万美元的巨大收益。

1.6.2 核电厂双钢板-混凝土结构

核电工程对安全性有非常高的要求,同时对缩短建造周期也有很强的需求。钢板-混凝土组合结构在以上两方面具有较强的竞争力,在核电工程中具有很大发展和应用潜力。

例如,双侧钢板内包混凝土的结构形式,使其能够在强震、事故热工况以及内、外部冲击等极端工况下展现更加可靠的结构强度、延性以及更稳定的密闭性和辐射屏蔽效果。结合其较高的承载力和刚度等力学性能特征,钢板-混凝土结构应用于核电厂中将更加灵活可靠,且可使厂房的布置更加紧凑。

在施工方面,钢板-混凝土结构的优势主要体现在模块化的建造方式。所谓模块化施工是指将建筑或结构的某部分组件、设备等在现场外集成为一体,形成一个具有更大尺度和更复杂功能的安装单元或模块,然后在现场进行一次性安装的施工过程。对于核电厂房,可以将部分厂房结构在车间或拼装场地组拼成大型结构模块,通过大型载具运往工地现场吊装就位并连成整体,然后在内部灌注混凝土。结构模块则由以钢板、槽钢、角钢、栓钉等形成的钢结构墙体、楼板等构件组成(图 1-34)。

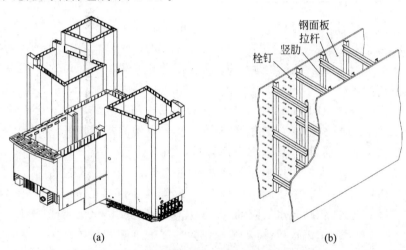

(a)　　　　　　　　　　　　　(b)

图 1-34　AP1000 核电站钢板-混凝土结构模块

(a) 典型结构模块;(b) 双钢板墙预制模块

模块化建造方式,有利于标准化设计、批量化生产,充分体现了工厂化制造、平行化施工,以及整体运输、吊装就位、现场装配的特征,在保障施工质量的前提下,可以有效提升核电站的建造速度。虽然钢结构模块本身的用钢量偏大,造价稍高,但考虑到工期缩短、节省用工以及质量提升带来的收益,总体上则能够节省成本。

美国能源部的评估表明,与原有的以钢筋混凝土和预应力混凝土结构为主的核电站建造技术相比,钢板-混凝土结构可使建造周期缩短至 4 年以内。文献[59]对采用钢板-混凝土组合结构的核电站安全壳的材料用量和施工速度进行了分析。材料用量对比如表 1-2 所示,从表 1-2 中可以看到,采用钢板-混凝土组合结构之后,减少了大约 8608 m^2 模板、2282t 钢筋、54t 不锈钢内衬钢板,增加了 98t 普通钢内衬钢板、640t 不锈钢钢结构、1401t 普通钢钢结构,而混凝土用量基本不变。从材料用量上看,钢板-混凝土组合结构并未节省,但由于可采用模块化施工方式,项目的建造质量、工作环境都得到改善,特别是施工周期能够明显缩短。根据测算,采用模块化施工方式后,包括 2 层防护结构在内的结构施工总周期,由混凝土方案的 16 个月,减少到组合结构方案的 13 个月。

表 1-2　某安全壳结构方案材料用量对比

项　目	单位	混凝土结构(A)	钢板组合结构(B)	差别(B−A)
混凝土	m³	7345	7345	—
平模板	m²	4249	—	−4249
曲面模板	m²	4359	—	−4359
钢筋($\phi 9 \sim \phi 35$)	t	839	82	−757
钢筋($\phi 44 \sim \phi 57$)	t	1566	40	−1525
不锈钢内衬钢板	t	225	4	−221
不锈钢内衬钢板(单钢板组合板)	t	—	167	+167
普通内衬钢板(单钢板组合板)	t	—	98	+98
不锈钢模块	t	—	640	+640
普通钢模块	t	—	1401	+1401

基于以上的优势,钢板-混凝土结构作为一种重要结构方案已应用于部分第三代核电站的建设。2002 年,日本东京电力公司在柏崎·刈羽核电站的固体废物焚烧炉厂房中首次全面应用了钢板-混凝土结构。该结构地上共 4 层,总建筑面积约为 1950m²。但由于 2011 年福岛核电站事故的影响,日本的核电建设已陷入停滞,短期内很难有新的工程应用。

美国在先进压水堆 AP1000 和 US-APWR 核电站内部密闭结构和安全壳的设计中,将钢板-混凝土结构及其模块化施工方式,作为第三代核电站的重要特征之一[60-61]。AP1000 机组目前已在我国浙江三门核电站、山东海阳核电站[62]以及美国 Vogtle 核电站的屏蔽厂房中得到应用,并取得了良好的技术经济效益。

我国自主研发的 CAP1400 等新一代核电站技术,也将钢板-混凝土结构作为屏蔽厂房的主要结构方案。此外,包括轻水反应堆(ALWRs)和小型模块化反应堆(SMRs)在内的下一代核电站,也在考虑使用钢板-混凝土结构作为主要的屏蔽和防护结构。但由于 20 世纪末至今新建核电项目在全世界范围内的减少,总体上的应用案例并不多。

1.6.3　钢板-混凝土沉管隧道

沉管隧道是跨越江河及海峡的主要方式之一,具有施工快速、截面灵活且空间利用率高、容易与周边路网接顺协调、综合造价较低等优点,近 100 年来在世界各国得到了比较普遍的应用。例如,我国于 2018 年建成通车的港珠澳大桥,在主航道范围内就采用了全长 5.6km 的海底沉管隧道。

根据材料不同,沉管隧道早期主要有钢壳隧道和混凝土隧道两种结构形式。出于历史习惯和各国需求的不同,北美较多采用钢壳沉管隧道,而欧洲国家则广泛采用钢筋混凝土沉管隧道。我国已建成的沉管隧道,包括港珠澳大桥的隧道段,都采用了钢筋混凝土管节。

20 世纪 80 年代,日本开始对由钢壳、纵横隔板、加劲肋和填充混凝土构成的隔舱式双钢板-混凝土组合沉管结构进行研究。这种结构在施工期间,内外钢面板通过纵、横隔板连为整体,并通过型钢加劲肋来提高钢壳的刚度;这种结构在运营期间,则通过纵横隔板以及型钢连接件、栓钉,使钢壳与混凝土协同工作、共同受力。钢结构的各个部件在施工期和运营期均能够充分发挥其材料性能,从而提升工程的总体效益指标。在研究的基础上,日本采用钢板-混凝土组合结构,先后建成了神户港港岛隧道(1999 年)、那霸隧道(2011 年)和新若户隧道(2012 年)。

　　我国的深中通道工程沉管隧道段长 5035m,由 26 个标准管节、6 个非标管节和 1 个水中最终接头组成。标准管节长度为 165m,横断面外廓尺寸为 46.00m×10.60m,行车孔净高度为 7.60m,顶底板结构厚度为 1.50m,重约 7.6 万 t。变宽管节截面最宽达到 55.46m。沉管隧道管节所采用的钢板-混凝土组合结构如图 1-35 所示。其中,单个标准隔舱的尺寸为 3.5m×3.0m×1.5m,内部浇筑约 15m³ 混凝土。

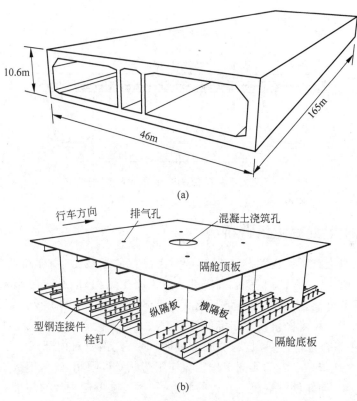

图 1-35　深中通道钢板-混凝土组合结构沉管隧道示意图
(a) 沉管节段;(b) 隔舱构造

1.6.4　钢板-混凝土组合桥面

　　减轻结构自重是提高桥梁跨越能力的重要途径。对于悬索桥、斜拉桥等大跨桥梁,正交异性钢桥面是有竞争力的一种桥面结构形式,具有自重轻、运输方便、施工快速等优点。但近些年的工程实践表明,正交异性钢桥面容易发生疲劳开裂、铺装层损坏等病害,对桥梁的耐久性、安全性有很大影响,并增加了运行维护的成本。通过结构形式的改进,特别是采用钢板-混凝土组合结构技术,可以有效解决正交异性钢桥面暴露出的上述问题。将普通混凝土替换为超高性能混凝土(UHPC)所形成的钢板-UHPC组合板,可以在有效降低结构自重的同时,进一步增强混凝土桥面的抗裂能力和耐久性。UHPC 是一种高强、高延性、极低渗透性的超高性能纤维增强混凝土。通过合理设计,其结构自重与包括沥青铺装在内的正交异性钢桥面相近,但刚度能够显著提升。

岳阳洞庭湖大桥是已建成的采用钢板-UHPC 组合桥面结构的最大跨径桥梁。该桥为主跨跨度 1480m 的悬索桥,主梁为板桁结合式加劲梁。主桁高 9.0m,宽 35.4m,桥面系与主桁架焊接成整体,共同承受竖向荷载。桥面板为钢板-UHPC 组合结构(图 1-36),由12mm 厚的正交异性钢桥面及 45mm 厚的 UHPC 后浇层构成,其上铺设 40mm 厚沥青铺装层。钢桥面板上焊接栓钉抗剪连接件,栓钉直径为 13mm,高为 35mm,纵横向间距为150mm。为进一步提升桥面的延性和抗裂能力,UHPC 层内密配 HRB400 钢筋网,钢筋保护层厚度为 15mm。

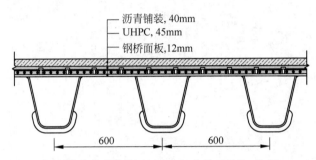

　　沥青铺装,40mm
　　UHPC,45mm
　　钢桥面板,12mm

图 1-36　洞庭湖大桥钢板-UHPC 组合桥面结构(单位:mm)

1.6.5　钢板-混凝土组合桥塔

索塔或桥墩是大跨桥梁的关键组成,需要具备良好的承载力、刚度和延性,同时对施工性能也有很高的需求。大部分桥塔或高墩都采用混凝土结构,但通过提高配筋率或增大截面等方式来增强其性能,有时很不经济且无法满足体系整体优化的需要。钢板-混凝土组合结构桥塔是提高大型桥梁经济技术指标的重要方法之一。为与钢管混凝土区别开,这里所说的钢板-混凝土组合桥塔,通常是指非圆形截面,即外侧钢板对内部核心混凝土的约束作用相对较低,更多地依靠二者的协同工作。在使用荷载及极限状态下,钢板主要起竖向受力和横向抗剪的作用,而非钢管混凝土在极限状态下,钢管主要起到环向约束的作用。除受力性能外,较快的施工速度和工业化的建造方式,也是钢板-混凝土组合桥塔相对于混凝土桥塔的主要优势。此外,钢板表面可以实现更高的光洁度、平整度和颜色选择,外观质量好,更易获得较好的美学效果。

1992 年建成于西班牙塞尔维亚的 Alamillo 大桥采用了无背索外包钢板-混凝土组合结构索塔,该桥为跨度 200m 的倾斜桥塔景观桥[63]。

2020 年建成通车的南京长江第五大桥(以下简称"南京五桥"),是我国首座采用钢板-混凝土组合结构索塔的大型桥梁。南京五桥的主桥为中央双索面的三塔斜拉桥,主跨跨度为 600m+600m。为提高纵向刚度,索塔纵向为钻石型布置。中塔高 175.4m,边塔高 167.7m。下塔柱为纵向双肢六边形截面,中塔柱为纵向双肢,每肢为单箱单室四边形截面,上塔柱则合并为单箱单室截面。钢板与内部混凝土之间通过开孔板连接件组合成整体。连接件起到防止钢板鼓曲的抗拔作用[64]、防止钢板与混凝土界面滑移的抗剪作用,同时在施工过程中还起到增强钢板刚度的作用。索塔基本构造参见图1-37。该桥在索塔塔壁内部仍配有一定数量纵横向钢筋,但索塔的大部分钢材由钢板构成。

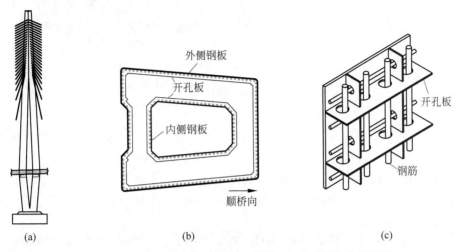

图1-37　南京长江第五大桥的钢板-混凝土组合索塔结构示意图

(a)索塔立面;(b)中塔柱单肢钢壳;(c)塔壁钢壳构造

索塔的钢结构外壳在工厂制造,标准节段高度为4.8m,由内外钢壁板、竖向加劲肋、水平加劲肋、栓钉等构成。塔壁厚度为1.2m,外侧钢板厚度为14~20mm,内侧钢板厚度为6mm,加劲肋间距为400mm。索塔钢材为Q345,混凝土强度等级为C50。该工程在索塔内部仍配置了大量穿过竖向和横向加劲肋的钢筋,这些钢筋起到主受力筋的作用。钢筋提前配置于钢结构节段内部,现场通过螺纹套筒进行连接。

经过测算,南京五桥采用钢板-混凝土组合结构索塔后,在力学性能与混凝土结构索塔接近甚至更优的情况下自重减轻约20%,在力学性能明显优于钢结构索塔的情况下用钢量可节约30%。由于结构刚度较高,组合索塔截面宽度比混凝土索塔可减少0.2m,比钢结构索塔减少1.2m,这对于索塔刚度要求高的多塔斜拉桥具有重要的价值。

1.6.6　其他工程领域

除房屋建筑、桥梁工程外,钢板-混凝土结构在地下工程、防护工程、海洋工程、支护工程、仓储或容器等工程领域也具有很大应用和发展潜力。

例如,钢板-混凝土结构可应用于隧道支护等工程。隧道衬砌要承受较大的围岩压力、地下水压力,因此对强度、耐久性和抗渗性的要求都较高。钢板-混凝土组合衬砌通过连接件将钢板与混凝土组合在一起来共同受力(图1-38(a)),可使衬砌的空间稳定性和承载能力大大提高,并利用钢板及高密实度的混凝土来增强衬砌的抗渗性和耐久性[65]。组合结构衬砌可预制成管片并现场进行组装,也可仅预制钢结构部分,待钢结构部分现场安装就位后再浇筑内部的混凝土。钢板与混凝土之间可以采用栓钉、J型钩、拉筋等连接方式,并根据需求在混凝土内配筋或不配筋。例如,日本IHI公司曾开发了多类钢板-混凝土组合管片结构(图1-38(b)),并在工程中对其进行了应用和检验。

钢板-混凝土结构也可应用于海洋平台、沉箱、漂浮结构、防波堤等海洋工程结构。

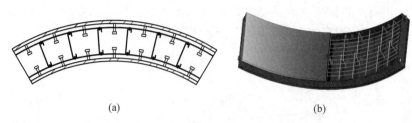

图 1-38　钢板-混凝土组合结构衬砌管片

(a) 双钢板-混凝土组合衬砌；(b) 单面钢板的组合衬砌

在北极等高寒海域,利用钢板-混凝土结构可以提高结构抗冰能力[66]。目前,此类结构还没有实际工程建成,但计算分析和初步设计表明,弧形截面的双层钢板-混凝土结构具有较高的面外强度和刚度,对于抵抗浮冰的冲击作用非常有效。其中,如何保证结构在温度、混凝土收缩以及冲击荷载下不发生界面剪切破坏并保持结构的完整性,是设计的关键问题。

文献[67]则对双钢板-混凝土组合结构应用于海洋风机吸力式沉箱基础的可行性进行了初步研究和设计。设计方案中,沉箱直径为 12.3m,筒壁厚度为 188mm,包括两侧厚 19mm 的钢板以及内填的 150mm 厚混凝土。计算分析表明,该结构方案具有较强的可行性。

对于漂浮式的海洋结构,其经济性与结构自重密切相关。对于组合结构或混凝土结构,其自重通常要高于传统的海洋钢结构。因此,如果将钢板-混凝土结构推广至海洋平台甚至船舶,特别需要加强在减轻自重方面的工作。文献[68]对双钢板-混凝土结构应用于大型货船承重甲板和浮式生产储存卸货船(FPSO)生产甲板的可行性进行了研究。研究表明,双钢板-混凝土结构可以应用于船舶和近海结构,其中最大困难是如何减轻结构自重并控制制造的成本。减轻自重可以通过采用轻质混凝土来解决。降低制造成本方面,则需要进一步发展更为便捷的混凝土浇筑方式,以及简单可靠的连接构造,这既包括钢板与内部混凝土之间的连接构造,也包括结构构件之间的连接构造。

在一些特殊的领域,钢板-混凝土组合结构也具有发展的潜力。例如,为满足高压气态储氢的应用需求,研发了一种由钢板和预应力混凝土所形成的钢板-混凝土组合储罐结构(steel concrete composite vessel,SCCV)[70]。这种结构可以有效解决高压储氢容器的两个关键难题,即高强度钢容器的高成本以及氢脆问题。SCCV 由钢制内壳和预应力混凝土外壳组成,如图 1-39 所示,通过内置的钢容器和预应力混凝土外壳共同承担高内压及结构载荷,通过采用较为常规的材料(普通结构钢和混凝土)和常规的制造工艺,来大幅降

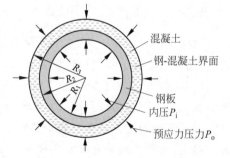

图 1-39　钢板-混凝土组合结构液氢储罐

低储氢容器的高昂成本。这也是钢板-混凝土组合结构的一个新的应用实例。

此外,应用钢板对混凝土结构进行加固,也是钢板-混凝土组合结构的一种应用形式。这种加固技术在国内很多工程中已获得成功应用,取得了很好的经济技术效益[71]。

参考文献

[1] 聂建国,陶慕轩,樊健生,等. 双钢板-混凝土组合剪力墙研究新进展[J]. 建筑结构,2011,41(12):52-60.

[2] WRIGHT H D,GALLOCHER S C. The behaviour of composite walling under construction and service loading[J]. Journal of Constructional Steel Research,1995,35:257-273.

[3] ZHAO Q H,ASTANEH A A. Cyclic behavior of traditional and innovative composite shear walls[J]. Journal of Structural Engineering,2004,130(2):271-284.

[4] 江志武,谢优胜,傅蓉,等. 高层钢管束混凝土组合结构住宅设计[J]. 建筑结构,2018,48(S1):84-87.

[5] AKIYAMA H,SEKIMOTO H,TANAKA M,et al. 1/10th Scale model test of inner concrete structure composed of concrete filled steel bearing wall[C]//Transactions of the 10th International Conference on Structural Mechanics in Reactor Technology (SMiRT-10). North Carolina State University,Raleigh,NC:IASMiRT,1989.

[6] SHODO A,ASAO K,TETSUYA O,et al. A study on the structural performance of SC thick walls:Part 1. Experiment of the SC thick wall[C]//Summaries of Technical Papers of Annual Meeting Architectural Institute of Japan. B-2,Structures II,Structural Dynamics Nuclear Power Plans. Architectural Institute of Japan,2003:1027-1028.

[7] SENER K C,VARMA A H,BOOTH P N,et al. Seismic behavior of a containment internal structure consisting of composite SC walls[J]. Nuclear Engineering and Design,2015,295:804-816.

[8] BOOTH P N,VARMA A H,SENER K C,et al. Seismic behavior and design of a primary shield structure consisting of steel-plate composite (SC) walls[J]. Nuclear Engineering and Design,2015,295:829-842.

[9] POLAK M A,VECCHIO F J. Reinforced concrete shell elements subjected to bending and membrane loads[J]. ACI Structural Journal,1994,91(3):261-268.

[10] MASAHIKO O,SHODO A,HIROSHI O,et al. Study on steel plate reinforced concrete panels subjected to cyclic in-plane shear[J]. Nuclear Engineering and Design,2004(228):225-244.

[11] VARMA A H,MALUSHTE S R,SENER K C,et al. Steel-plate composite (SC) walls for safety related nuclear facilities:Design for in-plane forces and out-of-plane moments [J]. Nuclear Engineering and Design,2014,269:240-249.

[12] SEO J,VARMA A H,SENER K C,et al. Steel-plate composite (SC) walls:In-plane shear behavior,database,and design[J]. Journal of Constructional Steel Research,2016,119(3):202-215.

[13] KURT E G,VARMA A H,BOOTH P N,et al. In-plane behavior and design of rectangular SC wall piers without boundary elements[J]. Journal of Structural Engineering,2016,142(6):04016026.

[14] SENER K C,VARMA A H,SEO J. Experimental and numerical investigation of the shear behavior of steel-plate composite (SC) beams without shear reinforcement[J]. Engineering Structures,2016,127(15):495-509.

[15] SENER K C,VARMA A H,BHARDWAJ S. Out-of-plane shear strength of SC walls:effects of additional forces[C]//SMiRT23. Marchester,UK:IASMiRT,2015.

[16] BOOTH P N,VARMA A H,SENER K C,et al. Flexural behavior and design of steel-plate composite (SC) walls for accident thermal loading[J]. Nuclear Engineering and Design,2015,295(12):817-828.

[17] SENER K C,VARMA A H. Steel-plate composite walls:Experimental database and design for out-of-plane shear[J]. Journal of Constructional Steel Research,2014,100(9):197-210.

[18] SENER K C,VARMA A H,AYHAN D. Steel-plate composite (SC) walls:Out-of-plane flexural behavior,database,and design[J]. Journal of Constructional Steel Research,2015,108:46-59.

[19] SEO J，VARMA A H. Experimental behavior and design of steel plate composite-to-reinforced concrete lap splice connections[J]. Journal of Structural Engineering，2017，143(5)：04017011.

[20] KATAYAMA S，FUJITA F，FURUWADA M，et al. Experimental study on a steel plate reinforced concrete structure（Part #33）：Pull-out tests on anchorage rebars of SC panels[C]//Summaries of Technical Papers of Annual Meeting. Architectural Institute of Japan，Tokyo，1999.

[21] SEO J，VARMA A H，WINKLER D. Preliminary investigation of joint shear strength of SC wall-to-wall T-joints [C]//SMiRT22. San Francisco，USA：IASMiRT，2013.

[22] SEO J，VARMA A H. Behavior and design of steel-plate composite wall-to-wall corner or L-joints [J]. Nuclear Engineering and Design，2017，323：317-328.

[23] VECCHIO F J，MCQUADE I. Towards improved modeling of steel-concrete composite wall elements [J]. Nuclear Engineering and Design，2011，241(8)：2629-2642.

[24] SOHEL K M A，RICHARD L J Y，YAN J B，et al. Behavior of steel-concrete-steel sandwich structures with lightweight cement composite and novel shear connectors[J]. Composite Structures，2012，94(12)：3500-3509.

[25] YAN J B，RICHARD L J Y，SOHEL K M A，et al. Push-out tests on J-hook connectors in steel-concrete-steel sandwich structure[J]. Materials & Structures，2014，47(10)：1693-1714.

[26] YAN J B，LIEW J Y R，ZHANG M H. Tensile resistance of J-hook connectors used in Steel-Concrete-Steel sandwich structure[J]. Journal of Constructional Steel Research，2014，100：146-162.

[27] 钢板混凝土结构抗震设计技术规程：JEAC 4618—2009[S]. 日本电力协会核能标准委员会，2009.

[28] KEPIC S. Specification for safety-related steel plate concrete structures for nuclear facilities：KEPIC-SNG 2010[S]. Board of KEPIC Policy，Structural Committee，Korea Electric Association，2010.

[29] Code requirements for nuclear safety-related concrete structures and commentary（metric）：ACI 349—06[S]. Farmington Hills，MI：American Concrete Institute，2006.

[30] Specification for safety-related steel structures for nuclear facilities：ANSI/AISC N690—18[S]. Chicago，IL：AISC，2018.

[31] 俞逸舟，宋晓冰，李林家. 钢板混凝土组合结构试验与理论研究现状[J]. 混凝土，2019(10)：54-61.

[32] 李国强，张晓光，沈祖炎. 钢板外包混凝土剪力墙板抗剪滞回性能试验研究[J]. 工业建筑，1995(6)：32-35.

[33] 吕西林，干淳洁，王威. 内置钢板钢筋混凝土剪力墙抗震性能研究[J]. 建筑结构学报，2009，30(5)：89-96.

[34] 孙建超，徐培福，肖从真，等. 钢板-混凝土组合剪力墙受剪性能试验研究[J]. 建筑结构，2008，38(6)：1-5.

[35] 郭彦林，董全利，周明. 防屈曲钢板剪力墙滞回性能理论与试验研究[J]. 建筑结构学报，2009，30(1)：31-39.

[36] 聂建国，卜凡民，樊健生. 低剪跨比双钢板-混凝土组合剪力墙抗震性能试验研究[J]. 建筑结构学报，2011，32(11)：74-81.

[37] 李盛勇，聂建国，刘付钧，等. 外包多腔钢板-混凝土组合剪力墙抗震性能试验研究[J]. 土木工程学报，2013，46(10)：26-38.

[38] 夏登荣，陈丽华，吴晓枫，等. 不同连接构造双钢板混凝土组合剪力墙试验研究[J]. 建筑结构，2019，49(14)：36-41，79.

[39] 聂建国，胡红松，李盛勇，等. 方钢管混凝土暗柱内嵌钢板-混凝土组合剪力墙抗震性能试验研究[J]. 建筑结构学报，2013，34(1)：52-60.

[40] 纪晓东，蒋飞明，钱稼茹，等. 钢管-双层钢板-混凝土组合剪力墙抗震性能试验研究[J]. 建筑结构学报，2013，34(6)：75-83.

[41] 杨悦，刘晶波，樊健生，等. 钢板-混凝土组合板受弯性能试验研究[J]. 建筑结构学报，2013，34(10)：

24-31.

[42] 范重,王金金,王义华,等.钢板混凝土组合剪力墙拉弯性能研究[J].建筑结构学报,2016,37(7):1-9.

[43] 范重,王金金,朱丹,等.钢板组合剪力墙轴心受拉性能研究[J].建筑钢结构进展,2016,18(5):10-18.

[44] 聂建国,胡红松.外包钢板-混凝土组合连梁试验研究(I):抗震性能[J].建筑结构学报,2014,35(5):1-9.

[45] 郭小农,邱丽秋,罗永峰,等.开洞双钢板组合剪力墙抗震性能试验[J].哈尔滨工业大学学报,2015,47(6):69-76.

[46] 朱秀云,潘蓉,林皋,等.基于荷载时程分析法的商用飞机撞击钢板混凝土结构安全壳的有限元分析[J].振动与冲击,2015,34(1):1-5.

[47] 方秦,吴昊,张涛.核电站在大型商用客机撞击下损伤破坏研究进展[J].建筑结构学报,2019,40(5):1-27.

[48] 王菲,刘晶波,韩鹏飞,等.核工程钢板混凝土墙防撞击贯穿实用计算方法[J].爆炸与冲击,2020,40(10):122-133.

[49] 彭先泽,杨军,李顺波,等.爆炸冲击载荷作用下双层钢板混凝土板与钢筋混凝土板动态响应对比研究[J].防灾科技学院学报,2012,14(3):18-23.

[50] 姜鹏飞,叶琳,伍俊.爆炸冲击波作用下钢板-混凝土组合结构受力性能分析[J].武汉理工大学学报,2013,35(5):95-98.

[51] 中华人民共和国住房和城乡建设部.钢板剪力墙技术规程:JGJ/T 380—2015[S].北京:中国建筑工业出版社,2015.

[52] 中华人民共和国住房和城乡建设部.组合结构设计规范:JGJ 138—2016[S].北京:中国建筑工业出版社,2016.

[53] 中华人民共和国住房和城乡建设部.高层建筑混凝土结构技术规程:JGJ 3—2010[S].北京:中国建筑工业出版社,2011.

[54] 中华人民共和国住房和城乡建设部.核电站钢板混凝土结构技术标准:GB/T 51340—2018[S].北京:中国计划出版社,2018.

[55] 中华人民共和国住房和城乡建设部,中华人民共和国国家质量监督检验检疫总局.钢-混凝土组合结构施工规范:GB 50901—2013[S].北京:中国建筑工业出版社,2013.

[56] 聂建国,樊健生,黄远,等.钢板剪力墙的试验研究[J].建筑结构学报,2010,31(9):1-8.

[57] 丁朝辉,江欢成,曾菁,等.双钢板-混凝土组合墙的大胆尝试:盐城电视塔结构设计[J].建筑结构.2011,41(12):87-91.

[58] 余银银,王仕琪.外包钢板与钢管混凝土空实剪力墙在某超高层结构中的应用[J].广东土木与建筑,2018,25(1):32-35.

[59] MUN T Y,SUN W S,KIM K K,et al. A study on the constructability of steel plate concrete structure for nuclear power plant[C]//Transactions of the Korean Nuclear Society Spring Meeting. Gyeongju,Korea,2008.

[60] Westinghouse Electric Company. Westinghouse AP1000 Design Control Document Rev. 17[R]. Cranberry Township:PA,2008.

[61] Mitsubishi Heavy Industries,Design Control Document for the US-APWR[R]. Tokyo,Japan,2011.

[62] 潘蓉,吴婧姝,张心斌.钢板混凝土结构在核电工程中应用的发展状况[J].工业建筑,2014,44(12):1-7.

[63] GUEST J K,DRAPER P,BILLINGTON D P. Santiago Calatrava's Alamillo Bridge and the idea of the structural engineer as artist[J]. Journal of Bridge Engineering,2013,18(10):936-945.

[64] 朱尧于,聂鑫,樊健生,等.薄开孔板连接件抗拔性能试验及理论研究[J].中国公路学报,2018,

31(9)：65-74.

[65] 聂建国,樊健生. 钢板-混凝土组合衬砌：CN200410049733.0[P]. 2009-02-04.

[66] MARSHALL P W, SOHEL K M A, RICHARD L J, et al. Development of SCS sandwich composite shell for arctic caissons[C]//Offshore Technology Conference. Houston, Texas, USA, 2012.

[67] MARSHALL P W, THANG V, CHEN J. Design applications of sandwich composite shells with enhanced bond[C]//Proceedings of the Annual Stability Conference. San Antonio, Texas: Structural Stability Research Council, 2017.

[68] GRAFTON T J, WEITZENBÖCK J R. Steel-concrete-steel sandwich structures in ship and offshore engineering[C]//Advances in Marine Structures. London: Taylor & Francis Group, 2011: 549-558.

[69] BOWERMAN H, COYLE N, CHAPMAN J C. An innovative steel-concrete construction system[J]. The Structural Engineer, 2002, 80(20): 33-38.

[70] JAWAD M, WANG Y L, FENG Z L. Steel-concrete composite pressure vessels for hydrogen storage at high pressures[J]. Journal of Pressure Vessel Technology, 2020, 142(2): 021404.

[71] 聂建国,李法雄,樊健生,等. 既有桥梁改造加固中的组合结构技术[C]. 第十九届全国桥梁学术会议,上海,2010.

第2章

钢板与混凝土间的连接

2.1 概述

在钢板-混凝土组合结构中,钢板能够承受面内各方向的内力,并在约束内部混凝土的同时起到抗渗、抗裂作用;混凝土主要承受压力,并对钢板提供单面支撑。为使两者组合成整体来共同工作,需要在钢板与混凝土之间设置连接件来传递两种材料间的界面剪力,同时,为提高钢板受压及受剪时的局部稳定性和防屈曲能力,连接件也需要具备抗拔能力。

按连接件的受剪变形能力,连接件可以分为刚性连接件(非延性连接件)与柔性连接件(延性连接件)[1]。在构件层面,这两类连接件的主要区别在于,当存在界面剪力时,各连接件承受的剪力是否会发生重分布。在极限状态(特别是承载能力极限状态)下,各连接件所承受的剪力趋于一致的为柔性连接件,反之为刚性连接件。刚性连接件容易在受压侧混凝土内引起较高的应力集中,在焊接质量有保障的条件下,破坏时表现为混凝土被压碎或发生剪切破坏。刚性连接件的抗剪强度很高,但变形能力和延性较差,达到极限强度后其承载能力将完全丧失,从而导致脆性破坏。柔性连接件虽然刚度较小,在剪力作用下会发生较大变形,但承载力不会降低。两者的典型荷载-滑移曲线如图 2-1 所示。

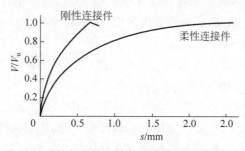

图 2-1 刚性与柔性连接件的荷载-滑移曲线对比

早期采用基于线弹性分析的容许应力法设计时,多采用刚性连接件,但目前已较少采用。目前较多采用栓钉、开孔钢板连接件(PBL)、角钢连接件、弯筋连接件、高强螺栓连接件、J 型钩等柔性连接件[2],也有部分结构采用 2 种及 2 种以上的连接件组合。以栓钉为代表的各类连接件已在钢-混凝土组合梁等组合构件中得到了普遍应用,技术已相对发展成熟。

与抗剪受力类似,连接件受拉性能也是由连接件本体、埋入混凝土的特性以及连接件与混凝土之间的相互作用等因素共同决定的。连接件的受拉荷载-位移关系,受多种因素影响,通常需要在试验测试基础上通过统计分析和简化处理得到。文献[3]采用组件法,给出了基于流变模型的栓钉连接件的抗拔计算方法,如图 2-2(a)所示。模型中,弹簧 S、P、CC 分别对应栓钉钉杆、整体拔出、混凝土锥体破坏等受力和失效模式。根据不同的构造或受力模式,采用不同的弹簧组合方式。同时,根据试验结果也给出了各弹簧组件的刚度系数或荷载-位移关系,例如对应混凝土锥体破坏的弹簧 CC 的拉拔力-位移关系,如图 2-2(b)所示。

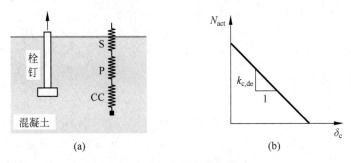

图 2-2 栓钉的抗拔分析模型
(a) 栓钉的拉拔弹簧模型;(b) 混凝土锥体破坏的拉拔力-位移曲线

对于钢板-混凝土组合结构,为进一步增强对钢板的约束,提高抗拔能力,同时也为增强结构在施工过程中面层钢板的稳定性,很多情况下还需要在两侧钢板之间设置对拉构造。这些各类形式的对拉构造,在很大程度上也能起到连接件的抗剪和抗拔作用。此外,这些对拉构造也可以充当钢筋混凝土结构中的腹筋,发挥抗剪桁架模型中拉杆的作用,提高钢板-混凝土结构的面外抗剪能力。再有,角钢等型钢连接件也可以作为面层钢板的加劲肋来发挥作用,提高钢结构部分在运输以及混凝土浇筑过程中的稳定性。

此外还需要补充说明的是,钢板与混凝土之间还存在一定黏结力。当有可靠的构造措施时,这类黏结力也具有一定的抗拉与抗剪强度,并发挥客观的界面连接作用。但是,当界面没有机械连接件时,在界面作用超出化学黏结强度后,这种黏结作用将被破坏且无法恢复。另外,受混凝土收缩、温度、疲劳等作用的影响,如要可靠维持结构使用期内的黏结力,也需要采取特别的界面增强措施。

根据已有研究,普通混凝土与钢板直接黏结的抗剪强度较低[4],在理想受力环境及钢板无锈的条件下约为 0.4MPa,开裂后摩擦系数仅为 0.2 左右[5],因此实际应用时一般忽略两者的黏结作用,需布置栓钉等连接件以保证协同工作。考虑到超高性能混凝土(UHPC)具有更高的抗拉强度和延性,黏结性也优于普通混凝土,如能采用合理的界面构造来保证黏结性能的充分发挥,将能够有效减少连接件数量并降低施工难度[6]。Buitelaar 等就 UHPC 应用于钢结构桥面铺装的问题进行了研究[7]。试验表明,增加环氧树脂和粗糙层的界面处理方式能有效增强 UHPC 与钢板之间的黏结。采用撒入花岗岩(或矾土)的环氧胶黏剂处理后,在纯拉条件下界面黏结强度为 3～5MPa,在受弯作用下界面剪切黏结强度则可达 11～13MPa。2.5 节对钢板与 UHPC 之间的黏结性能进行了分析说明。

2.2　连接件特点及构造

本节对各类钢板-混凝土组合结构中可能用到的连接件进行简要介绍。

2.2.1　栓钉连接件

栓钉(shear stud)是目前应用最广泛、综合性能最好的连接件[8]，属于延性连接件，抗剪和抗拔能力都较强。可以通过自动或半自动专用焊机将栓钉焊接于钢板上，这样工效高，焊接质量有保证。图 2-3 为栓钉的焊接过程。焊接时将栓钉一端外套瓷环，利用栓钉本身作为金属电极，通过短时间的电弧燃烧使栓钉和钢板同时熔化，然后给栓钉施加一定压力，从而完成焊接。为防止熔化的金属飞溅损失，焊接时应使用配套的瓷环。采用这种工艺焊接的栓钉，钉杆全截面都与钢板焊接为一体，同时由于焊脚位置截面增大，从而使焊接位置的强度高于栓钉钉杆的强度。栓钉沿任意方向的强度和刚度相同，方便其在钢板及混凝土内的布置。目前常用的栓钉直径为 16mm、19mm 和 22mm，这几种直径的栓钉，按常规工艺能够保障钉杆全截面熔透。当采用直径 25mm 的栓钉时，则需要特别注意其焊接质量。

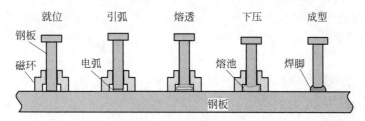

图 2-3　栓钉焊接过程

栓钉连接件的构造一般需满足下列规定：

(1) 栓钉的杆径不应大于钢板厚度的 1.5 倍，栓钉的长度不宜小于栓钉杆径的 8 倍，主要目的是避免焊接时对钢板的损伤过大，同时保障栓钉有较强的抗拔能力。

(2) 栓钉间距不应小于栓钉直径的 4 倍，栓钉的边距不宜小于栓钉杆径的 1.5 倍，主要目的是保证栓钉在混凝土内有充分的锚固。

(3) 除栓钉连接件外，对于钢板混凝土组合剪力墙，其两侧钢板还应由对拉钢筋、钢隔板或型钢组成的钢桁架等对拉体系进行连接。

栓钉连接件因其良好的受力性能以及方便施工，已普遍应用于各类钢板-混凝土结构中。作为抗剪、抗拔连接件，栓钉既可以单独使用(图 2-4)，也可以作为其他类型连接件的补充而联合使用。

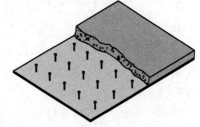

图 2-4　组合板中的栓钉连接件布置

2.2.2　开孔钢板连接件

开孔钢板连接件最早由德国 Leonhardt and Partners[9] 公司提出并在委内瑞拉的

Third Caroni 桥进行应用,其主要目的是解决连接件潜在的疲劳问题。由于当时采用的名称为 Perfobond Leiste,因此有时也简称为 PBL 连接件。

开孔钢板连接件由焊接于钢板上的开孔钢板以及孔中设置的贯穿钢筋构成,如图 2-5

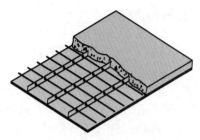

图 2-5　开孔钢板连接件示意图

所示。当混凝土硬化后,通过开孔钢板、贯穿钢筋、混凝土榫三者的共同作用来传递纵向剪力,同时起到竖向抗拔的作用。开孔钢板连接件制作方便,仅需在钢板上进行开孔,然后用两道连续角焊缝就可以方便地焊接于钢板,具有较高的承载力和刚度。

除了具有很强的抗剪和抗拔作用外,开孔钢板连接件在施工阶段,即混凝土硬化之前,也起到对面层钢板进行加劲的作用,能够有效提高钢结构在施工过程中的稳定性。

开孔钢板连接件的构造通常宜满足下列规定:

(1) 连接件多列布置时,相邻开孔钢板的间距不宜小于板高的 3 倍。

(2) 钢板厚度不宜小于 12mm。

(3) 孔径不宜小于贯通钢筋直径与骨料最大粒径之和。

(4) 贯通钢筋应采用螺纹钢筋,直径不宜小于 12mm,并宜居中设置。

(5) 相邻两孔最小边缘间距应满足下式要求:

$$e \geqslant V_{pu}/(tf_{vd}) \tag{2-1}$$

式中,e——开孔钢板连接件相邻两孔的最小边缘间距;

V_{pu}——开孔钢板连接件抗剪承载力设计值;

t——开孔钢板连接件的钢板厚度;

f_{vd}——钢板的抗剪强度设计值。

需要说明的是,上述要求被很多规范和工程所采用,但针对某些工程需求,例如更强调连接件的加劲作用时,也可以采用较薄的开孔钢板。此外,也有些试验表明,贯通钢筋是否在孔内居中设置,对连接件的受力并无明显影响。

2.2.3　型钢连接件

角钢连接件是一种型钢连接件,其加工制造过程较为简便,只需要采用常规的角焊缝将角钢与相连的钢板焊接起来即可,通过常规构造和焊缝质量检测即可保证角钢连接件的力学性能(图 2-6)。该类连接件的强度和刚度很高,是一种延性连接件[10]。

角钢连接件除了具有传递剪力、拉拔力的作用以外,还可以提高钢板的面外刚度,减少施工阶段的面外鼓曲,即在施工期起到加劲肋的作用。当混凝土硬化后,角钢连接件在使用阶段则能够约束钢板受压发生向外侧的屈曲,并作为连接件保证钢与混凝土共同工作。所以角钢连接件在施工阶段和使用阶段均能够发

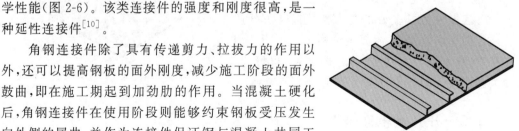

图 2-6　角钢连接件布置示意图

挥很大的作用。

　　T 型钢连接件受力模式与角钢连接件类似。当 T 型钢与角钢的翼缘宽度相同时,荷载作用下 T 型钢的翼缘变形更小,说明其翼缘在与混凝土接触挤压过程中能起到更好的锚固作用。T 型钢连接件的承载力和刚度均高于同规格的角钢连接件,受拉拔破坏模式是双侧的楔形体破坏。

　　角钢或 T 型钢连接件宜采用型钢制作。如果没有合适的型钢规格,或者对连接件的截面形状有特殊要求,也可以采用由两块钢板组成的焊接截面,如图 2-7 所示。

　　球扁钢是广泛应用于造船行业的型材,其截面形状根据加劲的需求进行了优化,非常有利于增强施工阶段钢板的稳定性。但球扁钢作为埋入混凝土内的抗剪、抗拔连接件使用的相关研究还比较少,但总体来看,球扁钢连接件与角钢或 T 型钢连接件的受力性能相似。

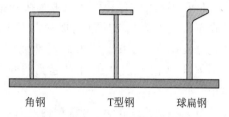

　　　角钢　　　T 型钢　　　球扁钢

图 2-7　角钢、T 型钢、球扁钢连接件

　　角钢、T 型钢及球扁钢连接件的构造通常需要满足下列要求:

　　(1) 连接件之间的间距 s_{ri} 不宜过小,宜大于 10 倍连接件高度。

　　(2) 为了减少混凝土浇筑时钢板的面外鼓曲,提高其抗屈曲性能,连接件的间距 s_{ri} 也不宜过大,需满足下式:

$$s_{ri}/t_{sw} \leqslant 60\sqrt{235/f_y} \tag{2-2}$$

式中,t_{sw}——钢板的厚度;

　　　f_y——钢板的屈服强度。

　　(3) 角钢腹板厚度不应小于钢板厚度的 1/5,且不应小于 5mm;腹板高度不应小于 10 倍腹板厚度;翼缘板宽度不应小于 5 倍腹板厚度。

2.2.4　螺栓连接件

　　螺栓连接件通常穿透混凝土将两侧钢板对拉在一起,同时也起到抗拔和抗剪的作用。

　　采用全螺栓连接的双钢板混凝土组合结构,可以避免焊接带来的不利影响。在外荷载作用下,对拉螺栓能有效防止钢板局部屈曲,钢板在往复荷载作用下的受力性能,随着对拉螺栓间距的减小而增强。由于需要在钢板上开孔来安装对拉螺栓,对面板有一定的削弱,同时钢板外侧设置的螺帽也对结构外观造成一定的影响。

　　此外,后装螺栓方法也可以用于利用钢板对混凝土结构进行加固的情况,例如对于隧道衬砌或混凝土箱梁底面进行加固时,可利用螺栓将钢板与既有的混凝土连接成整体。

　　为满足钢板在受力过程中的稳定性要求,对拉螺栓的间距 s_{st} 与外侧钢板厚度 t_{sw} 的比值宜满足下式要求:

$$s_{st}/t_{sw} \leqslant 40\sqrt{235/f_y} \tag{2-3}$$

2.2.5　J 型钩连接件

　　为了提供施工便捷性,解决 Bi-steel 组合结构尺寸受制造装备限制等问题,文献[11]提出了如图 2-8 所示的互锁 J 型钩连接件形式。这类连接件适用于厚度较小的双钢板-混凝土结构。连接件分别焊接于面层钢板的内侧且弯钩方向互相垂直,只要保证弯钩焊接定位准确,安装时可以方便地将其两两互相钩住。由于避免了在两侧钢板内侧的焊接作业,该类连接件可应用于厚度较小的双钢板-混凝土板中。

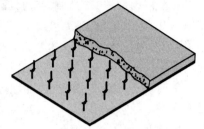

图 2-8　J 型钩连接件示意图
（只示意了单侧钢板）

J 型钩连接件容易可靠地被焊接到钢板上,从而保证在正常设计荷载作用下钢板和混凝土之间组合作用的充分发挥,并约束钢面板的局部屈曲。在冲击荷载作用下,J 型钩连接件也可以起到防止钢面板分离的作用。

对于 J 型钩连接件,可将钢筋冷弯制造,也可锻造加工,其直径、高度、弯钩半径等参数取决于承载力和加工工艺的要求,并受结构总体厚度限制。

2.3　连接件抗剪性能及设计方法

对于钢板-混凝土组合结构,当受到面外剪力作用时,由力的平衡关系可知,钢板与混凝土之间存在界面剪力。此外,当荷载或内力由钢板或混凝土单独承担时,在其向整个组合截面传递的过程中,也会产生钢板与混凝土之间的界面剪力。这种情况可能发生于钢板局部受面内荷载,以及组合墙与基础锚固连接等情况。对于界面剪力通常需要设置连接件来抵抗,同时也要将钢板与混凝土之间的滑移或错动限制在很低的水平,以保证组合作用的充分发挥,即对连接件的强度和刚度都应有一定的要求。需要说明的是,如果构件平面内的荷载或内力均匀施加于整个组合截面上,例如钢板-混凝土组合墙均匀受压的情况,钢板与混凝土之间并不会存在界面剪力。但是,当混凝土开裂或钢材屈服之后,两种材料之间如果发生内力重分布,仍会有一定的界面剪力产生。

因此,对连接件进行抗剪设计时,首先需要确定连接件受力的大小,其次需要验算其承载力和刚度。

2.3.1　抗剪需求

连接件的抗剪性能控制着钢板-混凝土组合结构的组合性能、界面抗剪承载力以及钢板与混凝土之间的滑移。当钢板与混凝土之间存在界面剪力时,承载能力极限状态下延性连接件和刚性连接件的剪力分布分别如图 2-9 所示[12]。对于延性连接件,各个连接件提供相同的抗剪贡献。而对于刚性连接件,每个连接件提供的剪力并不是均匀分布的,而是接近于三角形分布。显然,采用延性连接件时应力分布更为均匀,并方便布置。

对钢板-混凝土之间的连接件进行抗剪计算时,需要考虑两种受力模式,即钢板面内局部受拉引起的界面受剪,以及钢板-混凝土结构面外受剪引起的界面受剪。

模式一:钢板面内局部受拉状态。当拉力单独作用在钢板上且钢板达到屈服时,钢板与混凝土之间不应发生界面剪切破坏,如图 2-10 所示。钢板的锚固长度 L_d 定义为,将拉力

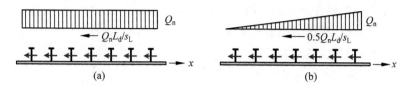

图 2-9 界面剪力作用极限状态下的连接件剪力分布

（a）延性连接件；（b）刚性连接件

只作用于钢板上时,可以使拉力达到钢板屈服承载力的锚固长度,其定义与钢筋在混凝土内锚固长度的定义类似。文献[13]建议可取 L_d 为构件厚度的 2～3 倍。此时连接件应具有足够的抗剪强度,计算模型如图 2-10 所示,并应满足式（2-4）的要求:

$$Q_{cv} \frac{L_d}{s_L} \geqslant s_T t_p f_y \tag{2-4}$$

式中,L_d——钢板锚固长度,一般设计为组合构件厚度 t_{sc} 的 2～3 倍;

s_T、s_L——连接件的横向和纵向间距;

t_p——钢板厚度;

Q_{cv}——连接件的抗剪承载力;

f_y——钢板的屈服强度。

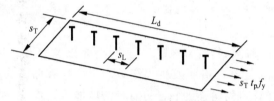

图 2-10 钢板面内受拉并屈服

如果在设计连接件时,沿钢板两个垂直方向的间距相同,那么在确定单个连接件抗剪承载力的基础上,其布置间距 s 按下式计算:

$$s \leqslant c_1 \sqrt{\frac{Q_{cv} L_d}{f_y t_p}} \tag{2-5}$$

式中,c_1——连接件类型调整系数,对于延性连接件取 1.0,对于刚性连接件取 0.7。

模式二:钢板-混凝土结构面外受剪。在钢板-混凝土结构受到面外剪力时,钢板与混凝土之间产生的界面剪力也可能引起连接件破坏,受力模式如图 2-11 所示。

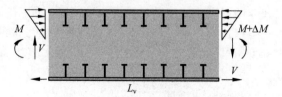

图 2-11 钢板-混凝土结构面外受剪

当面外剪力 V 施加在组合结构上时,在 L_v 的距离上将会产生弯矩的变化量 ΔM。在极限状态下,受拉侧的混凝土开裂,仅钢板参与受力,受压侧的混凝土和钢板产生的合力与受拉侧合力平衡。受拉侧合力与受压侧合力的距离可取为 $0.9t_{sc}$，t_{sc} 为组合构件厚度。为避免出现界面剪切破坏，需要满足下式要求：

$$Q_{cv} \frac{L_v}{s_L} \geqslant \frac{\Delta M}{0.9t_{sc}} s_T \tag{2-6}$$

$$\frac{\Delta M}{L_v} = V_c \tag{2-7}$$

如果连接件沿两个垂直方向的间距相同，则其间距 s 可按下式计算：

$$s \leqslant c_1 \sqrt{\frac{Q_{cv} \times 0.9t_{sc}}{V_c}} \tag{2-8}$$

式中，V_c——钢板-混凝土组合结构的面外抗剪承载力。

2.3.2　抗剪承载力计算

1. 栓钉连接件

根据栓钉强度与混凝土强度的相对关系，栓钉推出试验有混凝土受压破坏和栓钉受剪破坏两类破坏形态。

如果混凝土强度相对较低，推出试件破坏时表现为栓钉前方受压侧的混凝土发生局部压碎或劈裂破坏。这种情况一般表现为延性破坏，极限抗剪承载力随混凝土强度的提高和栓钉直径的增大而提高。

如果混凝土强度相对较高，栓钉将在竖向拉力、弯矩以及剪力的共同作用下发生断裂，某些情况下可能因焊缝质量不合格而发生焊缝破坏。这种破坏模式通常表现出较强的脆性，其极限抗剪承载力随栓钉材料强度和栓钉直径的增加而提高。

因此，影响栓钉抗剪承载力的主要因素有混凝土抗压强度（设计值）f_c、栓钉钉杆截面面积 A_s、栓钉抗拉强度 f 和栓钉高度 h。例如，《公路钢结构桥梁设计规范》(JTG D64—2015)[14] 规定，当栓钉的长径比 $h/d_s \geqslant 4.0$（h 为栓钉高度，d_s 为栓钉直径）时，抗剪承载力 Q_{cv} 设计值按下式计算：

$$Q_{cv} = 0.43A_s \sqrt{E_c f_c} \leqslant 0.7A_s f_u \tag{2-9}$$

式中，E_c——混凝土弹性模量；

　　　A_s——栓钉钉杆截面面积；

　　　f_u——栓钉材料的极限抗拉强度设计值。

栓钉的抗剪承载力并非随混凝土强度的提高而无限提高，还存在一个与栓钉抗拉强度有关的上限值。即混凝土强度达到一定的程度后，连接件将发生根部的剪切破坏。在《核电站钢板混凝土结构技术标准》(GB/T 51340—2018)[15] 中，其上限值为 $0.75A_s f_u$，其中 f_u 为栓钉的极限抗拉强度。

美国桥梁规范[16] 和欧洲规范[17] 中的设计公式分别如式(2-10)、式(2-11)所示。其在形式上与中国规范相同，但在具体参数取值上有所不同。

$$Q_{cv} = 0.5\varphi_{sc} A_s \sqrt{E_c f_c} \leqslant \varphi_{sc} A_s f \tag{2-10}$$

$$Q_{cv} = 0.29\alpha d_s^2 \sqrt{E_c f_c}/1.25 \leqslant 0.8A_s f/1.25 \tag{2-11}$$

式中,α——长径比影响系数,当栓钉长径比小于 4 时取 $0.2(h/d_s+1)$,当栓钉长径比大于 4 时取 1.0;

φ_{sc}——剪力连接件的抗力系数。

UHPC 材料用于组合结构时可以有效减轻结构自重,减少截面尺寸并提高承载能力。文献[18]等对 UHPC 中短栓钉抗剪承载力进行了深入研究,发现现有国内外规范低估了 UHPC 中短栓钉的抗剪承载力,并提出如下式所示的设计公式:

$$Q_{cv} = (0.85 + f_c/f)A_s f/1.25 \qquad (2\text{-}12)$$

2. 开孔钢板连接件

影响开孔钢板连接件承载力的因素很多,如钢板开口大小及间距、混凝土强度、横向贯通钢筋的直径及强度等。国内外学者对开孔钢板连接件开展了试验研究,并且研究成果在部分工程中得到了应用。《公路钢结构桥梁设计规范》(JTG D64—2015)[14]中给出了开孔钢板连接件的抗剪承载力计算公式:

$$Q_{cv} = 1.4(d_p^2 - d_s^2)f_c + 1.2d_s^2 f_s \qquad (2\text{-}13)$$

式中,d_p——开孔直径;

d_s——贯通钢筋直径;

f_s——贯通钢筋屈服强度设计值。

除了规范外,诸多学者也提出了其他计算公式,考虑的因素主要包含混凝土榫以及贯通钢筋的作用等,因此在进行设计时若采用此类连接件,除应参考现有规范外,如有条件也应开展必要的试验验证工作。

3. 角钢及 T 型钢连接件

目前对角钢连接件的受力性能、设计方法等相关研究还较少。文献[10,19]通过开展不同尺寸以及混凝土标号下的角钢推出试验对其抗剪性能进行研究。

试验主要采用角钢连接件,角钢规格包括 7 种:L80×50×6、L150×90×8、L150×90×10、L150×90×12、L180×110×10、L200×125×10、L200×125×12。另外,也测试了 T 型钢连接件的受力性能,规格为 T150×90×10。如图 2-12 所示,全部连接件的宽度均为 300mm,与混凝土板宽度相同。对于脱空构件,在角钢根部设置三棱柱脱空形体,脱空高度为 10mm 和 20mm,脱空长度和高度之比为 10。对于混凝土处于受压状态的试件,采用传统推出试验进行模拟,对于混凝土处于受拉状态的试件,将推出试件的混凝土板内侧垫起,

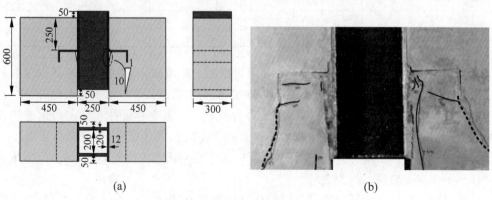

图 2-12 考虑浇筑缺陷的连接件推出试验(单位:mm)

(a)试件尺寸示意;(b)典型破坏形式

外侧用螺杆进行约束。此外,还考虑了角钢方向对受力性能的影响。对于反向布置的连接件,角钢肢尖朝上。

总体来说,试件改变的参数主要包括:角钢尺寸、连接件形式、脱空尺寸、混凝土强度、是否设置开孔、混凝土受拉/受压状态等。试件详细参数如表 2-1 所示,其中,"正"和"反"分别代表正向连接件和反向连接件,"拉"和"压"分别代表混凝土受拉连接件和受压连接件。

表 2-1 抗剪连接件试验详细参数表

试件编号	变化参数	数量	角钢及 T 型钢型号	混凝土尺寸/(mm×mm×mm)	翼缘厚度/mm	混凝土等级	混凝土状态	是否开孔	脱空尺寸/(mm×mm×mm)	受力方向
T1	基本试件	3	L150×90×10	300×450×600	12	C40	压	否	—	正
T2	混凝土强度	3	L150×90×10	300×450×600	12	C60	压	否	—	正
T3	拉压状态	3	L150×90×10	300×450×600	18	C40	拉	否	—	正
T4	拉压状态	3	L150×90×10	300×450×600	18	C60	拉	否	—	正
T5	设置开孔	3	L150×90×10	300×450×600	12	C40	压	是	—	正
T6	设置开孔	3	L150×90×10	300×450×600	18	C40	拉	是	—	正
T7	混凝土脱空	3	L150×90×10	300×450×600	12	C40	压	否	300×50×5	正
T8	混凝土脱空	3	L150×90×10	300×450×600	12	C40	压	否	300×100×10	正
T9	混凝土脱空	3	L150×90×10	300×450×600	12	C40	压	是	300×100×10	正
T10	混凝土脱空	3	L150×90×10	300×450×600	18	C40	拉	是	300×100×10	正
T11	混凝土脱空	3	L150×90×10	300×450×600	12	C40	压	否	300×200×20	正
T12	受力方向	3	L150×90×10	300×450×600	12	C40	压	否	—	反
T13	翼缘厚度	3	L150×90×10	300×450×600	18	C40	压	否	—	正
T14	板件厚度	3	L150×90×8	300×450×600	12	C40	压	否	—	正
T15	板件厚度	3	L150×90×12	300×450×600	12	C40	压	否	—	正
T16	试件尺寸	3	L80×50×6	300×450×600	12	C40	压	否	—	正
T17	连接件尺寸	3	L180×110×10	300×450×600	12	C40	压	否	—	正
T18	混凝土强度	3	L180×110×10	300×450×600	12	C60	压	否	—	正
T19	混凝土脱空	3	L180×110×10	300×450×600	12	C40	压	否	300×100×10	正
T20	混凝土脱空	3	L180×110×10	300×450×600	12	C40	压	否	300×100×20	正
T21	连接件尺寸	3	L200×125×12	300×450×600	12	C40	压	否	—	正
T22	混凝土强度	3	L200×125×12	300×450×600	12	C60	压	否	—	正
T23	混凝土脱空	3	L200×125×12	300×450×600	12	C40	压	否	300×100×10	正
T24	混凝土脱空	3	L200×125×12	300×450×600	12	C40	压	否	300×100×20	正
T25	连接件尺寸	3	L200×125×10	300×450×600	12	C40	压	否	—	正
T26	连接件类型	3	T150×90×10	300×450×600	12	C40	压	否	—	正

对于正向角钢连接件,受压连接件主要发生混凝土压溃破坏、局部压溃破坏以及混凝土劈裂破坏,受拉连接件主要发生混凝土压溃破坏、混凝土劈裂破坏以及混合破坏,其中,混凝土压溃破坏承载力较高,其余破坏形式承载力均较低。T 型钢连接件和反向角钢连接件最后均发生根部混凝土压溃破坏,其破坏过程类似于正向角钢连接件,但是破坏形态略有差异。T 型钢连接件除了下方开展混凝土裂缝外,上方也会出现向内开展的裂缝,反向角钢连接件则会形成向上竖直的劈裂裂缝。

试验过程中脱空和非脱空连接件的破坏过程相似,首先角钢肢尖产生斜裂缝,之后角钢根部开展竖向裂缝,角钢内部开展水平裂缝,最后角钢根部混凝土压溃破坏。脱空对连接件的变形会产生一定影响,会导致角钢在脱空处产生弯折。原因是,角钢在脱空处没有混凝土约束从而发生较大变形。随着脱空增大,抗剪承载力和抗剪刚度均有所降低。

对于双钢板-混凝土板(如沉管隧道的顶、底板),上层钢板下表面的角钢或T型钢连接件,往往需要在连接件腹板开通气孔以防止浇筑时发生脱空,如图2-13所示。

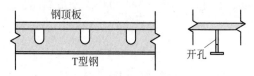

图 2-13　连接件根部开孔

由于钢板开孔的存在,非开孔连接件角钢根部相接触的混凝土均发生压溃,而开孔板连接件开孔处混凝土的压溃不明显。开孔板连接件的抗剪承载力和刚度相较非开孔连接件均有所下降,主要是由于开孔减少了连接件腹板与混凝土的接触面积以及连接件钢板根部的有效面积。

T型钢连接件的承载力和刚度均大于角钢连接件,主要原因是翼缘宽度相同时,T型钢的抗拔能力(锚固性能)要高于角钢。提高锚固性能会增强连接件与周围混凝土之间的整体性,同时较小的翼缘外伸长度,改善了连接件受力前方起控制作用的混凝土的受力状态,从而提高了T型钢连接件的承载能力。

Hiroshi[20]等根据大量试验,回归得到的抗剪承载力计算公式为

$$Q_{cv}^{l} = 88 \sqrt{t_w} \sqrt{f_c'}$$ (2-14)

日本规范[21]建议的设计公式为

$$Q_{cv}^{l} = 5.6h \sqrt{f_c'} k_1 k_2 k_3 \leqslant t_w f / \sqrt{3}$$ (2-15)

$$k_1 = 2.2(t_w/h)^{2/3} \leqslant 1$$ (2-16)

$$k_2 = 0.4(t_f/t_w)^{1/2} + 0.43 \leqslant 1$$ (2-17)

$$k_3 = [s/(10h)]^{1/2} \leqslant 1$$ (2-18)

式中,s——角钢间距;

　　　t_f——相连翼缘钢板厚度。

将试验得到的各试件抗剪承载力与以上公式比较,结果吻合较好。但当连接件较高和较厚时,则存在高估承载力的风险。此外,上述计算公式均未考虑拉压状态、连接件开孔、连接件脱空等因素的影响。为满足受力需求,实际工程开孔率一般不大于20%。当连接件根部开孔率小于20%,且钢板与混凝土之间的脱空高度不超过20mm时,可按式(2-19)计算角钢连接件的抗剪承载力,式(2-19)也适用于T型钢连接件。

$$Q_{cv}^{l} = 5.6h \sqrt{f_c'} k_1 k_2 k_3 \eta \times \left(1 - \frac{1.5h_e}{100} - \frac{0.5l_h}{l_c} + \frac{1.5h_e}{100} \times \frac{l_h}{l_c}\right) \leqslant \frac{(l_c - l_h)}{l_c} t_w f / \sqrt{3}$$

(2-19)

式中,Q_{cv}^{l}——单位长度抗剪承载力;

　　　t_w——连接件腹板厚度;

f_c'——混凝土圆柱体抗压强度;

h——角钢高度;

l_c——单个连接件长度;

l_h——单个连接件根部开孔长度;

h_e——脱空高度;

k_1、k_2、k_3——连接件高厚比、相连翼缘厚度、连接件间距影响系数;

η——受力状态系数,对于受压连接件取 1.0,对于受拉连接件取 0.9。

4. 螺栓连接件

对于摩擦型高强螺栓连接件,极限状态时其承担的剪力不应超过叠合面的最大抗摩擦能力。根据欧洲规范 4[17],每个高强螺栓的抗剪承载力受钢与混凝土结合面的抗滑移能力和预紧力控制,并按照下式进行计算:

$$Q_{cv} = \mu F_{pr,Cd}/\gamma_v \tag{2-20}$$

式中,$F_{pr,Cd}$——高强螺栓的预紧力;

μ——混凝土与钢板间的摩擦系数,当钢板厚度不小于 10mm 时可取 0.50,当钢板厚度不小于 15mm 时可取 0.55,该取值是针对经过喷砂或喷丸除锈后的情况确定的,其他情况应根据试验来确定实际的摩擦系数;

γ_v——分项安全系数,取 1.25。

对于承压型高强螺栓连接件,允许结合面发生一定程度的滑移,但每个螺栓所能承受的纵向剪力不应超过一个螺栓杆的抗剪承载力以及混凝土承压面的抗压承载力。其抗剪承载力按照下式进行计算:

$$Q_{cv} = \frac{0.29\alpha_s d^2 \sqrt{f_{ck}E_{cm}}}{\gamma_v} \tag{2-21}$$

式中,d——螺栓杆的直径;

f_{ck}——混凝土抗压强度标准值;

E_{cm}——混凝土的平均割线模量;

α_s——与螺栓长径比(h/d)有关的系数,当 $h/d \geqslant 4.0$ 时取 1,当 $3.0 \leqslant h/d \leqslant 4.0$ 时取 $0.2(h/d+1)$。

式(2-21)与栓钉连接件由混凝土抗压强度控制时的承载力计算公式一致。

5. J 型钩连接件

文献[22]进行了一系列 J 型钩连接件的推出试验,试验参数主要包含:J 型钩的高度、直径、弹性模量、极限强度以及周边混凝土的标号。从推出试验中观察到三种类型的破坏模式。第一种破坏模式是栓钉根部剪切破坏。第二种破坏模式是栓钉与钢板的焊脚部分发生破坏,这种破坏模式往往是脆性的,应通过保证焊接质量来防止其发生。第三种破坏模式是栓钉周边混凝土因为压碎或者开裂而破坏。试验中观察到的混凝土开裂形式包括嵌入破坏、拉伸劈裂和人字形剪切裂纹。

对于试件的破坏模式可以根据剪力连接件与周围混凝土的相对强度进行分类。如果周围的混凝土强度足以抵抗界面剪切力,则会发生栓钉根部剪切破坏。否则,混凝土破坏将在 J 型钩连接件破坏之前发生。以上两种破坏形式的发生均建立在焊接质量可靠的前提下。

基于上述试验结果,提出了一个半经验公式来计算其抗剪承载力,如下式所示:

$$Q_{cv} = \frac{0.855 f_{ck}^{0.265} E_c^{0.469} A_s (h_{ef}/d)^{0.154}}{\gamma_v} \leqslant \frac{0.8 f_u \pi d^2}{4\gamma_v} \qquad (2\text{-}22)$$

式中,h_{ef}——J 型钩的有效高度。

2.4　连接件抗拔性能及设计方法

在钢板-混凝土组合结构中,连接件往往会受到较大的拉拔作用。例如,当外侧钢板受压或受剪时,会产生向外鼓曲的趋势,从而在连接件内产生拉拔力。再如,当外侧钢板受到局部面外荷载时,也需要通过连接件的抗拔来提供锚固作用。与抗剪设计类似,需要对连接件受到的拉力及其抗拔能力分别进行计算。

需要说明的是,连接件同时处于最大受剪和最大拉拔的状态在实际工程中并不突出,通常可分别对这两种状态进行计算。如果设计时需要考虑连接件受剪和受拉的耦合作用,可按如图 2-14 所示的曲线进行计算[23]。

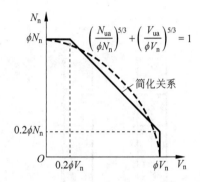

图 2-14　连接件的抗拔-抗剪承载力相关关系

2.4.1　抗拔需求

当钢板-混凝土组合结构受压或受弯时,受压侧钢板在连接件之间的部分只受到混凝土的单侧约束,因此可能会发生局部屈曲,从而降低结构的稳定性和承载力。连接件间距与钢板厚度的比值(s/t_p)以及连接件的抗拔能力(刚度与承载力),是决定外侧钢板是否发生屈曲的重要影响因素。反之,根据外侧钢板的屈曲条件,可以得到连接件所承受的拉拔力以及刚度要求。

1. 试验研究

文献[24]对采用栓钉连接件的钢板-混凝土组合墙进行了轴压试验,研究了钢板厚度、距厚比(栓钉间距与钢板厚度的比值)以及栓钉布置形式等对钢板屈曲行为的影响。首先采用力控制加载模式,当构件屈服并接近试件极限承载力时改为位移控制加载模式。在钢板屈曲、混凝土压溃、荷载产生明显下降之后停止加载。试验采用的距厚比为 37.5~75,同时考察了栓钉按方形、矩形和交错布置等情况的影响。

试验中各试件的主要试验现象相似,由于栓钉距厚比的不同以及栓钉布置形式的差别,试验现象略有不同。随着荷载增加,钢板的压应力逐渐增大,当达到某一临界应力时,两排栓钉之间的钢板由于约束不足而产生局部屈曲。屈曲位置的钢板退出工作,原本由其承担的轴力,通过其上方位置钢板内焊接的栓钉转移至内填混凝土。此后随着荷载继续上升,屈曲变形加剧,轴压荷载主要由内填混凝土承担。达到极限荷载时,内填混凝土压溃,屈曲位置的钢板鼓曲更为明显。由于屈曲变形的增大和混凝土的压溃,栓钉则产生拔断或拔出等破坏现象。

2. 分析模型

文献[25,26]等对基于充分支撑的侧向支撑设计方法进行了研究。对于钢结构中的格构件,需要提供拉拔力的缀板具有足够的刚度和强度,使原本可能发生的低阶屈曲模态,转变为更高阶的屈曲模态,从而达到提高局部屈曲承载力的目的,如图 2-15 所示。

连接件的受拉问题与格构式钢结构中的缀板抗拔问题类似。由于格构式计算模型的杆件无面外约束而钢板面外存在单向约束,因此二者在屈曲模态上存在差异。

选取图 2-15(c)中虚线框出的子结构进行建模分析,用弹簧来表示连接件的约束作用,如图 2-16 所示。

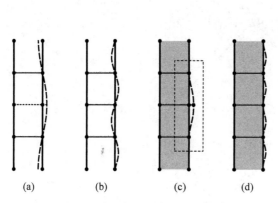

图 2-15　连接件抗拔设计理论模型

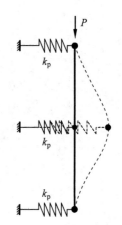

图 2-16　连接件弹簧模型

图 2-16 中的虚线表示中间节点发生水平位移后的板件及弹簧状态。为防止该屈曲模态出现,需要确定等效弹簧模型 k_p 所需的抗拔刚度及其抗拔承载力,来约束图示虚线的可能位移。

该模型上下部分的板件在变形发生时处于完全对称状态,可以根据对称性进行简化。简化模型及坐标系如图 2-17 所示。由各区格之间的几何对称性可知,简化后的下半部分模型只需在边界施加允许水平位移但限制转角位移的滑动支座约束。由于中间节点的位置是相对的,所以每一个节点的边界条件均可以采用滑动支座来简化。两端均为滑动支座的钢板(杆)计算长度系数为1。

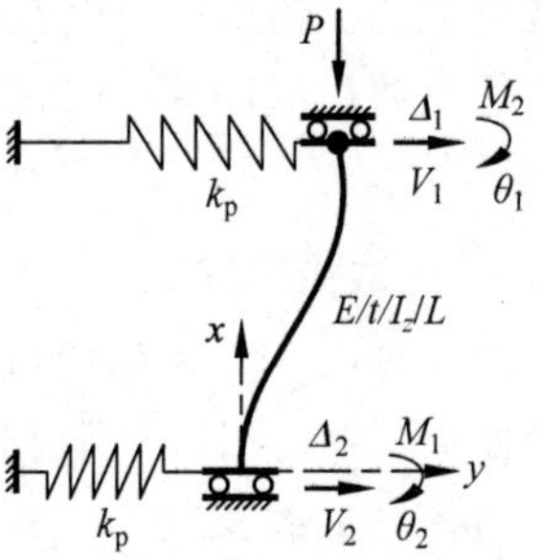

图 2-17　简化计算模型

3. 弹性屈曲分析

弹性屈曲分析需要建立考虑屈曲的弹性刚度矩阵。基于文献[27]提出的 12 自由度精确稳定刚度矩阵,考虑本问题的实际边界条件,即:由于钢板不会发生平面内转动,仅存在绕连接件所在轴线的转动,只需保留坐标平面内发生的转动自由度。同时,忽略钢板轴向压缩的影响,钢板不会发生平面外位移,只需保留 y 方向的水平位移。

由此得到简化后的基于板端水平位移和坐标平面内转动自由度的特征刚度矩阵,如式(2-23)所示:

$$\boldsymbol{K}_{e0}(\lambda) = \begin{bmatrix} T_c \dfrac{EI}{L^3} & & & \text{对称} \\ Q_c \dfrac{EI}{L^2} & S_c \dfrac{EI}{L} & & \\ -T_c \dfrac{EI}{L^3} & -Q_c \dfrac{EI}{L^2} & T_c \dfrac{EI}{L^3} & \\ Q_c \dfrac{EI}{L^2} & C_c \dfrac{EI}{L} & -Q_c \dfrac{EI}{L^2} & S_c \dfrac{EI}{L} \end{bmatrix} \tag{2-23}$$

式中,$\boldsymbol{K}_{e0}(\lambda)$——四自由度的板件弹性屈曲特征刚度矩阵;

E——钢板弹性模量;

I——单位宽度钢板在坐标平面内的截面惯性矩;

L——钢板的计算长度,即为区格长度;

T_c、Q_c、S_c、C_c——各自由度相互作用系数;

λ——轴压荷载特征参数。

在该二维问题中,式中的 I_z 由 I 简化代替。在弹性屈曲分析中暂时先不考虑二阶效应,所以在没有外荷载施加弯矩的情况下,钢板内部不会产生弯矩。

以上各参数计算式为

$$\begin{cases} T_c = \lambda^3 \sin\lambda / \varphi_c \\ Q_c = \lambda^2 (1 - \cos\lambda) / \varphi_c \\ S_c = \lambda(\sin\lambda - \lambda\cos\lambda) / \varphi_c \\ C_c = \lambda(\lambda - \sin\lambda) / \varphi_c \\ \varphi_c = 2 - 2\cos\lambda - \lambda\sin\lambda \\ \lambda = \sqrt{PL^2 / EI} \end{cases} \tag{2-24}$$

式中,φ_c——为了简化公式表达定义的一个系数。

由于钢板的特殊性,单面位移受到混凝土约束,连接件两侧钢板转角位移需要协调,所以钢板板端的转动自由度也相当于受到约束。综合前述分析可知,本问题可进一步忽略刚度矩阵中关于转角自由度的刚度分量。

最终得到适用于该问题弹性屈曲分析的特征刚度矩阵,如下式所示:

$$\boldsymbol{K}_{e1}(\lambda) = \begin{bmatrix} T_c \dfrac{EI}{L^3} & -T_c \dfrac{EI}{L^3} \\ -T_c \dfrac{EI}{L^3} & T_c \dfrac{EI}{L^3} \end{bmatrix} \tag{2-25}$$

式中,$\boldsymbol{K}_{e1}(\lambda)$——二自由度的板件弹性屈曲特征刚度矩阵。

抗拔连接件对钢板的约束形式可以表征为

$$R_p = \frac{k_p}{EI/L^3} \tag{2-26}$$

式中，k_p——连接件抗拔刚度；

R_p——连接件抗拔刚度特征参数。

叠加钢板自身刚度和抗拔连接件刚度，则弹性屈曲应满足下式：

$$\det \boldsymbol{K}_e(\lambda) = \det \begin{bmatrix} (T_c + R_p)\dfrac{EI}{L^3} & -T_c\dfrac{EI}{L^3} \\ -T_c\dfrac{EI}{L^3} & (T_c + R_p)\dfrac{EI}{L^3} \end{bmatrix} = 0 \tag{2-27}$$

式中，$\boldsymbol{K}_e(\lambda)$——考虑连接件水平抗拔约束的二自由度板件弹性屈曲特征刚度矩阵。

由式（2-27）可得

$$\frac{(EI)^2}{L^6}(R_p^2 + 2T_cR_p) = 0 \tag{2-28}$$

由于截面特性及连接件抗拔刚度均不为 0，故有连接件的弹性抗拔需求，如下式所示：

$$R_{p,id} = -2T_c = -2\lambda^3\frac{\sin\lambda}{2 - 2\cos\lambda - \lambda\sin\lambda} \tag{2-29}$$

式中，$R_{p,id}$——抗拔刚度特征值的弹性防屈曲设计需求值。

无侧向支撑的轴压板件弹性欧拉屈曲荷载 P_E 为

$$P_E = \frac{\pi^2 EI}{L^2} \tag{2-30}$$

故 λ 可表示为

$$\lambda = \pi\sqrt{\frac{P_{cr}}{P_E}} \tag{2-31}$$

式中，P_{cr}——有侧向支撑情况下的板件轴压屈曲临界荷载。

按式（2-31）使用欧拉临界荷载对临界荷载 P_{cr} 进行归一化，使用欧拉临界荷载与单一区格钢板计算长度 L 的比值对连接件的抗拔刚度进行归一化。则基于弹性屈曲分析的钢板临界屈曲荷载和连接件抗拔刚度的关系如图 2-18 所示。

可以发现，在弹性屈曲分析中，钢板局部屈曲临界荷载与连接件抗拔刚度呈一定正相关关系。当连接件抗拔刚度为 0 时，可得 $P_{cr} = P_E$，此时即为无侧向约束的欧拉屈曲荷载。随着抗拔刚度的提升，临界荷载可以持续线性增加，但在 k_p 达到 $20P_E/L$、临界荷载达到 $7P_E$ 之后，增加刚度对弹性屈曲临界荷载的提升不再明显。如果将抗拔刚度理论上提升至无限大，临界荷载只提升至 $8.183P_E$。当 $k_p < 10P_E/L$ 时，可以用线性公式（2-32）计算，该式拟合优度超过 0.999，满足工程设计的精度要求。

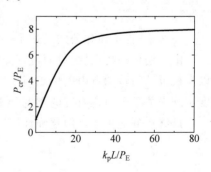

图 2-18　钢板临界屈曲荷载与连接件
抗拔刚度的关系

$$\frac{P_{cr}}{P_E} = 1.0 + 0.37 \frac{k_p}{P_E/L} \tag{2-32}$$

4. 二阶效应分析

对于抗拔连接件而言，确定板端的水平位移即可通过刚度确定拉拔力的大小。更精确的屈曲分析需要考虑二阶效应，荷载 P 在发生水平位移的情况下会对板件产生附加弯矩，如图 2-19 所示。从图 2-19(a) 中选择长度为 dx 的微元段进行分析，如图 2-19(b) 所示。建立平衡方程，如下式所示：

$$V = \frac{dM}{dx} - P \frac{d(y + y_0)}{dx} \tag{2-33}$$

式中，V——微元受到的剪力；

  M——微元受到的弯矩作用；

  y——钢板在荷载 P 作用下的附加变形；

  y_0——钢板初始变形；

  x——钢板位置坐标。

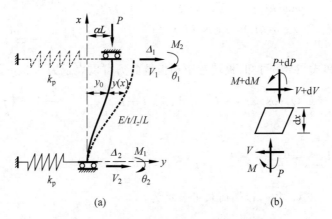

图 2-19 考虑二阶效应的屈曲分析模型

由于钢板未受到侧向分布荷载作用，所以有

$$-\frac{dV}{dx} = 0 \tag{2-34}$$

由欧拉-伯努利梁的假设可知，曲率和弯矩关系为

$$M = -EI \frac{d^2 y}{dx^2} \tag{2-35}$$

将式(2-34)、式(2-35)代入式(2-33)，可得有水平支撑钢板的微分方程，如下式所示：

$$\frac{d^4 y}{dx^4} + k^2 \frac{d^2(y + y_0)}{dx^2} = 0 \tag{2-36}$$

式中

$$k = \sqrt{\frac{P}{EI}} = \frac{\lambda}{L} \tag{2-37}$$

板件初始缺陷变形的形函数需满足两边滑动支座约束的边界条件,即两端转角为 0。同时该形函数需保证 $x=0$ 端位移为 0,$x=L$ 端位移为 aL。不妨取下式所示的初始缺陷的变形函数:

$$y_0 = \alpha\left(\frac{x^4}{L^3} - \frac{4x^3}{L^2} + \frac{4x^2}{L}\right) \tag{2-38}$$

式(2-36)所示微分方程的通解如下式所示:

$$y = Q_1\cos(kx) + Q_2\sin(kx) + Q_3 x + Q_4 + \alpha\left[-\frac{1}{L^3}x^4 + \frac{4}{L^2}x^3 + \left(\frac{12}{k^2L^3} - \frac{4}{L}\right)x^2\right] \tag{2-39}$$

式中,$Q_1 \sim Q_4$——微分方程通解的系数,表示可能的钢板位移曲线。

板端位移用平衡微分方程的解以矩阵形式表示为

$$\begin{bmatrix} \Delta_1 \\ \theta_1 \\ \Delta_2 \\ \theta_2 \end{bmatrix} = \begin{bmatrix} 1 & 0 & 0 & 1 \\ 0 & k & 1 & 0 \\ \cos(kL) & \sin(kL) & L & 1 \\ -k\sin(kL) & k\cos(kL) & 1 & 0 \end{bmatrix}\begin{bmatrix} Q_1 \\ Q_2 \\ Q_3 \\ Q_4 \end{bmatrix} + \begin{bmatrix} 0 \\ 0 \\ \alpha\left(-L + \frac{12}{k^2L}\right) \\ \frac{24\alpha}{k^2L^2} \end{bmatrix} \tag{2-40}$$

由式(2-33)和式(2-35)可知,板端弯矩和板端剪力可以表示为

$$\frac{M}{EI} = -\frac{\mathrm{d}^2 y}{\mathrm{d}x^2} = k^2 Q_1\cos(kx) + k^2 Q_2\sin(kx) + \alpha\left[\frac{12}{L^3}x^2 - \frac{24}{L^2}x - \left(\frac{24}{k^2L^3} - \frac{8}{L}\right)\right] \tag{2-41}$$

$$\frac{V}{EI} = \frac{1}{EI}\frac{\mathrm{d}M}{\mathrm{d}x} - k^2\frac{\mathrm{d}(y+y_0)}{\mathrm{d}x} = -k^2 Q_3 - \frac{24\alpha}{L^2} \tag{2-42}$$

综合式(2-41)、式(2-42),板端荷载可表示为

$$\frac{1}{EI}\begin{bmatrix} V_1 \\ M_1 \\ V_2 \\ M_2 \end{bmatrix} = \frac{1}{EI}\begin{bmatrix} -V(0) \\ M(0) \\ V(L) \\ -M(L) \end{bmatrix} = \begin{bmatrix} 0 & 0 & k^2 & 0 \\ k^2 & 0 & 0 & 0 \\ 0 & 0 & -k^2 & 0 \\ -k^2\cos(kL) & -k^2\sin(kL) & 0 & 0 \end{bmatrix}\begin{bmatrix} Q_1 \\ Q_2 \\ Q_3 \\ Q_4 \end{bmatrix} +$$

$$\begin{bmatrix} \frac{24\alpha}{L^2} \\ -\alpha\left(\frac{24}{k^2L^3} - \frac{8}{L}\right) \\ -\frac{24\alpha}{L^2} \\ \alpha\left(\frac{4}{L} + \frac{24}{k^2L^3}\right) \end{bmatrix} \tag{2-43}$$

联立式(2-40)和式(2-43),可得板端位移和板端荷载间的关系为

$$
\begin{bmatrix} V_1 \\ M_1 \\ V_2 \\ M_2 \end{bmatrix} - EI \begin{bmatrix} \dfrac{24\alpha}{L^3} \\[2mm] -\alpha\left(\dfrac{24}{k^2 L^3}-\dfrac{8}{L}\right) \\[2mm] -\dfrac{24\alpha}{L^3} \\[2mm] \alpha\left(\dfrac{4}{L}+\dfrac{24}{k^2 L^3}\right) \end{bmatrix} = \boldsymbol{K}_{\mathrm{es}}(\lambda)\left[\begin{bmatrix} \Delta_1 \\ \theta_1 \\ \Delta_2 \\ \theta_2 \end{bmatrix} - \begin{bmatrix} 0 \\ 0 \\ \alpha\left(-L+\dfrac{12}{k^2 L}\right) \\[2mm] \dfrac{24\alpha}{k^2 L^2} \end{bmatrix} \right] \tag{2-44}
$$

式中,$\boldsymbol{K}_{\mathrm{es}}(\lambda)$为考虑二阶效应的精确稳定刚度矩阵,其具体形式如下式所示:

$$
\boldsymbol{K}_{\mathrm{es}}(\lambda) = EI \begin{bmatrix} 0 & 0 & k^2 & 0 \\ k^2 & 0 & 0 & 0 \\ 0 & 0 & -k^2 & 0 \\ -k^2\cos(kL) & -k^2\sin(kL) & 0 & 0 \end{bmatrix} \begin{bmatrix} 1 & 0 & 0 & 1 \\ 0 & k & 1 & 0 \\ \cos(kL) & \sin(kL) & L & 1 \\ -k\sin(kL) & k\cos(kL) & 1 & 0 \end{bmatrix}^{-1} \tag{2-45}
$$

考虑到滑动支座对钢板板端转角的约束,可以得到位移边界条件为

$$
\begin{bmatrix} \theta_1 \\ \theta_2 \end{bmatrix} = \begin{bmatrix} 0 \\ 0 \end{bmatrix} \tag{2-46}
$$

将式(2-46)代入式(2-44)中,可以得到简化之后的板端位移和板端荷载间的关系为

$$
\begin{bmatrix} V_1 \\ V_2 \end{bmatrix} = \begin{bmatrix} T_{\mathrm{c}}\dfrac{EI}{L^3} & -T_{\mathrm{c}}\dfrac{EI}{L^3} \\[2mm] -T_{\mathrm{c}}\dfrac{EI}{L^3} & T_{\mathrm{c}}\dfrac{EI}{L^3} \end{bmatrix}\left[\begin{pmatrix} \Delta_1 \\ \Delta_2 \end{pmatrix} - \begin{pmatrix} 0 \\ \alpha\left(-L+\dfrac{12}{k^2 L}\right) \end{pmatrix} \right] + \begin{bmatrix} \dfrac{24EI\alpha}{L^2} \\[2mm] -\dfrac{24EI\alpha}{L^2} \end{bmatrix} \tag{2-47}
$$

同时,建立板端受到的抗拔连接件外部约束和位移之间的方程关系,其矩阵形式如下式所示:

$$
\begin{bmatrix} V_1 \\ V_2 \end{bmatrix} = \begin{bmatrix} -k_{\mathrm{p}} & 0 \\ 0 & -k_{\mathrm{p}} \end{bmatrix} \begin{bmatrix} \Delta_1 \\ \Delta_2 \end{bmatrix} \tag{2-48}
$$

将式(2-47)和式(2-48)整合,可得实际板端受连接件抗拔约束时的位移矩阵表达式为

$$
\begin{bmatrix} T_{\mathrm{c}}+R_{\mathrm{p}} & -T_{\mathrm{c}} \\ -T_{\mathrm{c}} & T_{\mathrm{c}}+R_{\mathrm{p}} \end{bmatrix} \begin{bmatrix} \dfrac{\Delta_1}{L} \\[2mm] \dfrac{\Delta_2}{L} \end{bmatrix} = \begin{bmatrix} T_{\mathrm{c}} & -T_{\mathrm{c}} \\ -T_{\mathrm{c}} & T_{\mathrm{c}} \end{bmatrix} \begin{bmatrix} 0 \\ \alpha\left(-1+\dfrac{12}{k^2 L^2}\right) \end{bmatrix} - \begin{bmatrix} 24\alpha \\ -24\alpha \end{bmatrix} \tag{2-49}
$$

将式(2-49)整理为位移的计算表达式,如下式所示:

$$
\begin{bmatrix} \dfrac{\Delta_1}{L} \\[2mm] \dfrac{\Delta_2}{L} \end{bmatrix} = \dfrac{1}{R_{\mathrm{p}}^2+2R_{\mathrm{p}}T_{\mathrm{c}}} \begin{bmatrix} T_{\mathrm{c}}+R_{\mathrm{p}} & T_{\mathrm{c}} \\ T_{\mathrm{c}} & T_{\mathrm{c}}+R_{\mathrm{p}} \end{bmatrix} \left[T_{\mathrm{c}} \begin{bmatrix} \alpha\left(1-\dfrac{12}{k^2 L^2}\right) \\[2mm] \alpha\left(-1+\dfrac{12}{k^2 L^2}\right) \end{bmatrix} - \begin{bmatrix} 24\alpha \\ -24\alpha \end{bmatrix} \right] \tag{2-50}
$$

由式(2-50)求解 Δ_2/L,可得钢板顶部的位移表达式为

$$
\dfrac{\Delta_2}{L} = -\dfrac{\Delta_1}{L} = -\dfrac{\alpha}{R_{\mathrm{p}}+2T_{\mathrm{c}}}\left[T_{\mathrm{c}}\left(1-\dfrac{12}{k^2 L^2}\right) - 24 \right] \tag{2-51}
$$

将式(2-29)、式(2-37)代入式(2-51)中,可得

$$\frac{\Delta_2}{L} = \alpha \frac{24 + R_{\mathrm{p,id}} \dfrac{\lambda^2 - 12}{2\lambda^2}}{R_{\mathrm{p}} - R_{\mathrm{p,id}}} \tag{2-52}$$

由式(2-52)可知,抗拔连接件的抗拔强度需求值和刚度之间存在负相关关系,同时也受到钢板轴向荷载以及初始缺陷尺寸的影响。

钢板轴向荷载对连接件抗拔刚度与板顶水平位移相关关系的影响如图2-20所示。统一取初始缺陷为0.002倍钢板区格长度,改变轴压荷载相对于最高临界荷载的倍数。可以分析得出,随着轴压荷载的提高,在保持连接件抗拔强度不变的情况下,连接件的抗拔刚度需求增加。同样地,随着轴压荷载的提高,在保持连接件抗拔刚度不变的条件下,连接件的抗拔强度需求大大增加。

钢板初始缺陷对连接件抗拔刚度与板顶水平位移相关关系的影响,如图2-21所示。统一取轴压荷载为最高临界荷载的0.5倍,改变初始缺陷相对于钢板区格长度的比例。可以分析得出,随着初始缺陷增加,在保持连接件抗拔强度不变的条件下,连接件的抗拔刚度需求增加。同样,随着初始缺陷增加,在保持连接件抗拔刚度不变的条件下,连接件的抗拔强度需求增加。

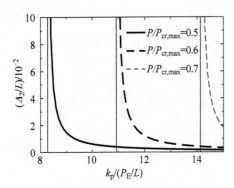 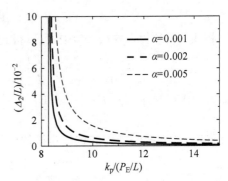

图 2-20　钢板轴向荷载对连接件抗拔刚度与板顶 水平位移相关关系的影响($\alpha = 0.002$)

图 2-21　钢板初始缺陷对连接件抗拔刚度与板顶水平位移相关关系的影响($P/P_{\mathrm{cr,max}} = 0.5$)

5. 抗拔需求计算方法

综合上述分析结果,为保证钢板、混凝土协同工作,避免钢板在整体结构达到极限状态前发生局部屈曲,基于强度-刚度相关关系的连接件抗拔设计方法如图2-22所示[34]。

首先根据整体设计结果确定局部钢板需要承担的轴压荷载设计值 P_{cr},然后给出每个钢板区格的长度 L,同时确定钢板厚度和连接件水平间距,由此即可得到钢板的刚度参数 EI。基于钢板的加工工艺水平,确定初始缺陷等级 α。此时即可开始选取连接件初始参数,根据2.4.2节中对应连接件的相关计算公式可以得到其连接抗拔刚度 k_{p},可令其初始刚度等于 $2P_{\mathrm{E}}/L$(亦可取其他初始值),同时计算此时连接件抗拔承载力 F_{p} 以及初始刚度所对应的强度需求 $F_{\mathrm{pn}} = k_{\mathrm{p}}\Delta_2$。判断目前连接件的抗拔承载力 F_{p} 是否满足大于强度需求 F_{pn} 且不超过 $(1+\beta)F_{\mathrm{pn}}$ 的要求,其中 β 为防止连接过度设计引起浪费的限制系数,建议取 50%。如果连接件强度不满足要求,则修改连接件参数重新计算其刚度和强度,进行新一轮

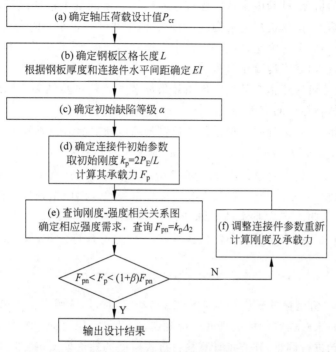

图 2-22　连接件抗拔设计流程

的判断。最终满足要求之后,即可输出设计结果。经以上流程得到的连接件抗拔设计结果能够保证钢板、混凝土协同工作,避免钢板在结构达到极限状态前发生局部屈曲。

2.4.2　抗拔承载力与抗拔刚度计算

根据 2.4.1 节对于连接件抗拔问题的分析,连接件的抗拔刚度 k_p 以及抗拔承载力 F_p 均对钢板的受力性能有很大影响。以下分别对栓钉和开孔板连接件的抗拔计算方法进行介绍。

1. 栓钉连接件

根据《核电站钢板混凝土结构技术标准》(GB/T 51340—2018)[15],单个栓钉的抗拉承载力设计值可按下式计算:

$$F_p = \min(25\varphi_{st}f_t h_{st}^{1.5}, 0.8A_{st}f_{stu}) \tag{2-53}$$

$$\varphi_{st} = s^2/(9h_{st}^2) \leqslant 1.0 \tag{2-54}$$

式中,f_t——混凝土轴心抗拉强度设计值;

h_{st}——栓钉钉杆的长度,不含钉帽;

A_{st}——栓钉钉杆的截面面积;

f_{stu}——栓钉的极限抗拉强度;

s——栓钉的间距;

φ_{st}——考虑栓钉间距影响的调整系数。

马原[28]分别进行了单栓钉以及多栓钉的抗拔试验。通过液压千斤顶施加拉拔力,拉力通过与工字钢连接的加载杆传递给栓钉。

对于单栓钉的情况,试验中出现了栓钉颈缩破坏以及混凝土锥体破坏两种典型破坏模式。随埋置深度增加,试件抗拔能力提高,当埋置深度达到一定水平时会由混凝土破坏转为栓钉破坏,即由脆性破坏变为延性破坏。对于多栓钉的情况,试验中除了发生单栓钉对应的两种破坏模式外,还出现了混凝土劈裂破坏的破坏模式,发生该类破坏模式的构件都没有配置钢筋网片,可见栓钉区域钢筋的加强作用效果显著。此外试验结果显示栓钉间距的增加有利于混凝土锥体破坏面的完整性。

对于单栓钉情况,在设计时应尽量保证栓钉颈缩拉断前混凝土不发生冲切破坏,对于栓钉高度 h_{st} 与栓钉直径 d_{st} 满足 $h_{st}/d_{st}>8$ 的情况,一般会发生栓钉延性破坏,此时可取 $f_{stu}A_{st}$ 为试件抗拔承载力的设计值,反之应取 $f_{stu}A_{st}$ 与 $\psi_c\pi h^2 f_t$ 的较小值,其中 ψ_c 是与混凝土相关的常数。对于多栓钉情况,尤其可能在钢板组合墙中出现的多栓钉情况,此时栓钉的数量较大,且间距小于完整锥体破坏所需的最小距离。文献[28]对 ACI 318-02[29] 的计算方法进行修正,提出群钉整体的抗拔承载力 F_{cbg} 的计算公式,如下式所示:

$$F_{cbg}=k\sqrt{f'_c}\left[\frac{9L_aL_b}{h_{st}^{0.5}}+\frac{(L_a+L_b)h_{st}^{0.5}}{3}+h_{st}^{1.5}\right] \tag{2-55}$$

式中,L_a、L_b——群钉区域的长度与宽度。当 $s/h_{st}<3$ 时,均按照 $s/h_{st}=3$ 来进行计算。

目前规范中尚未对栓钉的抗拔刚度进行规定,文献[30]以文献[31]中半无限体作用集中力的方法为基础进行调整,建立了计算栓钉抗拔刚度的理论模型,如图 2-23 所示。

该理论模型认为,嵌入混凝土的栓钉在受到拉拔力 P 时,其位移 Δ_p 由两部分组成:栓钉自身的伸长量 Δ_{Rod} 以及混凝土受压的变形量 Δ_{Con}。

$$\Delta_p=\Delta_{Rod}+\Delta_{Con} \tag{2-56}$$

Δ_{Rod} 可以根据栓钉的自身材料性质得到

$$\Delta_{Rod}=\frac{Ph_{ef}}{E_sA_s} \tag{2-57}$$

混凝土受压的变形量 Δ_{Con},经过标定可以简化为

$$\Delta_{Con}=\frac{11.5P}{E_ch_{st}} \tag{2-58}$$

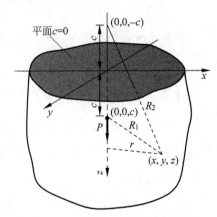

图 2-23　Mindlin 方法示意图

因此,栓钉的抗拔刚度为

$$k_p=\frac{P}{\Delta_p}=\frac{E_sA_sh_{st}}{h_{st}^2+11.5nA_s} \tag{2-59}$$

式中,$n=E_s/E_c$。

需要注意的是,栓钉与混凝土界面的黏结滑移对抗拔刚度有较大影响。由于该黏结应力考虑起来将非常复杂并且作者通过试验表明在往复荷载作用下该黏结应力将会迅速下降,因此在理论模型中未直接考虑黏结滑移的影响,但是在通过实际试验标定栓钉的抗拔刚度时,已经将其间接考虑到计算公式中了。该理论结果与试验结果吻合良好。

2. 开孔板连接件

开孔板连接件在抗拔极限状态下有两种破坏模式:①钢筋混凝土榫破坏;②开孔钢板达到屈服甚至被拉断。上述两种破坏模式分别对应开孔钢板为厚钢板和薄钢板的情况。

对于破坏模式为①的开孔板连接件,根据已有研究对比[32],采用文献[33]提出的下式可以取得较好结果:

$$F_p = 3.14h_{sc}tf_{ck} + 1.21A_{tr}f_{yb} + 3.79n\pi\left(\frac{d}{2}\right)^2\sqrt{f_{ck}} \tag{2-60}$$

式中,h_{sc}——开孔钢板高度;

$\quad\quad d$——开孔直径;

$\quad\quad t$——开孔板厚度;

$\quad\quad n$——开孔板上开孔个数;

$\quad\quad f_{ck}$——混凝土抗压强度标准值;

$\quad\quad A_{tr}$——贯穿钢筋截面面积;

$\quad\quad f_{yb}$——贯穿钢筋的屈服强度。

对于出现破坏模式②的开孔板连接件,朱尧于等[34]设计了包含开孔个数、贯穿钢筋在孔洞中的位置、开孔钢板厚度、孔间距(对于单孔试件即为开孔钢板宽度)、孔底距等参数的试验来进行研究。单孔及三孔薄开孔板连接件试件的特征参数说明见表2-2和图2-24。

表 2-2　薄开孔板连接件抗拔性能试验参数设计

试件编号	开孔个数	肋板宽/mm	肋板厚 t/mm	开孔直径 D/mm	开孔间距 b/mm	开孔底距 e_b/mm	钢筋位置	混凝土等级	钢筋直径 D_b/mm
SVU-1~4	1	200	10	60	200	30	上	C50	22
SVM-1~4	1	200	10	60	200	30	中	C50	22
SVD-1~4	1	200	10	60	200	30	下	C50	22
SND-1~5	1	200	10	60	200	55	下	C50	22
SHU-1~4	1	200	12	76	200	72	上	C50	36
SHM-1~4	1	200	12	76	200	72	中	C50	36
SHD-1~4	1	200	12	76	200	72	下	C50	36
SED-1~5	1	200	10	86	200	96	下	C50	36
TVU-1~4	3	600	10	60	200	30	上	C50	22
TVM-1~4	3	600	10	60	200	30	中	C50	22
TVD-1~4	3	600	10	60	200	30	下	C50	22
THU-1~4	3	600	12	76	200	72	上	C50	36
THM-1~4	3	600	12	76	200	72	中	C50	36
THD-1~4	3	600	12	76	200	72	下	C50	36

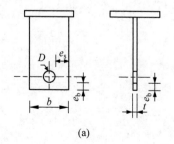
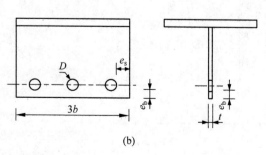

图 2-24　开孔板连接件试件尺寸示意图

(a) 单孔连接件；(b) 三孔连接件

薄开孔板连接件的拔出全过程主要分为三个阶段：①初始弹性阶段；②弹塑性阶段；③下降段，如图 2-25 所示。

在加载最初阶段，除了部分少量残留的黏结影响，界面滑移量总体随着荷载线性增加，构件保持在弹性加载阶段。混凝土榫在本研究中指钢板孔中除去钢筋以外被混凝土填充部分形成的构造。在这一阶段贯穿钢筋及穿孔混凝土构成的榫和开孔钢板之间形成互拔作用，钢板面外变形受到两侧混凝土的约束。此时混凝土未发生开裂现象，钢板和钢筋也均处于线弹性阶段。

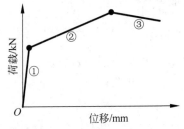

图 2-25　薄开孔板连接件各加载阶段示意图

随着混凝土榫逐渐受挤压破坏以及开孔钢板进入屈服状态，构件进入了弹塑性加载阶段，在相同荷载增量下滑移量明显增加。此时存在于贯穿钢筋和开孔钢板底部之间的混凝土处于三轴受压状态，压坏之后从孔中被挤出；开孔钢板整体处于拉剪复合受力状态并逐渐屈服。上述两部分是滑移增加的主要原因。

达到极限承载力之后，薄开孔板连接件抗拔承载力进入下降段。在这一阶段中，钢板已经开始断裂，承载力开始加速下降。当承载力下降到一定程度时，开孔钢板发生完全断裂，构件基本丧失承载力（低于极限承载力的 50%），试验终止。

典型的荷载-位移曲线如图 2-26 和图 2-27 所示。

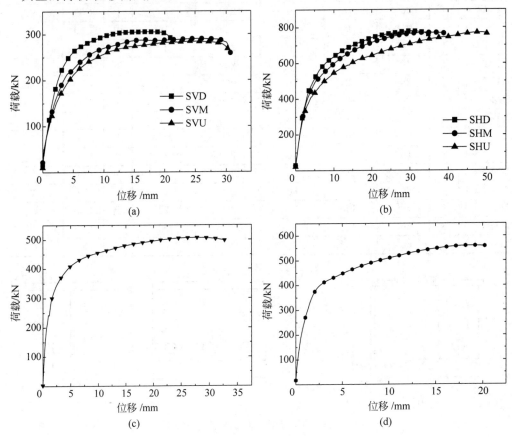

图 2-26　单孔试件荷载-位移曲线

(a) SV 试件；(b) SH 试件；(c) SND 试件；(d) SED 试件

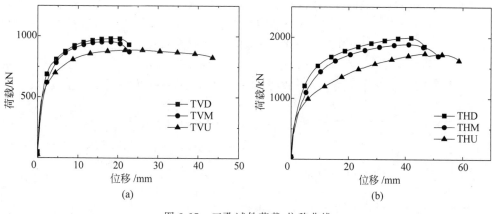

图 2-27　三孔试件荷载-位移曲线

（a）TV 试件；（b）TH 试件

根据试验现象及结果建立抗拔受力分析模型，如图 2-28 所示。在该破坏模式下，开孔钢板相对于贯穿钢筋较薄，连接件达到极限承载力时钢筋几乎没有变形，破坏集中在开孔钢板上，所以极限承载力主要由开孔钢板的特征参数决定。图 2-28 中数字①、②位置分别为连接件发生孔底断裂和孔侧断裂两种破坏模式对应的破坏面。孔底的钢板承受拉力和剪力的耦合作用，①所示的孔底钢板截面为最薄弱位置，孔底断裂模式下的承载力由该部分的截面大小决定。孔侧②位置为钢板受拉区域中截面积最小的位置，

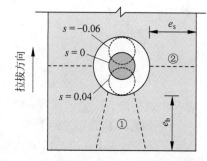

图 2-28　开孔板连接件抗拔承载力计算模型

孔侧断裂模式下承载力由该部分截面积决定。在计算承载力时，需要分析出两种不同的钢板断裂模式，然后选择相应计算参数得到薄开孔板连接件的承载力。

对于单孔开孔板连接件，其受力简单明确，根据开孔底距和侧边距的不同，承载力计算公式为

$$F_p = 2(1 + r_s s) l_m t f_u \tag{2-61}$$

$$r_s = \begin{cases} 0, & e_s \leqslant e_b \\ 1, & e_s > e_b \end{cases} \tag{2-62}$$

式中，r_s——钢板断裂位置的参数，底部断裂时 $r_s = 1$，侧边断裂时 $r_s = 0$；

s——钢筋在钢板孔中相对位置的参数，钢筋在孔下方时 $s = 0.04$，钢筋在孔中间时 $s = 0$，钢筋在孔上方时 $s = -0.06$；

l_m——孔底距和孔侧边距中较小值；

e_s——孔侧边距；

e_b——孔底距。

对于多孔开孔板连接件，钢板部分在拔出过程中各孔之间存在相互作用。对于钢板在孔底拉断的试件，多孔相互作用对连接件的承载力影响不显著。但是对于钢板在孔侧拉断的试件，从单孔变为多孔并排的连接件后，孔侧钢板在受拉时颈缩的趋势会受到周围钢板的

约束，此时孔侧钢板处于双向受拉状态。由图 2-29 可知，双向受拉时钢板的抗拉强度会有

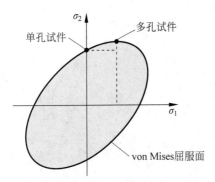

图 2-29　孔侧钢板耦合受力
情况下的屈服强度

所提高。考虑泊松效应，忽略钢板面外的主应力，基于 von Mises 屈服准则有

$$(\sigma - \nu\sigma)^2 + \sigma^2 + (\nu\sigma)^2 = 2\sigma_s^2 \qquad (2\text{-}63)$$

式中，σ——孔侧钢板一个方向的平均拉应力；

ν——钢板泊松比；

σ_s——钢材的屈服强度。

计算实际拉拔应力的限值，则有

$$\sigma = \sqrt{\frac{1}{\nu^2 - \nu + 1}}\,\sigma_s \qquad (2\text{-}64)$$

钢板的泊松比 $\nu = 0.3$，则可知此时钢板的拉拔强度提升为原来的 1.1 倍，所以需要对多孔连接件的孔侧钢板强度进行修正。

各个单孔部分不会同时达到极限承载力，所以平均到单个孔的抗拔极限承载力会有折减，承载力计算公式为

$$F_p = 2(1 + r_m s)l_m t f_u \qquad (2\text{-}65)$$

$$r_m = \begin{cases} 0, & 1.1e_s \leqslant \eta_{eb} e_b \\ 1, & 1.1e_s > \eta_{eb} e_b \end{cases} \qquad (2\text{-}66)$$

式中，r_m——钢板断裂位置的参数，底部断裂时 $r_m = 1$，侧边断裂时 $r_m = 0$；

s——钢筋在钢板孔中相对位置的参数，钢筋在孔下方时 $s = 0.04$，钢筋在孔中间时 $s = 0$，钢筋在孔上方时 $s = -0.06$；

l_m——孔底距和孔侧边距中较小值，当孔底距和孔侧边距相对于孔径均较大时，孔底距修正系数 η_{eb} 取 0.7 来折减，其余时候取 1，对于多孔开孔板连接件的孔侧边距需要乘以 1.1 的修正系数。

薄开孔板连接件在实际构件中处于弹性工作状态，偏于安全考虑，可以在设计中采用式（2-67）所示的简化式来计算连接件中平均每孔的设计抗拔承载力。当薄开孔板连接件在实际构件中受到钢板压屈掀起时的拉拔作用力不超过式(2-67)计算得到的承载力时，连接件即通过抗拔验算。

$$F_p = 1.8 l_m t f_y \qquad (2\text{-}67)$$

对于一般的开孔板连接件，其抗拔承载力可取式(2-60)和式(2-67)中的较小值。

开孔板连接件的抗拔刚度可以通过弹簧模型进行计算。由于多孔连接件可以等效为邻近工作区域中的各个单孔连接件之间的并联，所以可以将其划分为多个单孔连接件，再分别将对应的单孔连接件刚度进行叠加即可。

对于单孔开孔板连接件，拉拔力通过钢板传递到混凝土榫，然后混凝土榫再通过挤压钢筋将力传递至混凝土基体。所以，钢板等效弹簧、混凝土榫等效弹簧以及钢筋等效弹簧之间的关系属于串联关系，如图 2-30 所示。

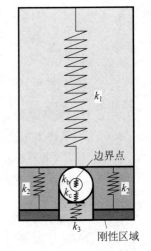

图 2-30　单孔开孔板连接件
弹簧模型拆分

单孔薄开孔板连接件的整体抗拔刚度与三部分各自对应的抗拔刚度之间的计算关系为

$$\frac{1}{k_p} = \frac{1}{k_1} + \frac{2}{k_2} + \frac{1}{k_3} \tag{2-68}$$

式中，k_1——开孔之上部分钢板整体的抗拔刚度；

k_2——开孔两侧的钢板对抗拔刚度的贡献，由两个对称的弹簧并联组成；

k_3——开孔底部钢板提供的抗拔刚度。

上述三个刚度的计算方法为

$$k_1 = E_s t \frac{b}{l_1} \tag{2-69}$$

$$k_2 = E_s t \frac{b-d}{2d+e_b} \tag{2-70}$$

$$k_3 = E_s t d \frac{5d^2 + 96(1+\nu)(\beta d + e_b)^2}{160(\beta d + e_b)^3} \tag{2-71}$$

最终得到的集成刚度为

$$k_p = E_s t \frac{2bd(b-d)[5d^2 + 96(1+\nu)(\beta d + e_b)^2]}{D[2l_1(b-d) + b(2d+e_b)][5d^2 + 96(1+\nu)(\beta d + e_b)^2] + 320b(b-d)(\beta d + e_b)^3}$$

$$\tag{2-72}$$

式中，l_1——拉拔端板顶到孔顶端的距离；

b——单孔开孔钢板的宽度，即多孔开孔钢板中的开孔间距；

β——弹簧 k_3 梁模型等效高度修正系数，建议取 0.15。

式(2-72)适用于单孔开孔钢板的宽度 $b > 2D$，且孔底距 $e_b > 0.5D$ 的常规尺寸薄开孔板连接件。对于其他尺寸的薄开孔板连接件，建议基于精确推导的 k_2 的公式进行计算。

2.5　钢板与混凝土之间的黏结性能

为研究不同 UHPC-钢板界面形式的受拉和受剪性能，测试了光滑钢板界面、花纹钢板界面、石灰石树脂界面三种构造形式，如图 2-31 所示。

(a)　　　　　　　　　　(b)　　　　　　　　　　(c)

图 2-31　推出试件界面形式

(a) 光滑钢板界面；(b) 花纹钢板界面；(c) 石灰石树脂界面

除花纹钢板界面外，其他界面都是在 16mm 厚普通钢板的基础上进行处理的。将普通钢板预先打磨干净，使得表面无可见锈迹且粗糙度控制为 $6.3\mu m < Ra < 12.5\mu m$，作为光滑

钢板界面。花纹钢板界面所用钢材表面为扁豆形,钢板厚度为 8mm,表面凸起高度为 1.2mm。在撒入石灰石的环氧胶黏剂界面中,环氧胶采用 WSR618 环氧树脂和 TY651 低分子量聚酰胺树脂以 3:2 比例混合而成。处理时分两层涂抹,第一层厚度约为 0.5mm,待其初步形成强度后涂抹第二层,第二层厚度约为 1mm,并撒布单一粒径(5～10mm)石灰石。

2.5.1 受拉试验

受拉试件设计为直径 200mm 的圆柱体以使界面受力均匀,如图 2-32 所示。被研究界面位于试件下部,其钢板面与夹持钢结构焊为一体,试件顶部通过预埋螺栓与特别设计的夹持装置连接。为除去预埋件对界面性能的影响,预埋螺栓末端距离被研究界面至少 4cm。

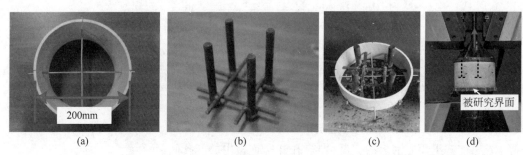

图 2-32　受拉试件准备及试验方法
(a) PVC 模板和对穿钢丝;(b) 预埋螺栓;(c) 试件浇筑前;(d) 试验加载图

采用 PVC 管节段作为浇筑 UHPC 的模板,其上对穿两条细钢丝来控制预埋螺栓在 UHPC 中的位置,预埋螺栓通过井字形钢筋焊接为整体。为尽可能消除加工误差导致试件受弯的影响,加载前先夹紧试件上下两端,再拧紧预埋螺栓与顶部夹持钢结构连接的螺母,控制四个螺栓受力相近以释放端部弯矩。

受拉试验的参数见表 2-3(编号前缀 PT 表示受拉(pure tensile))。

表 2-3　受拉试件参数

序　　号	试件编号	界面形式	变化参数	数　　量
1	PTSP	光滑钢板(smooth plate)	对照组	2
2	PTEP	花纹钢板(embossed plate)	处理方式	3
3	PTEA	环氧胶黏剂(epoxy with aggregate)	处理方式	3

实测的光滑钢板界面平均界面黏结应力为 0.46MPa。在加载初期,UHPC 和钢板之间无明显现象。达到极限承载力后,试件在界面处裂开,瞬间丧失承载力,呈现脆性破坏,破坏后钢板界面如图 2-33(a)所示。

类似地,花纹钢板界面的试验现象也属脆性破坏,破坏面上有少量 UHPC 残留(图 2-33(b)),且粘连量与试件极限承载力正相关,平均黏结应力为 1.65MPa,是光滑钢板界面黏结力的 3 倍,但试验结果变异系数较高。

撒入石灰石的环氧胶黏剂界面也表现出脆性特征,破坏现象为树脂层裂开,部分石灰石被拉断,如图 2-33(c)所示,平均界面黏结应力为 2.03MPa,为无连接件界面形式中强度最高的,且离散性很小。

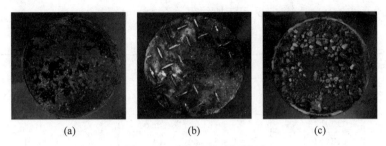

图 2-33　受拉试件破坏界面

(a)光滑钢板界面;(b)花纹钢板界面;(c)石灰石树脂界面

受拉试验结果见表 2-4。

表 2-4　受拉试验结果

界 面 形 式	极限承载力/kN	平均黏结应力/MPa	变异系数/%
光滑钢板	14.50	0.46	1.5
花纹钢板	51.79	1.65	35.1
环氧胶黏剂	63.79	2.03	4.0

2.5.2　推出试验

界面受剪性能采用推出试验研究。推出试验参考欧洲规范 4 和 Papastergiou 研究所采用的试件尺寸[35],如图 2-34 所示,其中 UHPC 厚度为 50mm。特别地,将传统试件的钢结构一分为二,同时浇筑两侧 UHPC 板以保证龄期和性能一致。经过一周的标准养护后,通过螺栓将两部分连为整体。试验时在 UHPC-钢板界面设置两个位移计,将其平均值作为界面滑移量,试验过程中两位移计示数几乎相同,表明试件具有良好的整体性。

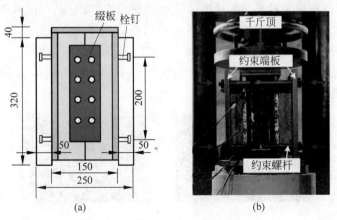

图 2-34　推出试件及试验方法(单位:mm)

(a)推出试件尺寸;(b)试验加载图

为考察法向约束对界面受剪性能的影响,制作两块 20mm 厚的钢板和四根直径为 20mm 的螺杆来限制加载过程中混凝土板和钢结构的分离。在每根约束螺杆上对称布置两组应变片,将其测量结果的平均值用于界面正应力的计算。试件的参数见表 2-5(编号前缀 PO 表示推出(push out),后缀 C 表示施加约束(constraint))。

表 2-5 推出试件参数

推出试验	试件编号	界面形式	变化参数	数 量
1	POSP	光滑钢板	对照组	2
2	POSPC	(smooth plate)		1
3	POEP	花纹钢板	处理方式	3
4	POEPC	(embossed plate)		3
5	POEA	环氧胶黏剂	处理方式	2
6	POEAC	(epoxy with aggregate)		2

材料性质试验结果见表 2-6。

表 2-6 材料性质表

	主要位置	厚度/mm	f_y/MPa	f_u/MPa
钢板	普通钢板	10	383.3	514.4
		16	441.1	604.6
		20	321.3	558.3
	花纹钢板	8	285.7	509.0
UHPC	钢纤维掺量 v_f	f_{cu}/MPa	f_t/MPa	E_c/GPa
	1%	106.9	2.5	—
	2%	116.4	4.9	40.3

每组推出试验都设计了施加钢板约束和不约束两种情况,作为对照组的光滑钢板界面黏结应力为 0.51MPa,施加约束使其增大至 0.58MPa,残余承载力稳定时约束正应力为 0.15MPa。试验为脆性破坏,达到极限承载力后界面黏结瞬间失效,两侧 UHPC 板依次脱落。

花纹钢板试件和树脂胶黏剂界面的破坏也呈现脆性(图 2-35),但承载力和滑移能力都比光滑钢板界面大。花纹钢板无约束时界面黏结应力为 0.90MPa,是光滑界面的 2 倍,施加约束后承载力可提升 60.3%;树脂界面无约束时界面黏结应力为 1.71MPa,施加约束可提升 21.2%。树脂胶黏剂界面的破坏现象为树脂层发生剪切破坏,石灰石均完整地埋入 UHPC 板中,未发挥出预期的抗剪作用。

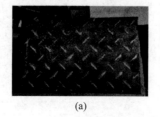
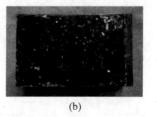

(a)   (b)

图 2-35 推出试件破坏界面

(a) 花纹钢板界面;(b) 石灰石树脂界面

推出试验结果见表 2-7。

表 2-7　推出试验结果

界面形式	极限承载力/kN	平均黏结强度/MPa	变异系数/%	极限承载力*/kN	平均黏结强度*/MPa	变异系数*/%	约束效应/%	约束力/MPa
光滑钢板	61.35	0.51	30.8	69.30	0.58	—	13.0	0.15
花纹钢板	108.26	0.90	22.7	173.54	1.45	16.7	60.3	0.80
环氧胶黏剂	205.34	1.71	15.1	249.03	2.08	7.7	21.2	0.17

注：* 表示存在约束时的试验结果。

2.5.3　讨论与结论

受混凝土龄期和受力模式影响，钢板与 UHPC 之间的黏结力存在较大离散性。在受拉试验中，由于对中误差的存在，试件处于拉弯受力状态，无埋入连接件界面（光滑钢板界面、花纹钢板界面和环氧胶黏剂界面）在其偏心受拉的一侧边缘处首先开裂，黏结瞬间破坏，无法充分发挥界面整体性能。对于这种界面，如果增设延性连接件，可使其受力重分布。因此实际工程中采用黏结界面时，布置一定的延性连接件可以极大提高性能。

由表 2-7 中的约束效应可以得出，无埋入连接件界面施加约束后极限黏结强度提升较大，达到 13% 以上，而提升的幅度主要取决于破坏后界面的表面粗糙度。花纹钢板界面由于表面有扁豆形突起，施加约束后界面承载力提升最为显著。

另外由表 2-7 的约束力数值可见，在推出试验过程中当钢板上存在连接件或花纹凸起时，钢板与 UHPC 间存在较大的横向分离。而树脂界面断裂位置为树脂层，所以破坏后的表现与光滑钢板相似。

根据试验和分析，可以得到如下基本结论：

（1）UHPC 与光滑钢板之间的界面具有 0.5MPa 左右的抗拉和抗剪黏结强度，强度较低且受到 UHPC 龄期和结构受力模式影响，可靠性难以保证。

（2）花纹钢板界面和撒入石灰石的环氧胶黏剂界面表现出较好的黏结性能，抗拉和有约束抗剪强度达到 2MPa 左右，但在无约束时发生脆性破坏。

（3）当界面承受拉力作用时，如设置栓钉等连接件可显著提升界面承载力，因而实际工程中如采用黏结界面时宜增加一定数量的延性连接件。

（4）增加钢板表面粗糙度可提升界面黏结力，而这一影响在界面受剪且存在约束时更为显著，花纹钢板界面在受拉和约束受剪时的黏结强度都达到光滑钢板情况的 3 倍。

参考文献

[1]　聂建国. 钢-混凝土组合结构桥梁[M]. 北京：人民交通出版社，2011.

[2]　GUO Y T, TAO M X, NIE X, et al. Experimental and theoretical studies on the shear resistance of steel-concrete-steel composite structures with bidirectional steel webs [J]. Journal of Structural Engineering, 2018, 144.10: 04018172.

[3]　FRANTIŠEK W, JAN H, ULRIKE K. Design of steel-to-concrete joints design manual I [M].

Publishing house of CTU,2014.

[4] TASSIOS T P. Properties of bond between concrete and steel under load cycles idealizing seismic actions[J]. Bull d'information du CEB,1979,131：65-122.

[5] 徐有邻.变形钢筋-混凝土粘结锚固性能的试验研究[D].北京：清华大学,1990.

[6] 陈斌,邵旭东,曹君辉.正交异性钢桥面疲劳开裂研究[J].工程力学,2012,29(12)：170-174.

[7] BUITELAAR P,BRAAM C R,KAPTIJN N. Reinforced high performance concrete overlay system for steel bridges[C]//Conference proceedings of 5th international CROW workshop on fundamental modelling of the design and performance of concrete pavements 1&2,2004.

[8] 刘昱含,宋晓冰.钢板混凝土组合结构剪力连接件性能研究综述[J].混凝土,2020(4)：157-160.

[9] VALENTE I B,CRUZ P J S. Experimental analysis of shear connection between steel and lightweight concrete[J]. Journal of Constructional Steel Research,2009,65(10-11)：1954-1963.

[10] 邱盛源,樊健生,聂建国,等.角钢连接件抗剪刚度试验及理论研究[J].中国公路学报,2021,34(3)：136-146.

[11] LIEW J Y R,WANG T Y,SOHEL K M A. Tensile capacity of short anchor bolts and welded sandwich composite structures[P]. US Provisional Patent,61/047,130,2008.

[12] AISC,Specification for safety-related steel structures for nuclear facilities including supplement No. 1：AISC N690s1—15[S]. Chicago：American Institute of Steel Construction,2015.

[13] ZHANG K,VARMA A H,MALUSHTE S R,et al. Effect of shear connectors on local buckling and composite action in steel concrete composite walls[J]. Nuclear Engineering and Design,2014,269：231-239.

[14] 中华人民共和国交通运输部.公路钢结构桥梁设计规范：JTG D64—2015[S].北京：人民交通出版社,2015.

[15] 中华人民共和国住房和城乡建设部,国家市场监督管理总局.核电站钢板混凝土结构技术标准：GB/T 51340—2018[S].北京：中国计划出版社,2018.

[16] BARKER R M,PUCKETT J A. Design of highway bridges based on AASHTO LRFD bridge design specifications[M]. New York：John Wiley,1987.

[17] CEN Eurocode 4. Design of composite steel and concrete structures——Part2 General rules and rules for bridges：EN 1994—2[S]. Brussels：European Committee for Standardization,2001.

[18] 邵旭东,李萌,曹君辉,等.UHPC中短栓钉抗剪性能试验及理论分析研究[J].中国公路学报,2021,34(8)：191-204.

[19] 唐亮,樊健生,聂建国,等.角钢连接件力学性能及混凝土脱空对其影响研究[J].工程力学,2020,37(10)：45-55,115.

[20] HIROSHI Y,KIYOMIYA O. Load carrying capacity of shear connectors made of shape steel in steel-concrete composite members[R]. Tokyo：Structures Division Subaqueous Tunnels and Pipelines Laboratory,1987.

[21] 土木学会.鋼コンクリートサンドイッチ構造設計指針(案)[S].コンクリートライブラリー73,1992.

[22] YAN J B,LIEW J Y R,SOHEL K M A,et al. Push-out tests on J-hook connectors in steel-concrete-steel sandwich structure[J]. Materials and Structures,2014,47(10)：1693-1714.

[23] Building Code Requirements for Structural Concrete：ACI 318—08[S]. Farmington Hills,MI：ACI Committee,2008.

[24] 杨悦.核工程双钢板-混凝土结构抗震性能研究[D].北京：清华大学,2015.

[25] ARISTIZABAL O J D. Elastic stability of beam-columns with flexural connections under various conservative end axial forces[J]. Journal of Structural Engineering,1997,123(9)：1194-1200.

[26] PAN W,EATHERTON M R,NIE X,et al. Stability and adequate bracing design of pretensioned

cable-braced inverted-y-shaped ferris wheel support system using matrix structural second-order analysis approach[J]. Journal of Structural Engineering,2018,144(10)：4018194.

[27] EKHANDE S G，SELVAPPALAM M，MADUGULA M K S. Stability functions for three-dimensional beam-columns[J]. Journal of Structural Engineering,1989,115(2)：467-479.

[28] 马原. 组合结构栓钉连接件抗拔性能研究[D]. 北京：清华大学,2015.

[29] ACI Committee. Building code requirements for structural concrete：(ACI 318—02) and commentary (ACI 318R—02)[S]. Farmington Hills,MI：ACI Committee,2002.

[30] YANG F,LIU Y Q,LIANG C. Analytical study on the tensile stiffness of headed stud connectors [J]. Advances in Structural Engineering,2019,22(5)：1149-1160.

[31] MINDLIN R D. Force at a point in the interior of a semiinfinite solid[J]. Physics,1936,7(5)：195-202.

[32] CHENG X,NIE X,FAN J S. Structural performance and strength prediction of steel-to-concrete box girder deck transition zone of hybrid steel-concrete cable-stayed bridges[J]. Journal of Bridge Engineering,2016,21(11)：04016083.

[33] AHN J H，LEE C G，WON J H，et al. Shear resistance of the perfobond-rib shear connector depending on concrete strength and rib arrangement[J]. Journal of Constructional Steel Research,2010,66(10)：1295-1307.

[34] 朱尧于,聂鑫,樊健生,等. 薄开孔板连接件抗拔性能试验及理论研究[J]. 中国公路学报,2018,31(9)：65-74.

[35] PAPASTERGIOU D. Connections by adhesion,interlocking and friction for steel-concrete composite bridges under static and cyclic loading [D]. ÉCOLE POLYTECHNIQUE FÉDÉRALE DE LAUSANNE,2012.

第3章

钢板的稳定性

3.1 概述

钢板-混凝土组合结构整体可能发生失稳,同时钢板作为组合结构的一部分参与受力,当钢板部分受压或受剪达到临界屈曲应力时,将有可能发生受压屈曲或受剪屈曲。与纯钢结构不同,钢板-混凝土组合结构中的钢板,由于受到混凝土的单侧约束,同时也受到连接件的约束,其屈曲模态会发生改变,并且屈曲模态阶数和临界屈曲荷载将有所提高,如图 3-1 所示。

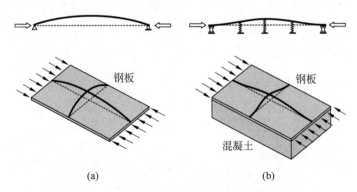

图 3-1　纯钢板与组合结构中钢板的屈曲模态

(a) 纯钢板屈曲;(b) 受单侧混凝土约束的钢板屈曲

钢板-混凝土组合结构中钢板的稳定性具有如下特征:

(1) 钢板与混凝土之间紧密接触,混凝土可作为钢板的单向刚性支撑。

(2) 相比于纯钢板构件,组合结构中钢板的屈曲模态发生改变,临界屈曲荷载和应力提高。

(3) 连接件对钢板也有很强的面外约束作用,不同类型的连接件及不同的布置形式将影响钢板的屈曲失稳模态,连接件可作为钢板的面外弹性支撑。

(4) 不同荷载作用模式下,钢板的屈曲失稳模态不同。

钢板-混凝土组合构件中钢板可能发生多种屈曲失稳模态,例如含栓钉连接件的组合构件、含加劲肋的组合构件等的失稳模态各不相同,这些构件在受压、受弯及受剪时屈曲模态也有差异。此外,根据屈曲发生的范围还可将屈曲形式分为组合构件的整体屈曲和钢板的局部屈曲。

1. 含栓钉连接件的组合构件受压屈曲模态

按照板的屈曲理论[1],可根据其厚度特征,将其划分为厚板、薄板和薄膜。厚板需同时考虑面内、面外弯曲和面外剪切作用,薄板不需要考虑面外剪切,而薄膜仅需考虑面内作用。通常条件下,钢板-混凝土组合板或钢板的厚度 t 与幅面的最小宽度 b 相比较小 $\left[\left(\dfrac{1}{100}\sim\dfrac{1}{80}\right)<\dfrac{t}{b}<\left(\dfrac{1}{8}\sim\dfrac{1}{5}\right)\right]$,适用薄板的屈曲理论。当组合板宽厚比较大时,临界屈曲应力低,混凝土板不足以作为钢板的刚性侧向支撑,屈曲形式为组合板的整体屈曲,如图 3-2(a)所示;当组合板宽厚比较小时,混凝土作为钢板的刚性侧向支撑,阻止钢板向内屈曲失稳,抑制了低阶屈曲模态,如图 3-2(b)所示。

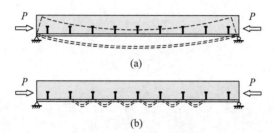

图 3-2　含栓钉连接件的组合构件受压屈曲模态
(a) 整体屈曲;(b) 钢板局部屈曲

2. 含型钢连接件或加劲肋的组合构件受压屈曲模态

我国《公路钢结构桥梁设计规范》(JTG D64—2015)[2]中,根据加劲类型将结构分为刚性加劲和柔性加劲两类。其中,刚性加劲是指加劲肋刚度及数量满足结构完全不失稳的要求;柔性加劲是指加劲构造不满足刚性要求,存在局部失稳或加劲肋随同母板共同发生失稳的可能。

当采用抗拔能力较弱的加劲肋时,组合加劲板除了发生如图 3-3(a)所示的加劲肋间局部失稳外,还会发生图 3-3(b)所示的加劲肋与母板共同失稳;当加劲肋抗拔能力或刚度足够时,其不随母板发生面外变形,此时加劲肋可视作母板屈曲的固支边界条件。

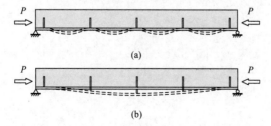

图 3-3　含型钢连接件或加劲肋的组合构件受压屈曲模态
(a) 钢板局部屈曲;(b) 型钢连接件或加劲肋随面板共同失稳

3. 组合构件受剪屈曲模态

组合板受剪时,屈曲波通常出现在栓钉45°连线的两条相邻区格范围内,如图3-4(a)所示。类似于斜向板单元受两个相互垂直方向拉、压力后的屈曲形态,其应力状态如图3-4(b)所示。

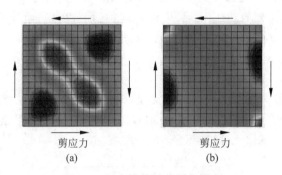

图3-4 组合构件受剪屈曲模态
(a) 板受剪屈曲模态;(b) 板受剪屈曲应力状态

3.2 钢板-混凝土组合构件整体稳定性

本节以单侧钢板-混凝土组合板为对象,通过在钢与混凝土之间设置假想的剪切薄层,依靠剪切层的剪切变形考虑钢板与混凝土板之间的相对滑移,分别推导建立了考虑和忽略滑移效应的组合板整体稳定分析模型,并推导出四边简支组合板在单向均匀压力作用下的弹性稳定解析解。

3.2.1 忽略界面滑移的组合板整体稳定性

当混凝土与钢板之间的界面剪切刚度很大时,正常使用阶段的界面滑移很小,对结构刚度及变形的影响可以忽略。按完全抗剪连接设计的钢板-混凝土组合结构,通常符合以上假设。此时,钢板-混凝土组合构件(板)满足变形协调条件,可按换算截面法将组合板视为单一材料薄板,其分析模型如图3-5所示[3]。

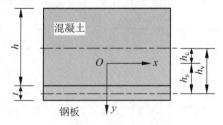

图3-5 完全抗剪连接组合板分析模型

取单位板宽组合板,其几何特性值为

$$A_c = h, \quad A_s = t, \quad A = A_s + \frac{A_c}{\bar{n}}, \quad A_0 = \frac{A_c A_s}{\bar{n} A_s + A_c} \tag{3-1}$$

$$I_c = \frac{h^3}{12}, \quad I_s = \frac{t^3}{12}, \quad I = \frac{I_c}{\bar{n}} + I_s + A_0 h_v^2 \tag{3-2}$$

$$D_f = \bar{E}_s \left(\frac{I_c}{\bar{n}} + I_s \right), \quad D_v = \bar{E}_s A_0 h_v^2, \quad D = D_f + D_v \tag{3-3}$$

$$\bar{n} = \frac{\bar{E}_s}{\bar{E}_c}, \quad \bar{E}_s = \frac{E_s}{1 - \nu_s^2}, \quad \bar{E}_c = \frac{E_c}{1 - \nu_c^2} \tag{3-4}$$

式中,A_0——组合板换算截面的截面面积;

A_c——混凝土板的截面面积;

A_s——钢板的截面面积;

D——单位板宽完全抗剪连接组合板等效弯曲刚度;

E_c、E_s——混凝土和钢材的弹性模量;

I——单位宽度板的惯性矩。

根据薄板的 x 向、y 向力矩平衡条件以及 z 向力平衡条件,建立薄板的平衡方程[1]:

$$\frac{\partial^2 M_x}{\partial x^2} + 2 \frac{\partial^2 M_{xy}}{\partial x \partial y} + \frac{\partial^2 M_y}{\partial y^2} + N_x \frac{\partial^2 w}{\partial x^2} + 2N_{xy} \frac{\partial^2 w}{\partial x \partial y} + N_y \frac{\partial^2 w}{\partial y^2} = 0 \tag{3-5}$$

与受弯构件一样,板的应变 ε_x、ε_y、γ_{xy} 和曲率 ϕ_x、ϕ_y、ϕ_{xy} 有式(3-6)所示的关系:

$$\begin{cases} \varepsilon_x = z\phi_x = -z \dfrac{\partial^2 w}{\partial x^2} \\[2mm] \varepsilon_y = z\phi_y = -z \dfrac{\partial^2 w}{\partial y^2} \\[2mm] \gamma_{xy} = 2z\phi_{xy} = -2z \dfrac{\partial^2 w}{\partial x \partial y} \end{cases} \tag{3-6}$$

因此有

$$\begin{cases} \sigma_x = -\dfrac{Ez}{1-\nu^2} \left(\dfrac{\partial^2 w}{\partial x^2} + \nu \dfrac{\partial^2 w}{\partial y^2} \right) \\[3mm] \sigma_y = -\dfrac{Ez}{1-\nu^2} \left(\dfrac{\partial^2 w}{\partial y^2} + \nu \dfrac{\partial^2 w}{\partial x^2} \right) \\[3mm] \tau_{xy} = -\dfrac{Ez}{1+\nu} \dfrac{\partial^2 w}{\partial x \partial y} \end{cases} \tag{3-7}$$

将正应力和剪应力沿厚度方向积分,可得截面上形成的力矩及扭矩,如下式所示:

$$\begin{cases} M_x = \displaystyle\int_{-\frac{t}{2}}^{\frac{t}{2}} \sigma_x z \, \mathrm{d}z = -\dfrac{Et^3}{12(1-\nu^2)} \left(\dfrac{\partial^2 w}{\partial x^2} + \nu \dfrac{\partial^2 w}{\partial y^2} \right) = -D \left(\dfrac{\partial^2 w}{\partial x^2} + \nu \dfrac{\partial^2 w}{\partial y^2} \right) \\[4mm] M_y = \displaystyle\int_{-\frac{t}{2}}^{\frac{t}{2}} \sigma_y z \, \mathrm{d}z = -\dfrac{Et^3}{12(1-\nu^2)} \left(\dfrac{\partial^2 w}{\partial y^2} + \nu \dfrac{\partial^2 w}{\partial x^2} \right) = -D \left(\dfrac{\partial^2 w}{\partial y^2} + \nu \dfrac{\partial^2 w}{\partial x^2} \right) \\[4mm] M_{xy} = \displaystyle\int_{-\frac{t}{2}}^{\frac{t}{2}} \tau_{xy} z \, \mathrm{d}z = -\dfrac{Et^3}{12(1+\nu)} \times \dfrac{\partial^2 w}{\partial x \partial y} = -D(1-\nu) \dfrac{\partial^2 w}{\partial x \partial y} \end{cases} \tag{3-8}$$

将式(3-8)代入式(3-5),建立完全抗剪连接组合板的平衡微分方程:

$$D \nabla^2 \nabla^2 w = N_x \frac{\partial^2 w}{\partial x^2} + 2N_{xy} \frac{\partial^2 w}{\partial x \partial y} + N_y \frac{\partial^2 w}{\partial y^2} + p(x,y) \tag{3-9}$$

式中，w——组合板的竖向挠度；

ν——组合板的泊松比，可近似取钢材的泊松比；

∇^2——Laplace 算子，$\nabla^2 = \dfrac{\partial^2}{\partial x^2} + \dfrac{\partial^2}{\partial y^2}$；

N_x、N_y、N_{xy}——平行于组合板 x 向、y 向的轴向力以及平行于 xy 平面的剪力；

$p(x,y)$——平行于组合板 z 方向的外荷载。

对于单向均匀受压简支组合板，板中面力 $N_x = -p_x$、$N_{xy} = N_y = 0$，外荷载 $p(x,y) = 0$。设符合简支边界条件的组合板挠曲面用二重三角级数表示为

$$w = \sum_{m=1}^{\infty} \sum_{n=1}^{\infty} A_{mn} \sin \frac{m\pi x}{a} \sin \frac{n\pi y}{b} \tag{3-10}$$

将式(3-10)代入式(3-9)，可得单向均匀受压四边简支完全抗剪连接组合板弹性临界屈曲荷载表达式：

$$P_{crx} = \frac{\pi^2 D_f}{b^2} \frac{(m^2 + n^2 \alpha^2)^2}{m^2 \alpha^2} + \frac{\pi^2 D_v}{b^2} \frac{(m^2 + n^2 \alpha^2)^2}{m^2 \alpha^2} = \frac{\pi^2 D}{b^2} \frac{(m^2 + n^2 \alpha^2)^2}{m^2 \alpha^2} \tag{3-11}$$

式中，A_{mn}——待定系数；

a、b——组合板的长度和宽度；

α——组合板的长宽比，$\alpha = a/b$；

m、n——板屈曲时组合板 x 方向和 y 方向的半波数，为正整数。

3.2.2　考虑界面滑移的组合板整体稳定性

当钢板与混凝土之间的连接件在荷载作用下发生比较明显的滑移变形，以致对结构的刚度及稳定性产生比较大的影响时，则可将钢板-混凝土组合构件（板）视为由混凝土板、剪切层和钢板所组成的夹层板结构，如图 3-6 所示。图中混凝土部分的厚度为 h，钢板厚度为 t；h_c、h_s 分别为混凝土与钢板距组合截面中性轴的距离；钢板与混凝土板之间设置一层厚度可忽略的剪切层，该层只承受剪切作用。对于工程中广泛应用的栓钉等柔性连接件，如果设计时栓钉数量较少，滑移效应有可能会导致上述情况的发生。

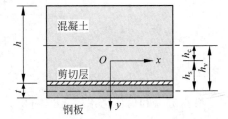

根据图 3-6 所示的组合板分析模型，可推导考虑滑移效应的屈曲临界荷载计算式。首先做以下 4 点基本假定[3]：

图 3-6　非完全抗剪连接组合板分析模型

(1) 混凝土板和钢板的厚度均较薄，可视为薄板，则图 3-7 所示的微元体应力分量 σ_z、τ_{zx}、τ_{zy} 远小于 σ_x、σ_y、τ_{xy}，可以忽略不计，相应的正应变 ε_z 和剪应变 γ_{zx}、γ_{zy} 也可忽略不计。

(2) 由于连接件约束的抗拔作用，混凝土板与钢板之间的竖向相对位移很小，可以忽略不计。因此，混凝土板、钢板和剪切层的竖向挠曲变形完全相等。

（3）剪切层较软，忽略平行于 xy 面的应力分量，即假定 $\sigma_x = \sigma_y = 0$、$\tau_{xy} = 0$。

（4）混凝土板和钢板为各向同性弹性体，应力与应变关系服从胡克定律，并符合小挠度理论。

在外荷载作用下，剪切层发生剪切变形，钢板层和混凝土层之间将产生相对转角，如图 3-8 所示。引入转角位移 ϕ_x、ϕ_y，分别为直线段 $o_c o_s$ 在 xz 平面和 yz 平面内的转角，并假定以 x 轴、y 轴转向 z 轴的方向为正方向。由于交界面滑移效应的存在，变形后直线段 $o_c o_s$ 不再垂直于组合板中平面。

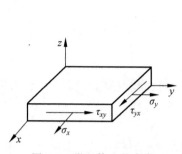

图 3-7　微元体上的应力

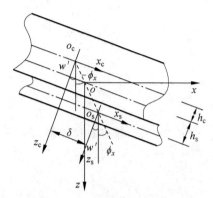

图 3-8　组合板交界面的滑移效应

假定 u_c、v_c 分别为混凝土层各点的 x 方向和 y 方向的轴向位移，u_s、v_s 分别为钢板层各点的 x 方向和 y 方向的轴向位移，与完全抗剪连接组合板不同，钢板层和混凝土层的轴向位移 u_c、v_c、u_s、v_s 与转角 ϕ_x、ϕ_y 之间存在下式所示的关系：

$$\begin{cases} u_c = h_c \phi_x - z_c \dfrac{\partial w}{\partial x} \\[2mm] v_c = h_c \phi_y - z_c \dfrac{\partial w}{\partial y} \\[2mm] u_s = -h_s \phi_x + z_s \dfrac{\partial w}{\partial x} \\[2mm] v_s = -h_s \phi_y + z_s \dfrac{\partial w}{\partial y} \end{cases} \tag{3-12}$$

因此，x 方向和 y 方向的相对滑移值 δ_x、δ_y 分别为

$$\begin{cases} \delta_x = u_s - u_c = h_v \left(\dfrac{\partial w}{\partial x} - \phi_x \right) \\[2mm] \delta_y = v_s - v_c = h_v \left(\dfrac{\partial w}{\partial y} - \phi_y \right) \end{cases} \tag{3-13}$$

式中，h_c——混凝土板中平面至组合板中平面的距离；

h_s——钢板中平面至组合板中平面的距离；

h_v——混凝土板中平面至钢板中平面的距离，$h_v = h_c + h_s$。

当混凝土板与钢板并非完全抗剪连接时，两者之间将产生相对滑移，即剪切层将发生剪切变形。假定单根栓钉的剪切滑移刚度为 K_s，栓钉间距为 s，则剪切层弹性刚度为 $K =$

K_s/s^2，因此单位宽度剪切层中的水平剪力 q_x、q_y 为

$$\begin{cases} q_x = K\delta_x = Kh_v \left(\dfrac{\partial w}{\partial x} - \phi_x \right) \\[3mm] q_y = K\delta_y = Kh_v \left(\dfrac{\partial w}{\partial y} - \phi_y \right) \end{cases}$$ (3-14)

根据板有微小挠曲后的平衡条件可以得到板的平衡微分方程组，如下式所示：

$$\begin{cases} D_v \left(\dfrac{\partial^2 \phi_y}{\partial y^2} + \dfrac{1-\nu}{2} \dfrac{\partial^2 \phi_y}{\partial x^2} + \dfrac{1+\nu}{2} \dfrac{\partial^2 \phi_x}{\partial x \partial y} \right) + Kh_v^2 \left(\dfrac{\partial w}{\partial y} - \phi_y \right) = 0 \\[4mm] D_v \left(\dfrac{\partial^2 \phi_x}{\partial x^2} + \dfrac{1-\nu}{2} \dfrac{\partial^2 \phi_x}{\partial y^2} + \dfrac{1+\nu}{2} \dfrac{\partial^2 \phi_y}{\partial x \partial y} \right) + Kh_v^2 \left(\dfrac{\partial w}{\partial x} - \phi_x \right) = 0 \\[4mm] Kh_v^2 \left(\nabla^2 w - \dfrac{\partial \phi_x}{\partial x} - \dfrac{\partial \phi_y}{\partial y} \right) - D_f \nabla^4 w + N_x \dfrac{\partial^2 w}{\partial x^2} + 2N_{xy} \dfrac{\partial^2 w}{\partial x \partial y} + N_y \dfrac{\partial^2 w}{\partial y^2} + p(x,y) = 0 \end{cases}$$
(3-15)

式(3-15)较复杂，难以直接求解。基于夹层板理论，对方程组进行简化[4]，引入中间变量 ω 和 f 来替代 ϕ_x、ϕ_y、w，即

$$\begin{cases} \phi_x = \dfrac{\partial \omega}{\partial x} + \dfrac{\partial f}{\partial y} \\[3mm] \phi_y = \dfrac{\partial \omega}{\partial y} - \dfrac{\partial f}{\partial x} \\[3mm] w = \omega - \dfrac{D_v}{Kh_v^2} \nabla^2 \omega \end{cases}$$ (3-16)

将式(3-16)代入式(3-15)，得到 ω 和 f 应满足以下基本微分方程组[5]：

$$\begin{cases} D \nabla^4 \omega - \dfrac{D_f D_v}{Kh_v^2} \nabla^6 \omega - \left(N_x \dfrac{\partial^2}{\partial x^2} + 2N_{xy} \dfrac{\partial^2}{\partial x \partial y} + N_y \dfrac{\partial^2}{\partial y^2} \right) \left(\omega - \dfrac{D_v}{Kh_v^2} \nabla^2 \omega \right) - p(x,y) = 0 \\[4mm] \dfrac{1}{2} D_v (1-\nu) \nabla^2 f - Kh_v^2 f = 0 \end{cases}$$
(3-17)

对于单向均匀受压简支组合板，板中面力 $N_x = -p_x$，$N_{xy} = N_y = 0$，外荷载 $p(x,y) = 0$。此时，基本微分方程组为

$$\begin{cases} D \nabla^4 \omega - \dfrac{D_f D_v}{Kh_v^2} \nabla^6 \omega + p_x \dfrac{\partial^2}{\partial x^2} \left(\omega - \dfrac{D_v}{Kh_v^2} \nabla^2 \omega \right) = 0 \\[4mm] \dfrac{1}{2} D_v (1-\nu) \nabla^2 f - Kh_v^2 f = 0 \end{cases}$$ (3-18)

对于四边简支矩形组合板，在其自身平面外变形的边界条件是：

$$\begin{cases} w = 0, \dfrac{\partial \phi_x}{\partial x} = 0, \phi_y = 0, \quad x = 0 \text{ 或 } a \\[3mm] w = 0, \dfrac{\partial \phi_y}{\partial y} = 0, \phi_x = 0, \quad y = 0 \text{ 或 } b \end{cases}$$ (3-19)

在式(3-19)中用 ω 和 f 替代 ϕ_x、ϕ_y、w，得到以 ω 和 f 表示的边界条件，如下式所示：

$$\begin{cases} \omega = 0, \dfrac{\partial^2 \omega}{\partial x^2} = 0, \dfrac{\partial f}{\partial x} = 0, \quad x = 0 \ 或 \ a \\[3mm] \omega = 0, \dfrac{\partial^2 \omega}{\partial y^2} = 0, \dfrac{\partial f}{\partial y} = 0, \quad y = 0 \ 或 \ b \end{cases} \tag{3-20}$$

由式(3-17)及式(3-20)可以证明，$f=0$。符合简支边界条件的 ω 可用二重三角函数表示为

$$\omega = A \sin \frac{m \pi x}{a} \sin \frac{n \pi y}{b} \tag{3-21}$$

将式(3-21)代入式(3-17)，可得单向均匀受压条件下四边简支非完全抗剪连接组合板的弹性临界屈曲荷载表达式，如下式所示：

$$P_{crx} = \frac{\pi^2 D_f}{b^2} \frac{(m^2 + n^2 \alpha^2)^2}{m^2 \alpha^2} + \frac{\pi^2 D_v}{b^2} \frac{(m^2 + n^2 \alpha^2)^2}{m^2 \alpha^2 + \chi(m^2 + n^2 \alpha^2)} \tag{3-22}$$

式中，A——待定系数；

a、b——组合板的长度和宽度；

α——组合板的长宽比，$\alpha = a/b$；

m、n——板屈曲时组合板 x 方向和 y 方向的半波数，为正整数；

χ——反映抗剪连接程度的系数，$\chi = \dfrac{\pi^2 D_v}{b^2 K h_v^2}$。

对于完全抗剪连接组合板，可认为 $K \to \infty$，$\chi \to 0$，则非完全抗剪连接组合板的弹性临界屈曲荷载表达式(3-22)退化为完全抗剪连接组合板的弹性临界屈曲荷载表达式(3-11)。

研究四边简支矩形组合板在单向均匀受压条件下的弹性屈曲荷载表达式(3-22)，容易看出，组合板弹性屈曲荷载由两部分组成：第一部分表示钢板和混凝土板各自发生弹性屈曲时临界屈曲荷载的代数和；第二部分为钢板和混凝土板组合后引起的弹性屈曲荷载的提高，参数 χ 体现抗剪连接程度对弹性屈曲荷载的影响，χ 越小，表示交界面抗剪连接件剪切刚度越大。

可以按式(3-22)画出单向均匀受压板的临界屈曲荷载 P_{crx} 和参数 χ 的无量纲关系曲线，如图 3-9 所示。图中 P_{cr0} 为完全抗剪连接组合板的弹性屈曲荷载，P_{crf} 为钢板和混凝土板各自的弹性屈曲荷载之和。由图 3-9 可以看出，非完全抗剪连接组合板的临界屈曲荷载

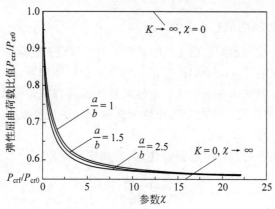

图 3-9 组合板的 P_{crx}-χ 曲线

随 χ 的增大而降低,当 $\chi \leqslant 5$ 时,临界屈曲荷载下降迅速;当 $\chi > 5$ 时,曲线很快达到平稳,临界屈曲荷载逐步下降至钢板和混凝土板各自发生弹性屈曲时临界屈曲荷载的代数和,此时计算组合板弹性屈曲失稳可近似不考虑钢板和混凝土之间的组合作用。

3.3　钢板-混凝土组合构件局部稳定性

钢板-混凝土组合构件由钢板和混凝土板两部分通过抗剪连接件组成,由于混凝土板的厚度往往相对较大,因此整个组合构件的截面刚度相对纯钢构件也较大,整体稳定性问题并不如纯钢构件突出,但由于抗剪连接件布置的不连续性,钢板仍有可能在受荷载时发生抗剪连接件之间小区格内的局部失稳。

3.3.1　组合构件的局部稳定性特征

在纯钢结构中,一般通过限制钢板的宽厚比防止钢板发生局部失稳,加劲肋可视为母板的固支边界条件。与钢结构类似,在组合构件中,由于抗剪连接件(如栓钉、开孔板等)保证了混凝土板和钢板的紧密结合,在混凝土板厚度较大的情况下,可将混凝土板视为钢板的刚性侧向支撑,将抗剪连接件视为母板的简支或固支边界条件。因此,组合构件中的钢板只可发生向外的屈曲失稳,混凝土板单面刚性支撑阻止了钢板向内屈曲的失稳模态,这使得钢板的屈曲波长减小,临界屈曲荷载提高。由于混凝土的单面支撑及抗剪连接件有效的抗拔性能,组合构件中的钢板的局部稳定性问题也不如纯钢构件显著,采用母板加劲肋以保证钢板的局部稳定性也非必要。

根据有无钢板加劲肋,组合板可以分为组合加劲板和组合非加劲板;其局部屈曲形式也可分为以下几种:

(1)抗剪连接件之间小区格内的局部失稳。

(2)加劲肋间局部失稳。

(3)加劲肋与母板共同失稳。

(4)处于局部失稳与共同失稳之间的混合失稳。

3.3.2　面内均匀受压钢板-混凝土组合构件的局部稳定性

1. 钢管混凝土柱受压的局部稳定性

对于钢-混凝土组合构件的局部稳定性的研究最早是从钢管混凝土开始的。Wright[6-7]较早通过能量原理研究了钢管混凝土中外包钢管的局部稳定性问题。一般的空心钢管柱虽然抗扭刚度大,承载力高,但其构件的整体稳定性及钢板的局部稳定性皆较差。在钢管内浇筑混凝土后,内填混凝土单面刚性支撑将阻止钢板向内屈曲的失稳模态,构件的整体稳定性及钢板的局部稳定性均可得以提高。

对于不含内填混凝土的普通空心钢管柱,假定其挠曲面为

$$w = A \sin\left(\frac{\pi x}{a}\right) \sin\left(\frac{\pi y}{b}\right) \tag{3-23}$$

考虑内填混凝土的单侧刚性支撑后,钢管混凝土柱表面钢板的挠曲面变为

$$w = A\left(1 - \cos\frac{2\pi x}{a}\right)\sin\left(\frac{\pi y}{b}\right) \tag{3-24}$$

式(3-23)、式(3-24)分别给出了在单向均匀受压时空心钢管柱和钢管混凝土柱表面钢板的屈曲模态,这种假定满足边界条件的挠曲面的方法的精度取决于假定挠曲面与实际屈曲模态的接近程度。对比式(3-23)和式(3-24)可知,在钢管内浇筑混凝土后,钢板在纵向的屈曲模态由正弦函数变为余弦函数,向内屈曲失稳的模态受到限制,屈曲波长变为空心钢管柱的一半,屈曲模态的阶数提高。

采用能量法求解钢板的临界屈曲应力,钢板的总势能 Π 为钢板的应变能 U 及外力势能 V 之和,即 $\Pi = U + V$,其中钢板在微弯时的应变能 U 为

$$
\begin{aligned}
U &= \int_0^a \int_0^b \left[D_x \left(\frac{\partial^2 w}{\partial x^2}\right)^2 + 2D_{xy}\left(\frac{\partial^2 w}{\partial x \partial y}\right)^2 + D_y\left(\frac{\partial^2 w}{\partial y^2}\right)^2 \right] \mathrm{d}x\,\mathrm{d}y \\
&= \frac{D}{2}\int_0^a \int_0^b \left\{ \left(\frac{\partial^2 w}{\partial x^2} + \frac{\partial^2 w}{\partial y^2}\right)^2 - 2(1-\nu)\left[\frac{\partial^2 w}{\partial x^2}\frac{\partial^2 w}{\partial y^2} - \left(\frac{\partial^2 w}{\partial x \partial y}\right)^2 + D_y\left(\frac{\partial^2 w}{\partial y^2}\right)^2\right]\right\} \mathrm{d}x\,\mathrm{d}y
\end{aligned}
$$

$$\tag{3-25}$$

外力势能为

$$V = -\int_0^a \int_0^b \left[\sigma_x t\left(\frac{\partial w}{\partial x}\right)^2 + 2\sigma_{xy}t\left(\frac{\partial w}{\partial x}\frac{\partial w}{\partial y}\right) + \sigma_y\left(\frac{\partial w}{\partial y}\right)^2 \right]\mathrm{d}x\,\mathrm{d}y \tag{3-26}$$

式中,D——单位宽度钢板的等效弯曲刚度;

D_x、D_y、D_{xy}——单位宽度钢板 x 方向、y 方向的等效弯曲刚度及等效扭转刚度。

将式(3-24)代入式(3-25)和式(3-26),通过 Rayleigh-Ritz 法方程 $\partial\Pi/\partial A = 0$ 可求得板的临界屈曲荷载。在工程中一般要求钢板的临界屈曲应力不应低于钢材的屈服强度,即 $\sigma_x \geqslant f_y$,由此可求得钢管混凝土柱中钢板的宽厚比 b/t 限值,如下式所示:

$$\frac{b}{t} \leqslant 1.90\sqrt{\frac{E_s}{f_y}} = 56\sqrt{\frac{235}{f_y}} \tag{3-27}$$

2. 钢板-混凝土组合板受压的局部稳定性

组合板局部失稳时,栓钉间距范围内的钢板发生局部屈曲变形,并与混凝土分离。由于受单面混凝土刚性支撑约束,钢板只能发生远离混凝土的平面外变形。与钢管混凝土不同,组合板的局部屈曲发生于相邻栓钉连线的小区格内,具有相对固定的屈曲发生范围,其转动边界条件取决于抗剪连接件的转动刚度,介于简支和固支之间[8]。通常情况下,组合板的宽度远大于栓钉间距,因此可以忽略钢板边缘边界条件对内部钢板屈曲的影响。此时,组合板局部失稳分析模型可以选取对边有弹性约束边界条件下的单位宽度板,如图 3-10(a)所示。

采用 Rayleigh-Ritz 法求解组合板变形的临界屈曲荷载,要求挠曲面方程满足本质边界条件,自然边界条件由势能驻值条件自然推导满足。组合板变形后的坐标轴如图 3-10(b)所示,假定满足本质边界条件 $w|_{x=0} = w|_{x=s} = 0$ 的挠曲面函数为

$$w = A\sin\left(\frac{\pi x}{s}\right) + B\left[1 - \cos\left(\frac{2\pi x}{s}\right)\right] \tag{3-28}$$

假定组合板在轴向荷载作用下发生局部屈曲之前,混凝土板与钢板变形协调,即两者轴向应变始终相等,则单位宽度体系的应变能为钢板微弯的应变能及转动弹簧的弹性应变能

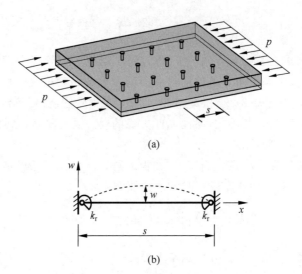

图 3-10　主受压方向失稳分析模型

(a) 模型示意图；(b) 计算参数

之和,如下式所示:

$$U = \int_0^s \frac{1}{2} \bar{E}_s I \left(\frac{\mathrm{d}^2 w}{\mathrm{d} x^2}\right)^2 \mathrm{d}x + \frac{1}{2} k_r \left(\frac{\mathrm{d}^2 w}{\mathrm{d} x^2}\bigg|_{x=0}\right)^2 + \frac{1}{2} k_r \left(\frac{\mathrm{d}^2 w}{\mathrm{d} x^2}\bigg|_{x=s}\right)^2 \tag{3-29}$$

式中,$\bar{E}_s$——过程量,$\bar{E}_s = E_s/(1-\nu_s^2)$;

k_r——单位宽度钢板受到转动刚度为 k_r 的弹性转动约束,可将此约束视为一连续分
布的转动弹簧,其转动刚度的大小取决于抗剪连接件的刚度及抗剪连接程度。

组合板在单向受压时的外力势能为

$$V = -W = -\int_0^s \frac{p}{2} \left(\frac{\mathrm{d}w}{\mathrm{d}x}\right)^2 \mathrm{d}x \tag{3-30}$$

由势能驻值条件可得如下方程:

$$\frac{\partial \Pi}{\partial A} = \frac{\partial (U+V)}{\partial A} = 0, \quad \frac{\partial \Pi}{\partial B} = \frac{\partial (U+V)}{\partial B} = 0 \tag{3-31}$$

将式(3-28)～式(3-30)代入式(3-31),由式(3-31)中两式的系数行列式为零所得解中的
最小值即为屈曲荷载 p_{crx0},如下式所示:

$$p_{crx0} = k \frac{\pi^2 \bar{E}_s I}{s^2} = \frac{\pi^2 \bar{E}_s I}{s^2} \left(\frac{12\pi^2 \lambda^2 + 80\lambda + 12}{12\pi^2 \lambda^2 + 32\lambda + 3}\right) \tag{3-32}$$

$$p_{crx} = \beta p_{crx0} = \beta \frac{\pi^2 \bar{E}_s I}{s^2} \left(\frac{12\pi^2 \lambda^2 + 80\lambda + 12}{12\pi^2 \lambda^2 + 32\lambda + 3}\right) \tag{3-33}$$

式中,β——嵌固系数,取 $\beta = 1.3$[9];

k——屈曲系数;

λ——考虑转动约束影响的参数,$\lambda = \bar{E}_s I/(k_r s)$;

I——单位宽度板的惯性矩,$I = t^3/12$;

t——钢板厚度。

在工程实践中,一般不允许钢板的局部失稳先于钢板屈曲发生。理论上,通过限制栓钉

间距,提高临界屈曲应力,就能保证钢板受压屈服先于钢板局部失稳发生,即 $\sigma_{crx} \geqslant f_y$,也即

$$p_{crx} \geqslant p_y \qquad (3\text{-}34)$$

式中,f_y——钢板的屈服强度;

$\quad p_y$——钢板受压屈服荷载,$p_y = f_y t$。

将式(3-33)代入式(3-34),可得

$$\beta k \frac{\pi^2 \overline{E}_s I}{s^2} \geqslant f_y t \qquad (3\text{-}35)$$

化简式(3-35),可得距厚比 s/t 限值,如下式所示:

$$\frac{s}{t} \leqslant \sqrt{\frac{\beta k \pi^2 \overline{E}_s}{12 f_y}} \qquad (3\text{-}36)$$

研究受压对边简支矩形组合板在单向均匀受压局部屈曲距厚比限值,容易看出,λ 的大小反映了抗剪连接件的刚度和钢板局部屈曲的边界条件,λ 越大,k_r 越小,屈曲边界条件越接近简支边界条件,反之则越接近于固支边界条件。

偏保守地,若完全不考虑抗剪连接件对钢板的约束扭转作用,则钢板屈曲的边界条件为理想简支边界条件,$k_r = 0$,$\lambda \to \infty$,则 $k = 1.0$,式(3-36)进一步简化为

$$\frac{s}{t} \leqslant 32 \sqrt{\frac{235}{f_y}} \qquad (3\text{-}37)$$

为研究垂直于受压方向的栓钉间距要求,假定钢板局部屈曲发生于相邻栓钉之间的区格内,如图 3-11 所示。

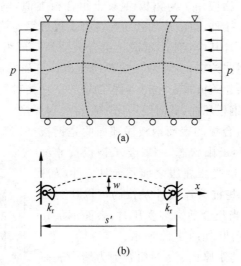

图 3-11　非主受压方向失稳分析模型
(a) 模型示意图;(b) 计算参数

假定满足边界条件的钢板局部屈曲挠函数为

$$w = A \sin\left(\frac{\pi x}{\alpha s'}\right) \sin\left(\frac{\pi y}{s'}\right) + B \sin\left(\frac{\pi x}{\alpha s'}\right) \sin^2\left(\frac{\pi y}{s'}\right) \qquad (3\text{-}38)$$

式中,s'——非主受压方向的栓钉间距;

$\quad \alpha$——主受压方向栓钉间距与非主受压方向栓钉间距之比,$\alpha = s/s'$。

根据势能驻值原理,采用 Rayleigh-Ritz 法可求得非主受压方向发生局部屈曲时的临界屈曲荷载 $p'_{\mathrm{cr}x}$,如下式所示:

$$p'_{\mathrm{cr}x} = k' \frac{\pi^2 \bar{E}_s I}{s'^2}$$

$$= \frac{\pi^2 \bar{E}_s I}{s'^2} \left[\frac{(96\pi^2\xi^2 + 256\xi + 24) + \alpha^2(48\pi^2\xi^2 + 320\xi + 48) + \dfrac{1}{\alpha^2}(48\pi^2\xi^2 + 128\xi + 9)}{48\pi^2\xi^2 + 128\xi + 9} \right]$$

(3-39)

式中,ξ——反映抗剪连接件在非主受压方向,对钢板的弹性转动约束影响的参数,$\xi = \bar{E}_s I / (k_r s')$;

$\quad\quad k'$——屈曲系数。

与主受压方向类似,ξ 越大,k_r 越小,屈曲边界条件越接近简支边界条件,反之则越接近于固支边界条件。偏保守地假设屈曲边界条件为四边理想简支边界时,钢板的屈曲系数 $k' = 4.0$,则非主受压方向上的栓钉距厚比 s/t 限值为

$$\frac{s}{t} \leqslant 56 \sqrt{\frac{235}{f_y}}$$

(3-40)

3. 钢板–混凝土组合构件剪力墙受压的局部稳定性

钢板–混凝土组合板在大跨度箱形组合梁桥桥面板及连续组合梁桥负弯矩区钢梁下翼缘等实际工程中得到了广泛应用。与钢板–混凝土组合板类似,钢板–混凝土组合剪力墙的表面钢板同样通过抗剪连接件、拉筋或加劲肋与混凝土板可靠连接,但二者钢板的约束边界条件及受力特征有所不同。其中,钢板–混凝土组合板受到箱形组合梁桥钢梁腹板、钢梁腹板加劲肋对翼缘钢板的屈曲约束,且一般仅按单向受压计算屈曲临界荷载,而钢板–混凝土组合剪力墙多应用于高层建筑或核安全壳,钢板的边界条件相对复杂,且有可能受到平面内双向外力,从而引起表面钢板屈曲,此时距厚比限制将更为严格。

组合梁桥桥面板中组合板的表面钢板局部屈曲是钢板组合剪力墙的一种特殊的极限状态,一般要求钢板按非细长类型构件设计,即在发生受压屈服之前不允许发生局部屈曲。与组合板相同,这些抗剪连接件及拉筋可以作为钢板局部屈曲的边界条件,当组合剪力墙受压时,表面钢板在横向栓钉之间发生局部屈曲,如图 3-12 所示。

试验表明,表面钢板的距厚比 s/t 对组合剪力墙中表面钢板的局部屈曲起到控制作用。美国《核设施安全相关钢结构规范》(ANSI/AISC N690—2018)中对双钢板组合剪力墙表面钢板距厚比限值的规定如下式所示[10]:

$$\frac{s}{t} \leqslant 1.0 \sqrt{\frac{E_s}{f_y}} = 29 \sqrt{\frac{235}{f_y}}$$

(3-41)

式中,E_s——表面钢板的弹性模量,对于碳素钢取 200GPa,对于不锈钢取 193GPa;

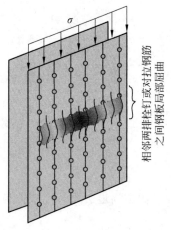

图 3-12　钢板组合剪力墙局部失稳分析模型

f_y——钢板的屈服强度；

s——抗剪连接件或拉筋之间钢板无侧向支撑的最大距离；

t——钢板厚度。

规范同时要求表面钢板的屈服强度不低于 350MPa，不高于 450MPa，这是因为钢板强度过低时受到残余应力及混凝土浇筑的影响大，易发生局部失稳；钢板强度过高时由局部稳定性控制，难以保证受压屈服先于局部屈曲发生。

Akiyama 等[11]设计了三组双钢板组合剪力墙来模拟核安全壳在轴向荷载下的表面钢板屈曲性能，结果发现，屈曲竖向发生范围与钢板表面栓钉间距一致，而屈曲水平发生范围则远大于栓钉间距，且临界屈曲应力符合欧拉公式中一端简支，一端固定（$n=0.7$）的情况，实测屈曲应力与计算屈曲应力之比为 1.02～1.44。计算的欧拉临界应力为

$$\sigma_{cr} = \frac{\pi^2 E_s}{12 n^2 \left(\dfrac{s}{t}\right)^2} \tag{3-42}$$

在核安全壳等工程领域，不允许局部屈曲先于屈服前发生，即 $\sigma_{cr} \geqslant f_y$，由此计算得到构件距厚比限值，如下式所示：

$$\frac{s}{t} \leqslant 1.30 \sqrt{\frac{E_s}{f_y}} = 38 \sqrt{\frac{235}{f_y}} \tag{3-43}$$

日本建筑学会秋田昇道等[12]在《采用钢板混凝土组合结构的抗震设计指南》（《鋼板コンクリート構造を用いた建築物の耐震設計指針》）中总结了上述及其他数个剪力墙试验后指出，钢板-混凝土结构在地震作用时受到往复拉压应力，构件可能发生弯曲变形积累，且表面钢板与内部混凝土锚固处受累积损伤的可能性大。对于结构中塑性变形能力有要求的钢板-混凝土构件，为保证钢板在受压屈服前不发生局部屈曲，受栓钉连接件约束的表面钢板应满足下式所示的宽厚比限值：

$$\frac{s}{t} \leqslant 600 \sqrt{\frac{1}{f_y}} = 38 \sqrt{\frac{235}{f_y}} \tag{3-44}$$

对于不受往复拉压应力，无需考虑构件弯曲变形累积的钢板-混凝土构件，可以适当放宽对钢板距厚比的限值要求。但即使对于超过距厚比限值要求的构件，也不应使其发生剪切局部屈曲，也即表面钢板在剪应力达到 von Mises 屈服应力前也不应发生剪切局部屈曲，由此计算的钢板距厚比应满足下式：

$$\frac{s}{t} \leqslant 1310 \sqrt{\frac{1}{f_y}} = 85 \sqrt{\frac{235}{f_y}} \tag{3-45}$$

Zhang 等[13]利用非线性精细有限元分析对 Kanchi 等[14]的表面钢板距厚比为 20～50 的 11 个双钢板组合剪力墙单向均匀受压试验进行了模拟。试验变量包含表面钢板强度、厚度及栓钉间距等。美国 AISC 360-10 规范将钢结构构件分为细长构件及非细长构件，而在核安全相关的钢结构中不允许出现局部屈曲极限状态，因此要求钢板-混凝土构件需按非细长构件进行设计。试验及模拟结果表明，二者符合良好，表面钢板的局部屈曲由归一化距厚比（normalized slenderness radio，$s/t \times (\sqrt{f_y/E})$）控制。当设计值位于图 3-13 中的灰色区域，即当归一化距厚比小于 1 时，在钢板受压屈服之前不发生钢板的局部屈曲。因此对于非细长表面钢板，其距厚比限值可参见式（3-41）。

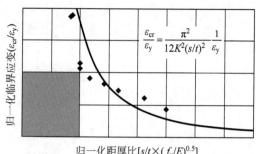

图 3-13 临界屈曲应力与归一化距厚比的关系

目前针对钢板组合剪力墙受压局部稳定性的研究大多仍局限于单向均匀受压的弹性屈曲,对于双向受压、弹塑性屈曲及屈曲后强度的研究仍然较少。其中,Liang 等[15]对双向受压的双钢板组合剪力墙进行了有限元分析,认为表面钢板抗剪连接件之间小区格的屈曲边界条件介于四边简支与四边固支之间,偏保守地可视为四边简支。基于 Ollgarrd 栓钉剪切滑移模型,将栓钉等效为剪切弹簧,得出了屈曲系数 k_x 与栓钉纵横向间距比 $\varphi = a/b$ 及双向应力比 $\alpha = \sigma_x/\sigma_y$ 之间的关系,如图 3-14 所示。

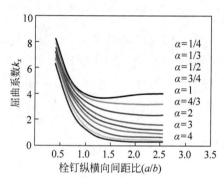

图 3-14 屈曲系数与栓钉纵横向间距比及双向应力比之间的关系

图 3-14 中曲线表明,当双向应力比 $\alpha \geqslant 1/3$ 时,钢板纵向屈曲系数 k_x 随着栓钉纵横向间距比 φ 增大先显著降低,后逐渐趋于稳定。同时由于横向应力 σ_y 的存在,纵向屈曲系数 k_x 相比于单向受压构件也明显下降。但由于抗剪连接件的存在显著提高了纵向屈曲系数 k_x,使得受抗剪连接件约束的方形区格内钢板在受到应力比 $\alpha = 1$ 的双向应力时,屈曲系数 $k_x = k_y = 2.404$,仍显著高于未受抗剪连接件约束的四边简支板的屈曲系数。

在双向临界屈曲应力下,钢板在发生局部屈曲前应已屈服,即临界屈曲应力应符合 von Mises 屈服准则:

$$\begin{cases} \sigma_{crx} = k_x \dfrac{\pi^2 E_s}{12(1-\nu^2)\left(\dfrac{b}{t}\right)^2} \\[6mm] \sigma_{cry} = k_y \dfrac{\pi^2 E_s}{12(1-\nu^2)\left(\dfrac{a}{t}\right)^2} \end{cases} \tag{3-46}$$

$$\sigma_{crx}^2 - \sigma_{crx}\sigma_{cry} + \sigma_{cry}^2 = f_y \tag{3-47}$$

将式(3-46)代入式(3-47),可得

$$\frac{b}{t} = 27.73 \left(k_x^2 - \frac{k_x k_y}{\varphi^2} + \frac{k_y^2}{\varphi^4} \right)^{\frac{1}{4}} \sqrt{\frac{235}{f_y}} \tag{3-48}$$

在受双向应力比 $\alpha = 1$ 的方形区格内,屈曲系数 $k_x = k_y = 2.404$,通过式(3-48)可计算得到,Q235 钢材的距厚比限值为 43。

杨悦[16]通过试验研究了双钢板组合剪力墙的栓钉排布形式对剪力墙表面钢板局部屈曲的影响,共设计了 10 个抗剪连接件分别为方形布置、竖向矩形布置、横向矩形布置及梅花形布置的双钢板组合剪力墙,研究了其在轴压下表面钢板的局部屈曲性能,如图 3-15 所示,其中方形布置未展示,代表栓钉横向和竖向间距相等。试验结果显示(图 3-16):抗剪连接件方形布置及竖向矩形布置的钢板-混凝土组合构件具有基本相同的表面钢板局部屈曲形式,屈曲模态均为相邻排栓钉之间的水平屈曲带,非主受压边栓钉间距对屈曲模态影响不大;而抗剪连接件横向矩形布置的钢板-混凝土组合构件由于沿竖向加密了栓钉,主受压边约束较强而非主受压边约束较弱,水平及竖直屈曲带均有发生,鼓曲变形也不仅局限于两排栓钉之间,而是沿着约束较弱的斜向发展,具有相对复杂的屈曲模态,这表明沿主受压边方向加密栓钉对于抑制钢板屈曲有利;梅花形栓钉布置的钢板-混凝土组合构件是将方形栓钉布置的 SC 构件栓钉排布旋转 45°而得到的,对于产生水平屈曲带的屈曲模态而言,梅花形栓钉布置的构件表面钢板屈曲半波长变为原来的 1/2,这显著提高了屈曲模态的阶数和临界屈曲应力。试验结果表明,梅花形栓钉布置的构件局部屈曲模态为沿斜向 45°发展的屈曲带,类似于钢板的受剪屈曲,具有较高的临界屈曲承载力。

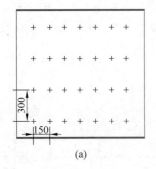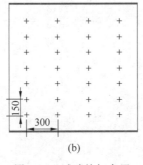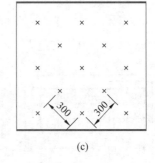

图 3-15 试验栓钉布置

(a) DSC4-150/300 竖向矩形布置;(b) DSC4-300/150 横向矩形布置;(c) DSC4-300X 梅花形布置

本组试验同时验证了双钢板组合剪力墙的钢板临界屈曲应力符合欧拉公式的计算结果,并介于一端简支一端固定($n=0.7$)与两端简支($n=1.0$)的计算结果之间,而两端简支的计算结果更接近试验结果且为所有试验实测临界屈曲应力的下界,因此偏保守地建议在欧拉公式中取两端简支($n=1.0$)的情况,由此可得距厚比限值公式,如下式所示:

$$\frac{s}{t} \leqslant \sqrt{\frac{\pi^2 E_s}{12 f_y}} = 29 \sqrt{\frac{235}{f_y}} \tag{3-49}$$

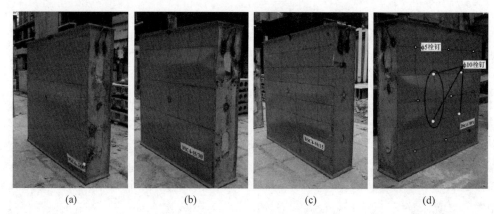

图 3-16　各构件的屈曲模态

（a）方形栓钉布置；（b）竖向矩形栓钉布置；（c）横向矩形栓钉布置；（d）梅花形栓钉布置

3.3.3　面内均匀受剪钢板-混凝土组合构件的局部稳定性

目前中国、美国等国规范中针对组合板或钢板组合剪力墙的距厚比限值要求大都是基于单向均匀受压条件计算得到的,对钢板组合剪力墙表面钢板受剪屈曲的情况研究仍较少。文献[17]等采用有限元及理论分析方法对表面钢板受纯剪应力条件下的屈曲进行了分析。有限元分析显示,剪切屈曲波出现在斜向 45°的两条相邻区格范围内,类似于斜向板单元受两个相互垂直方向拉压力后的屈曲形态。

处于斜向 45°连线的两条相邻区格范围的斜向钢板实际上处于两垂直方向拉压的受力状态,基于此将剪应力 τ 分解至主应力空间,主拉应力及主压应力分别为 σ_t、σ_c,因此有 $\sigma_t = \sigma_c = \tau$,如图 3-17(a)、(b)所示。取此斜向板单元作为计算模型,其长边长度为单位长度 1000mm,长边为简支边界；短边长度为 $d_b = s/\sqrt{2}$,短边为自由边界。

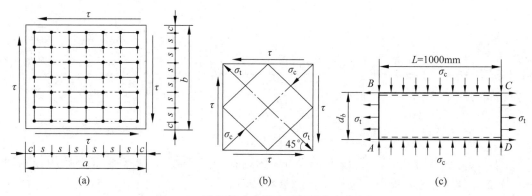

图 3-17　受纯剪应力的表面钢板的应力空间

（a）受纯剪应力的表面钢板；（b）表面钢板单元体主应力空间；（c）表面钢板计算模型

有限元分析表明,短边所受拉应力 σ_t 对屈曲临界应力影响很小($<1\%$),可以将受 x、y 方向双轴拉压应力的板件简化为 y 方向单向均匀受压应力的板件。根据薄板理论,建立钢板的平衡微分方程：

$$D \, \nabla^2 \, \nabla^2 w = N_x \frac{\partial^2 w}{\partial x^2} + 2N_{xy} \frac{\partial^2 w}{\partial x \partial y} + N_y \frac{\partial^2 w}{\partial y^2} + p(x,y) \tag{3-50}$$

由于板仅受 y 方向的均匀压力，$N_x = N_{xy} = 0$，$N_y = -p_y$，因此式(3-50)化为

$$L(w) = D\left(\frac{\partial^2 w}{\partial x^2} + \frac{\partial^2 w}{\partial x \partial y} + \frac{\partial^2 w}{\partial y^2}\right) + p_y \frac{\partial^2 w}{\partial y^2} = 0 \tag{3-51}$$

对于主受压边简支、非主受压边自由的矩形组合板，在其自身平面外变形的边界条件是：

当 $x=0$ 或 $x=a$ 时，

$$M_x = 0, \quad Q_x = 0, \quad M_{xy} = 0 \tag{3-52}$$

即

$$\frac{\partial^2 w}{\partial x^2} + \nu \frac{\partial^2 w}{\partial y^2} = 0, \quad \frac{\partial^3 w}{\partial x^3} + (2-\nu)\frac{\partial^3 w}{\partial x \partial y^2} = 0 \tag{3-53}$$

当 $y=0$ 或 $y=b$ 时，

$$w = 0, \quad \frac{\partial \phi_y}{\partial y} = 0, \quad \phi_x = 0 \tag{3-54}$$

通过 Galerkin 方法求解板的临界屈曲荷载需要假设同时符合本质边界条件及自然边界条件的挠曲面方程，如下式所示：

$$w = A \sin\left(\frac{n \pi y}{b}\right), \quad n=1,2,3\cdots \tag{3-55}$$

式中，A——待定系数；

n——板屈曲时沿 y 方向的半波数。

建立 Galerkin 方程，如下式所示：

$$\int_0^a \int_0^b L(w) \sin\left(\frac{n \pi y}{b}\right) \mathrm{d}x \, \mathrm{d}y = 0 \tag{3-56}$$

将式(3-55)代入式(3-56)，可得

$$p_y = D\left(\frac{n\pi}{b}\right)^2 \tag{3-57}$$

板的屈曲荷载在屈曲半波数 $n=1$ 时取最小值，因此临界屈曲剪应力为

$$\tau_{cr} = \sigma_{cry} = \frac{\pi^2 E}{12(1-\nu^2)}\left(\frac{t}{b}\right)^2 \tag{3-58}$$

要保证组合板中表面钢板的屈服先于局部屈曲，即 $\tau_{cr} \geq f_y/\sqrt{3}$，由此可得表面钢板的距厚比 s/t 应满足：

$$\frac{s}{t} = \frac{\sqrt{2}b}{t} \leqslant \sqrt{\frac{\sqrt{3}\pi^2 E}{6(1-\nu^2)f_y}} = 52\sqrt{\frac{235}{f_y}} \tag{3-59}$$

文献[11]对双钢板组合剪力墙构成的核心筒在水平往复荷载下表面钢板的屈曲进行了试验，试验构件距厚比分别为 50、100 及 150。试验现象表明，核心筒翼缘主要承受主拉压应力，而腹板主要承受剪应力。腹板承受剪应力后，距厚比为 100 及 150 的双钢板组合剪力

墙构件表面发生了明显的鼓曲,屈曲带沿斜向45°发展于两排斜向栓钉之间。距厚比为50的构件在破坏前未发现明显的局部屈曲现象,且荷载-位移曲线上未出现由于表面钢板屈曲而引起的承载力突降,最终达到破坏转角1/50时极限承载力仍保持了峰值承载力的70%以上,这说明了钢板不发生局部屈曲,保持钢板对混凝土的有效约束,可有效提高双钢板组合剪力墙构件的承载力及延性。

试验发现,栓钉可作为表面钢板局部屈曲的有效约束,且剪切屈曲临界荷载可用欧拉方程计算,屈曲系数取无限长四边简支均匀受剪板的剪切屈曲系数($k_s = 5.34$):

$$p_{crxy} = k_s \frac{\pi^2 D}{s^2} \tag{3-60}$$

由此可得板的剪切临界屈曲应力 τ_{cr} 及表面钢板的距厚比 s/t 限值:

$$\tau_{cr} = k_s \frac{\pi^2 E_s}{12(1-\nu^2)} \left(\frac{t}{s}\right)^2 \geqslant \frac{f_y}{\sqrt{3}} \tag{3-61}$$

$$\frac{s}{t} \leqslant 85 \sqrt{\frac{235}{f_y}} \tag{3-62}$$

文献[18]对高层建筑中的双钢板组合剪力墙进行了水平地震往复荷载下的面内剪切试验,试验构件的轴压比为0.16~0.31,表面钢板的距厚比为25~37.5。与一般的核相关工程不同,民用建筑中的双钢板组合剪力墙一般承受较大的轴压荷载,具有较高的轴压比及含钢率,且大多配有加劲肋,不可忽略轴压荷载对表面钢板局部屈曲模态的影响。试验表明:构件所受轴压比较小(0.16)时,钢板-混凝土组合构件出现了以受剪斜向屈曲带为主,受压水平屈曲带为辅的局部屈曲模态;构件所受轴压比较大(0.31)时,由于加劲肋阻止了斜向45°屈曲带的发展,在较高的轴压荷载作用下,构件表面钢板只产生了栓钉间的受压水平屈曲带,如图3-18所示。这说明,在民用高层建筑中,轴压比较大的构件的表面钢板屈曲模态分析不可仅基于单向均匀受压或均匀受剪,而应采用能量方法或有限元分析,综合考虑加劲肋、轴压荷载及水平地震剪力多种因素共同作用下的距厚比限值。

 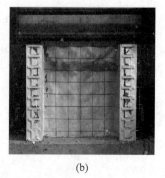

(a)　　　　　　　　　　　(b)

图 3-18　不同轴压比构件的表面钢板屈曲模态

(a) 轴压比 $n=0.16$;(b) 轴压比 $n=0.31$

3.3.4　面内非均匀受弯组合构件的局部稳定性

对于非均匀受弯(压弯)的组合构件,一般而言,由于栓钉间距远小于构件的长度,在每一个栓钉连线的小区格内应力梯度 $(\sigma_1-\sigma_2)/\sigma_1 \approx 0$,其中 σ_1 为上边缘的最大压应力,σ_2 为下边缘应力,以压应力为正值,拉应力为负值。因此可以将每一个小区格作为均匀受压组合构件进行分析。

文献[19]根据 AISC N690 规范中的距厚比限值要求设计了 4 组无翼缘墙板的双钢板组合剪力墙,构件以栓钉及对拉钢筋作为抗剪连接件及锚固措施,其距厚比分别为 21、24、24 及 32。按照规范中距厚比限值要求设计的 4 组构件表面钢板在局部屈曲前均已屈服,符合承载力极限状态的设计要求,表面钢板的局部屈曲均集中发生于构件两侧边缘受压区基础至底部第一排栓钉之间。4 组构件的破坏形态首先为受拉区混凝土的开裂,其次表面钢板在反复拉压应力下屈服并在底部发生局部屈曲,混凝土在三向应力作用下被压碎,最终钢板底部撕裂或焊缝撕裂引起构件失效。Kurt[20]、Epackachi[21] 等进一步的试验及有限元分析研究验证了表面钢板牌号为 Q345、距厚比为 21～32 的构件钢板两侧发生底部的局部屈曲时均已进入塑性。

文献[22]对于民用高层建筑中受高轴压比的双钢板组合剪力墙面内受弯性能进行了试验研究。为防止面外失稳并增强约束效应,构件设置了侧面封板及加劲肋(图 3-19)。由于加劲肋将钢板-混凝土构件划分为端柱及若干区格,因此可将端柱视为钢管混凝土柱,并按美国《混凝土结构规范》(ACI 318-99)[23] 或《欧洲规范 4》(Eurocode 4)[24] 中钢管混凝土宽厚比限值进行设计,其中加劲肋间宽厚比为 21.4～41.7。

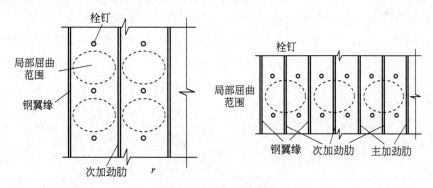

图 3-19　屈曲发生范围

ACI 318-99 的限值为

$$\frac{b}{t} \leqslant \sqrt{\frac{3E_s}{f_y}} = 51\sqrt{\frac{235}{f_y}} \tag{3-63}$$

Eurocode 4 的限值为

$$\frac{b}{t} \leqslant 52\sqrt{\frac{235}{f_y}} \tag{3-64}$$

试验结果显示,局部屈曲首先发生于侧面封板,后扩展至表面钢板,如图 3-20 所示,且均不早于钢板屈服发生。按照 ACI 318-99 及 Eurocode 4 设计的含加劲肋的构件表面钢板符合承载力极限状态的设计要求。

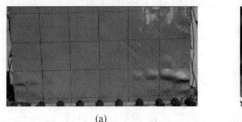 

（a）　　　　　　　　　　　　（b）

图 3-20　钢板-混凝土组合构件受弯局部屈曲模态
（a）表面钢板；（b）侧面封板

3.4　小结

本章主要介绍了以下内容：

（1）钢板作为钢板-混凝土组合结构的一部分参与整体受力，构件局部或结构整体可能发生受压屈曲或受剪屈曲。

（2）发生整体失稳时，若混凝土与钢板之间的界面剪切刚度很大，界面滑移对结构刚度及变形的影响可以忽略，直接采用换算截面法计算整体失稳临界荷载；若抗剪连接件在荷载作用下发生比较明显的滑移变形，临界失稳荷载随界面刚度减小而迅速下降。

（3）距厚比是影响局部失稳的关键性因素，当距厚比满足一定限值要求时，可保证表面钢板在屈服前不发生局部失稳。距厚比限值与栓钉转动刚度、钢板边界条件、构件受力特征（单向受压、双向受压、均匀受弯、非均匀受弯及受剪）等多种因素相关。

（4）各国规范及研究者给出了不同受力特征及边界条件下钢板局部失稳的距厚比限值，如表 3-1 所示，可供研究及工程设计参考。

表 3-1　钢板局部失稳距厚比限值

适用范围		来源	宽厚比(b/t)或距厚比(s/t)限值	说　明
钢管混凝土		Wright 等[6-7]	$\dfrac{b}{t}\leqslant 1.90\sqrt{\dfrac{E_s}{f_y}}=56\sqrt{\dfrac{235}{f_y}}$	
组合板单向受压	受压边	聂建国等[3]	$\dfrac{s}{t}\leqslant 32\sqrt{\dfrac{235}{f_y}}$	
	非受压边		$\dfrac{s}{t}\leqslant 56\sqrt{\dfrac{235}{f_y}}$	
钢板组合剪力墙面内单向均匀受压		ANSI/AISC N690—2018[10]	$\dfrac{s}{t}\leqslant 1.0\sqrt{\dfrac{E_s}{f_y}}=29\sqrt{\dfrac{235}{f_y}}$	
		Akiyama 等[11]	$\dfrac{s}{t}\leqslant 1.30\sqrt{\dfrac{E_s}{f_y}}=38\sqrt{\dfrac{235}{f_y}}$	
		秋田昇道等[12]	$\dfrac{s}{t}\leqslant 600\sqrt{\dfrac{1}{f_y}}=38\sqrt{\dfrac{235}{f_y}}$	受往复拉压作用需考虑累积损伤
			$\dfrac{s}{t}\leqslant 1310\sqrt{\dfrac{1}{f_y}}=85\sqrt{\dfrac{235}{f_y}}$	无需考虑累积损伤时适当放宽

续表

适 用 范 围	来　　源	宽厚比(b/t)或距厚比(s/t)限值	说　　明
钢板组合剪力墙面内单向均匀受压	Zhang 等[13]	$\dfrac{s}{t} \leqslant 1.0\sqrt{\dfrac{E_s}{f_y}} = 29\sqrt{\dfrac{235}{f_y}}$	
	Liang 等[15]	$\dfrac{s}{t} \leqslant 27.73\left(k_x^2 - \dfrac{k_x k_y}{\varphi^2} + \dfrac{k_y^2}{\varphi^4}\right)^{\frac{1}{4}}\sqrt{\dfrac{235}{f_y}}$	考虑双轴应力
	杨悦[16]	$\dfrac{s}{t} \leqslant \sqrt{\dfrac{\pi^2 E_s}{12 f_y}} = 29\sqrt{\dfrac{235}{f_y}}$	
钢板组合剪力墙面内均匀受剪	吴丽丽等[17]	$\dfrac{s}{t} \leqslant \sqrt{\dfrac{\sqrt{3}\,\pi^2 E}{6(1-\nu^2) f_y}} = 52\sqrt{\dfrac{235}{f_y}}$	
	Akiyama 等[11]	$\dfrac{s}{t} \leqslant 85\sqrt{\dfrac{235}{f_y}}$	
钢板组合剪力墙面内非均匀受弯	ACI 318-99[23]	$\dfrac{b}{t} \leqslant \sqrt{\dfrac{3E_s}{f_y}} = 51\sqrt{\dfrac{235}{f_y}}$	
	Eurocode 4[24]	$\dfrac{b}{t} \leqslant 52\sqrt{\dfrac{235}{f_y}}$	

参考文献

[1] 陈骥. 钢结构稳定理论与设计[M]. 北京：科学出版社，2001.

[2] 中华人民共和国交通运输部. 公路钢结构桥梁设计规范：JTG D64—2015[S]. 北京：人民交通出版社，2015.

[3] 聂建国，李法雄. 钢-混凝土组合板的弹性弯曲及稳定性分析[J]. 工程力学，2009，26(10)：59-66,78.

[4] SATO K. Elastic buckling of incomplete composite plates[J]. Journal of Engineering Mechanics，1992，118(1)：1-19.

[5] 中国科学院北京力学研究所固体力学研究室板壳组. 夹层板壳的弯曲、稳定和振动[M]. 北京：科学出版社，1977.

[6] WRIGHT H D. Local stability of filled and encased steel sections[J]. Journal of Structural Engineering，1995，121(10)：1382-1388.

[7] WRIGHT H D. Buckling of plates in contact with a rigid medium[J]. Structural Engineer，1993，71(12)：209-215.

[8] 聂建国，李法雄. 钢-混凝土组合板单向受压稳定性研究[J]. 中国铁道科学，2009，30(6)：27-32.

[9] LIANG Q Q，UY B，WRIGHT H D，et al. Local buckling of steel plates in double skin composite panels under biaxial compression and shear[J]. Journal of Structural Engineering，2004，130(3)：443-451.

[10] Specification for safety-related steel structures for nuclear facilities：ANSI/AISC N690—2018[S]. Chicago：American Institute of Steel Construction，2018.

[11] AKIYAMA H，SEKIMOTO H，FUKIHARA M，et al. A compression and shear loading test of concrete filled steel bearing wall[C]//Transactions of the 11th international conference on structural mechanics in reactor technology. Tokyo，Japan：IASMiRT，1991.

[12] 秋田昇道，尾崎昌彦. 鋼板コンクリート構造を用いた建築物の耐震設計指針：鋼板コンクリート構造耐震壁の耐震設計法[J]. 日本建築学会技術報告集，2001(14)：123-128.

[13] ZHANG K，VARMA A H，MALUSHTE S R，et al. Effect of shear connectors on local buckling and

composite action in steel concrete composite walls[J]. Nuclear Engineering and Design,2014,269: 231-239.

[14] KANCHI M,et al. Experimental study on a concrete filled steel structure: part. 2 compressive tests (1)[C]//Summaries of Technical Papers of Meeting Architectural Institute of Japan B. Architectural Institute of Japan,1996.

[15] LIANG Q Q,UY B,WRIGHT H D,et al. Local and post-local buckling of double skin composite panels[J]. Structures & Buildings,2003,156(2): 111-119.

[16] 杨悦. 核工程双钢板-混凝土结构抗震性能研究[D].北京:清华大学,2015.

[17] 吴丽丽,聂建国.四边简支钢-混凝土组合板的弹性局部剪切屈曲分析[J].工程力学,2010,27(1): 52-57.

[18] JI X,CHENG X,JIA X,et al. Cyclic in-plane shear behavior of double-skin composite walls in high-rise buildings[J]. Journal of Structural Engineering,2017,143(6): 04017025.

[19] EPACKACHI S,NGUYEN N H,KURT E G,et al. In-plane seismic behavior of rectangular steel-plate composite wall piers[J]. Journal of Structural Engineering,2015,141(7): 732-740.

[20] KURT E G,VARMA A H,BOOTH P,et al. In-plane behavior and design of rectangular SC wall piers without boundary elements[J]. Journal of Structural Engineering,2016,142(6): 04016026.

[21] EPACKACHI S,WHITTAKER A S,VARMA A H,et al. Finite element modeling of steel-plate concrete composite wall piers[J]. Engineering Structures,2015,100(10): 369-384.

[22] NIE J G,HU H S,FAN J S,et al. Experimental study on seismic behavior of high-strength concrete filled double-steel-plate composite walls[J]. Journal of Constructional Steel Research,2013,88(9): 206-219.

[23] Building code requirements for structural concrete and commentary: ACI 318—99[S]. Farmington Hills,MI: American Concrete Institute,1999.

[24] Eurocode 4: Design of composite steel and concrete structures Part 1-1: General rules and rules for buildings: EN1994—1—1[S]. Brussels: CEN,2004.

第4章
钢板-混凝土结构平面内受力性能

4.1 概述

随钢板-混凝土组合结构应用场景的不同,其受力状态各不相同,典型钢板-混凝土单元的受力情况参见图 4-1[1-2]。其中,面内荷载包括面内双向轴力和面内剪力,面外荷载则包括面外剪力、扭矩和面外弯矩。

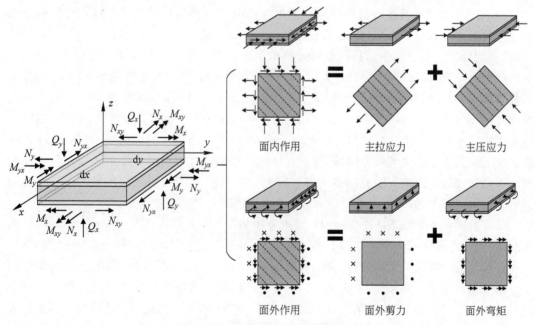

图 4-1　钢板-混凝土单元的受力状态

在构件层面,钢板-混凝土组合剪力墙的面内受力和面外受力如图 4-2 所示。其中:面内荷载包含轴力、面内剪力和面内弯矩;面外荷载包含面外剪力、面外弯矩和扭矩。一般而言,竖向荷载(如自重、楼面活载等)主要使剪力墙产生面内轴力和面内弯矩,而水平荷载(风荷载和地震作用)则可能使剪力墙同时产生面内效应和面外效应。

对于上述多种荷载的相关关系进行以下简要介绍:

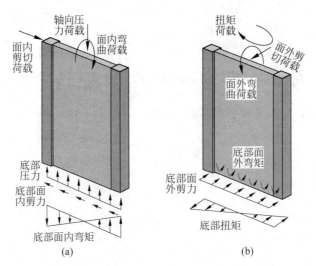

图 4-2 钢板-混凝土组合剪力墙的面内受力和面外受力示意图

(a) 组合剪力墙的面内受力；(b) 组合剪力墙的面外受力

(1) 通常情况下，可针对面内荷载和面外荷载分别进行钢板-混凝土组合结构的设计验算，且不需要直接考虑二者之间的耦合作用。这也是我国《组合结构设计规范》(JGJ 138—2016)[3] 和《钢板剪力墙技术规程》(JGJ/T 380—2015)[4] 所采纳的设计方法。这一假定在大部分情况下是合理有效的，理由可能包括但不限于：墙在面内、面外的刚度差别很大，设计时通常将墙沿正交方向布置，因此面外荷载引起的内力相比于构件承载力较小；墙体在面内和面外受弯时受力最大的纤维通常并不处于相同的位置，且在面外荷载作用下，墙体的高厚比较大，因而面外受剪问题通常并不突出。但在某些情况下，钢板-混凝土构件在面内及面外可能都承受较大的内力。例如桥面板，在第一体系下以面内受力为主，在第二或第三体系下则以面外受力为主。在第一体系下，桥面板可能处于较大的面内压、弯状态，压力可能来源于缆索体系的水平分力(斜拉桥)或预应力，弯矩和剪力则可能是由主梁在侧向荷载作用下的弯曲所产生的。已有较多学者在研究中将钢板-混凝土组合构件的面内受力和面外受力分别进行考虑，并通过典型的试验来研究其在不同构造参数下的力学响应和性能。

(2) 正截面承载力耦合关系(轴力、面内弯矩和面外弯矩耦合)：由于构件在轴拉力、轴压荷载、面内弯矩和面外弯矩作用下一般符合平截面假定，因此在设计和分析中可使用基于平截面假定的纤维梁单元，并使用纤维截面法计算构件在轴力、面内弯矩和面外弯矩耦合作用下的正截面承载力。此外，各国规范也针对正截面承载力的计算给出了较为完善的计算公式。需要注意的是，若在复杂荷载作用下产生了较大轴拉力，可能导致组合构件产生较大的混凝土裂缝宽度和连接件滑移，从而造成构件在弯矩作用下混凝土裂缝无法闭合，最终出现底部锚固破坏。此时构件承载力接近钢板部分的正截面承载力，而非组合截面的正截面承载力[5]，本章 4.6 节详细介绍了这种情况。

(3) 斜截面承载力耦合关系(面内剪切与面外剪切耦合)：通常情况下，对钢板-混凝土组合构件在面内剪力和面外剪力作用下的承载力可以分别进行考虑，不需要直接考虑二者之间的耦合作用。但在某些特殊的荷载工况或特殊构件中，有可能存在面内剪力和面外剪力共同作用。当承受面内剪切时，钢板-混凝土组合构件主要依靠钢板面内剪切屈服和混凝土抗拉强度（或抗压强度）来传递面内剪力。当承受面外剪切时，钢-混凝土组合构件主要依靠对拉钢筋等面外抗剪构造和混凝土厚度方向的抗拉强度来传递面外剪力。因此，在考虑两者耦合作用时，可以偏于安全地在计算面内剪切承载力时仅考虑钢板贡献项，在计算面外剪切承载力时则仅考虑对拉钢筋（或其他面外抗剪构造）贡献项，从而忽略较为复杂的混凝土贡献。

（4）正截面承载力和面内剪切承载力的耦合关系：试验和理论分析表明，对于常用的设计参数，较低的轴压荷载会提升钢板-混凝土组合构件的面内剪切承载力[6]，轴拉力会降低面内剪切承载力[7]。我国《组合结构设计规范》（JGJ 138—2016）考虑了轴压荷载性轴拉力对面内剪切的影响[3]。然而对于面内抗弯承载力和面内剪切承载力的耦合作用尚无定论。对于混凝土结构，美国混凝土结构设计规范 ACI 318—19[8]忽略了钢筋混凝土构件的面内抗弯承载力和面内剪切承载力的耦合作用，对于钢结构和组合结构，美国钢结构设计规范 AISC 341—16[9]和 AISC 360—16[10]中则考虑了面内抗弯承载力和面内剪切承载力的耦合。此外，对面外弯矩和面内剪力的耦合作用的研究尚较为缺乏。

（5）正截面承载力和面外剪切的耦合：该部分的研究迄今为止较为匮乏。文献[11]开展了无边缘约束构件的双钢板组合板面内面外耦合试验，但该试验的破坏形态为面内弯矩与面外弯矩耦合的破坏，并未出现面外剪切控制的情况。

（6）扭转承载力：由于实际工程中钢板-混凝土组合构件受扭的情况较少出现，文献中对钢板-混凝土组合构件的扭转承载力的报道较少。对于存在显著扭转荷载的构件，建议在设计中采用钢管混凝土等抗扭刚度和承载力更高的截面形式。

本章主要介绍近年来钢板-混凝土组合结构面内力学性能的研究进展，对钢板-混凝土组合结构的面外受力性能则在第 5 章中进行详细介绍。本章大部分研究实例来源于超高层建筑的剪力墙结构，但对于以面内受力为主的桥梁组合结构索塔的塔壁、组合结构沉管隧道的侧墙等结构，本章内容也具有较强的参考价值。

4.2　钢板-混凝土结构轴压性能

针对钢板-混凝土组合结构在轴心受压荷载下力学性能的研究，一方面关注其轴压承载力，另一方面则特别关注钢板局部屈曲及其相关的连接件抗拔设计。后者在第 3 章中已有详细介绍，这里不再赘述。本节以 10 个双钢板-混凝土组合墙的轴压试验及其有限元分析为例，重点关注其轴压破坏模式和承载力设计方法。

4.2.1　试验概况

1. 试件设计

文献[12-13]共设计了 10 个双钢板-混凝土组合墙。试件几何尺寸相同，宽 1200mm，高 1200mm，厚 240mm。试件的主要变化参数包括钢板厚度、栓钉间距和栓钉布置形式。外侧钢板采用 4mm 和 6mm 两种厚度，其中 4mm 厚度钢板焊接直径 5mm、长 35mm 的栓钉，6mm 厚度钢板焊接直径 10mm、长 75mm 的栓钉。墙体顶底面和侧面钢板均采用 12mm 厚度钢板。试件的构造形式如图 4-3 和表 4-1 所示。为模拟实际工程中常见的栓钉布置形式,试验考虑了方形布置、竖向矩形布置、横向矩形布置和斜向交错布置 4 种主要的连接件布置形式。其中,方形布置的栓钉竖向间距和横向间距相等;竖向矩形布置的栓钉横向间距小于竖向间距;横向矩形布置的栓钉横向间距大于竖向间距;斜向交错布置相当于将方形布置旋转 45°。表 4-1 中 t 为钢板厚度,B 为栓钉间距,B/t 为距厚比。试验首先采用力控制加载模式,以 500kN 为一级连续施加轴向荷载,当构件屈服且荷载接近试件极限承载力时,改为位移控制模式进行加载。当钢板屈曲、混凝土压溃,荷载产生明显下降之后停止加载。试件均采用 Q345 级钢板。4mm 厚度钢板的屈服强度为 409.5MPa,极限强度为 525.5MPa。6mm 厚度钢板的屈服强度为 348.4MPa,极限强度为 484.4MPa。12mm 厚度钢板的屈服强度为 339.0MPa,极限强度为 493.1MPa。混凝土强度等级为 C40,各试件的混凝土标准立方体抗压强度如表 4-1 所示。其中,f_{cu} 为边长为 150mm 的混凝土标准立方体试块的抗压强度平均值,f_c 为混凝土轴心抗压强度,E_c 为混凝土的弹性模量。

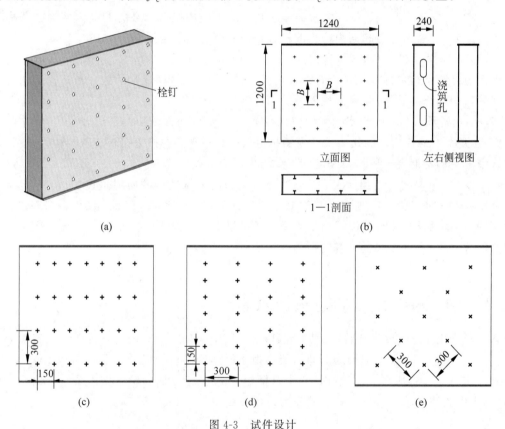

图 4-3　试件设计

(a) 试件外形;(b) 试件基本构造;(c) DSC4-150/300 竖向矩形布置;
(d) DSC4-300/150 横向矩形布置;(e) DSC4-300X 交错布置

表 4-1　试件参数表

试件编号	t/mm	B/mm	B/t	栓钉布置	f_{cu}/MPa	f_c/MPa	E_c/MPa
DSC4-150	4	150	37.5	方形布置	—	—	—
DSC4-200	4	200	50.0	方形布置	43.3	32.9	33 311
DSC4-250	4	250	62.5	方形布置	35.9	27.3	31 572

续表

试件编号	t/mm	B/mm	B/t	栓钉布置	f_{cu}/MPa	f_c/MPa	E_c/MPa
DSC4-300	4	300	75.0	方形布置	42.2	32.1	33 076
DSC4-150/300	4	150/300	75.0	竖向矩形布置	39.6	30.1	32 493
DSC4-300/150	4	300/150	75.0	横向矩形布置	34.5	26.3	31 196
DSC4-300X	4	300	75.0	交错布置	35.5	27.0	31 459
DSC6-240	6	240	40.0	方形布置	39.8	30.2	32 534
DSC6-300	6	300	50.0	方形布置	42.5	32.3	33 151
DSC6-360	6	360	60.0	方形布置	37.1	28.2	31 890
平均值	—	—	—	—	39.7	30.2	32 521

注：DSC4-300X试件第2、4排采用直径10mm的栓钉，第1、3、5排采用直径5mm的栓钉。

试验中采用应变花测量了代表性钢板区格内的应变发展过程，其中0°和−90°的应变分别对应试件的水平方向和竖直方向。对于栓钉按正方形布置和矩形布置的试件，应变片布置在焊有栓钉的截面以及两排栓钉之间，以捕捉屈曲位置的临界应力和相邻位置的变形状态。

2. 破坏过程和特征

试验中各试件的主要试验现象相似，由于栓钉距厚比的不同以及栓钉布置形式的差别，各试件的试验现象略有不同。随着荷载增加，各个试件的钢板压应力逐渐增大，当达到屈曲临界应力时，两排栓钉之间的钢板由于约束不足而产生局部屈曲。屈曲位置的钢板退出工作，原本由其承担的轴力通过附近位置钢板焊接的栓钉转移至内填混凝土。此后随着荷载继续上升，屈曲变形加剧，轴压荷载主要由内填混凝土承担。达到极限荷载时，内填混凝土压溃，屈曲位置钢板的鼓曲更为明显。由于屈曲变形的增大和混凝土的压溃，试验结束后切开钢板，可观察到栓钉出现断裂或拔出等破坏现象。

图4-4和图4-5给出了两个典型试件DSC4-150和DSC4-300正面及背面的最终破坏形态，图中试件钢板表面正交网格的交点处均焊有栓钉。由图4-4和图4-5可见，最终试件两侧均出现了明显的水平屈曲带。由于栓钉的锚固作用，屈曲位置均位于两排栓钉之间，受初始缺陷等因素的影响，屈曲位置可能位于试件上部、中部或下部。试件在破坏时表现出较为明显的脆性特征，其原因是，钢板仅在加载初期承担部分轴力，随着屈曲发生，钢板逐渐退出工作，轴力主要由混凝土承担，而缺少拉结措施的外侧钢板对内填混凝土的约束作用不明显。试验结束后，将部分试件的屈曲处钢板割下，可以看到内部混凝土已发生压溃，屈曲带上下位置的部分栓钉发生了焊接处断裂、栓钉材料断裂或整体拔出的现象，其中栓钉整体拔出的位置均发生在混凝土压溃严重处。与采用厚度4mm钢板和直径5mm栓钉的DSC4系列试件相比，采用厚度6mm钢板和直径10mm栓钉的DSC6系列试件中栓钉的锚固效果较好，几乎未发生栓钉拔出或拉断的现象。同时，由于含钢率较高，DSC6系列试件的混凝土压溃破坏程度低于DSC4系列试件。

栓钉交错布置的试件DSC4-300X相当于将试件DSC4-300的栓钉旋转45°，其破坏形态如图4-6所示。照片中圆圈为焊接栓钉的位置。该构件第2、4排采用了直径10mm的栓钉，第1、3、5排采用了直径5mm的栓钉，两者锚固效果相差较大。随着屈曲变形的增加，第1、3、5排栓钉由于尺寸较小而发生拔出或拉断破坏，因而试件最终的屈曲形态不是在栓

图 4-4　试件 DSC4-150 破坏形态

图 4-5　试件 DSC4-300 破坏形态

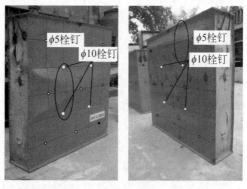

图 4-6　试件 DSC4-300X 破坏形态

钉之间发生鼓曲,而是以第 1、3、5 排栓钉位置为中心线向外鼓曲,形成较大范围的水平鼓曲带。由此可见,栓钉直径的变化会影响钢板-混凝土组合结构的屈曲模态。

3. 荷载-位移曲线和承载力

各试件的荷载-竖向位移曲线如图 4-7 所示。由于构件的承压面面积较大,在加载初期加载设备和构件端板接触面局部受力,导致部分试件(DSC4-250、DSC4-300、DSC6-240)的初期刚度较低。随着荷载的增加,试件端板与加载设备压紧后,荷载-位移曲线呈现出较好的线性关系,此时曲线的斜率即为试件的轴压刚度。由试验曲线可以看出,当钢板和混凝土截面面积相同时,各试件的轴压刚度基本相同,基本不受栓钉间距或栓钉布置形式影响。图 4-7 中曲线上升段所标示的空心圆点为钢板发生局部屈曲的位置。可见,局部屈曲发生后曲线斜率未发生明显变化,这说明钢板局部屈曲对试件轴向刚度的影响较小。

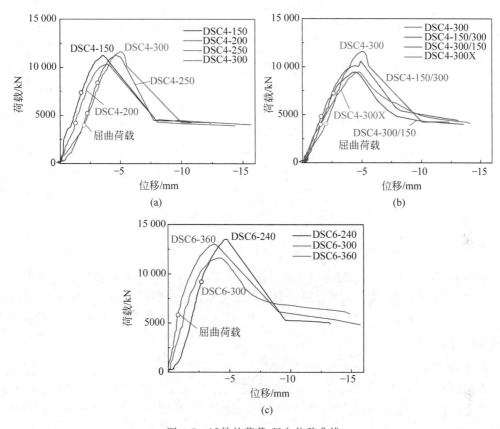

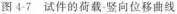

图 4-7　试件的荷载-竖向位移曲线
(a) 4mm 厚度钢板试件;(b) 不同栓钉布置形式试件;(c) 6mm 厚度钢板试件

钢板屈曲后其承压贡献降低,因此试件的轴向承载力 N_{cal} 可由下式计算:

$$N_{cal} = N_c + N_{side} = f_c A_c + \sigma_{u1} A_{side} + \sigma_{u2} A_{side} \tag{4-1}$$

式中,N_c——混凝土部分承载力;

N_{side}——钢板总承载力;

σ_{u1}、σ_{u2}——极限荷载时构件两侧钢板的压应力,根据实测钢板的竖向应变计算,计算值不大于钢板的屈服强度;

f_c——混凝土的轴心抗压强度值;

A_c、A_{side}——混凝土截面面积和侧板截面面积。

试件的计算承载力以及试验得到的极限承载力 N_{test} 如表 4-2 所示。其中 ε_{u1}、ε_{u2} 为两侧钢板的压应变实测值,可以看出,试件达到极限荷载时,钢板大部分已经屈服。与实际承载力相比,计算得到的承载力与试验较为吻合。对于 DSC6 试件,由于钢板屈曲后仍具有一定的承载力,因此计算结果略小于试验值。表 4-2 中最后一列 N_r 是混凝土压溃后试件的残余承载力,为极限承载力的 $40\% \sim 60\%$。

表 4-2　试件的计算承载力、极限承载力及残余承载力

试件编号	钢板极限应变		N_{side}/kN	N_c/kN	N_{cal}/kN	N_{test}/kN	N_{cal}/N_{test}	N_r/kN
	$\varepsilon_{u1}/10^{-6}$	$\varepsilon_{u2}/10^{-6}$						
DSC4-150	−1620	−1182	1662.4	9481.6	11 143.9	11 249.3	0.99	4718.3
DSC4-200	−2300	−2684	1952.6	7860.2	9812.9	10 318.3	0.95	4353.0
DSC4-250	−1753	—	1952.6	9235.1	11 187.8	11 230.4	1.00	4467.2
DSC4-300	−1961	—	1952.6	8664.4	10 617.0	11 609.6	0.91	4264.5
DSC4-150/300	−1038	−1953	1592.1	7561.9	9154.0	10 122.4	0.90	5746.3
DSC4-300/150	−1096	−992	1505.7	7769.4	9275.2	9451.9	0.98	6501.7
DSC4-300X	−1254	−1284	1490.3	8703.3	10 193.6	9474.5	1.08	—
DSC6-240	−1307	−1478	1652.3	9312.9	10 965.2	13 525.4	0.81	5297.1
DSC6-300	−1726	—	1952.6	8126.1	10 078.8	11 606.0	0.87	—
DSC6-360	—	—	1952.6	8690.3	10 643.0	13 032.8	0.82	6155.0

注：部分试件侧板的应变数据缺失，近似按屈服应变取值。

4.2.2　有限元分析

本节对钢板-混凝土结构静力轴压试验进行了有限元模拟，采用实体单元和壳单元，建立了可以考虑混凝土开裂以及界面滑移的有限元模型，为安全壳、高层建筑等结构整体有限元模型分析提供参考。有限元模型的计算结果与试验吻合较好，可为双钢板-混凝土结构的设计提供校核手段和参考依据。

1. 计算模型

在前述双钢板-混凝土组合墙体轴压试验基础上，建立了考虑栓钉锚固刚度以及混凝土单侧约束的钢板屈曲有限元模型。其中栓钉的锚固刚度（即等效轴向抗拉刚度）反映栓钉抗拔时相对混凝土产生的变形和滑移量大小，是有限元模拟的关键参数。栓钉的锚固刚度不足，会使得钢板屈曲的有效长度增加，临界屈曲应力降低。

有限元模型采用 MSC.MARC 通用有限元软件来建立，其中内部混凝土采用实体单元模拟，外侧钢板以及端部钢板采用壳单元模拟，各钢板之间的焊缝通过耦合节点实现，如图 4-8 所示。

模型中所需要的钢板和混凝土的材料参数均通过材性试验获得，钢材的弹性模量取 206GPa，泊松比取 0.3，使用理想弹塑性材料来模拟。钢板在运输加工、焊接栓钉及四周钢板过程中会产生一定的初始变形，通常情况下这种变形可以通过叠加钢板的各阶模态得到。从试验结果来看，钢板的局部屈曲以栓钉之间的半波形态为主，因此采用考虑栓钉约束作用下钢板的一阶屈曲模态来模拟局部初始缺

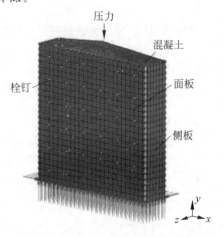

图 4-8　试件 DSC4-150 的有限元模型

陷分布，调整变形幅值 Δ_{local} 为栓钉间距的 1/1000，编写 Python 程序更新节点坐标，施加在钢板上。试验中发现，钢板发生屈曲的位置较为随机，可能位于钢板的中部或上部，由于外

侧钢板四周与钢板焊接,边界存在一定的约束效应,因此钢板靠近上部的屈曲行为可能与中部存在一定差别。为了得到不同部位的屈曲结果,有限元分析中对于模型两侧的钢板赋予反对称的初始缺陷,使得钢板能够在不同部位发生屈曲,从而得到相应位置的临界应力以及应变发展曲线,进而考察焊接边界的约束效应大小及其影响范围。

对于双钢板-混凝土组合墙体,通过在钢板上焊接一定数量的栓钉将其划分为更小的区格,从而提高钢板的抗屈曲能力;内部混凝土的约束作用,又使得钢板在压力作用下只能发生向外鼓曲,不能内凹。根据双钢板-混凝土组合墙体的受力特点,有限元建模的重要工作是模拟栓钉对钢板的锚固效应以及混凝土对钢板的单边约束效应,下面分别介绍实现方法。

(1) 栓钉对钢板的锚固效应:栓钉作为连接钢板与混凝土的重要部件,不仅可以传递界面剪力,还能够将钢板锚固在混凝土表面,减小其在轴压方向上自由区格的长度,提高钢板的抗屈曲能力。由于栓钉属于柔性连接件,受力时栓钉会发生变形。当钢板受压发生屈曲时,鼓曲变形会在焊有栓钉的位置受到约束。同时,起到锚固作用的栓钉也会受到沿栓杆方向的拉力,发生拉伸变形。此外,栓钉的钉头大小有限、锚固深度有限等原因,还会造成栓钉在受拉时相对混凝土向外滑动。试验结束后,在屈曲位置切割钢板,可以发现,栓钉分别出现在钉头根部颈缩断裂、栓钉整体拔出等现象。试验结果表明,栓钉在起到锚固作用时类似于弹簧支座,会发生一定的变形和滑动,如果通过耦合节点来模拟栓钉对于钢板的锚固效应,会高估栓钉的锚固能力,从而高估钢板的抗屈曲能力。本节采用具有有限刚度的等效轴向弹簧来模拟栓钉,从而反映栓钉在抗拔时产生的变形和位移。栓钉等效轴向刚度的确定通过栓钉抗拔试验得到最为可靠,试验方法可以借鉴文献[14]中的加载方式。在缺少试验数据时,可通过对栓杆轴向抗拉刚度进行折减实现,如下式所示:

$$K_{stud} = \alpha \frac{E_s A_{stud}}{l} \tag{4-2}$$

其中,K_{stud}——栓钉的等效轴向刚度;

A_{stud}——栓钉栓杆直径;

l——栓钉焊接后总长;

α——栓钉等效轴向刚度折减系数,这是考虑到栓钉受钉头大小、锚固深度的限制,锚固能力不足时,栓钉与混凝土之间会发生相对滑移,从而使栓钉名义轴向抗拉刚度降低。

(2) 混凝土的单边约束效应:栓钉之间的钢板区格在发生屈曲变形时受到来自内部混凝土的刚性支撑,从而只能向外鼓曲,不能向内凹陷。本节采用分布的单向弹簧来模拟这一单边约束效应,将弹簧布置在钢板与混凝土对应的节点位置。当钢板向核心混凝土靠近时,弹簧压缩,此时赋予弹簧很大的刚度,阻止钢板向内变形;反之当钢板远离核心混凝土时,弹簧伸长,此时弹簧刚度几乎为零,钢板可以自由向外鼓曲。

2. 分析结果

根据各试件实际的钢板厚度和栓钉布置情况分别建立有限元模型,计算得到钢板屈曲位置中点的荷载-竖向应变曲线,与试验测量结果进行对比,结果如图4-9所示。图中栓钉轴向等效刚度折减系数 α,反映了栓钉起锚固作用时相对混凝土发生的滑移和变形程度。试验中采用的栓钉有两种尺寸:DSC4系列试件采用直径5mm的栓钉,钉头直径为8mm,焊接后栓钉长度为35mm;DSC6系列试件采用直径10mm的栓钉,钉头直径为15mm,焊接后栓钉长度为 75mm。从试验结果看,直径 10mm 的栓钉的钉头大,锚固深度深,锚固效果好,试验中未发现栓钉拔出现象,对其轴向刚度不折减,取 $\alpha=1$。而直径 5mm 的栓钉的锚固能力较弱,试验中相对混凝土有滑移和整体拔出的现象,因而对其轴向刚度进行折减,通过有限元试算得到 $\alpha=0.025$ 时,计算结果与试验结果较为吻合。计算结果表明,栓钉作为约束钢板边界的弹性支座,其等效轴向刚度对钢板的屈曲行为有较为重要的影响。可以看到,有限元模型计算得到的钢板内部应变发展规律与试验结果基本吻合,加载初期,压应变线性增大,钢板与混凝土共同承压,当钢板内的压应力达到临界状态时,钢板应变迅速由压转拉,钢板发生局部屈曲,并且随着屈曲变形的增加,钢板内的拉应变迅速增大。

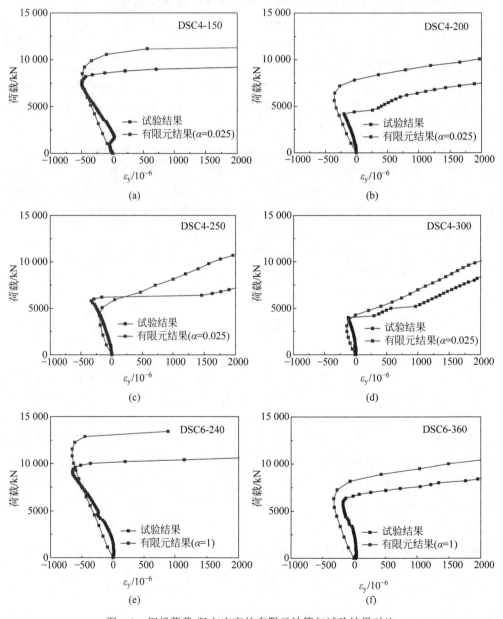

图 4-9　钢板荷载-竖向应变的有限元计算与试验结果对比

(a) DSC4-150；(b) DSC4-200；(c) DSC4-250；(d) DSC4-300；(e) DSC6-240；(f) DSC6-360

分别计算试验和有限元模型的临界屈曲应力,绘制于图 4-10 中。可以看到,计算所得的屈曲应力与试验结果相近,有限元模型的临界屈曲应力随距厚比变化的趋势与计算长度修正系数 K 取 1 时的欧拉公式一致,这也与试验结果相吻合。计算结果表明,所建立的有限元模型可以较准确地反映试验中双钢板-混凝土组合构件的钢板屈曲行为。在上述模型基础上,文献[12]也利用有限元模型分别对栓钉锚固刚度、距厚比以及钢板初始缺陷的影响进行了量化分析,研究了钢板屈曲应力的变化规律,同时验证了距厚比限值公式的合理性。

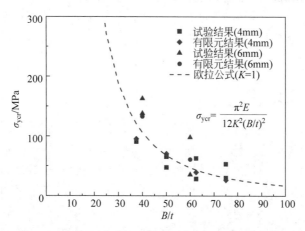

图 4-10 钢板屈曲应力的有限元计算与试验结果对比

4.2.3 小结

本节对双钢板-混凝土组合墙的轴压性能进行了研究,重点分析了钢板-混凝土结构轴心受压时的屈曲性能、破坏模式和承载能力。轴压试验变化的参数包括距厚比、钢板厚度以及栓钉的布置形式。试验表明,栓钉按常规正方形布置时,外侧钢板的屈曲应力随距厚比的增大而减小。此外,根据钢板的受力情况合理优化栓钉布置,能够节省栓钉,提高钢板的抗屈曲能力。特别地,栓钉采用交错布置能够有效提高钢板在轴压作用下的屈曲应力。

结合本节的试验结果,同时汇总国内外现有的试验数据,可以发现,钢板的屈曲应力随距厚比的变化趋势与两端铰接轴心受压长柱的 Euler 公式曲线一致,其中计算长度修正系数建议取 1。令屈曲应力等于钢板的屈服强度,进一步得到钢板的距厚比限值计算公式。结合本研究成果和欧洲规范 4 的建议公式,对于 Q235 钢,建议距厚比不大于 22 且栓钉间距不超过 300mm,以保证钢板在受压屈服之前不发生局部屈曲。

本节对轴压试验进行了有限元模拟分析,所建立的有限元模型考虑了混凝土对于钢板的单边约束效应以及栓钉起锚固作用时发生的变形和滑移效应,计算得到的钢板屈曲行为和屈曲规律与试验结果一致。

4.3 采用栓钉连接件的钢板-混凝土结构压-弯-剪性能

如第 2 章所述,钢板-混凝土组合结构的连接件形式包括栓钉、型钢、对拉钢筋等多种形式。其中,栓钉连接件作为一种最基本的连接构造,有必要对其应用于钢板-混凝土组合结构的基本受力性能进行研究。

本节通过试验研究和数值模拟,研究使用栓钉连接件的双钢板-混凝土组合剪力墙的受力性能。其中,试验部分完成了 10 个双钢板-混凝土组合剪力墙和 1 个普通钢筋混凝土剪力墙试件的低周往复加载测试,研究了剪跨比、轴压比、连接件形式及距厚比等参数对组合剪力墙抗震性能的影响规律,分析了剪力墙的承载力、刚度、延性、耗能能力和破坏模式等。试验表明,钢板与钢筋混凝土墙体共同工作良好,滞回曲线饱满,变形能力强,刚度和强度退化稳定,抗震性能好。进一步建立了组合剪力墙的精细有限元分析模型,对双钢板-混凝土组合剪力墙的受力过程、变形性能等进行了数值模拟,与试验结果符合良好。在此基础上分析了组合剪力墙的工作机理,并对组合剪力墙有效刚度进行了分析,提出了组合剪力墙有效刚度的简化设计方法。

4.3.1 试验设计

本节介绍了使用栓钉连接件的组合剪力墙试件低周往复加载试验[15-19],共设计了 11 个剪力墙试件:10 个双钢板-混凝土组合剪力墙试件,编号为 CSW-1～CSW-10;1 个普通钢筋混凝土剪力墙试件,编号为 SW-1。墙体截面高度为 800mm,厚度为 90mm。对于水平荷载加载点到墙底的距离,CSW-1 为 1600mm,CSW-2～CSW-4 为 1200mm,CSW-5～CSW-10 和 SW-1 为 800mm;剪跨比为 2.0～1.0。各试件两端均设置矩形钢管混凝土端柱,端柱截面尺寸为 100mm×120mm;中间墙体部分截面尺寸为 600mm×90mm。墙身内配置间距较大的分布钢筋网,并设置拉筋。试件尺寸和构造如图 4-11 所示。

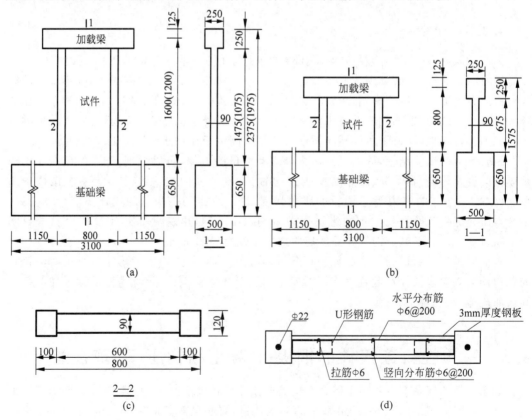

图 4-11　组合剪力墙试件尺寸及构造

(a) CSW-1～CSW-4 立面图;(b) CSW-5～CSW-10、SW-1 立面图;(c) 断面图;(d) 配筋图

4.3.2　破坏形态

试验中典型试件的破坏形态如图 4-12 所示。各试件受力全过程可分为 4 个阶段：

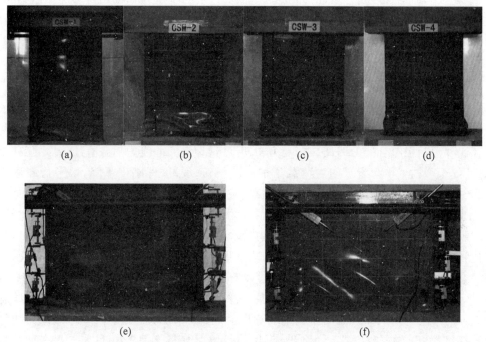

图 4-12　组合剪力墙试验破坏形态

(a) CSW-1；(b) CSW-2；(c) CSW-3；(d) CSW-4；(e) CSW-5；(f) CSW-6

（1）弹性工作阶段：试件无明显变化，墙体钢板与混凝土协同工作；顶点水平荷载-位移曲线基本呈线性变化。

（2）墙体钢板与混凝土界面破坏阶段：弹性工作阶段之后，试件刚度开始降低，墙体钢板与混凝土界面开始发生局部破坏，顶点水平荷载-位移曲线出现较明显的转折。对于中高剪跨比组合剪力墙试件，此时水平荷载约为相应峰值荷载的 60%，位移角约为 1/360。对于低剪跨比组合剪力墙试件，此时水平荷载约为相应峰值荷载的 80%，位移角约为 1/150。弹性阶段临界荷载、墙体钢板与混凝土界面黏结破坏对应的荷载随距厚比减小而增大，随轴压比增大而增大。

（3）屈服阶段：该阶段为荷载位移曲线从明显转折点持续到峰值点，以钢管混凝土端柱和墙体钢板的屈曲为主要现象。除试件 CSW-1 的端柱钢管在位移角为 1/177 时发生局部屈曲外，其余组合剪力墙试件的端柱均在位移角约 1/120 时发生局部屈曲，并且，随着轴压比增大，端柱钢管局部屈曲时对应的位移角减小。各试件墙体钢板在位移角为 1/85 左右时发生局部屈曲，该结果表明，组合剪力墙在正常使用阶段不会发生局部屈曲。对于低剪跨比组合剪力墙试件，墙体钢板初始局部屈曲的形态和范围受距厚比影响比较明显：距厚比超过 50 时，钢板发生沿墙体 45°对角线方向的剪切屈曲波形；距厚比不超过 33 时，局部屈曲发生在墙体靠近端柱的角部。各试件墙体钢板发生屈曲后，水平荷载继续增长，达峰值荷载时位移角约为 1/72。

（4）破坏阶段：各试件达峰值荷载后，随着水平加载位移的增加，墙体内部混凝土破坏加剧，刚度降低，水平剪力在墙体钢板和混凝土之间发生重分布，钢板分担的剪力增加，出现了多条新的屈曲波形，后续屈曲与初始屈曲基本平行。端柱钢管局部屈曲加重，出现多处压屈波形，端柱脚部钢管焊缝开裂，内部混凝土压溃。轴压比越高，端柱钢管局部屈曲、焊缝开裂、混凝土压溃越严重，墙体底部钢板压屈越明显；剪跨比越小，墙体钢板剪切波形越显著。

4.3.3 滞回曲线

滞回曲线是反映结构抗震性能的重要指标。由图 4-13 可见，外包钢板组合剪力墙压-弯-剪试验的滞回曲线比较饱满，呈梭形，无捏拢效应，耗能能力和位移延性良好；而图 4-13(k)反映出普通钢筋混凝土剪力墙的滞回曲线呈反 S 形，具有明显的捏拢效应，耗能能力和变形能力都比外包钢板组合剪力墙低。在受力初期，各试件滞回曲线为一条直线，基本无残余变形，试件处于弹性工作状态。随着荷载增加，混凝土开裂，试件刚度下降，水平荷载逐步增长，卸载后残余变形逐渐增大。对于中高剪跨比组合剪力墙试件，在位移角 0.012(1/83)左右时，水平荷载达峰值。峰值荷载后，水平荷载的下降程度受轴压比影响显著，轴压比越小，水平荷载下降越平缓。对于低剪跨比组合剪力墙试件，在位移角 0.015(1/75)左右时，水平荷载达峰值。峰值荷载后，水平荷载下降较为缓慢，滞回曲线仍呈梭形，没有捏拢效应，同级加载的第二循环与第一循环相比，强度和刚度均有较明显的退化。在位移角约为 0.025(1/40)时，水平荷载仍高于 630kN，残余承载力很高。总体来看，距厚比性轴压比对滞回曲线有一定影响：距厚比达到 50 时，滞回曲线饱满程度最低，而当距厚比低于 33 时，滞回曲线具有一定的捏拢效应；轴压比不超过 0.4 时，滞回曲线最为饱满，轴压比超过 0.5 后滞回曲线具有一定的捏拢效应。钢筋混凝土剪力墙试件加载至位移角 0.006(1/150)左右即达到峰值荷载，试件发生典型的剪切破坏，往复加载过程中墙体剪切斜裂缝开合、错动，滞回曲线表现出较强的捏拢效应。

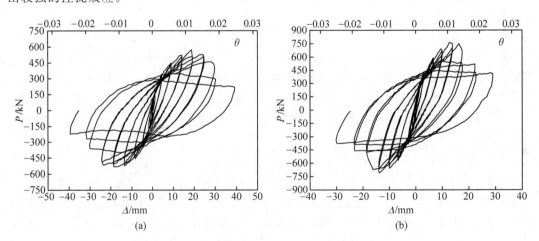

图 4-13 试件顶点水平荷载-位移滞回曲线

(a) CSW-1；(b) CSW-2；(c) CSW-3；(d) CSW-4；(e) CSW-5；(f) CSW-6；
(g) CSW-7；(h) CSW-8；(i) CSW-9；(j) CSW-10；(k) SW-1

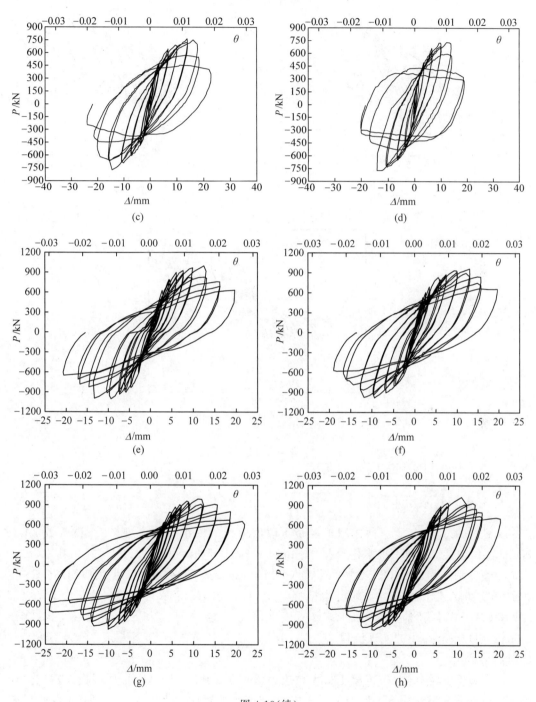

图 4-13(续)

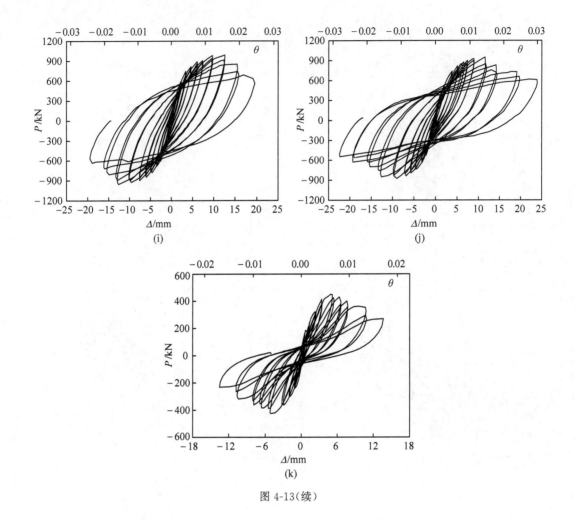

图 4-13(续)

4.3.4 有限元模拟

文献[20-23]提出了一种适用于混凝土数值模拟的二维本构模型(Tsinghua concrete 2D model,THUC2)和三维本构模型(Tsinghua concrete 3D model,THUC3)。其中,二维本构模型分别基于 ABAQUS UMAT 和 VUMAT 接口进行二次开发,可用于 ABAQUS 显式求解器和隐式求解器;三维本构模型基于 ABAQUS UMAT 进行二次开发,可用于 ABAQUS 隐式求解器。图 4-14 展示了该混凝土三维模型应力更新算法在 ABAQUS UMAT 用户子程序中的实现流程[20-22]。如图 4-14 所示,混凝土开裂指标可分为下述三种情形:

(1) 未开裂混凝土:若混凝土最大拉应力低于 f_t,调用 von Mises 屈服面的塑性力学模型来模拟未开裂混凝土。混凝土受压应力-应变骨架线中考虑了未开裂混凝土的受压软化行为。

(2) 初次开裂混凝土:若混凝土最大拉应力达到或超过 f_t,则调用图 4-14 所示的初次开裂模块。将混凝土刚好达到开裂时的混凝土主应力方向定义为开裂坐标系 123,混凝土

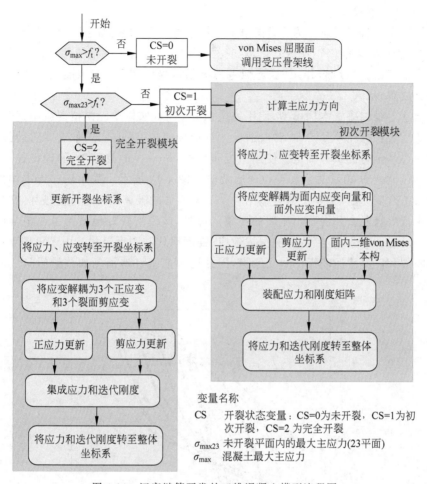

图 4-14　汪家继等开发的三维混凝土模型流程图

的应力与应变可转换至开裂坐标系 123 下。然后,将应变向量解耦为面外应变和面内应变。针对面外应变,使用混凝土单轴应力-应变关系来实现正应力更新,使用混凝土裂面剪应力-剪应变关系来实现剪应力更新。针对面内应变,使用二维 von Mises 屈服面模型来进行面内应力(σ_{22},σ_{33},τ_{23})更新。此后,将三维应力和刚度矩阵转换至整体坐标系下,并返回给 ABAQUS UMAT 用户子程序。

（3）完全开裂混凝土：若 23 面内的混凝土最大拉应力超过 f_t,混凝土被认为彻底开裂。在数值模拟中,此时需要更新开裂坐标系,这是由于 23 平面内的混凝土开裂角度与加载历史相关,可能与 2 轴、3 轴均不重合。此后,混凝土应变张量可分解为三个正应变与三个剪应变。分别使用混凝土单轴应力-应变关系和混凝土裂面剪应力-剪应变关系来实现应力更新。在得到各个方向更新的应力后,将各个应力分量装配为总应力,并通过应力转轴公式将应力转换至整体坐标系下。最后,将更新后的应力和刚度矩阵返回给 ABAQUS UMAT 用户子程序。如图 4-14 所示,将混凝土开裂指标定义为开裂状态变量 CS。对于未开裂混凝土,CS 为 0；对于初次开裂混凝土模块,CS 为 1；对于完全开裂混凝土模块,CS 为 2。假定混凝土开裂指标 CS 在加载历史中对于有限元模型的各个积分点单调增加,且从开裂混凝土转换至未开裂混凝土的转变是本模型不允许发生的。该假定简化了程序开发的难度,提升了模型的收敛性。

该本构模型的特点可总结为:①在单轴本构中考虑了约束混凝土;②根据网格尺寸和受压断裂能、受拉断裂能修正受压软化段和受拉软化段,缓解了网格依赖性;③混凝土剪切软化模型中既考虑骨料咬合作用,也近似考虑纵筋销栓作用;④三维混凝土本构应力更新算法的计算成本较低。

基于前述三维混凝土本构模型,使用完全积分 C3D8 实体单元模拟混凝土,使用增强型沙漏刚度的缩减积分壳单元 S4R 模拟钢板。对钢板使用 Chaboche 非线性随动强化模型,钢板本构参数基于材性试验确定。使用三维非线性 connector(连接单元)模拟栓钉,分别模拟栓钉的非线性剪力-滑移关系和受拉屈服效应。图 4-15 展示了采用该三维本构模型对前述外包钢板组合剪力墙 CSW-1 的模拟结果[23],该构件的破坏形态为弯曲破坏,在加载后期出现外包钢板焊缝断裂和混凝土压溃的现象。可见,该模型较好地预测了该组合剪力墙在加载过程中的滞回行为,包括构件的捏拢效应、强度退化和刚度退化。由于该模型尚未考虑钢板焊缝断裂和混凝土压溃后的单元删除,因此还不能很好地预测加载最后阶段的承载力退化规律。

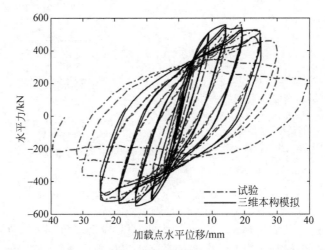

图 4-15　混凝土三维模型与外包钢板组合墙 CSW-1 试验的对比

4.3.5　刚度分析计算

组合剪力墙在工作荷载下的刚度取值,直接影响到结构体系的内力和变形计算结果。本节分别针对钢板-混凝土剪力墙在面内弯曲和剪切作用下的刚度计算问题进行研究[24]。基本思路是:采用纤维模型计算结构的弯曲变形分量,随后通过大量数值计算拟合得到实用的计算公式,并通过试验进行验证;基于桁架模型理论建立平面组合桁架模型(plane combination truss model,PCTM)来计算剪切变形,进而得到剪切刚度的简化计算公式。PCTM 模型假设混凝土处于斜压杆受力状态,并考虑组合剪力墙中钢板的平面应力状态,且满足各项平衡条件,适用于同类型钢板-混凝土组合剪力墙的抗剪刚度计算。

剪力墙在侧向力作用下达到屈服时,其屈服荷载与屈服变形的比值称为有效刚度,将极限荷载的 75% 与对应点变形的比值作为正常使用阶段的有效刚度。剪力墙在侧向力作用下的变形主要由弯曲变形分量 Δ_f 和剪切变形分量 Δ_v 两部分构成。针对弯曲变形分量,剪力墙弯曲变形计算基于截面纤维模型,建立组合剪力墙截面的弯矩-曲率全过程关系曲线,满足协调方程和平衡方程。该部分的数值实现流程详见文献[24]。通过参数分析可得到影响抗弯刚度的敏感参数,并基于数值计算提出顶部集中荷载作用下组合剪力墙抗弯有效刚度计算公式:

$$K_{e,f} = 3(\beta_1 E_s I_s + \beta_2 E_c I_c)/H^3 \tag{4-3}$$

$$\beta_2 = 0.35(15.7m + 0.37)(0.96 + 3.29n - 5.54n^2) \tag{4-4}$$

式中,E_c、E_s——分别为混凝土和钢材的弹性模量;

I_c、I_s——分别为混凝土和钢材的截面惯性矩;

H——剪力墙高度;

β_1、β_2——分别为钢和混凝土截面刚度的修正系数,β_1 推荐取 0.5;

m——墙体截面钢板与混凝土墙厚度比;

n——轴压比。

有效弯曲刚度模型计算值与上述公式计算值的对比如图 4-16 所示,图中包括了 1152 个算例。参数取值如下:混凝土立方体抗压强度 f_{cu} 取值为 30MPa、40MPa、50MPa、60MPa,钢板屈服强度 f_y 取值为 215MPa、310MPa、350MPa、380MPa,墙体截面高度 h 取值为 800mm、1500mm、2500mm、3500mm,墙体腹板混凝土厚度 b_1 与 h 之比为 0.1、0.14,端柱钢板厚度 t_2 与墙体腹板钢板厚度 t_1 之比为 1.0、1.2,墙体腹板钢板厚度 t_1 与 b_1 之比为 0.03、0.05、0.08,轴压比 n 取值为 0、0.1、0.2、0.3。两种方法计算结果比值的平均值为 1.014,标准差为 0.048,这证明了建议公式的有效性。

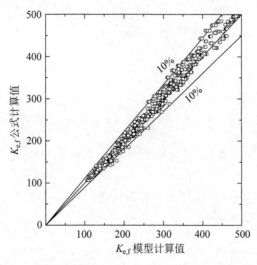

图 4-16　纤维梁模型与公式有效抗弯刚度计算值的对比

剪切刚度计算则在固定角桁架模型基础上,针对钢板-混凝土组合剪力墙的特征提出相应的平面组合桁架模型(PCTM)。该模型的假定包括:

(1) 计算抗剪刚度时,忽略弯曲变形的影响,即假定组合墙各点处于相同的应力状态。

(2) 混凝土开裂后形成弥散压杆,垂直于开裂面方向无应力,角度由受力状态确定。

(3) 无轴力作用。

根据试验结果,轴压荷载对剪切刚度的影响不显著,因此满足第(3)点假定。

同时规定:θ 以逆时针转为正,反之为负;正应力以拉为正,压为负;剪应力以使单元局部顺时针转动为正,反之为负。基于模型假定,钢板和混凝土应力状态分别如图 4-17(a)、(b)所示。混凝土开裂后形成倾角为 θ_c 的压杆,其压杆应力为 σ_c,混凝土应力莫尔圆如图 4-17(c)所示,其中 σ_{cx} 为混凝土在 x 方向上的正应力,σ_{cy} 为混凝土在 y 方向上的正应力,τ_{cx} 为剪应力。

$$\begin{cases} \tau_{cx} = \dfrac{-\sigma_c \sin 2\theta_c}{2} \\ \sigma_{cx} = \sigma_c \sin^2 \theta_c \\ \sigma_{cy} = \sigma_c \cos^2 \theta_c \end{cases} \tag{4-5}$$

钢板整体和局部坐标系下的应力关系为

$$\begin{cases} \sigma_{sx'} = \sigma_{sx} \cos^2 \theta_c + \sigma_{sy} \sin^2 \theta_c - 2\tau_s \cos\theta_c \sin\theta_c \\ \sigma_{sy'} = \sigma_{sy} \cos^2 \theta_c + \sigma_{sx} \sin^2 \theta_c + 2\tau_s \cos\theta_c \sin\theta_c \\ \tau_{s'} = (\sigma_{sy} - \sigma_{sx})\cos\theta_c \sin\theta_c + \tau_s (\cos^2 \theta_c - \sin^2 \theta_c) \end{cases} \tag{4-6}$$

式中,$(\sigma_{sx'}, \sigma_{sy'}, \tau_{s'})^T$、$(\sigma_{sx}, \sigma_{sy}, \tau_s)^T$ 分别为局部和整体坐标系下的钢板应力向量。

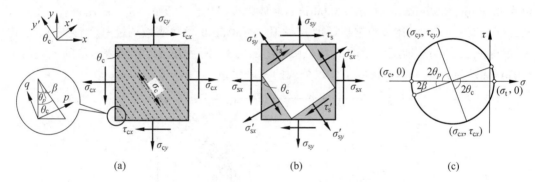

图 4-17 剪切刚度计算中假定的单元应力状态

(a) 混凝土单元;(b) 钢板单元;(c) 混凝土应力莫尔圆

PCTM 模型的变形协调方程、平衡方程和本构方程分别如式(4-7)、式(4-8)和式(4-9)所示。

(1) 变形协调方程。混凝土压杆与钢板在压杆方向应变协调,如下式所示:

$$\varepsilon_c = \varepsilon_{sy'} \tag{4-7}$$

式中,ε_c——混凝土压杆应变;

$\varepsilon_{sy'}$——钢板在 y' 方向应变。

(2) 平衡方程。

$$\begin{cases} \int \tau_s \, dA_{sy} + \int \sigma_{cx} \, dA_{cy} = V \\ \int \sigma_{sy} \, dA_{sy} + \int \sigma_{cy} \, dA_{cy} = N \\ \int \sigma_{sx} \, dA_{sx} + \int \sigma_{cx} \, dA_{cx} = 0 \end{cases} \tag{4-8}$$

式中, V——墙体剪力;

N——墙体轴力;

A_{sx}、A_{cx}——钢板和混凝土垂直于 x 方向的截面面积;

A_{sy}、A_{cy}——钢板和混凝土垂直于 y 方向的截面面积。

（3）本构方程。假定混凝土压杆单轴受力,钢板则为平面应力状态,屈服前符合下式所示的弹性本构方程:

$$\varepsilon_{sy'} = (\sigma_{sy'} - \nu\sigma_{sx'})/E_s \tag{4-9}$$

式中, ν——钢板泊松比,取 0.3。

联立式(4-7)~式(4-9),可解得混凝土压杆应力 σ_c 与剪力 V 的关系,如下式所示:

$$V = -\frac{\sigma_c bh\sin(2\theta_c)}{2} - \sigma_c\frac{h}{2\sin(2\theta_c)} \times$$

$$[2t\alpha + b\cos^2\theta_c(\cos^2\theta_c - \nu\sin^2\theta_c) + b\sin^2\theta_c(\sin^2\theta_c - \nu\cos^2\theta_c)] = -\sigma_c\gamma \tag{4-10}$$

$$\gamma = \frac{bh\sin(2\theta_c)}{2} + \frac{h}{2\sin(2\theta_c)} \times$$

$$[2t\alpha + b\cos^2\theta_c(\cos^2\theta_c - \nu\sin^2\theta_c) + b\sin^2\theta_c(\sin^2\theta_c - \nu\cos^2\theta_c)] \tag{4-11}$$

式中, γ——构件几何尺寸和 θ_c 的函数;

t——单侧钢板厚度;

b——混凝土墙体厚度;

h——剪力墙截面高度;

α——钢板与混凝土弹性模量比。

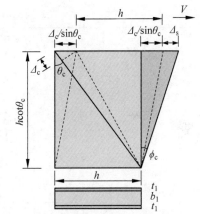

图 4-18 钢板-混凝土组合剪力墙
剪切变形示意图

根据剪切刚度的定义,取单位剪切高度为 $h\cot\theta_c$,如图 4-18 所示,在此高度内剪切变形的大小 $\Delta_{v,h}$ 为混凝土压杆变形引起的剪切变形和钢板水平变形的总和,其大小为

$$\Delta_{v,h} = \Delta_c/\sin\theta_c + \Delta_s \tag{4-12}$$

式中, Δ_c——剪切高度内压杆变形;

Δ_s——剪切钢板水平变形。

根据应力状态求解混凝土压杆变形:

$$\Delta_c = \frac{|\sigma_c|}{E_c} \cdot \frac{h}{\sin\theta_c} = \frac{Vh}{\gamma E_c\sin\theta_c} \tag{4-13}$$

$$\phi_c = \frac{V}{\gamma E_c\sin\theta_c\cos\theta_c} \tag{4-14}$$

钢板水平变形分量及其引起的构件转角为

$$\Delta_s = \frac{\sigma_{sx}h}{E_s} = \frac{bhV\sin^2\theta_c}{2\gamma tE_s} \tag{4-15}$$

$$\phi_s = \frac{bV\sin^2\theta_c}{2\gamma tE_s\cot\theta_c} \tag{4-16}$$

则剪力墙的有效剪切刚度为

$$K_{e,v} = \frac{V}{(\phi_c + \phi_s)H} = \frac{2\gamma t E_s \sin\theta_c \cos\theta_c}{(2t\alpha + b\sin^4\theta_c)H} \qquad (4\text{-}17)$$

其中,斜压杆角度采用文献[25]的建议来计算,其公式为

$$\theta_c = \arctan\left(\frac{0.6\rho_v\alpha + \psi\dfrac{\rho_v}{\rho_t}\dfrac{A_v}{A_g}}{1 + 4\alpha\rho_v}\right)^{1/4} \qquad (4\text{-}18)$$

式中,ρ_v——组合墙横向配筋率(含钢率);

ρ_t——组合墙纵向配筋率(含钢率);

A_v/A_g——组合墙受剪横截面面积与总截面面积的比值;

ψ——边界条件因子,对于悬臂构件取 1.5704。

组合墙整体有效刚度理论值由抗弯刚度 $K_{e,f}$ 和抗剪刚度 $K_{e,v}$ 计算得到,如下式所示:

$$K_{e,cal} = \frac{K_{e,f}K_{e,v}}{K_{e,f} + K_{e,v}} \qquad (4\text{-}19)$$

计算刚度与实测刚度的对比如表 4-3 所示,可以看出,两者平均相对误差为 11.2%,吻合良好。

表 4-3　试验刚度与本节模型预测值对比

试件名称	有效抗弯刚度			有效刚度		
	试验值	预测值	相对误差	试验值	预测值	相对误差
CSW-1	—	88.68	—	69.69	66.73	4%
CSW-2	201.83	212.91	−5%	131.31	134.04	−2%
CSW-3	232.66	214.37	−9%	140.60	134.08	5%
CSW-4	—	220.06	—	124.45	136.52	9%
CSW-5	678.73	660.28	3%	252.20	291.87	−14%
CSW-6	—	664.37	—	245.83	291.01	−16%
CSW-7	586.45	663.04	−12%	244.89	294.17	−17%
CSW-8	710.90	668.37	6%	225.95	293.95	−23%
CSW-9	630.91	681.55	−7%	293.44	295.09	−1%
平均相对误差			7%			11%

4.3.6　小结

本节介绍了采用栓钉连接件的钢板-混凝土组合剪力墙在低周往复荷载作用下的受力和变形性能,主要结论如下:

(1) 低周往复加载试验结果表明:双钢板与钢筋混凝土墙体通过连接件组合在一起,相互约束,协同工作良好;滞回曲线饱满,具有良好的承载力、抗侧刚度、延性、耗能能力,抗震性能良好。中高剪跨比组合剪力墙试件发生压弯破坏,低剪跨比组合剪力墙试件发生弯剪破坏。钢板初始局部屈曲受距厚比影响明显,距厚比越大,钢板越容易发生局部屈曲;极限荷载、位移延性系数受距厚比、轴压比影响较小;试件滞回性能稳定性随距厚比增大而降低。钢板发生局部屈曲的位移角约为 1/85,高于我国《高层建筑混凝土结构技术规程》

(JGJ 3—2010)[26]对剪力墙的弹塑性层间位移角限值;钢板屈曲的形成和发展程度因受混凝土墙体和栓钉的约束作用而大大降低。

(2) 对于中高剪跨比组合剪力墙试件,轴压比对墙体钢板局部屈曲的形状、位置和发展速度影响较大,轴压比越高,压屈特征越明显,屈曲范围越接近试件底部,屈曲发展越迅速;轴压比对试件变形能力影响显著,轴压比越大,变形能力越差,延性越低;平均极限位移角达 1/88,平均破坏位移达 1/66。对于低剪跨比组合剪力墙,试件平均极限位移角达1/72,平均破坏位移角达 1/52,位移延性系数基本大于 3,具有良好的变形能力。

(3) 采用有限元软件 ABAQUS 的三维混凝土本构子程序建立了双钢板-混凝土组合剪力墙精细有限元分析模型。该模型可较好地反映混凝土在复杂受力状况下的力学性能,对双钢板-混凝土组合剪力墙的荷载-位移曲线等进行了数值模拟,为双钢板-混凝土组合剪力墙的深入研究提供了一种有效手段。

(4) 基于理论推导得出了适用于钢板-混凝土组合结构的有效刚度理论模型,使用纤维梁单元进行大量参数分析,并回归得到抗弯刚度简化公式,通过理论推导得出抗剪刚度公式,并基于试验结果进行了模型验证。

4.4 外包多腔钢板-混凝土结构压-弯-剪性能

采用高强混凝土有助于降低结构自重,减少结构地震响应和材料用量。然而,对于高强混凝土在钢板-混凝土组合结构中的应用,需要特别关注其受压破坏的脆性特征,并加强钢板对混凝土的约束,普通栓钉连接件可能无法满足上述需求。因此,针对钢板-高强混凝土组合剪力墙,可以采用缀板连接件和加劲肋相结合的构造形式将剪力墙截面划分为多个腔体,从而有效缓解或避免组合剪力墙加载过程中的钢板屈曲问题,加强对内部混凝土的约束,进一步提升组合剪力墙在地震荷载作用下的延性和耗能能力。本节介绍了外包多腔钢板-混凝土组合剪力墙[27-29],该种形式的剪力墙主要适用于超高层建筑的核心筒,能够有效解决核心筒底部剪力墙轴力过大而墙厚难以控制的问题。试验结果表明,内填混凝土采用C80 及以上级别的高强混凝土后,构件的延性指标也能满足有关要求。

4.4.1 试验设计

本试验共设计了 12 个试件,典型试件的构造如图 4-19 所示。变化参数有含钢率、混凝土强度等级、暗柱与墙身钢板比例、钢筋网和剪跨比,各试件的具体参数如表 4-4 所示。其中,CFSCW-1~CFSCW-3 是 3 个基本试件,具有相同的参数,截面尺寸为 1284mm×214mm,剪跨比为 2.0,采用 C80 级混凝土,墙身不配置钢筋网,暗柱与墙身钢板厚度均为5mm,含钢率为 7.1%。CFSCW-4、CFSCW-5 在基本试件的基础上,减小了暗柱与墙身钢板的厚度,从而变化了含钢率。CFSCW-6、CFSCW-7 在基本试件的基础上,变化了混凝土强度等级;CFSCW-8 在基本试件的基础上,改变了暗柱与墙身钢板的比例,暗柱与墙身钢板厚度分别为 6mm 与 4mm;CFSCW-9 在基本试件的基础上,在墙身配置了钢筋网(φ8@130mm)。CFSCW-10~CFSCW-12 用于研究剪跨比对剪力墙受力性能的影响,截面尺寸为750mm×125mm,剪跨比分别为 2.0、1.5 和 1.0。

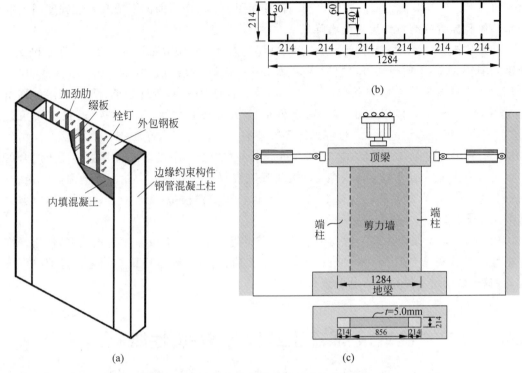

图 4-19 缀板连接的外包多腔组合墙试件(单位: mm)

(a) 墙身构造图; (b) CFSCW-1 截面尺寸; (c) 试验装置

表 4-4 各试件参数

试件编号	变化参数	剪跨比	混凝土标号	钢筋网	暗柱钢板厚度/mm	墙身钢板厚度/mm	含钢率/%	混凝土立方体抗压强度 f_{cu}/MPa
CFSCW-1	基本构件	2.0	C80	无	5	5	7.1	87.5
CFSCW-2	基本构件	2.0	C80	无	5	5	7.1	86.1
CFSCW-3	基本构件	2.0	C80	无	5	5	7.1	86.1
CFSCW-4	含钢率	2.0	C80	无	4	4	5.8	89.8
CFSCW-5	含钢率	2.0	C80	无	3	3	4.6	88.1
CFSCW-6	混凝土标号	2.0	C60	无	5	5	7.1	65.0
CFSCW-7	混凝土标号	2.0	C100	无	5	5	7.1	102.6
CFSCW-8	端柱和墙身钢板比例	2.0	C80	无	6	4	7.1	88.4
CFSCW-9	有无钢筋网	2.0	C80	有	5	5	7.1	83.3
CFSCW-10	构件尺寸	2.0	C80	无	3	3	7.1	83.7
CFSCW-11	剪跨比	1.5	C80	无	3	3	7.1	80.7
CFSCW-12	剪跨比	1.0	C80	无	3	3	7.1	88.0

试件 CFSCW-1~CFSCW-8 的构造类似,如图 4-19 所示。试件两端为方钢管混凝土暗柱,中部墙身共分为 4 个腔,腔与腔之间通过长加劲肋和连接缀板分割,缀板的竖向布置如图 4-19(c)所示。长加劲肋与长加劲肋(或暗柱翼缘)之间设置短加劲肋,沿墙体上下贯通。外包钢板在相应位置焊接有栓钉,栓钉尺寸为 $\phi8\times75$mm,水平间距为 107mm,竖向间距为 100mm。CFSCW-10~CFSCW-12 采用的栓钉尺寸为 $\phi6\times45$mm,水平间距为 62.5mm,竖

向间距为 100mm。试件墙体钢板通过对接焊缝焊于 50mm 厚的底板上。底板在墙体范围内焊有锚固钢筋,用于锚固墙体范围内的混凝土。锚固钢筋采用 HRB335 钢筋,直径 12mm,长度 300mm,等间距布置。CFSCW-1～CFSCW-8 共布置 36 根锚固钢筋,CFSCW-10～CFSCW-12 共布置 12 根锚固钢筋。底板通过高强螺栓与基础钢梁的顶板相连。各试件的混凝土试块抗压强度 f_{cu} 试验结果如表 4-4 所示。试件所用钢材、钢筋的拉伸试验结果如表 4-5 所示。

表 4-5 钢板材性试验结果

试件尺寸	屈服强度/MPa	极限强度/MPa	延伸率/%
3mm 钢板	442.8	552.8	35.2
4mm 钢板	351.4	517.4	30.1
5mm 钢板	305.6	444.8	33.4
6mm 钢板	363.0	512.3	32.0
10mm 钢板	431.7	588.0	35.6
ϕ12mm 钢筋	405.1	521.2	25.4

4.4.2 试验结果

试件 CFSCW-1～CFSCW-11 的破坏过程类似,包括裂缝生成、钢板局部失稳和裂缝扩展阶段。以 CFSCW-3 为例,首先,当顶点位移角为 1/131(对应极限承载力的 81%)时,当正向达到最大位移时,试件南侧底部转角处有微小裂纹,如图 4-20(a)所示;当反向达到最大位移时,试件北侧底部转角处有微小裂纹,宽度为 0.3mm。其次,当顶点位移角达到 1/102 时,当正向达到最大位移时,试件底部西南角焊缝开裂;当反向达到最大位移时,试件底部东北角焊缝开裂,如图 4-20(b)所示。此后,当顶点位移角达到 1/79 时,构件达到极限承载力,北侧底部裂口沿墙厚贯通,南侧底部钢板发生局部屈曲,屈曲变形最大值约为 4mm,如图 4-20(c)所示。当顶点位移角达到 1/66 时,试件底部裂口继续扩展,墙底部钢板南侧发生鼓曲,如图 4-20(d)所示;边缘约束构件发生竖向焊缝断裂,如图 4-20(e)所示;局部失稳扩展至边缘约束构件的腹板,屈曲幅值约为 10mm。最后,当顶点位移角达到 1/55 时,试件水平抗力降低至极限承载力的 77%,水平裂缝继续扩展,如图 4-20(f)所示。

CFSCW-1、CFSCW-2、CFSCW-6、CFSCW-7、CFSCW-9 的破坏过程与 CFSCW-3 相似,因为这些试件使用相同的钢板。较薄的钢板用于 CFSCW-4 和 CFSCW-5 试件,因此与上述 6 个试件相比,这两个试件更早出现局部屈曲。对于 CFSCW-4,局部屈曲发生于 1/100 的顶点位移角,而对于 CFSCW-5,局部屈曲在 1/132 的顶点位移角发生。此外,CFSCW-5 的屈曲区域要比其他相同尺寸的试样大,如图 4-21(a)所示。试样 CFSCW-5 和 CFSCW-8 的钢板在构件底部截面焊缝处没有断裂,但在距构件底部截面约 170mm 的位置处出现钢板断裂,并且断裂未延伸到边界柱的区域之外,如图 4-21(a)、(b)所示。试件 CFSCW-10、CFSCW-11 的水平裂口出现在距离试件底部约 120mm 处,裂口范围未超出暗柱区域;加载后期试件底部钢板在墙宽范围内均发生了局部屈曲,如图 4-21(c)、(d)所示。试件 CFSCW-12 的底部钢板出现了若干水平裂口,但发展不明显,试件破坏以暗柱范围内钢板局部屈曲和竖向焊缝开裂为主,如图 4-21(e)所示。

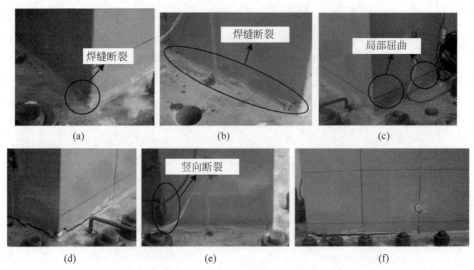

图 4-20　CFSCW-3 的破坏过程

（a）顶点位移角 1/131；（b）顶点位移角 1/102；（c）顶点位移角 1/79；（d）顶点位移角 1/66；

（e）顶点位移角 1/66,边缘约束构件竖向断裂；（f）顶点位移角 1/55

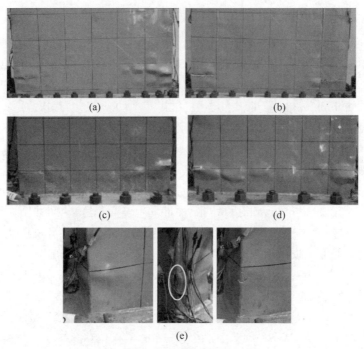

图 4-21　典型试件的破坏过程

（a）CFSCW-5；（b）CFSCW-8；（c）CFSCW-10；（d）CFSCW-11；（e）CFSCW-12

4.4.3　滞回曲线

各试件的水平力-顶点位移滞回曲线如图 4-22 所示。试件 CFSCW-1 在反向（水平力往北为正）加载到顶点位移角为 1/100 时,试件北侧底部焊缝附近钢板开裂,在此后的加载过程中,未增大该方向的加载位移。试件 CFSCW-2、CFSCW-3、CFSCW-4、CFSCW-6、CFSCW-7 的滞回曲线形状类似。由于墙底水平焊缝开裂,并在加载过程中不断往墙体中部扩展,试件 CFSCW-1~CFSCW-4、CFSCW-6、CFSCW-7 都出现了一定程度的捏拢。试件 CFSCW-5、CFSCW-8 的滞回曲线比前述几个试件饱满,呈梭形,没有明显的捏拢现象。虽然 CFSCW-5、CFSCW-8 的钢板也出现了断裂但开裂范围主要集中在暗柱区域,并未向墙体中部扩展,因此滞回曲线较为饱满。3 个小尺度试件 CFSCW 的滞回曲线明显比其余大尺度试件饱满,因为其试件钢板未发生明显的水平开裂,滞回曲线上由于裂口闭合而产生的捏拢现象不明显。

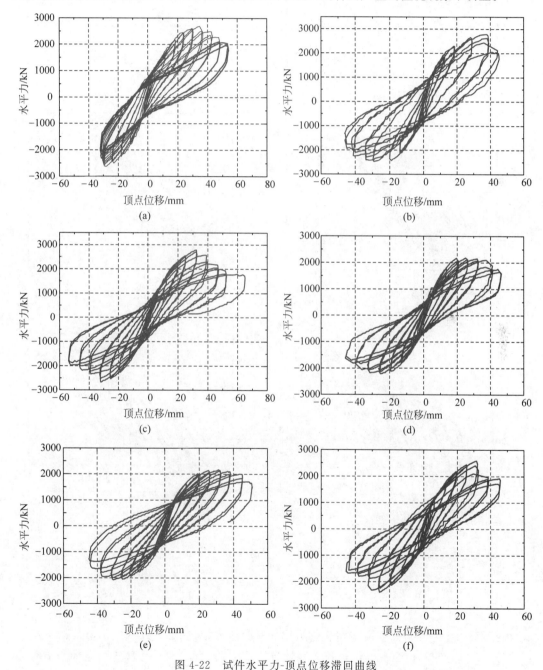

图 4-22 试件水平力-顶点位移滞回曲线

(a) CFSCW-1;(b) CFSCW-2;(c) CFSCW-3;(d) CFSCW-4;(e) CFSCW-5;(f) CFSCW-6;
(g) CFSCW-7;(h) CFSCW-8;(i) CFSCW-9;(j) CFSCW-10;(k) CFSCW-11;(l) CFSCW-12

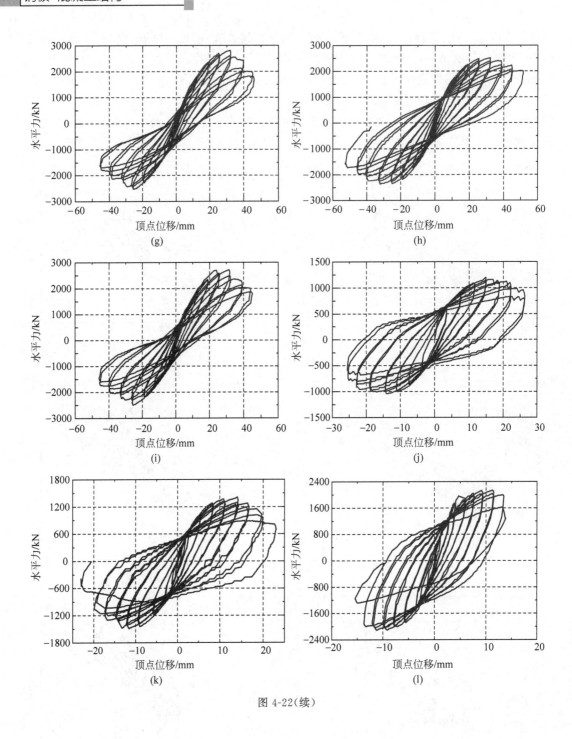

图 4-22（续）

4.4.4　小结

根据对外包多腔钢板-混凝土组合剪力墙的试验研究,得到如下基本结论:

(1) 外包多腔钢板-混凝土组合剪力墙具有较高的轴向刚度和承载能力,在轴压荷载作用下钢板与内填混凝土能够协同工作。

（2）在水平往复加载试验中，在加载初期（弹性阶段），各试件的钢板与内填混凝土能够协同工作，构件表现出良好的承载能力和刚度。

（3）在水平往复加载试验中，各试件在达到极限承载能力之前，均未发生钢板屈曲，钢板与内填混凝土能够协同工作。

（4）在弹塑性受力阶段，各试件表现出良好的滞回性能、延性和耗能能力，对应于85%最大荷载的极限位移角为1/80～1/54，平均为1/66。

4.5　钢板-混凝土结构轴拉性能

钢板-混凝土组合结构的面内受力状态为可以分解为主拉方向上的主拉应力状态和主压方向上的主压应力状态的叠加。因此要研究钢板-混凝土组合结构的平面复杂受力行为，就要研究清楚其主拉方向上的主拉受力行为和主压方向上的主压受力行为。此外，在某些复杂结构中的钢板混凝土构件可能出现轴心受拉主导的荷载工况，而现有规范中的设计方法仅考虑钢材截面面积贡献，忽略混凝土约束效应对钢材抗拉强度的提升作用，从而导致设计结果较为保守。

钢板-混凝土组合受拉中的核心问题不仅包括类似钢筋-混凝土组合受拉中的受拉软化作用（tension softening effect）、受拉刚化作用（tension stiffening effect）、受拉刚化退化作用（tension stiffening degradation effect），同时还包括类似钢管-混凝土组合受拉中的约束刚化作用（confining-stiffening effect）、约束强化作用（confining-strengthening effect）[2]。钢板-混凝土组合受拉中的约束作用是指开裂后的混凝土阻止轴向受拉钢板的横向变形的作用。因为存在受拉刚化作用，所以混凝土、钢板的纵向平均应力-应变关系与素混凝土、纯钢板的平均应力-应变关系不同；因为存在受拉刚化退化作用，所以裂缝间混凝土承担拉应力的能力将最终降为零；因为存在约束作用（约束刚化作用、约束强化作用），所以钢板实际处于双向受拉应力状态，其纵向平均应力-应变关系与纯钢板的单轴本构不同，表现为名义屈服应力更高，名义弹性模量更大。本节介绍钢板-混凝土组合受拉的试验和理论研究情况，主要包括以下两个方面：

（1）开展试验研究。设计并完成一组研究钢板-混凝土组合受拉机理的试验，通过宏观的荷载-变形曲线、微观的应变数据，研究钢板-混凝土组合受拉中的传统受拉软化、受拉刚化以及新的约束刚化、约束强化、受拉刚化退化作用。

（2）建立本构关系。基于钢板-混凝土组合受拉的基本理论，提出钢板-混凝土组合受拉的等效应力-应变本构关系。

4.5.1　试验设计

文献[2,30]设计了一组钢板-混凝土组合板受拉试件，编号如表4-6所示，包括4个双钢板组合试件、2个单侧钢板组合试件以及1个纯钢板对比试件。组合试件的主要变化参数为：钢板-混凝土组合形式 n（$n=1$ 为内嵌单钢板组合，$n=2$ 为外包双钢板组合）、混凝土总厚度 D（对于内嵌单钢板-混凝土组合板，D 为两层混凝土厚度之和），以及钢板厚度 t。试件宽度均为400mm，试件长度 L 均为2000mm，以此保证在试件内部混凝土可以形成多根裂缝。试件中的混凝土的实测标准立方体抗压强度 f_{cu} 为 38.6MPa,混凝土的最大骨料粒径为 8mm。厚度 $t = 4mm$、6mm、8mm 的钢材的实测屈服强度 f_y 分别为 300MPa、350MPa、250MPa。栓钉直径为 6mm,长度为 45mm,栓钉间距为 80mm,按交错方式布置。试验加载设计和栓钉布置如图 4-23 所示。

表 4-6 试件编号与设计参数

试 件 编 号	$D \times t \times n \times L$/(mm×mm×mm×mm)	含 钢 率	备 注
SP-90-4-2	90×4×2×2000	—	纯钢板
SCCP-90-4-2	90×4×2×2000	0.09	双钢板
SCCP-90-6-2	90×6×2×2000	0.13	双钢板
SCCP-50-4-2	50×4×2×2000	0.16	双钢板
SCCP-150-4-2	150×4×2×2000	0.05	双钢板
SCCP-150-8-1	150×8×1×2000	0.05	单侧钢板
SCCP-150-4-1	150×4×1×2000	0.027	单侧钢板

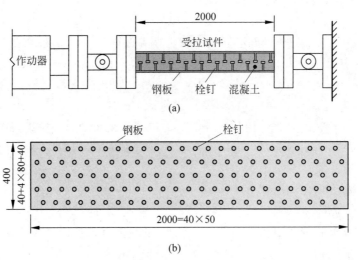

图 4-23 试验加载设计(单位:mm)
(a) 加载装置;(b) 栓钉位置示意图

4.5.2 试验结果

1. 破坏形态

图 4-24 给出了钢板-混凝土组合受拉试件加载结束时的裂缝分布情况。图 4-24 中沿构件横向开展的裂缝代表开裂区(C 区),是发生混凝土受拉软化作用的区域;沿构件钢板-混凝土界面纵向开展的裂缝代表滑移失效区(S 区),出现纵向裂缝说明钢板-混凝土界面发生黏结失效,引起受拉刚化退化作用;其余区域既无横向裂缝,也无纵向裂缝,为有效黏结区(B 区)。图 4-24 的观察结果表明,在加载结束时,钢板-混凝土界面基本都发生了纵向开裂破坏,说明受拉刚化退化作用显著,钢板-混凝土组合受拉至某一时期后,混凝土将基本不承

担纵向拉力,需要通过本试验确定混凝土承担的纵向拉应力降为 0 时所对应的平均应变的大小。

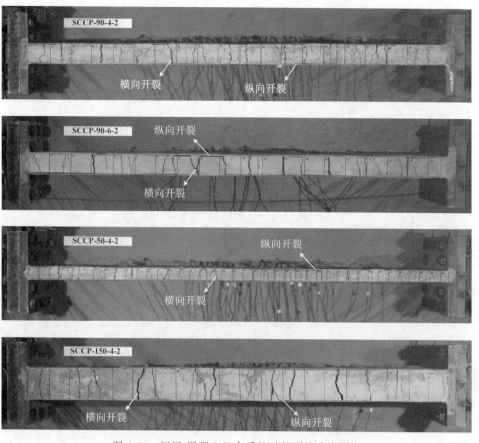

图 4-24　钢板-混凝土组合受拉试件裂缝分布形态

2. 荷载-变形曲线

图 4-25 给出了各组合试件的加载全过程曲线及其与纯钢试件曲线的对比结果。其中,对于试件 SCCP-90-6-2 与试件 SCCP-150-8-1,由于没有相同钢板厚度的纯钢板试件来作为对比试件,所以采用材性试验得到的应力-应变曲线换算得到对比曲线,这样虽然会导致初始刚度的失真,但是能够保证承载力对比结果的可信度。图 4-25 的对比结果表明,钢板-混凝土组合受拉板的承载力高于纯钢板的受拉承载力,当混凝土厚度大时,该现象尤为明显。该承载力提高的现象是约束强化作用(confining strengthening effect)的结果,因此,出现该承载力提高现象也反过来证明了钢板-混凝土组合受拉中约束强化作用的存在。

注意到,当变形等于 20mm(平均应变为 0.01)时,受拉荷载-变形曲线的弹性阶段已全部结束(除了试件 SCCP-90-6-2 与试件 SCCP-150-8-1,因为所使用的厚度 $t=6$mm 和厚度 $t=8$mm 的钢板材性没有或几乎没有屈服平台),曲线进入塑性阶段,因此定义变形等于 20mm(平均应变为 0.01)时的受拉荷载为试件的抗拉承载力(P_{SCCP} 代表钢板-混凝土的抗拉承载力,P_{Steel} 代表纯钢板的抗拉承载力)。基于这一定义,图 4-26 进一步给出了 4 个钢板厚度为 4mm 的钢板-混凝土组合试件及其对应纯钢板对比试件的受拉荷载-变形曲线在

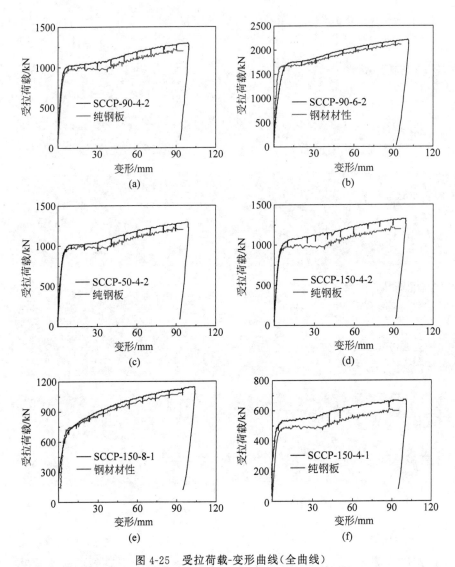

图 4-25　受拉荷载-变形曲线（全曲线）

（a）SCCP-90-4-2；（b）SCCP-90-6-2；（c）SCCP-50-4-2；（d）SCCP-150-4-2；（e）SCCP-150-8-1；（f）SCCP-150-4-1

0～20mm 变形范围内的部分。定义曲线上 1/2 承载力所对应的点的割线刚度为试件的有效抗拉刚度（K_{SCCP} 代表钢板-混凝土的有效抗拉刚度，K_{steel} 代表纯钢板的有效抗拉刚度），图 4-26 的对比结果表明，对于钢板-混凝土组合试件，不仅其受拉承载力高于纯钢板试件，其有效抗拉刚度也高于纯钢板试件。该刚度提高的现象是约束刚化作用与受拉刚化作用的叠加结果。

表 4-7 汇总了图 4-26 中各试件的承载力、有效刚度，以及组合板相对于纯钢板的承载力、有效刚度增强系数。汇总结果表明，本节试验中，相比于纯钢板，组合板的承载力平均提高 6.1%，刚度平均提高 84.9%。对于试件 SCCP-90-6-2 与试件 SCCP-150-8-1，因为所使用的厚度 $t=6$mm 和厚度 $t=8$mm 的钢板材性没有或几乎没有屈服平台，所以不适合将其列入并进行讨论。

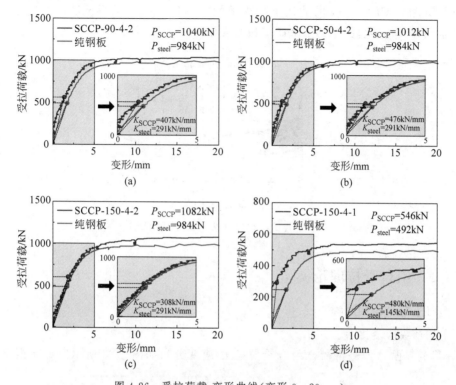

图 4-26 受拉荷载-变形曲线(变形 0～20mm)

(a) SCCP-90-4-2；(b) SCCP-50-4-2；(c) SCCP-150-4-2；(d) SCCP-150-4-1

表 4-7 试验得到的受拉承载力与有效刚度统计表

试件编号	P_{steel}/kN	P_{SCCP}/kN	α_{strength}	K_{steel}/kN	K_{SCCP}/kN	$\alpha_{\text{stiffness}}$
SCCP-90-4-2	984	1040	1.057	581 782	814 319	1.400
SCCP-50-4-2	984	1012	1.028	581 782	951 028	1.635
SCCP-150-4-2	984	1082	1.100	581 782	616 752	1.060
SCCP-150-4-1	492	546	1.109	290 891	960 000	3.300
平均承载力(或刚度)增强系数：			1.061			1.849

注：承载力增强系数 α_{strength} 定义为 P_{SCCP} 与 P_{steel} 的比值,刚度增强系数 $\alpha_{\text{stiffness}}$ 定义为 K_{SCCP} 与 K_{Steel} 的比值。

3. 钢板横纵应变比

由于泊松效应的存在,钢板在受到纵向轴拉作用时,其横向会发生收缩,定义其横向应变 $\varepsilon_{s,t}$ 与纵向应变 $\varepsilon_{s,1}$ 的比值的绝对值 $|\varepsilon_{s,t}/\varepsilon_{s,1}|$ 为横纵应变比,则根据胡克定律,空钢管的钢管壁处于单向拉应力状态,其横纵应变比 $|\varepsilon_{s,t}/\varepsilon_{s,1}|$ 应等于钢材的泊松比 $\nu_s \approx 0.3$；而对于钢板-混凝土组合试件,由于内部的混凝土对钢板的横向收缩存在约束作用,钢板处于双向拉应力状态,其横纵应变比 $|\varepsilon_{s,t}/\varepsilon_{s,1}|$ 应小于钢材的泊松比 ν_s。因此,要证明约束作用的存在,即要证明钢板-混凝土受拉时的横纵应变比 $|\varepsilon_{s,t}/\varepsilon_{s,1}|$ 小于 ν_s。图 4-27 汇总对比了各组合板试件有效量测到的横纵应变比-平均纵应变关系曲线,曲线结果表明：横纵应变比均随受拉荷载(或平均纵应变)的增加而降低,基本上全部曲线的横纵应变比均降低至 0.2 以下,部分曲线的横纵应变比降低至 0。这证明了约束作用的存在。图 4-27 的对比结果进

一步表明,试件 SCCP150-4-1 的曲线下降得最快,下降得最低,说明该试件的约束作用最强,反映了约束作用随含钢率的下降而增强的规律。

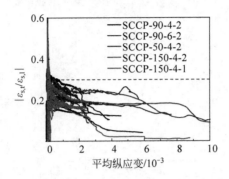

图 4-27   组合受拉试件钢板横纵应变比-平均纵应变曲线

4.5.3   组合受拉理论模型

1. 混凝土等效单轴本构

1)平均横纵应变比 R

(1)基本方程。钢板-混凝土组合受拉应力-应变分布如图 4-28 所示。定义钢板-混凝

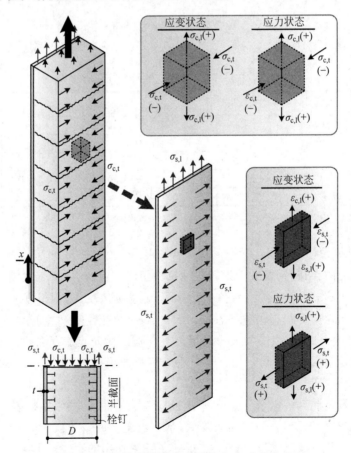

图 4-28   钢板-混凝土组合受拉应力-应变分布

土组合受拉中的各平均应力、平均应变物理量为其应力、应变物理量在半个平均裂缝间距内的平均值，并根据虎克定律、变形协调和截面平衡得到钢板-混凝土组合受拉的基于平均应力-应变的基本方程，如下式所示：

$$\bar{\varepsilon}_1 = \frac{\bar{\sigma}_{s,1}}{E_s} - \nu_s \frac{\bar{\sigma}_{s,t}}{E_s} \tag{4-20}$$

$$\bar{\varepsilon}_t = \frac{\bar{\sigma}_{s,t}}{E_s} - \nu_s \frac{\bar{\sigma}_{s,1}}{E_s} \tag{4-21}$$

$$\bar{\varepsilon}_1 - \frac{\omega}{L_m} = \frac{\bar{\sigma}_{c,1}}{E_c} - \nu_c \frac{\bar{\sigma}_{c,t}}{E_c} \tag{4-22}$$

$$\bar{\varepsilon}_t = \frac{\bar{\sigma}_{c,t}}{E_c} - \nu_c \frac{\bar{\sigma}_{c,1}}{E_c} \tag{4-23}$$

$$\bar{\sigma}_{c,t} = -\frac{2t}{D} \cdot \bar{\sigma}_{s,t} \tag{4-24}$$

式中，$\bar{\varepsilon}_1$、$\bar{\varepsilon}_t$、$\bar{\sigma}_{s,1}$、$\bar{\sigma}_{s,t}$、$\bar{\sigma}_{c,1}$、$\bar{\sigma}_{c,t}$——纵向平均应变、横向平均应变、钢板纵向平均应力、钢板横向平均应力、混凝土纵向平均应力、混凝土横向平均应力；

t——钢板厚度；

D——混凝土厚度（当对象为内嵌单钢板组合板时，取 D 为单侧混凝土厚度）。

（2）沿受拉构件纵向，有平衡方程：

$$P = A_s \sigma_{s,1}(x) + A_c \sigma_{c,1}(x) = A_s \bar{\sigma}_{s,1} + A_c \bar{\sigma}_{c,1} \tag{4-25}$$

式中，P——受拉荷载；

A_s——钢板面积；

A_c——混凝土面积。

（3）初始开裂。由式(4-20)～式(4-24)可以计算得到平均纵向应变、平均横向应变，如式(4-26)、式(4-27)所示。

$$\bar{\varepsilon}_1 = \frac{1 - \nu_s^2 + \frac{2nt}{D}(1 - \nu_c^2)}{1 - \nu_s^2 + \frac{2nt}{D}(1 - \nu_c \nu_s)} \cdot \frac{f_t}{E_c} \tag{4-26}$$

$$\bar{\varepsilon}_t = -\frac{\nu_c(1 - \nu_s^2) + \frac{2nt}{D}\nu_s(1 - \nu_c^2)}{1 - \nu_s^2 + \frac{2nt}{D}(1 - \nu_c \nu_s)} \cdot \frac{f_t}{E_c} \tag{4-27}$$

式中，n——钢板与混凝土的弹性模量比。

由式(4-26)、式(4-27)计算得到初始横纵应变比 R_0，如下式所示：

$$R_0 = \left| \frac{\bar{\varepsilon}_t}{\bar{\varepsilon}_1} \right| = \frac{\nu_c(1 - \nu_s^2) + \frac{2nt}{D}\nu_s(1 - \nu_c^2)}{1 - \nu_s^2 + \frac{2nt}{D}(1 - \nu_c^2)} \tag{4-28}$$

R_0 随组合板试件参数 $2nt/D$ 的变化规律如图 4-29 所示。

（4）开裂后屈服前。钢板-混凝土组合板开裂后的组合板横纵应变比 R 难以由理论推导得到,因此假设组合板横纵应变比 R 与平均纵应变 $\bar{\varepsilon}_1$ 的关系满足下式所示的曲线形式:

$$R = \begin{cases} R_0, & 0 \leqslant \bar{\varepsilon}_1 < \dfrac{f_t}{E_c} \\ R_0 \cdot \exp\left[M \cdot \dfrac{D}{2nt} \cdot \left(-\bar{\varepsilon}_1 + \dfrac{f_t}{E_c}\right)\right], & \dfrac{f_t}{E_c} \leqslant \bar{\varepsilon}_1 \end{cases}$$

$$(4-29)$$

式中, M ——待定常系数。

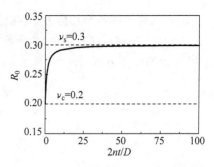

图 4-29 初始横纵应变比 R_0 随组合板试件参数 $2nt/D$ 的变化规律

对本节的试验结果进行拟合,结果表明,当 M 取 100 时式(4-29)预测的横纵应变比 R-平均纵应变 $\bar{\varepsilon}_1$ 关系曲线与试验曲线吻合最好,如图 4-30 所示。

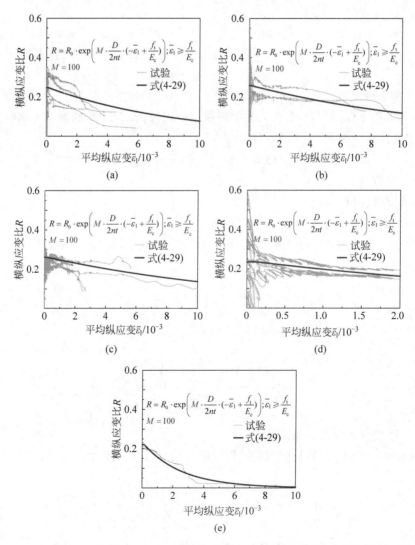

图 4-30 横纵应变比 R-平均纵应变 $\bar{\varepsilon}_1$ 试验曲线及其拟合曲线

(a) SCCP-90-4-2; (b) SCCP-90-6-2; (c) SCCP-50-4-2; (d) SCCP-150-4-2; (e) SCCP-150-4-1

2）极限黏结破坏应变 ε_{∞}

由横纵应变比 R 的定义可得

$$\bar{\varepsilon}_{t} = -R\bar{\varepsilon}_{1} \tag{4-30}$$

进而,由式(4-20)、式(4-21)可得

$$\bar{\sigma}_{s,1} = \frac{1-R\nu_{s}}{1-\nu_{s}^{2}}E_{s}\bar{\varepsilon}_{1} \tag{4-31}$$

文献[31]基于剥离钢筋混凝土中混凝土应力-应变关系的经典方法,同时考虑约束作用,即平均横纵应变比 R 的影响,解得混凝土纵向平均应力 $\bar{\sigma}_{c,1}$ 关于荷载 P 和钢板纵向平均应力 $\bar{\sigma}_{s,1}$ 的计算公式:

$$\bar{\sigma}_{c,1} = \frac{P - \bar{\sigma}_{s,1}A_{s}}{A_{c}} \tag{4-32}$$

式(4-32)中的荷载 P 可以由试验测得,钢板纵向平均应力 $\bar{\sigma}_{s,1}$ 可以通过试验测得的纵向平均应变 $\bar{\varepsilon}_{1}$ 计算得到。因此,由式(4-32)可以从荷载-平均纵向应变试验曲线中剥离出混凝土纵向平均应力-平均应变曲线,如图 4-31 所示。结果表明,混凝土纵向平均应力在纵向平均应变为 $(0.5\sim1.5)\times10^{-3}$ 范围内降为 0,说明钢板-混凝土组合受拉存在明显的受拉刚化退化作用,与试验观察到的钢板-混凝土界面纵向裂缝开展情况吻合。基于图 4-31 中的试验结果,本节建议极限黏结破坏应变 ε_{∞} 取 $(0.5\sim1.5)\times10^{-3}$ 的中值,即 10^{-3}。根据文献[2]对空间局部平均系数 β 的定义,β 为 ε_{∞} 的倒数,所以此处 $\beta=0.001$。

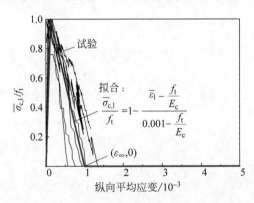

图 4-31　混凝土等效单轴平均应力-应变关系

根据图 4-31 中的试验数据,采用直线段模拟混凝土平均应力-应变曲线的下降段,拟合得到的混凝土等效单轴平均应力-应变关系下降段的数学表达式,如下式所示:

$$\bar{\sigma}_{c,1} = \begin{cases} \left(1 - \dfrac{\bar{\varepsilon}_{1} - \dfrac{f_{t}}{E_{c}}}{0.001 - \dfrac{f_{t}}{E_{c}}}\right)f_{t}, & \dfrac{f_{t}}{E_{c}} \leqslant \bar{\varepsilon}_{1} \leqslant 0.001 \\ 0, & 0.001 < \bar{\varepsilon}_{1} \end{cases} \tag{4-33}$$

式中,$E_{c} = 3903(f_{c})^{0.5}$; $f_{t} = 0.5(f_{c})^{0.5}$。

2. 钢板等效单轴本构

纯钢板的单轴本构常取二折线理想弹塑性曲线,屈服点为(ε_y,f_y),如图 4-32 所示。由于约束强化与约束刚化的作用,钢板-混凝土组合受拉中钢板的等效单轴本构需要对屈服应力和弹性模量进行修正,以反映双向拉应力状态的影响。

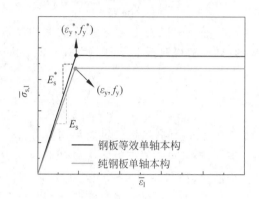

图 4-32　钢板等效单轴平均应力-应变关系

1)修正的屈服应力 f_y^*

钢板的屈服应变通常在$(1\sim2)\times10^{-3}$ 之间,根据式(4-33),此时混凝土的纵向平均应力已降至 0,因此,由 von Mises 屈服条件可得

$$\bar{\sigma}_{s,\text{mises}}=\frac{\sqrt{2}}{2}\sqrt{(\bar{\sigma}_{s,l}-\bar{\sigma}_{s,t})^2+(\bar{\sigma}_{s,l})^2+(\bar{\sigma}_{s,t})^2}=f_y \tag{4-34}$$

根据试验拟合的横纵应变比以及虎克定律,可以得到钢板的横纵应力比 λ,如下式所示:

$$\lambda=\frac{\bar{\sigma}_{s,t}}{\bar{\sigma}_{s,l}}=\frac{\nu_s-R}{1-R\nu_s} \tag{4-35}$$

将式(4-35)代入式(4-34),可得组合板受拉屈服时钢板的纵向平均应力,即修正的屈服应力 f_y^*,如下式所示:

$$f_y^*=\frac{1}{\sqrt{1-\lambda+\lambda^2}}f_y \tag{4-36}$$

2)修正的弹性模量 E_s^*

根据试验拟合的横纵应变比以及虎克定律,可以得到修正的弹性模量 E_s^*,如下式所示:

$$E_s^*=\frac{1-R\nu_s}{1-\nu_s^2}E_s \tag{4-37}$$

3)修正的屈服应变 ε_y^*

由式(4-36)、式(4-37)可得修正的屈服应变 ε_y^*,如下式所示:

$$\varepsilon_y^* = \frac{f_y^*}{E_s^*} = \frac{1-\nu_s^2}{1-R\nu_s} \cdot \frac{1}{\sqrt{1-\lambda+\lambda^2}} \cdot \frac{f_y}{E_s} \tag{4-38}$$

3. 理论模型的试验验证

通过前文中提出的混凝土等效单轴本构、钢板等效单轴本构,可以在给定纵向平均应变的情况下计算得到混凝土和钢板各自的纵向平均应力,进而由式(4-25)所示的纵向平衡方程可以计算得到受拉荷载 P。通过该流程计算本节完成的试验的受拉荷载-平均纵应变曲线,如图 4-33 所示,与试验实测结果吻合良好。图 4-34 进一步对比了横纵应变比-受拉荷载曲线的试验和理论结果,结果亦吻合良好,这表明前文中提出的混凝土等效单轴本构、钢板等效单轴本构可以较好地模拟钢板-混凝土组合板的受拉行为。

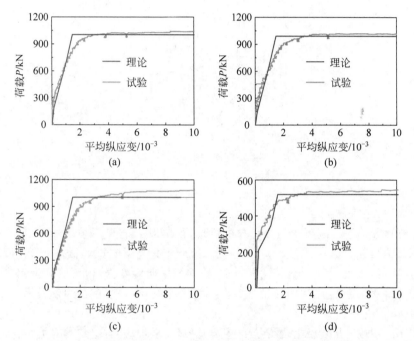

图 4-33 受拉荷载 P-平均纵应变曲线对比(变形 0~20mm)

(a) SCCP-90-4-2;(b) SCCP-50-4-2;(c) SCCP-150-4-2;(d) SCCP-150-4-1

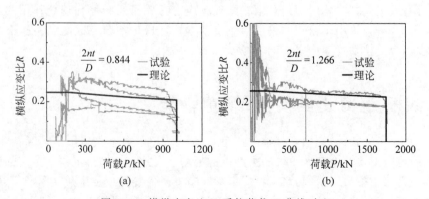

图 4-34 横纵应变比 R-受拉荷载 P 曲线对比

(a) SCCP-90-4-2;(b) SCCP-90-6-2;(c) SCCP-50-4-2;(d) SCCP-150-4-2;(e) SCCP-150-4-1

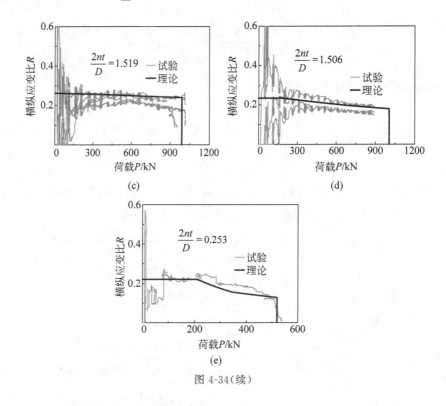

图 4-34(续)

4.5.4 小结

本节通过研究钢板-混凝土组合受拉的机理,得出以下结论。

(1) 完成了一组钢板-混凝土组合受拉试验：通过宏观的试验破坏形态、荷载-变形曲线、承载力、刚度,以及微观的钢板横纵应变比、钢板纵向应变分布,证明并提出了钢板-混凝土组合受拉中不仅存在传统的受拉软化、受拉刚化现象,同时还存在约束强化、约束刚化,以及受拉刚化退化现象。

(2) 提出了钢板-混凝土组合受拉的混凝土/钢板平均应力-应变本构关系：通过从试验荷载-变形曲线中剥离出混凝土平均应力-应变关系来拟合得到钢板-混凝土的混凝土受拉本构。特别地,在剥离混凝土平均应力-应变关系时通过横纵应变比 R 考虑了约束作用的影响,在拟合混凝土受拉本构时通过极限黏结破坏应变考虑了受拉刚化退化作用的影响。基于混凝土受拉本构,提出了修正的钢板等效单轴本构。通过本节完成的试验验证了所提出的混凝土/钢板受拉平均应力-应变本构关系。

4.6 钢板-混凝土结构拉-弯-剪性能

我国 2015 年颁布的《超限高层建筑工程抗震设防超限审查技术要点》[32]指出："中震时双向水平地震下墙肢全截面由轴向力产生的平均名义拉应力超过混凝土抗拉强度标准值时宜设置型钢承担拉力,且平均名义拉应力不宜超过两倍混凝土抗拉强度标准值(可按弹性模量换算考虑型钢和钢板的作用),全截面型钢和钢板的含钢率超过 2.5% 时可按比例适当放松。"针对组合剪力墙的压-弯-剪试验研究较多,主要针对弯曲破坏、剪切破坏两类破坏形态开展了大量试验研究。然而,钢板-混凝土组合剪力墙拉-弯-剪试验研究较为匮乏,尤其缺少试验研究、数值模拟和合理的设计方法。针对上述问题,本节对采用拉-压-弯-剪耦合加载试验装置的组合剪力墙拉-弯-剪试验进行了介绍和分析[20]。此外,基于纤维梁模型实现了组合剪力墙拉-弯-剪试验的精准模拟。

4.6.1　试验设计

加载装置如图 4-35 所示,采用两个伺服控制竖向千斤顶对剪力墙施加轴向拉力,轴向加载能力为 3000kN。通过单个水平千斤顶施加水平力,水平加载能力为 1500kN。在试验控制中,将左右侧两个竖向千斤顶的轴力控制为 $0.5T$(T 为轴拉力),确保竖向位移随动,因此竖向千斤顶仅对构件施加竖向力,不会产生二阶附加弯矩或摩擦力,实现了严格的拉-弯-剪边界条件。各个千斤顶与构件连接的部位均使用铰接节点释放附加弯矩。在加载梁顶部设置了 4 个面外约束,可避免剪力墙面外扭转失稳。此外设置了 8 个高强度丝杠将基础梁锚固于试验室台座上。

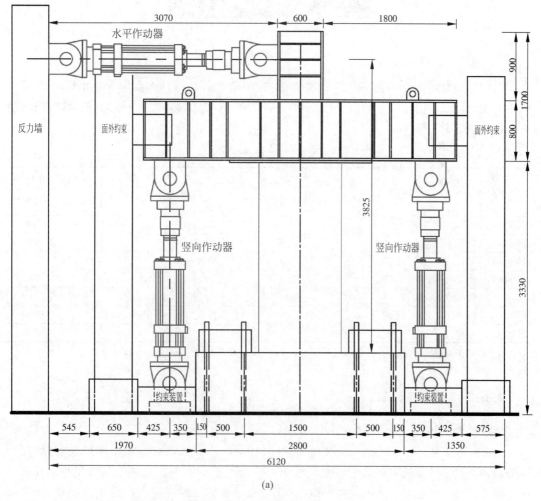

(a)

图 4-35　加载装置和试验照片

(a)高剪跨比拉-弯-剪装置示意图；(b)高剪跨比拉-弯-剪试验照片

(b)

图 4-35（续）

　　试验共设计了 7 个内嵌钢板组合剪力墙拉-弯-剪构件。构件参数如表 4-8 所示,构造如图 4-36 所示[20]。构件编号的第一个字母 T 表示拉-弯-剪试验,第二个数字表示轴拉比,第三个数字表示总含钢率。

表 4-8　各构件参数

编号	变化参数	轴拉比	端柱钢板厚度/mm	墙身钢板厚度/mm	α_1/%	α_2/%	α_3/%	纵筋配筋率/%	栓钉间距/mm
T55-5	基本试件	0.55	8	6	2.7	3.6	4.9	1.27	200
T56-4	含钢率	0.56	6	4	1.8	2.6	3.8	1.27	200
T60-5A	轴拉比	0.60	8	6	2.7	3.6	4.9	1.27	200
T60-5B	连接件构造	0.60	8	6	2.7	3.6	4.9	1.27	200
T47-4.5	含钢率	0.47	6	6	2.7	3.2	4.5	1.27	200
T30-5	轴拉比	0.30	8	6	2.7	3.6	4.9	1.27	200
T00-5	轴拉比	0	8	6	2.7	3.6	4.9	1.27	200

注:α_1 表示墙身钢板含钢率;α_2 表示全截面钢板含钢率;α_3 表示包括纵筋后的总含钢率。

4.6.2　试验结果

　　该组试验的破坏形态如图 4-37 所示[20]。

　　(1) 拉弯破坏:T55-5 和 T56-4 在加载过程中,墙体根部没有快速出现通长裂缝,滞回圈饱满,对应于 85% 最大荷载的极限位移角可达到 1/63～1/43。这两个构件呈现出显著的拉弯破坏特征。在拉弯破坏中,由于轴拉比较大,因而受压侧混凝土不会压溃剥离,破坏标志为受拉侧钢板达到极限强度。

　　(2) 锚固破坏:T60-5B 在位移加载后期,构件根部与地梁交接部位出现很宽的通长裂

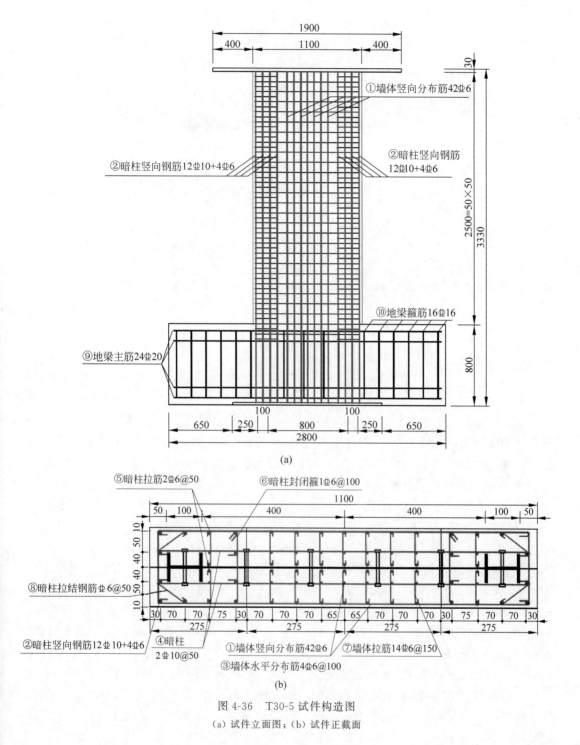

图 4-36　T30-5 试件构造图

(a) 试件立面图；(b) 试件正截面

缝,裂缝宽度快速扩展,滞回曲线不饱满,极限位移角为 $1/93 \sim 1/118$。破坏形式为根部锚固破坏。T60-5B 构件按照长短栓钉间隔布置,试验结果显示这一布置形式对破坏模式影响不明显。

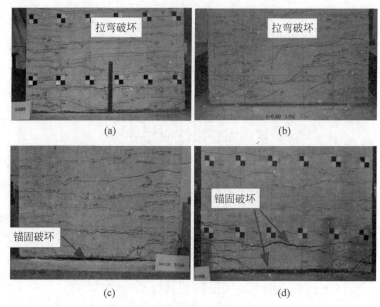

图 4-37　组合剪力墙拉-弯-剪试验破坏形态
(a) T55-5；(b) T56-4；(c) T47-4.5；(d) T60-5B

4.6.3　基于纤维模型的拉-弯-剪数值模拟

上述试验给出了组合剪力墙显著的锚固破坏特征。为模拟该效应,本节基于纤维模型开展了内嵌钢板组合剪力墙拉-弯-剪试验数值模拟。其中,T00-5、T55-5 和 T56-4 出现传统的弯曲破坏形态,而 T47-4.5、T60-5A 和 T60-5B 呈现锚固破坏形态。后者表现为,层间位移角达到 1‰ 以后,剪力墙与基础梁界面出现显著的锚固裂缝,裂缝宽度达到 10mm 以上。该锚固裂缝在往复加载中无法闭合,导致剪力墙根部混凝土无法发展压应力。锚固破坏的延性与极限承载力均显著低于弯曲破坏试件。本节使用基于 MSC. MARC 商用有限元软件开发的纤维模型来模拟该试验的荷载-位移曲线、刚度退化和极限承载力。其中,混凝土和钢筋的单轴本构模型按照文献[33]建议的本构模型输入。为模拟该试验中 T47-4.5、T60-5A 和 T60-5B 呈现的显著的锚固破坏现象,提出了一种考虑锚固滑移的新型建模策略。如图 4-38(a)、(b)所示,当发生锚固破坏时,虽然剪力墙的抗拔承载力足够,但由于抗拔刚度主要由锚固区域的栓钉连接件提供,而栓钉作为柔性连接件,其抗剪刚度相对较低,因此,在较大的轴拉力和往复弯矩作用下,锚固区域栓钉发生较大的剪切变形,导致构件根部与地梁界面处出现较为显著的通长裂缝。为模拟该现象,采用图 4-38(c)所示的纤维模型建模方法。在剪力墙底部采用仅含钢筋和钢板的纤维单元,而上方各个单元采用包含钢筋、钢板和混凝土的传统纤维单元。相比之下,弯曲破坏试件 T00-5、T55-5 和 T56-4 未出现锚固破坏的破坏形态,可采用传统纤维模型来模拟。

数值模拟和试验得出的荷载-位移滞回曲线如图 4-39 所示。由图 4-39 可见,弯曲破坏的组合剪力墙(T00-5、T55-5 和 T56-4)滞回性能稳定,在加载过程中捏拢效应不显著,且在位移角达到 1.75‰ 前承载力没有显著降低。相比之下,锚固破坏的构件 T47-4.5、T60-5A 和 T60-5B 在位移角达到 1‰ 时出现了锚固破坏,承载力存在显著降低。图 4-39 的对比结

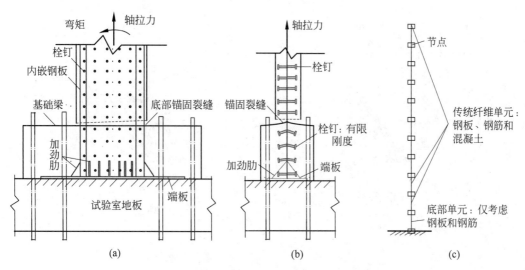

图 4-38　考虑锚固破坏的纤维模型建模策略

（a）正视图；（b）侧视图；（c）考虑锚固破坏的纤维模型

果表明,本节研发的新型纤维模型建模策略可精准模拟两种破坏形态的滞回行为、耗能性能和极限承载力。针对弯曲破坏,应采用传统纤维单元;针对锚固破坏,应在剪力墙底部采用仅设置钢筋、钢板的纤维单元。

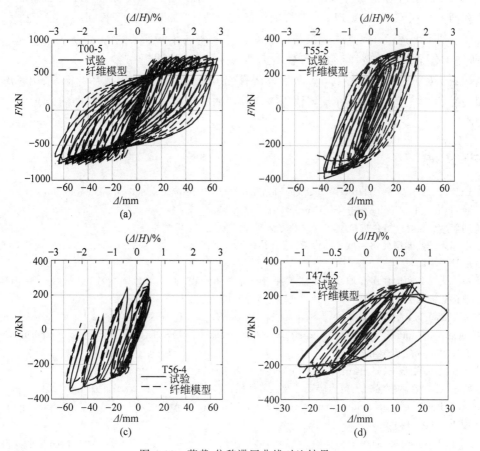

图 4-39　荷载-位移滞回曲线对比结果

（a）T00-5；（b）T55-5；（c）T56-4；（d）T47-4.5；（e）T60-5A；（f）T60-5B

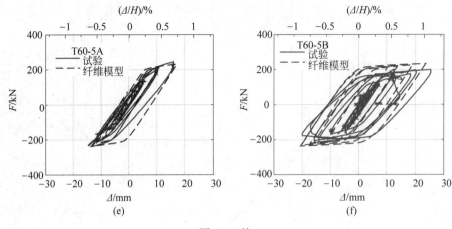

图 4-39(续)

4.6.4　小结

本节通过试验和数值模拟等方式,研究了超高层建筑剪力墙等呈现面内拉-弯-剪受力状态的钢板-混凝土组合结构的受力性能,主要结论如下:

(1) 提出了可避免二阶效应的剪力墙拉-压-弯-剪试验装置,试验装置避免了轴力二阶效应和面外失稳问题,可实现拉-弯-剪耦合复杂加载。

(2) 基于上述拉-弯-剪试验装置,开展了 7 个内嵌钢板混凝土组合剪力墙拉-弯-剪试验,研究了各个试件的破坏形态、荷载-位移曲线和关键力学指标。

(3) 针对组合剪力墙在拉-弯-剪耦合荷载下出现的显著的锚固破坏特征,采用考虑底部锚固破坏的纤维模型,可较好预测锚固破坏和弯曲破坏试件的荷载-位移曲线。

参考文献

[1] LUU C H,MO Y L,HSU T T C. Development of CSMM-based shell element for reinforced concrete structures[J]. Engineering Structures,2017,778-790.

[2] 周萌. 钢-混凝土组合抗拉基本理论及方法研究[D]. 北京:清华大学,2016.

[3] 中华人民共和国住房和城乡建设部.组合结构设计规范:JGJ 138—2016[S].北京:中国建筑工业出版社,2016.

[4] 中华人民共和国住房和城乡建设部.钢板剪力墙技术规程:JGJ/T 380—2015[S].北京:中国建筑工业出版社,2015.

[5] WANG J J,TAO M X,FAN J S,et al. Seismic behavior of steel plate reinforced concrete composite shear walls under tension-bending-shear combined load[J]. ASCE Journal of Structural Engineering,2018,144(7):04018075.

[6] 卜凡民. 双钢板-混凝土组合剪力墙受力性能研究[D]. 北京:清华大学,2011.

[7] 姚正钦. 钢管高强混凝土剪力墙受拉及拉剪性能试验研究[D]. 广州,华南理工大学,2015.

[8] ACI. Building code requirements for structural concrete:ACI 318—19[S]. Farmington Hills,MI:ACI,2019.

[9] AISC. Seismic provisions for structural steel buildings:AISC 341—16[S]. Chicago,Illinois:AISC,2016.

[10] AISC. Specification for structural steel buildings：AISC 360—16[S]. Chicago,Illinois：AISC,2016.

[11] BHARDWAJ S R,VARMA A H,ORBOVIC N. On the interaction of in-plane and out-of-plane demands for steel-plate composite（SC）walls[C]//Structural Mechanics in Reactor Technology. Busan,Korea,2017.

[12] 杨悦. 核工程双钢板-混凝土结构抗震性能研究[D]. 北京：清华大学,2015.

[13] YANG Y,LIU J,FAN J. Buckling behavior of double-skin composite walls：an experimental and modeling study[J]. Journal of Constructional Steel Research,2016,121：126-135.

[14] 聂建国,李一昕,陶慕轩,等. 新型抗拔不抗剪连接件抗拔性能试验[J]. 中国公路学报,2014,27(4)：38-45.

[15] 聂建国,卜凡民,樊健生. 低剪跨比双钢板-混凝土组合剪力墙抗震性能试验研究[J]. 建筑结构学报,2011,23(11)：74-81.

[16] 聂建国,卜凡民,樊健生. 高轴压比、低剪跨比双钢板-混凝土组合剪力墙拟静力试验研究[J]. 工程力学,2013,30(6)：60-66,76.

[17] 卜凡民,聂建国,樊健生. 高轴压比下中高剪跨比双钢板-混凝土组合剪力墙抗震性能试验[J]. 建筑结构学报,2013,13(4)：91-98.

[18] WANG J J,NIE X,BU F M,et al. Experimental study and design method of in-plane shear behavior of composite plate shear walls-concrete filled[J]. Engineering Structures,2020,215：110656.

[19] NIE X,WANG J J,TAO M X,et al. Experimental study of flexural critical reinforced concrete filled composite plate shear walls[J]. Engineering Structures,2019,197：109439.

[20] 汪家继. 复杂荷载条件下高层剪力墙结构精准数值模型研究[D]. 北京：清华大学,2019.

[21] WANG J J,LIU C,FAN J S,et al. Triaxial concrete constitutive model for simulation of composite plate shear wall-Concrete encased：THUC3[J]. ASCE Journal of Structural Engineering,2019,145(9)：04019088.

[22] LIU C,YANG Y,WANG J J,et al. Biaxial reinforced concrete constitutive models for implicit and explicit solvers with reduced mesh sensitivity[J]. Engineering Structures,2020,219：110880.

[23] 刘诚,聂鑫,汪家继,等. 混凝土宏观本构模型研究进展[J]. 建筑结构学报,2022,43(1)：29-41.

[24] NIE J G,MA X W,TAO M X,et al. Effective stiffness of composite shear wall with double plates and filled concrete[J]. Journal of Constructional Steel Research,2014,99：140-148.

[25] KIM J H,MANDER J B. Influence of transverse reinforcement on elastic shear stiffness of cracked concrete elements[J]. Engineering Structures,2007,29(8)：1798-1807.

[26] 中华人民共和国住房和城乡建设部. 高层建筑混凝土结构技术规程：JGJ 3—2010[S]. 北京：中国建筑工业出版社,2010.

[27] 李盛勇,聂建国,刘付钧,等. 外包多腔钢板-混凝土组合剪力墙抗震性能试验研究[J]. 土木工程学报,2013,46(10)：26-38.

[28] NIE J G,HU H S,FAN J S,et al. Experimental study on seismic behavior of high-strength concrete filled double-steel-plate composite walls[J]. Journal of Constructional Steel Research,2013,88：206-219.

[29] HU H S,NIE J G,FAN J S,et al. Seismic behavior of CFST-enhanced steel plate-reinforced concrete shear walls[J]. Journal of Constructional Steel Research,2016,119：176-189.

[30] ZHOU M,WANG J J,NIE J G,et al. Experimental study and model of steel plate concrete composite members under tension[J]. Journal of Constructional Steel Research,2021,185：106818.

[31] BELARBI A,HSU T T C. Constitutive laws of concrete in tension and reinforcing bars stiffened by concrete[J]. ACI Structural Journal,1994,91(4)：465-474.

[32] 中华人民共和国住房和城乡建设部. 超限高层建筑工程抗震设防专项审查技术要点[Z]. 北京,2015.

[33] TAO M X,NIE J G. Element mesh,section discretization and material hysteretic laws for fiber beam-column elements of composite structural members[J]. Materials and Structures,2015,48：2521-2544.

第5章

钢板-混凝土结构平面外受力性能

5.1 概述

如前面各章所述,钢板-混凝土结构在各类工程中可以作为梁、板、墙等构件使用。当其作为板等横向承重构件时,主要承受面外荷载;当其作为墙时,也可能承受较大的面外荷载,如面外冲击、水压等。因此,钢板-混凝土结构的平面外受力性能也是研究关注的重点之一,对于其在防护工程、地下结构、海洋结构中的应用尤其重要。

钢板-混凝土结构的面外弯、剪性能与配置单筋或双筋截面的钢筋混凝土结构有一定相似性,相关设计方法也是在钢筋混凝土结构理论的基础上发展而来的。对于面外受弯性能,通常都采用经典的基于截面平衡的塑性设计法,即认为材料延性较好,全截面塑性能够充分发展,按照材料的设计强度与截面的轴向力平衡条件,计算极限抗弯承载力[1-3]。

国内外学者对钢板-混凝土结构的面外受弯性能已开展很多试验研究。Xie 等对 Bi-steel 双钢板-混凝土结构进行了弯曲试验,发现结构可能发生钢板拉坏、腹筋剪坏、腹筋拉坏等破坏形式,为保证较好的延性并充分发挥材料性能,设计时应尽量保证钢板受拉破坏模式[4]。Wang 等对未配置抗剪连接件、混凝土四边通过钢端板封闭的钢板-混凝土结构进行了试验研究,发现钢端板可以使钢与混凝土协同工作,构件的抗弯承载力也能够充分发挥[5]。Yan 等对配置钢筋、J 型等不同连接件的钢板-混凝土结构的受弯性能进行了对比试验,研究表明,连接件的抗拔能力较弱时,可能无法有效抑制钢板屈曲并影响受弯承载力的发挥[6]。卢显滨等对双钢板-混凝土结构的受弯研究表明:完全抗剪连接构件的受力性能良好,弯曲破坏形式与钢筋混凝土适筋梁相似;部分抗剪连接构件可能出现连接件剪断而脆性破坏的现象;如果连接件间距过大,受压钢板易发生局部失稳[7]。Wright 等对部分抗剪连接钢板-混凝土组合结构进行了研究,提出了考虑界面滑移效应与混凝土开裂的受弯计算模型[8]。

钢板-混凝土结构的面外受剪工作机理相对于受弯更为复杂。20 世纪 70 年代,曾对环氧树脂连接的钢板-混凝土结构进行了研究,研究结果表明这种结构抗剪能力很弱[9]。20 世纪末,对交错栓钉式钢板-混凝土结构、Bi-steel 结构、隔舱式钢板-混凝土结构的受剪性能也进行了系列研究。这些研究表明,交错栓钉式钢板-混凝土结构、Bi-steel 结构在承受面外剪力时,其受力性能相比于无连接措施的双钢板-混凝土组合结构明显提升,其工作机理与配有腹筋的钢筋混凝土相似,即交错栓钉和焊接钢筋相当于钢筋混凝土中的腹筋,充当抗剪桁架模型中的拉杆。对于抗剪承载力,可参考钢筋混凝土理论,将考虑骨料咬合等作用的混凝土部分的抗剪贡献与腹筋部分贡献求和得到[1,10]。为方便施工并解决 Bi-steel 结构尺寸受制造装备限制等问题,Liew 等提出了可互锁的 J 型钩式钢板-混凝土结构[11]。Yan 等对 J 型钩式钢板-混凝土结构的受剪性能的研究表明,钢翼缘的销栓作用对抗剪承载能力有重要影响[6]。Leng 等提出了槽钢＋栓钉、钢筋＋栓钉的混合界面连接双钢板-混凝土组合结构,其中槽钢、钢筋连接内、外钢板并参与抗剪,栓钉则作为钢与混凝土之间的抗剪连接件。Leng 等分别进行了简支梁与连续梁的剪切试验,提出了双钢板-混凝土组合结构的深梁(剪跨比<2)与细长梁(剪跨比≥2)的抗剪计算模型。深梁中的剪力可通过加载点到支点的混凝土压杆直接传递;梁受剪时,剪切裂缝下端钢板达到屈服,通过销栓作用提供竖向抗剪能力,其贡献不能忽略[6,12-13]。Leekitwattana 等提出了表面设置波形钢条的双钢板-混凝土组合结构,并推导了其抗剪刚度计算方法[14]。刘进等研究了核工程用双钢板-混凝土组合结构的面外抗剪性能,发现结构轴向受压能减缓混凝土裂缝的发展,从而提升抗剪能力[15]。此外,Yan 等还对应用于海洋浮体的曲面双钢板-混凝土组合结构的剪切性能进行了研究,分析了曲率、界面连接程度等因素的影响[16]。

需要说明的是,对于实际结构中跨中等剪力较小的部分,设计时可不考虑弯-剪相关性的影响。对于节点等弯矩、剪力较大处,可参考已有规范对于弯-剪影响的规定,或按照体系分离的方法进行设计,即抗弯设计中不考虑腹筋等连接件,抗剪设计中不考虑翼缘销栓作用。混凝土在弯-剪耦合作用下处于多向受压状态,较为安全,且参与弯-剪机制的主要区域的重合度不大,抗剪计算中一般对其截面高度进行折减(受剪区高度取弯矩作用下混凝土受压区中心与受拉翼缘中心的距离),抗弯计算中一般不再另作规定。

在冲切受力性能方面,由于钢板可发挥较强的膜效应,钢板-混凝土结构相对于钢筋混凝土结构表现出较大的区别。Farghaly 等对单钢板-混凝土组合结构进行了冲切试验,发现混凝土内先形成锥形破坏面,进而发生冲切破坏[17]。由于钢板延性较好,试件的荷载-位移曲线下降缓慢,这一点与钢筋混凝土板的冲切破坏明显不同。Sohel 等研究了互锁 J 型钩式钢板-混凝土结构的冲切性能,同样发现混凝土中形成锥形破坏面,并提出其冲切承载力由混凝土和连接件两部分组成[18]。Yan 等对配置不同形式连接件的双钢板-混凝土结构的冲切性能进行了研究,发现由于钢板存在膜效应强化,结构在达到第一峰值荷载后还存在第二峰值承载力,并提出第一峰值承载力由混凝土、连接件、钢板三部分的贡献组成,第二峰值承载力则由连接件、钢板两部分的贡献组成[19]。Leng 等的研究也给出了类似的结论[20]。Huang 等通过试验,研究了轻骨料、曲面外形等参数对钢板-混凝土结构冲切性能的影响[21]。本书作者等则研究了板厚度、保护层厚度、配筋率及加载区域面积等参数对钢-UHPC 组合板件的抗冲切及抗弯性能的影响,分析了不同试件的破坏模式、挠度、应变分布以及整体延性等,并提出 UHPC 板抗冲切极限承载力计算方法[22-23]。

针对钢板-混凝土结构在面外作用下的稳定、冲击、耐火等问题,国内外学者也开展了很多研究。对于配置栓钉、钢筋等连接构造的钢板-混凝土组合结构,设计时通常通过限制连接件的间距来保证面层钢板的稳定性[24-25]。对于配置型钢连接件或加劲肋的钢板-混凝土组合结构,则一般参考加劲板理论进行设计[26]。当双层钢板间具有可靠的连接措施时,结构的抗爆炸冲击性能较好;当连接不可靠时,如采用交错式栓钉连接件时,结构在爆炸冲击作用下易发生混凝土断裂及分离,性能相对较差[27]。此外,结构厚度对抗爆抗冲击性能也有重要影响[28]。双钢板-混凝土组合结构的耐火性能良好,结构厚度对耐火极限的影响较其他因素更显著,厚度越大则越能够有效地提高耐火极限[29]。还有学者对双钢板-混凝土组合结构的抗疲劳能力也进行了研究,这里不再赘述[30]。

综上所述,对于钢板-混凝土结构平面外作用下的受力性能,受弯研究及成果已比较成熟;对于受剪性能的研究,则以桁架模型为整体框架,在深梁机理、销栓作用、不同机制协同等方面还需进一步完善;对于冲切、冲击、稳定等方面性能的研究,针对具体的工程需求,也取得了比较好的成果。相关研究中,针对双钢板-混凝土结构的研究较多,单钢板-混凝土结构的研究则主要集中于桥面结构等。

本章在整理、借鉴国内外已有研究成果的基础上,对钢板-混凝土结构的平面外性能的研究成果进行了分析和总结。其中,在受弯性能研究方面,以采用栓钉连接件的单钢板及双钢板-混凝土组合板,以及隔舱式双钢板-混凝土结构作为主要对象;在受剪性能研究方面,则以隔舱式双钢板-混凝土组合结构作为主要对象;在冲切性能研究方面,则以单钢板-超高性能混凝土(UHPC)组合结构为主要对象。

5.2 受弯性能

5.2.1 采用栓钉连接件的钢板-混凝土结构试验研究

本节通过单面或双面钢板-混凝土组合板的静力加载试验研究其面外弯曲传力机制和破坏模式,并重点讨论了钢板厚度、抗剪连接程度、构造钢筋设置等参数的影响[31-32]。

1. 试验设计

模型试验采用的栓钉式钢板-混凝土结构如图 5-1 所示,其特点为钢-混凝土界面配置栓钉,不配置内外钢板间的对拉连接件,混凝土内根据需要可配置一定的构造钢筋。此种结构一般用于楼板、屋面板等较薄且承受分布荷载为主的板式结构。

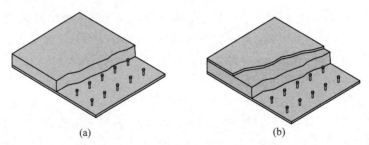

(a)　　　　　　　　　(b)

图 5-1　采用栓钉连接件的钢板-混凝土结构
(a) 单钢板式；(b) 双钢板式

试验对象包括 4 个单钢板-混凝土组合板试件(编号 S1~S4)和 3 个双钢板-混凝土组合板试件(编号 D1~D3)。各试件几何尺寸相同,均为长 2400mm、宽 800mm、厚 100mm。试件几何尺寸及构造见图 5-2,其他设计参数和构造配筋见表 5-1 和表 5-2,表 5-1 中,s_a、s_b 分别为栓钉沿试件纵向和横向的间距,k_s 为抗剪连接程度,d 为栓钉钉杆直径,t 为钢板厚度。

对于双钢板-混凝土组合板试件,顶、底面钢板厚度相同。

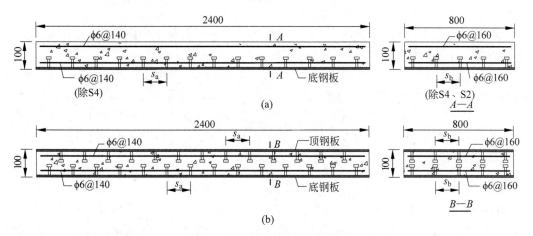

图 5-2　试件几何尺寸及构造图

(a) 试件 S1～S4;(b) 试件 D1～D3

表 5-1　试件基本设计参数

试件编号	底面钢板			顶面钢板			d/mm	t/mm
	s_a/mm	s_b/mm	k_s	s_a/mm	s_b/mm	k_s		
S1	80	100	100%	—	—	—	6	3
S2	80	100	150%	—	—	—	10	6
S3	150	150	50%	—	—	—	6	3
S4	80	100	100%	—	—	—	6	3
D1	80	100	100%	80	100	100%	6	3
D2	80	80	100%	160	80	50%	6	4
D3	150	150	50%	200	150	25%	6	3

表 5-2　试件构造配筋

试件编号	底面钢筋		顶面钢筋	
	横向	纵向	横向	纵向
S1	φ6@160	φ6@140	φ6@160	φ6@140
S2	φ10@90	φ6@140	φ6@160	φ6@140
S3	φ6@160	φ6@140	φ6@160	φ6@140
S4	—	—	φ6@160	φ6@140
D1	φ6@160	φ6@140	φ6@160	φ6@140
D2	φ6@160	φ6@140	φ6@160	φ6@140
D3	φ6@160	φ6@140	φ6@160	φ6@140

　　试件主要的变化参数为钢板厚度及抗剪连接程度。其中 S1、S2、S4、D1 为完全抗剪连接设计;S3、D3 为部分抗剪连接设计;D2 为底面钢板完全抗剪连接,顶面钢板部分抗剪连接设计。此外,除 S4 外的各试件的混凝土板顶、底部均沿双向配置直径 6mm 的 HPB235构造钢筋。试件 S4 的基本构造与 S1 相同,但混凝土受拉区未配置构造钢筋,主要考察构造

钢筋对试件破坏模式的影响。此外,考虑到试件 S2 底部抗剪连接程度较高,为减小栓钉对混凝土底部的纵向劈裂效应,适当增加 S2 的底部横向配筋。

钢板-混凝土结构的抗剪连接程度可根据文献[33]中对于组合梁抗剪连接程度的定义类比得到。如图 5-3 所示,取剪跨段(从加载点外侧到支座的部分)钢板及其上部焊接的栓钉为隔离体,根据平衡关系,当栓钉的抗剪承载力之和大于等于钢板全截面屈服所承受的拉力时,试件为完全抗剪连接设计,否则钢板不能达到全截面屈服状态,试件为部分抗剪连接设计。

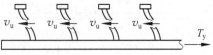

图 5-3 剪跨段钢板拉力与栓钉剪力的平衡

2. 加载方案及测点布置

各简支板试件均采用跨中两点对称加载,加载设备如图 5-4 所示。其中剪跨长度为 700mm,纯弯段长度为 800mm。试件达到屈服荷载之前,采用力控制模式加载,每级荷载增量为 5kN,并观测试件侧面的混凝土裂缝发展情况。试件达到屈服荷载之后,采用连续加载控制模式,直至受压区混凝土压溃或栓钉发生大量剪断,试件丧失承载能力。

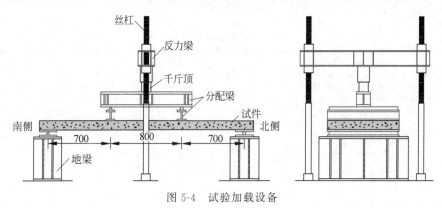

图 5-4 试验加载设备

3. 材料性能

各试件均采用 Q235B 级钢板,混凝土设计强度等级为 C40。实测的钢板材料参数如表 5-3 所示,其中 f_y、f_u 分别为钢材的屈服强度和极限强度。钢材的弹性模量 E_s 取 2.06×10^5 MPa,泊松比 ν_s 取 0.3。

表 5-3 钢板材性试验结果

钢板厚度 t/mm	f_y/MPa	f_u/MPa	$\varepsilon_y/10^{-6}$
3	338.7	451.2	1644
4	298.4	435.8	1449
6	304.2	435.0	1477

实测的混凝土材料参数如表 5-4 所示,其中 f_{cu} 为混凝土标准立方体试块(边长 150mm)的抗压强度平均值,混凝土的其他材性指标(包括轴心抗压强度 f_c、轴心抗拉强度 f_t 以及弹性模量 E_c)按《混凝土结构设计规范(2015 年版)》(GB 50010—2010)[34] 的规定取值。混凝土的泊松比 ν_c 取 0.2。

表 5-4　混凝土材性试验结果

试件编号	试块抗压强度/MPa			f_{cu}/MPa	f_c/MPa	f_t/MPa	E_c/MPa
	1	2	3				
S1	41.24	42.13	42.93	42.10	32.00	3.09	33 067
S2	55.11	56.18	56.36	55.88	42.47	3.61	35 449
S3	43.56	44.09	41.24	42.96	32.65	3.12	33 248
S4	47.47	48.36	48.89	48.24	36.66	3.33	34 254
D1	41.07	39.11	40.53	40.24	30.58	3.01	32 654
D2	50.13	56.00	56.00	54.04	41.07	3.54	35 186
D3	43.38	46.22	46.04	45.21	34.36	3.21	33 699

4. 单钢板-混凝土组合板试验现象

S1 为顶、底部设置构造钢筋的单钢板-混凝土组合板,钢板厚度为 3mm,按完全抗剪连接设计。表 5-5 为试件 S1 的试验现象。S1 最终呈弯剪破坏形态,原因是靠近加载点外侧试件的弯矩、剪力均比较大,在加载后期,此处在弯剪共同作用下出现一条主斜裂缝,导致构件最终丧失承载力。从试验过程来看,在试件破坏前,荷载已经接近极限承载力并出现屈服平台,斜拉破坏与混凝土受压区压溃几乎同时出现,试件仍表现出很好的延性。最终受拉钢板达到屈服,证明试件栓钉数量足够,达到了完全抗剪连接的设计目标。

表 5-5　试件 S1 的试验现象

荷载水平	试验现象
60kN	出现轻微响声,跨中钢板与混凝土发生剥离
70kN	北侧支座处钢板与混凝土发生剥离
90kN	底部出现裂缝,裂缝宽度为 0.04mm,此后随着荷载的增加,裂缝数量不断增多,宽度也持续增加
160kN	跨中钢板应变首先达到屈服
190kN	裂缝宽度达到 0.18mm,加载点处钢板也达到屈服,此时跨中混凝土的应变在 2000×10^{-6} 以内。此后荷载位移曲线出现明显拐点,荷载上升变缓,位移迅速增加
接近极限荷载	北侧剪跨段出现从加载点延伸开来的斜裂缝,继而构件破坏,加载点处受压区混凝土压溃

S2 为顶、底部均设置构造钢筋的单钢板-混凝土组合板,钢板厚度为 6mm,按完全抗剪连接设计,抗剪连接程度为 150%。表 5-6 为试件 S2 的试验现象。S2 最终呈弯曲破坏形态,具有很好的延性。从试验结果可以看出,钢板厚度及抗剪连接程度的增加对于延迟混凝土的开裂具有显著效果。由于钢板厚度的增加,相当于提高了配筋率,试件的承载力明显高于 S1。同时由于 S2 所采用的栓钉较大,起到与长栓钉类似的抗剪作用,因而在剪跨段未出现剪切裂缝。最终试件受拉钢板达到了屈服,证明栓钉数量足够,达到了完全抗剪连接的设计目标。

表 5-6　试件 S2 的试验现象

荷 载 水 平	试 验 现 象
50kN	发出声响
120kN	有轻微声响,北侧加载点出现第一条裂缝,裂缝宽度为 0.02mm
130kN	南侧支座发生钢板与混凝土的剥离,此后裂缝开展缓慢
250kN	裂缝宽度达到 0.15mm
270kN	跨中钢板达到屈服,此时跨中受压区混凝土应变达到 1800×10^{-6}
300kN	加载点的钢板也达到屈服,跨中混凝土的应变达到 2200×10^{-6}。之后钢板和混凝土的应变迅速增加,荷载上升缓慢,直至极限承载力
接近极限荷载	混凝土压溃,构件破坏

　　S3 为顶、底部均设置构造钢筋的单钢板-混凝土组合板,钢板厚度为 3mm,按部分抗剪连接设计,抗剪连接程度为 50%。表 5-7 为试件 S3 的试验现象。由于 S3 抗剪连接程度较低,当界面剪力超过栓钉的抗剪强度时,栓钉发生剪断,钢板不再与混凝土共同工作,混凝土接近素混凝土状态,在面外弯-剪作用下迅速开裂,发生斜拉破坏。与 S1 相比,S3 的承载力较低,延性也较差,钢板远未达到屈服,材料性能没有充分发挥。

表 5-7　试件 S3 的试验现象

荷 载 水 平	试 验 现 象
60kN	发出响声,继而响声变大,加载点处出现竖向裂缝,裂缝宽度为 0.01mm,钢板与混凝土发生剥离,荷载继续增加,裂缝迅速发展
90kN	裂缝宽度达到 0.25mm 并发生倾斜,随后出现第二条斜裂缝
接近极限荷载	钢板与混凝土的栓钉大量剪断,导致连接失效,混凝土失去与钢板的约束,在弯矩和剪力的共同作用下很快发生斜拉破坏

　　S4 为顶部配筋、底部不配筋的单钢板-混凝土组合板,钢板厚度为 3mm,按完全抗剪连接设计。除了底部配筋外,其他基本设计参数与 S1 完全相同。由于钢板混凝土板具有一定宽度,试件在加载过程中,相邻混凝土之间可以互相约束以减小栓钉的纵向劈裂效应,因此设计试件 S4,以考察底部不配置横向抗劈裂钢筋时试件的破坏形态。表 5-8 为试件 S4 的试验现象。S4 最终呈弯曲破坏形态。从试验过程来看,S4 的性能和试验现象均与 S1 接近,S4 并没有出现劈裂破坏,但承载力略低于 S1,主要原因在于,S4 底部没有配置构造钢筋,使得构件承载力略有下降。

表 5-8　试件 S4 的试验现象

荷 载	试 验 现 象
60kN	北侧支座处钢板与混凝土发生剥离,同时滑移开始迅速增加
70kN	南侧支座发生剥离,并在跨中接近加载点处出现裂缝,荷载继续增加,混凝土与钢板的黏结进一步被破坏,剥离范围不断扩大,同时由于剥离处混凝土缺少了钢板的约束,裂缝宽度逐渐增加
130kN	裂缝宽度约为 0.2mm
160kN	加载点处钢板出现屈服,由荷载-位移曲线可以看出构件刚度开始明显降低
170kN	跨中钢板屈服,随后北侧加载点处混凝土受拉区裂缝宽度不断增大,变形集中于此处,直至混凝土压溃

单钢板-混凝土组合板试件表现出三类破坏模式：

（1）S2、S4 表现为弯曲破坏，达到极限承载力时底部钢板屈服且顶部混凝土压溃，类似于混凝土适筋梁的弯曲破坏模式。

（2）S1 表现为剪跨段的弯剪破坏，破坏时在剪跨段混凝土内形成一条明显的斜裂缝并导致构件丧失承载能力。

（3）S3 采用部分抗剪连接设计，破坏时剪跨区内的栓钉大量剪断，从而导致结构丧失承载力。

图 5-5 是单钢板-混凝土组合板的裂缝分布图，三角形为试件的支座和加载位置。通过对比可以发现，完全抗剪连接试件 S1、S2、S4 在跨中均出现多而密的弯曲裂缝，说明混凝土与钢板共同工作效果良好，材料性能得到充分发挥，构件的承载力和变形性能较为理想，而部分抗剪连接试件 S3 则基本没有弯曲裂缝，承载力较低，变形能力较差。

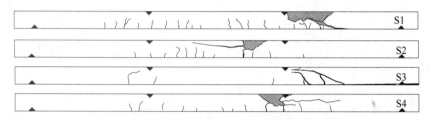

图 5-5 单钢板-混凝土组合板裂缝分布图

5. 双钢板-混凝土组合板试验现象

D1 钢板厚度为 3mm，顶、底面均按完全抗剪连接设计。表 5-9 为试件 D1 的试验现象。D1 最终呈弯剪破坏形态，其破坏过程与 S1 相似，均是在受拉钢板屈服后，在剪跨段产生斜裂缝，在此之前荷载-位移曲线已经进入平台段，因此试件的延性较好。D1 顶面钢板仅在试件边缘发生屈曲变形，这是由于顶面栓钉数量较多，局部屈曲的发展受到限制，屈曲程度和屈曲范围均较小，受压区钢板可以继续与混凝土共同受压，构件的整体性能并不受影响。

表 5-9 试件 D1 的试验现象

荷 载 水 平	试 验 现 象
初始阶段	由于顶部钢板与混凝土之间在靠近板端区域没有栓钉，二者很快发生黏结破坏，伴随相对滑移
50kN	板端顶部钢板与混凝土剥离
60kN	底部钢板与混凝土的黏结基本破坏，滑移显著增加，荷载-位移曲线出现转折
70kN	出现第一条裂缝，裂缝宽度为 0.02mm。此后裂缝缓慢发展，顶部钢板与混凝土开始发生相对滑移
210kN	底部钢板在跨中及加载点处应变达到屈服，此时顶部跨中钢板应变仅为 900×10^{-6}，之后跨中及加载点附近的受压区钢板边缘发生局部屈曲。受拉钢板屈服后，受弯截面中性轴不断上移，压应力向受压区钢板转移，受压区钢板的应变均迅速增加，构件挠度也逐渐变大。由于受拉区钢板已经屈服，荷载仅有缓慢上升，荷载-位移曲线发生明显转折，裂缝宽度达到 0.2mm
接近极限荷载	南侧加载点出现一条主斜裂缝，并迅速扩展，最终破坏

D2 钢板厚度为 4mm,底面按完全抗剪连接设计,顶面按部分抗剪连接设计。表 5-10 为试件 D2 的试验现象。D2 顶部钢板发生了局部屈曲,最终呈弯曲破坏形态。由于顶部钢板栓钉沿跨度方向的间距过大,钢板在加载点附近压应力较大位置首先发生局部屈曲。钢板屈曲后,原来由钢板承担的压力向混凝土转移,此时 D2 的受力机制转化为单钢板-混凝土板的受力机制。随着跨中挠度的增加,荷载没有明显下降,试件的延性良好。最终达到极限承载力时,受拉钢板屈服,混凝土压溃。

表 5-10　试件 D2 的试验现象

荷 载 水 平	试 验 现 象
60kN	跨中出现裂缝,荷载-位移曲线发生转折
80kN	剪跨段滑移开始显著增加
90kN	北侧及南侧加载点处受拉区钢板与混凝土相继发生剥离,此时裂缝宽度为 0.07mm
130kN	跨中也发生剥离,其间裂缝发展缓慢,构件刚度没有明显变化
180kN	裂缝宽度为 0.12mm
210kN	构件发出巨响,由于此时滑移量较小,栓钉剪断的可能性不大,判断应为受压区钢板屈曲造成栓钉拉断
220kN	跨中及加载点处的钢板发生屈服,屈服应变为 1500×10^{-6},此时受压区钢板跨中应变仅为 900×10^{-6}
230kN	北侧加载点处受压区钢板发生局部屈曲,由于顶板栓钉较少,局部屈曲范围较大,且发展迅速,在板宽方向贯穿板面。构件发生变形集中,屈曲处的混凝土受压区发生压溃,受拉区裂缝集中并迅速向上延伸。达到极限荷载时,受拉区最大滑移量为 0.5mm,受压区滑移不明显

D3 钢板厚度为 3mm,顶、底面均按部分抗剪连接设计。表 5-11 为试件 D3 的试验现象。D3 与 S3 相似,最终在受拉区发生界面破坏,同时由于顶面钢板应力水平较低,尚未发生界面破坏或者钢板屈曲。由于拉、压区钢板均未充分发挥作用,D3 的承载力较低,延性也较差。

表 5-11　试件 D3 的试验现象

荷 载 水 平	试 验 现 象
80kN	试件发出响声,受压区钢板与混凝土发生剥离
90kN	加载点处出现第一条裂缝,底面钢板与混凝土之间的滑移量显著增加
100kN	裂缝宽度发展为 0.13mm。随后构件北侧端部受压区钢板角部翘起
130kN	构件南侧钢板角部也发生上翘,此时裂缝宽度达到 0.2mm
150kN	裂缝扩展至 1mm。荷载继续上升,发出脆响,剪跨段栓钉发生大量剪断,受拉区钢板与混凝土产生很大滑移,不再共同工作
158kN	最终剪跨段混凝土在弯剪共同作用下受拉迅速开裂,试件破坏。跨中受拉区钢板尚未屈服,最大应变仅为 1400×10^{-6},受压区钢板最大应变为 660×10^{-6}

双钢板-混凝土组合板表现出三种破坏形式:

(1) D1 表现为弯剪破坏,与 S1 的现象类似,由于加载点附近的弯矩、剪力均较大,而板内没有配置抗剪箍筋,因此,随着荷载的上升,混凝土发生斜拉破坏。

(2) D2 表现为钢板受压屈曲进而发生弯曲破坏,主要是由于受压区钢板的栓钉沿板件纵向的间距过大,造成钢板约束不足,在压应力达到临界状态时,钢板发生局部屈曲,受压钢板传力路径中断,退出工作,钢板内的压应力向混凝土转移,进而发生受压区混凝土压溃,呈现与 S2 类似的弯曲破坏特征。

(3) D3 顶、底面均采用部分抗剪连接设计,在荷载水平较低时,即出现剪跨段底板栓钉大量剪断现象,混凝土与钢板的组合作用失效,混凝土迅速开裂破坏。

图 5-6 是双钢板-混凝土组合板的裂缝分布图,通过对比可以发现,对于底部钢板采用完全抗剪连接设计的 D1 与 D2 构件,达到极限承载力时呈弯曲或弯剪破坏形态,受拉区钢板屈服,底部混凝土侧面形成较多竖向弯曲裂缝。而 D3 由于栓钉数量过少,钢板与混凝土的组合作用不充分,导致界面首先发生破坏,混凝土的裂缝较少,变形集中于南侧主裂缝,直至破坏。

图 5-6　双钢板-混凝土组合板裂缝分布图

6. 试验结果

图 5-7(a) 为单钢板-混凝土组合板的荷载-跨中挠度曲线,图中曲线上空心点对应试件的开裂荷载 P_{cr},实心点对应试件的屈服荷载 P_y。由图 5-7(a) 可以看出,S2 由于增加了钢板厚度,并提高了抗剪连接程度,其承载力和刚度均明显高于 S1。此外,S2 的抗剪连接程度较 S1 更高,并且其栓钉尺寸更长,因此在剪力较大的位置有较多栓钉竖向穿过斜裂缝,同时其混凝土受压区高度大,有利于栓钉的锚固,从而增强了截面的抗剪能力,避免形成剪跨段的弯剪破坏。对比 S1 和 S4 的荷载-挠度曲线还可以看出,板底部是否配置构造钢筋对试件刚度与承载力的影响均较小,试验过程中 S4 也未发生混凝土的纵向劈裂破坏。S3 为部分抗剪连接构件,从图 5-7(a) 可以看出,加载初期由于界面存在一定的化学黏结力,其位移曲线与 S1 相近。随着荷载和界面剪力的增加,界面黏结发生破坏,栓钉变形迅速增大,导致钢板与混凝土之间的滑移量也迅速增加,S3 构件刚度下降明显。加载后期,S3 剪跨段栓钉由于塑性变形能力不足而大量剪断,导致混凝土受拉区在弯矩和剪力的共同作用下很快产生斜裂缝并迅速发展,直至构件破坏。应变测量结果表明:S3 破坏时钢板最大应变出现在加载点处,约为 900×10^{-6};混凝土最大应变出现在跨中靠近加载点处,约为 1200×10^{-6}。可见,钢材与混凝土的材料性能均未得到充分发挥,S3 构件整体承载能力较低。

图 5-7(b) 为双钢板-混凝土组合板的荷载-跨中挠度曲线。D1 与 D2 底部钢板与混凝土之间均采用完全抗剪连接设计,加载初期,两个构件钢板与混凝土之间保持协调变形、共同工作,由于 D2 钢板厚度较大,因此刚度略大于 D1。随着荷载的增加,二者受拉钢板均能达到屈服。D1 在受拉钢板屈服后,荷载-挠度曲线虽然发生转折,但荷载仍能继续上升,说明受压钢板可继续发挥作用。当 D1 接近极限荷载时,跨中受压钢板也达到了屈服,构件极限荷载为 239kN。D2 顶面钢板采用部分抗剪连接设计,受压钢板屈曲后混凝土很快发生压溃,构件弯曲破坏并丧失承载能力。D2 试件的极限荷载发生在局部屈曲之前,约为 230kN。对于底面钢板采用部分抗剪连接设计的 D3 试件,由于钢板没有充分发挥作用,其承载力和

延性均较低,试件的极限荷载为 158kN,此时跨中受拉区钢板尚未屈服,最大应变约为 1400×10^{-6},受压区钢板最大应变为 660×10^{-6}。

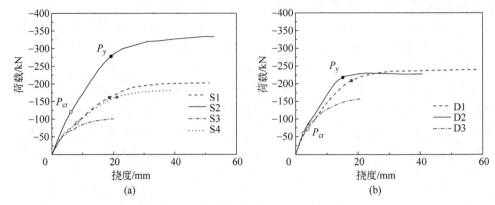

图 5-7   钢板-混凝土组合板的荷载-跨中挠度曲线

(a) 单钢板试件;(b) 双钢板试件

表 5-12 和表 5-13 列出了主要试验结果,其中 P_{cr}、δ_{cr} 分别为混凝土开裂时的荷载及挠度,P_s、δ_s 分别为滑移开始出现时所对应的荷载及挠度,P_y、δ_y 分别为钢板受拉屈服所对应的荷载及挠度,P_u、δ_u 分别为构件的极限荷载及挠度。此外,表 5-12 中列出了单钢板-混凝土组合板试件在钢板屈服时顶部混凝土的最大压应变 $\varepsilon_{y\text{-}c}$,表 5-13 中列出了双钢板-混凝土组合板试件在底面钢板屈服时顶面钢板的最大压应变 $\varepsilon_{y\text{-}s}$。

表 5-12   单钢板-混凝土组合板主要试验结果

试件编号	P_{cr}/kN	δ_{cr}/mm	P_s/kN	δ_s/mm	P_y/kN	δ_y/mm	P_u/kN	δ_u/mm	$\varepsilon_{y\text{-}c}$/10^{-6}
S1	90	8.1	70	5.5	160	18.1	203	51.0	2000
S2	120	6.2	150	8.5	280	19.5	334	53.1	2200
S3	60	4.3	60	4.3	—	—	103	23.2	
S4	70	5.5	60	4.0	160	20.3	182	39.0	2100

表 5-13   双钢板-混凝土组合板主要试验结果

试件编号	P_{cr}/kN	δ_{cr}/mm	P_s/kN	δ_s/mm	P_y/kN	δ_y/mm	P_u/kN	δ_u/mm	$\varepsilon_{y\text{-}s}$/10^{-6}
D1	70	3.8	60	2.9	210	18.5	239	58.1	900
D2	60	2.5	80	3.6	220	15.5	230	22.4	900
D3	90	4.8	90	4.8	—	—	158	20.5	—

从表 5-12 和表 5-13 可以看出,试件的开裂荷载 P_{cr} 和滑移开始出现的荷载 P_s 较为接近,说明二者存在相互影响。此外,对于单钢板-混凝土组合板,受拉钢板屈服时,混凝土接近峰值压应变 2000×10^{-6};对于双钢板-混凝土组合板,由于受压区由钢板与混凝土共同受力,受拉钢板屈服时,受压钢板的应力水平仍较低。

图 5-8(a)为单钢板-混凝土组合板剪跨段钢板与混凝土的荷载-滑移曲线,滑移测点均取距板端 320mm 处。可以看出:抗剪连接程度较高的 S2,破坏时滑移量仍小于 0.3mm;而部分抗剪连接设计的 S3 的最终滑移量已超过 2mm。图 5-8(b)为双钢板-混凝土组合板

剪跨段底部钢板与混凝土之间的荷载-滑移曲线,滑移测点均为距板端 320mm 处。对于底部钢板采用完全抗剪连接的 D1、D2,其滑移量均较小,达到极限承载力时,最大滑移也未超过 1mm,尤其是 D2,其滑移量小于 0.2mm。可能的原因是,虽然其名义抗剪连接程度为100%,但实际钢板的强度较低,造成实际抗剪连接程度被低估。对于底部钢板采用部分抗剪连接设计的 D3,其最终滑移量超过 2.5mm,说明大部分栓钉已经发生剪断破坏。

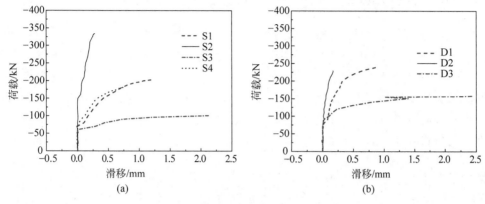

图 5-8 钢板-混凝土组合板的荷载-滑移曲线
(a) 单钢板试件;(b) 双钢板试件

顶面钢板与混凝土之间的滑移测量结果表明:顶板应力水平较低,滑移量并不大,只有当顶板出现局部屈曲后,在屈曲部位滑移才会有所增加;除了发生屈曲部分的滑移量较大之外,其他区段的滑移值均较小。这说明,由于混凝土参与抗压,受压区栓钉的受力要小于受拉区栓钉的受力,同时,由于受压区栓钉的锚固效果更好,因而其抗剪刚度也要高于受拉区栓钉的抗剪刚度。

7. 试验小结

本节完成了单、双钢板-混凝土组合板的面外受弯性能试验。试验结果表明:

(1) 按完全抗剪连接设计时,钢板与混凝土共同变形,协同工作,各自的材料性能得到充分发挥,最终的破坏形态为弯曲破坏或弯剪破坏,与钢筋混凝土适筋梁类似。钢板屈服后,随着挠度的继续增加,各试件荷载没有明显的下降,说明组合板在承受面外荷载时具有良好的延性性能。

(2) 对于单钢板-混凝土组合板,增加钢板厚度及提高抗剪连接程度能够明显提高试件的刚度和承载力,而混凝土受拉区是否配置构造钢筋对于构件的承载力、滑移以及破坏形态的影响不明显。

(3) 对于双钢板-混凝土组合板,在受拉区,钢板与混凝土协同工作的机制与单钢板-混凝土组合板完全相同,增加的受压钢板可以提高试件的刚度和承载力。然而当受压区钢板的距厚比过大时,钢板会发生局部屈曲,从而导致试件承载力的降低,因此设计时应严格控制受压区钢板的距厚比,以保证钢板在屈服之前不发生屈曲。

(4) 即使按完全抗剪连接设计,钢板与混凝土之间也存在界面滑移,从而削弱截面刚度,令试件产生附加挠度。

(5) 试件按部分抗剪连接设计时,钢板与混凝土初始可以共同工作,但由于栓钉数量较少,随着荷载的上升,栓钉的内力和变形增加较快,界面滑移行为明显。当栓钉达到极限承载力时,荷载继续增加会导致栓钉发生大量剪断,钢板与混凝土之间的界面传力路径中断,混凝土失去钢板的约束,试件如同素混凝土受弯,很快发生脆性破坏。最终材料性能未得到充分发挥,试件的承载力较低。

5.2.2 隔舱式钢板-混凝土结构试验研究

本小节介绍隔舱式钢板-混凝土结构的面外受弯性能的研究成果[35-36]。这种构件的构造简图如图 5-9 所示,该构造是典型的钢板-混凝土-钢板构造,其特点在于配置了双向隔板以及双向的型钢加劲肋。双向隔板可以起到较强的抗剪作用,沿次方向布置的隔板还可以协助起到钢-混凝土界面抗剪连接的作用;沿主方向的型钢主要起到受力加劲、防止屈曲的作用,沿次方向布置的型钢主要起到界面抗剪连接的作用。当这种构件在结构中连续布置时,双向隔板将构件分成若干个隔舱,有助于混凝土的分批浇筑,因此这种构件被称为隔舱式钢板-混凝土结构。

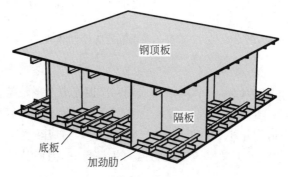

图 5-9 隔舱式钢板-混凝土结构构造简图

1. 试验设计

隔舱式钢板-混凝土结构沿纵向和横向配置型钢作为加劲肋和界面抗剪连接件,同时沿纵向和横向配置连接内外钢板的腹板以提高抗剪能力。试验采用梁式构件并进行四点弯曲加载,如图 5-10 所示。试件 S 端(图 5-10 中右侧)为固定支座支撑,N 端(图 5-10 中左侧)为滑动支座支撑。试件的跨中设置分配梁,分配梁相对刚度较大,可视作刚性。

试验参数设计如表 5-14 所示。共完成 7 个受弯试验,试件编号为 W1~W6、W8。在图 5-10 及表 5-14 中,相关参数的定义及范围为:试件高度 h 均为 800mm;(净)跨度 l 均为 6000mm;试件宽度 b_s 均为 600mm(混凝土宽度与钢结构宽度一致,均为 600mm);受压钢板厚度 t_t 均为 6mm;受拉钢板厚度 t_b 均为 10mm;轴向隔板厚度 t_{wx} 均为 10mm;横向隔板厚度 t_{wy} 均为 6mm;轴向加劲肋间距 s_a 分别为 100mm、150mm、250mm;混凝土顶部脱空高度 d_G 分别为 0mm、5mm、10mm、15mm;混凝土圆柱体试块受压强度 f'_c 分别为 20.3MPa、38.8MPa。四点弯曲试验中,跨中段为纯弯段,只存在弯矩作用;边跨段为弯剪段,存在弯矩和剪力。本试验主要研究隔舱式钢板-混凝土结构的受弯性能,为避免边跨段剪力影响,防止剪切破坏出现,试验对边跨进行了加强,多设置了一块 6mm 厚的横向隔板,同时将边跨段的轴向隔板厚度增加到 30mm。剪力连接件为 L 型钢,尺寸为 90mm×56mm×

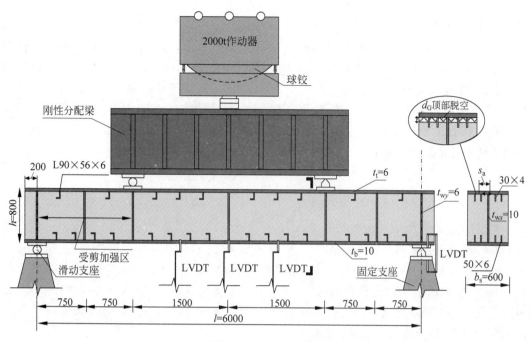

图 5-10　受弯试验设置

6mm,顶部间距为 375mm,底部间距为 300mm。轴向加劲肋为 I 型钢,顶部尺寸为 30mm×4mm,底部尺寸为 50mm×6mm。试件 W8 的受拉翼缘(底部)未设置剪力连接件,仅设置轴向 I 型加劲肋。

表 5-14　受弯试件参数

试 件 编 号	s_a/mm	d_G/mm	f_c'/MPa
W1	250	0	38.8
W2	100	0	38.8
W3	250	5	38.8
W4	250	10	38.8
W5	150	0	38.8
W6	250	15	20.3
W8	100	0	20.3

　　试件关键参数的设计主要考虑局部稳定性能(轴向加劲肋间距)、混凝土浇筑缺陷(使用低弹模材料 EVA 模拟顶部脱空)、抗剪连接程度(连接件配置)。受弯试验试件的钢结构部分是在工厂加工完成的,焊接牢固可靠;混凝土浇筑是在试验室完成的,先进行一面的浇筑,待其初凝后再进行另一面的浇筑,通过设备振捣密实,表面覆膜养护,减少收缩拉应变。

　　试验加载以静力方式进行。屈服前使用力控制方式加载,1000kN 以下时每 100kN 为一个荷载步,1000kN 以上时每 200kN 为一个荷载步;屈服后使用位移控制方式加载,荷载步根据屈服位移调整。在每一个荷载步中,进行裂缝宽度测量,拍摄试件照片,同时记录试验现象。试件达到峰值荷载后,承载力下降到 80% 时停止加载,以观察试件的破坏原因与失效模式。

2. 材料性能

混凝土材性试验结果如表 5-15 所示,5.3.1 节抗剪试件的混凝土材性试验结果也列在此表中。两种混凝土强度按照 C30、C50 设计,对于试件两侧的混凝土,在 3 天内分两次浇筑,浇筑时制作 150mm×150mm×150mm 标准试块。试件加载按混凝土强度分两批次进行,每批次持续时间 1~2 周。在试验开始时、过程中、结束时分别进行混凝土材性试验,所得到的混凝土强度变化较小,可以忽略。混凝土材性试验得到立方体抗压强度 f_{cu}(通过 3 个试块的平均值得到),轴心抗压强度 f'_c 按下式计算得到[37]:

$$f'_c = \begin{cases} 0.8f_{cu}, & f_{cu} \leqslant 50 \\ f_{cu} - 10, & f_{cu} > 50 \end{cases} \tag{5-1}$$

典型的钢材应力-应变曲线如图 5-11 所示,钢材的特征参数如表 5-16 所示。钢材标号为 Q345,其屈服强度为 300~400MPa。所有钢材强化明显,具有较长的强化段,极限强度为 500~550MPa,极限应变超过 0.15。根据材性试验的结果以及相关经验,钢材弹性模量取 $2.05×10^5$ MPa。钢材屈服后出现平台段,平台段后出现强化段(两者约以应变 0.02 作为分界线),弹性模量相比于弹性段有较大下降,且随着应变发展不断下降。从表 5-16 中的伸长率可以看出,所有钢材的延性良好。

表 5-15 混凝土材性试验结果

试 块 名 称	龄期/d	试验荷载/kN				轴心抗压强度/MPa
		1	2	3	平均	
J1-J6 背面,W1-W5 背面	49	1096	1056	1056	1069	38.0
J1-J6 正面,W1-W5 正面	51	1044	1256	1036	1112	39.6
J7-J14\J16-J17 背面,W6-W7 背面	23	540	572	588	567	20.1
J7-J14\J16-J17 正面,W6-W7 正面	20	612	616	500	576	20.5

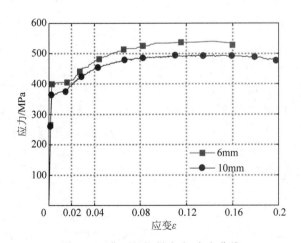

图 5-11 典型的钢材应力-应变曲线

表 5-16 不同厚度钢材的特征参数

钢板厚度/mm	4	6	10	25	30	40
屈服强度/MPa	392	401	363	376	347	305
极限强度/MPa	521	536	494	545	538	506
伸长率/%	14.8	16.7	15.3	22.7	27.3	28.7

3. 试验现象与结果

抗弯试件峰值荷载状态与最终破坏状态类似,以 W1 为例,如图 5-12 所示。

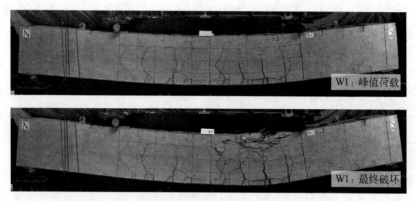

图 5-12 抗弯试件峰值荷载状态与最终破坏状态

总荷载与跨中挠度的荷载-位移曲线如图 5-13 所示,汇总的抗弯试验结果如表 5-17 所示。表 5-17 中,δ_{yt} 为试件屈服时跨中挠度;F_{yt} 为试件屈服荷载;δ_{bt} 为试件屈曲时跨中挠度;F_{bt} 为试件屈曲荷载;δ_{ut} 为试件峰值荷载时跨中挠度;F_{ut} 为试件峰值荷载。屈服点定义为受拉翼缘进入屈服的状态,由试验中测得的应变确定。受拉翼缘是影响试件受弯荷载与刚度的主要因素,其屈服标志着结构的屈服。屈曲点定义为受压翼缘刚开始出现屈曲的状态。由于此时应变较大并已超出应变片有效测量范围,主要根据试验观察来确定。

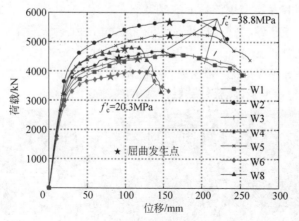

图 5-13 抗弯试件的荷载-位移曲线

表 5-17　抗弯试件试验结果数据汇总

试件编号	δ_{yt}/mm	F_{yt}/kN	δ_{bt}/mm	F_{bt}/kN	δ_{ut}/mm	F_{ut}/kN	δ_{bt}/δ_{yt}	δ_{ut}/δ_{yt}	δ_{ut}/δ_{bt}
W1	23.6	3220	120.0	4374	171.8	4558	5.1	7.3	1.4
W2	19.8	3585	160.0	5608	182.8	5747	8.1	9.3	1.1
W3	22.7	3267	90.0	4355	166.9	4567	4.0	7.3	1.9
W4	20.9	3271	90.0	4422	149.2	4680	4.3	7.1	1.7
W5	20.2	3441	160.0	5214	188.9	5277	7.9	9.3	1.2
W6	19.5	2782	80.0	3793	123.1	3987	4.1	6.3	1.5
W8	18.3	3003	100.0	4713	116.7	4799	5.5	6.4	1.2

　　加载过程中,由于混凝土(未配筋)中存在初始收缩裂缝,图 5-13 中的荷载-位移曲线没有明显的由开裂导致的刚度变化点;荷载 500kN(约 10% 峰值荷载)时跨中附近出现竖向裂缝;荷载 1500kN(30% 峰值荷载)左右时竖向裂缝发展到 0.2mm;荷载 2500kN(50% 峰值荷载)左右时竖向裂缝发展到 0.5mm;荷载 4000kN(80% 峰值荷载)左右时,跨中挠度接近 20mm,竖向裂缝发展到 1.0mm,此时受拉翼缘开始屈服;荷载 4500kN(90% 峰值荷载)左右时,跨中挠度接近 50mm,有响声发出,可能由内部界面滑移产生。由于试件设置了不同的轴向加劲肋(间距变化),不同试件呈现出不同的屈曲发展模式。W1 轴向加劲肋间距为 250mm,跨中位移达到 120mm 左右时,其上翼缘开始屈曲;跨中位移达到 140mm 左右时,屈曲处混凝土有脱落迹象;直到跨中位移达 172mm 时,屈曲处混凝土压溃,试件达到极限状态。W5 轴向加劲肋间距为 150mm,跨中位移达到 160mm 左右时,W5 上翼缘出现了可见的屈曲;跨中位移达到 180mm 左右时,上翼缘屈曲更加明显;跨中位移达到 189mm 时,屈曲处混凝土压溃,结构达到极限状态。W2 轴向加劲肋间距为 100mm,跨中位移达到 160mm 左右时,屈曲开始出现;跨中位移达到 183mm 时,屈曲变形发展较大,该处混凝土压溃,试件达到极限状态。

　　脱空对试件屈曲的发展有一定的影响。相比于 W1,W3、W4、W6 沿上翼缘全长分别设置了 5mm、10mm、15mm 的脱空,W3、W4 在跨中位移 90mm 左右时出现可见屈曲(W1 为 120mm),而 W6 在跨中位移 80mm 左右时屈曲就出现了。试件 W1、W3、W4 极限承载力相近,说明 5~10mm 的脱空影响不大;试件 W6 极限承载力相对较小,这是因为其脱空对截面削弱较大,同时其采用了较低强度的混凝土。

　　考虑抗弯试件在正常受力阶段,受拉区混凝土将开裂而退出工作,该处的剪力连接件不参与结构受力,按此分析受拉区是不用配置剪力连接件的。为验证此分析,W8 下翼缘不设置剪力连接件,其他几何参数与 W2 一致,以构成对比。如图 5-14 所示,试验中试件 W8 下翼缘钢板出现了拉裂的现象,导致其荷载-位移曲线陡降。

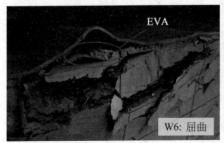

图 5-14　翼缘屈曲及下翼缘断裂

由图 5-14 还可以看出：试件 W6 的脱空高度较大（$d_G = 15\text{mm}$），试验中受压翼缘仍然向外鼓曲；鼓曲处附近的翼缘板有向内变形的趋势，但是由于混凝土的支撑作用而停止了进一步变形。翼缘板与混凝土接触挤紧后，也为该处混凝土提供了约束作用。

除试件 W8 由下翼缘钢板断裂导致结构破坏以外，其他试件的破坏均由上翼缘混凝土压溃控制，此时均伴随受压翼缘的局部鼓曲。所有试件屈服后均经历了较大的变形，屈曲位移-屈服位移比为 4.1～8.1，峰值荷载位移-屈服位移比为 6.3～9.3，试件的延性较好。当试件屈曲后，其荷载仍在进一步上升，说明屈曲不是控制破坏的主要因素，而是通过对受压混凝土的约束作用间接影响极限承载力。对典型加载过程现象总结如下：当位移小于 20mm 时，构件基本处于弹性阶段；位移超过 20mm 后，钢材出现屈服；但随着材料的强化，荷载不断增加；位移达到一定程度时，开始出现可见的局部鼓曲，但荷载仍然可以增加，直到屈曲发展较大，屈曲处混凝土压溃，结构达到极限承载力，荷载下降。

4. 试验结果分析

1）受压翼缘加劲肋间距

抗弯试件整体延性良好，在试验中发现，试件最后的破坏都是受压区局部混凝土压溃导致的，同时此处翼缘板有明显的鼓曲现象。不同试件由于加劲肋布置的不同，屈曲发展不同，呈现出不同的延性与极限承载力。W2 加劲肋间距为 100mm（距厚比为 16.7），W5 加劲肋间距为 150mm（距厚比为 25），加载到 160mm 左右时，W2、W5 上翼缘出现了可见的屈曲，其后屈曲有一定发展，荷载无明显增加。相比于 W2，W5 极限承载力下降 10% 左右。W1 加劲肋间距为 250mm（距厚比为 41.7），加载到 120mm 左右时，W1 上翼缘出现了可见的屈曲，加载到 170mm 左右时，上翼缘鼓曲较大，该处混凝土压溃，试件达到极限承载力。相比于 W5，W1 极限承载力进一步下降 10% 左右。

从以上分析可见，轴向加劲肋间距对试件抗弯承载力有一定影响，其间距每增大 100mm，抗弯承载力下降 10% 左右。考虑到加劲肋也参与截面受力（增大了受压钢板面积），按照经典抗弯计算理论去除掉加劲肋对抗弯的贡献后，加劲肋对屈曲的影响相当于其间距每增大 100mm，抗弯承载力下降 5%。可见，受压翼缘轴向加劲肋间距对极限荷载的影响并不显著。

试件受弯过程中，混凝土由于面积大，承受主要的压应力，受压翼缘板为混凝土提供了约束作用。屈曲发生后，一方面受压翼缘承载力减小，另一方面其对混凝土的约束作用减弱，因此屈曲性能较好的受压翼缘可以提高结构承载力。试验中发现，W1、W2、W5 的屈曲均发生于屈服之后，屈曲位移-屈服位移比分别为 5.1、8.1、7.9。由于试件屈服后，承载力增加主要来源于受拉区钢板强化和混凝土受压区变小（拉压力臂减小），且增幅不大；受压区破坏主要为混凝土控制，翼缘的约束作用有限；距厚比为 41.7 时已能保证受压区有较好的延性，此时混凝土已接近压溃——所以 W1、W2、W5 三者的受弯承载力相差不大。试验表明，距厚比为 41.7 时承载力、刚度与延性均较好，局部稳定对结构整体性能的削弱不大。

2）混凝土脱空

相比于 W1，W3、W4、W6 沿上翼缘全长分别设置了 5mm、10mm 与 15mm 的脱空。将 W1、W3、W4、W6 的荷载-位移曲线进行对比：当脱空为 5mm 与 10mm 时，抗弯承载力基本不受影响；当脱空达到 15mm 时，排除混凝土强度影响的因素后，抗弯承载力约有 5% 的下降。当脱空较小时（≤10mm），对截面混凝土高度削弱较少，下翼缘仍能全部进入塑性，并与上翼缘、受压混凝土形成抗弯截面,所以抗弯承载力基本不受影响;当脱空较大时,由于对受力截面有一定削弱,所以抗弯承载力也受一定的影响,但由于仍能形成全塑性截面,只是有效高度有所降低,所以此影响仍然不大。脱空对试件屈曲的发展有一定的影响,W3、W4 在位移 90mm 左右时出现可见屈曲,W6 在位移 80mm 左右时出现可见屈曲。当脱空高度增加时,试件的受压翼缘屈曲发展较快。从图 5-13 可以看出:当脱空为 5mm 时,屈曲发展与延性变化不大;当脱空为 10mm 时,屈曲发展变化不大,但延性有所降低;当脱空为 15mm 时,屈曲性能有所降低,延性进一步降低。

试验表明:当条件允许时,施工中控制浇筑缺陷为 5mm 以下,结构性能基本不折减;考虑到实际结构中并非全表面脱空,试验较为保守,可将脱空限值放松到 10mm,承载力基本不折减,结构延性降低较小。

3) 下翼缘不设置剪力连接件的影响

相比于 W2,W8 下翼缘未设置剪力连接件,其他几何参数完全相同。通过经典理论排除两者混凝土强度不同的影响之后,W8 的抗弯承载力相比于 W2 仍有大约 10% 的降低。试验中观察到:当试件下翼缘不设置剪力连接件时,屈服前性能表现基本不变;屈服后下翼缘钢板更容易出现应力集中,导致局部钢板应力、应变更快发展,直到发生断裂,结构破坏。下翼缘不设置剪力连接件时,构件屈服后仍有良好的延性,经历了较长的强化段,同时其极限荷载降幅不大,设计中可以考虑设置部分连接件作为构造措施,以提高结构延性。

5. 试验小结

针对隔舱式钢板-混凝土结构的抗弯性能,设计并完成了 7 个大比例模型抗弯试验,得到了不同试件的荷载-位移曲线,对试验现象进行了分析与讨论。试验结果表明:

(1) 试件加载过程中主要经历了屈服、屈曲、混凝土压溃三个阶段,破坏主要由顶部混凝土压溃导致。所有试件屈服后均经历了较长的强化段,延性较好。

(2) 试件屈曲均发生在屈服后,试件已经进入全截面塑性且经历了较大的变形。距厚比为 41.7 时,跨中位移达到屈服位移的 7.3 倍时荷载不下降,基本可以满足全截面塑性的设计要求。

(3) 当试件沿全长的脱空为 5mm 时,结构抗弯承载力、刚度、延性基本不受影响;当试件沿全长的脱空为 10mm 时,结构的抗弯承载力、刚度基本不受影响,延性有所降低,实际脱空不可能沿全长发生,影响将更小;当试件沿全长的脱空达 15mm 时,抗弯承载力、延性下降较为明显。建议脱空限值应小于 10mm,宜小于 5mm。

(4) 由于隔板提供了较大的界面剪力连接,受拉翼缘不设置剪力连接件时,试件可以达到全截面屈服,屈服后的延性有所降低,抗弯承载力有所降低。设计中受拉翼缘可以考虑设置部分连接件作为构造措施。

5.2.3 受弯理论分析

本节考虑混凝土与钢板之间的侧向约束作用对受弯性能的影响,推导建立了钢板-混凝土结构的受弯承载力计算模型[35]。

1. 双向强化效应

在钢板-混凝土结构中,由于钢板与混凝土的相互作用,在受弯时翼缘板可能不完全处于单轴应力状态。受拉翼缘的双轴应力更为显著,这是因为受拉区混凝土在开裂后失去轴向应力,在横向为受拉翼缘板提供了更强的约束作用。此外,在一些特殊工况下,如在横向可视为无限长的隧道工程中,可认为钢板-混凝土处于平面应变状态,其双轴应力效果更加明显。

以下基于广义胡克定律,进行钢板-混凝土组合结构在受弯过程中的多轴应力分析。多轴应力状态下 von Mises 屈服条件如下式(屈服方程)所示:

$$\sqrt{\frac{(\sigma_1 - \sigma_2)^2 + (\sigma_2 - \sigma_3)^2 + (\sigma_3 - \sigma_1)^2}{2}} = f_y \tag{5-2}$$

式中,$\sigma_i (i=1,2,3)$——三个方向的主应力;

　　f_y——材料试验中的单轴屈服强度。

由于翼缘厚度相比于长、宽很小,属于薄壳单元,其在面外的法向应力可以忽略不计,将 $\sigma_3 = 0$ 代入式(5-2),则有

$$\sigma_1^2 + \sigma_2^2 - \sigma_1 \sigma_2 = f_y^2 \tag{5-3}$$

根据广义胡克定律,在面内两个主方向(方向1、方向2)的应变满足下式(物理方程):

$$\begin{cases} \varepsilon_1 = \dfrac{\sigma_1}{E_s} - \nu_s \dfrac{\sigma_2}{E_s} \\[2mm] \varepsilon_2 = \dfrac{\sigma_2}{E_s} - \nu_s \dfrac{\sigma_1}{E_s} \end{cases} \tag{5-4}$$

其中,ε_1——主应力 σ_1 对应的应变;

　　ε_2——主应力 σ_2 对应的应变;

　　ν_s——泊松比;

　　E_s——弹性模量。

假设轴向为 σ_1 对应方向,当翼缘处于平面应变状态时,有 $\varepsilon_2 = 0$,将其代入式(5-4),可得式(5-5):

$$\sigma_2 = \nu_s \sigma_1 \tag{5-5}$$

将式(5-5)代入式(5-3),可得式(5-6):

$$\sigma_1 = \frac{1}{\sqrt{1 - \nu_s + \nu_s^2}} f_y \tag{5-6}$$

当钢材泊松比 $\nu_s = 0.3$ 时,根据式(5-6)计算可得 $\sigma_1 = 1.125 f_y$。此结果说明,由于多轴应力的影响,结构在轴向的弹性极限(屈服点)可以得到12.5%的提高。二维应力状态下的 von Mises 屈服面如图 5-15 所示,从图 5-15 可见,当材料处于双向受拉(或受压)状态,且两方向的应力不相同时,较大的应力将超过单轴屈服强度。本节将此现象定义为双向强化作用。

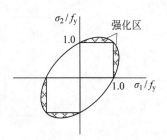

图 5-15　二维应力状态下的
von Mises 屈服面

以上方程是在弹性阶段推导的,下面建立塑性状态下的方程。假定材料为理想弹塑性,在平面应变下的材料屈服后应力状态产生变化,ε_1 不断增加,两个方向的应力最终会达到一个稳定状态。此时,ε_1 增加时仅导致塑性应变增加,弹性应变不增加,应力不变,图 5-15 中的应力状态点 (σ_1, σ_2) 将位于屈服面上的某处并不再移动。根据弹塑性力学基本方程[38],

此时应力、应变满足以下条件：

$$屈服方程：f = \sigma_1^2 + \sigma_2^2 - \sigma_1\sigma_2 - f_y^2 = 0 \tag{5-7}$$

$$（关联）流动法则：d\boldsymbol{\varepsilon}_p = d\lambda \frac{\partial f}{\partial \sigma} = d\lambda \begin{bmatrix} 2\sigma_1 - \sigma_2 \\ 2\sigma_2 - \sigma_1 \end{bmatrix} \tag{5-8}$$

$$胡克定律：\begin{cases} d\sigma_1 = \dfrac{E_s}{1 - \nu_s^2}(d\varepsilon_1^e + \nu_s d\varepsilon_2^e) \\[3mm] d\sigma_2 = \dfrac{E_s}{1 - \nu_s^2}(\nu_s d\varepsilon_1^e + d\varepsilon_2^e) \end{cases} \tag{5-9}$$

$$d\boldsymbol{\varepsilon} = d\boldsymbol{\varepsilon}^e + d\boldsymbol{\varepsilon}_p \tag{5-10}$$

其中，$d\boldsymbol{\varepsilon}_p$——塑性应变增量；

$d\boldsymbol{\varepsilon}^e$——弹性应变增量；

$d\boldsymbol{\varepsilon}$——应变增量；

$d\sigma_1$、$d\sigma_2$——主应力 σ_1 和主应力 σ_2 的增量；

$d\varepsilon_1^e$、$d\varepsilon_2^e$——主应力 σ_1 和主应力 σ_2 方向上的弹性应变增量。

以上方程已经考虑了此状态下剪应力、剪应变为 0。当应力状态达到稳定时，有 $d\sigma_1 = d\sigma_2 = 0$，可得 $d\varepsilon_1^e = d\varepsilon_2^e = 0$，则有 $d\boldsymbol{\varepsilon} = d\boldsymbol{\varepsilon}_p$。由于 $d\varepsilon_2 = 0$，则 $d\varepsilon_{p2} = 0$，将其代入式(5-8)，可得 $2\sigma_2 - \sigma_1 = 0$、$\sigma_2 = 0.5\sigma_1$。将 $\sigma_2 = 0.5\sigma_1$ 代入式(5-7)中，可得 $\sigma_1 = 1.155f_y$。此结果说明，由于多轴应力的影响，结构在轴向的屈服应力在塑性状态下可以得到 15.5% 的提高。由以上推导可知，此强化系数与泊松比大小无关。

综上所述，当采用塑性设计理论时，可以使用 10%～15% 的双向强化系数参与计算，以考虑侧向限制条件对钢材单轴拉伸强度的增强。

2. 受弯承载力

在进行钢板-混凝土结构的受弯设计时，一般应按照完全抗剪连接进行，当界面抗剪连接不足时，应考虑部分抗剪连接的影响。基于上文的分析，可对受拉翼缘考虑 15% 的双向强化效应。

采用塑性极限设计方法，如图 5-16 所示，钢板-混凝土结构的抗弯承载力按下式计算：

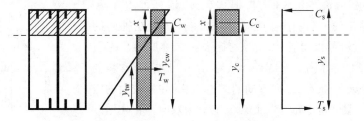

图 5-16 抗弯承载力计算示意图

$$M_u = C_s y_{st} + C_c y_c + C_w y_{cw} - T_w y_{tw} \tag{5-11}$$

$$C_s = f_y A_{st} \tag{5-12}$$

$$C_c = \beta f_c b_c x \tag{5-13}$$

$$C_w = f_y x t_{wx} \tag{5-14}$$

$$T_w = f_y (h_s - t_t - t_b - x) t_{wx} \tag{5-15}$$

$$y_{st} = h_s - \frac{t_t + t_b}{2} \tag{5-16}$$

$$y_c = h_s - t_t - \frac{t_b + x}{2} \tag{5-17}$$

$$y_{tw} = 0.5(h_s - t_t - x) \tag{5-18}$$

式中，M_u——钢板-混凝土结构的抗弯承载力；

$\quad C_s$——受压翼缘钢板承受的压力；

$\quad y_{st}$——受压翼缘中心与受拉翼缘中心的距离；

$\quad C_c$——混凝土受压区承受的压力；

$\quad y_c$——混凝土受压中心与受拉翼缘钢板中心的距离；

$\quad C_w$——轴向隔板受压部分承受的压力；

$\quad y_{cw}$——轴向隔板受压部分中心与受拉翼缘钢板中心的距离，与 y_c 相等；

$\quad T_w$——轴向隔板受拉部分承担的拉力；

$\quad y_{tw}$——轴向隔板受拉部分中心与受拉翼缘钢板中心的距离；

$\quad A_{st}$——包括加劲肋的受压翼缘面积；

$\quad b_c$——混凝土宽度；

$\quad h_s$——钢结构高度；

$\quad t_{wx}$——轴向隔板厚度，当截面剪力较大时，不考虑其在弯曲中的贡献，取 $t_{wx}=0$，当不配置轴向隔板时，取 $t_{wx}=0$；

$\quad t_t$——受压翼缘厚度，对于单钢板-混凝土结构，取 $t_t=0$；

$\quad t_b$——受拉翼缘厚度；

$\quad f_y$——钢材屈服强度；

$\quad f_c$——混凝土轴心抗压强度；

$\quad \beta$——混凝土强度图形系数，按混凝土规范取值；

$\quad x$——混凝土受压区高度，通过下式求出：

$$C_s + C_c + C_w = T_s + T_w \tag{5-19}$$

式中，$T_s = 1.15 f_y A_{sb}$，为受拉翼缘承受的拉力，其中，A_{sb} 为包括加劲肋的受拉翼缘面积。

在 T_s 的计算中，考虑了 15% 的双向强化系数。

采用以上计算方法，将计算结果与 5.2.1 节和 5.2.2 节的试验结果进行对比，两者吻合较好。设计中仅考虑屈服强度，不考虑材料强化。由于钢板-混凝土结构延性较好，受弯时变形较大，存在一定的材料强化，上述方法的计算结果将存在一定富余度。

5.3　受剪性能

对于钢板-混凝土组合结构，面层钢板、混凝土、连接件、拉接构造、隔板等构造及其之间的相互协同工作机制，均可能对结构的抗剪承载力起到很大贡献，而各部分的贡献水平又与结构的构造形式密切相关。本节以隔舱式钢板-混凝土结构为例,介绍了面外受剪性能及其计算分析方法[35]。

5.3.1　钢板-混凝土结构抗剪试验

1. 试验设计

国内外对于钢板-混凝土组合结构的受剪试验研究主要为梁式试验,多采用离散式连接件,如栓钉、钢筋、J型钩等。本节试验针对隔舱式钢板-混凝土结构展开,其特点是,采用双向配置的钢腹板,同时翼缘板采用双向型钢加劲肋。配置连续腹板的钢板-混凝土结构的抗剪机理相比于离散式连接结构更为复杂。本节首先介绍隔舱式钢板-混凝土结构的抗剪试验情况,并在后续章节介绍相关抗剪理论。

试验布置如图 5-17 所示,试验参数设计如表 5-18、图 5-18 所示。试验形式为梁式构件的三点弯曲加载。在试件的跨中,外荷载通过电液伺服作动器施加。

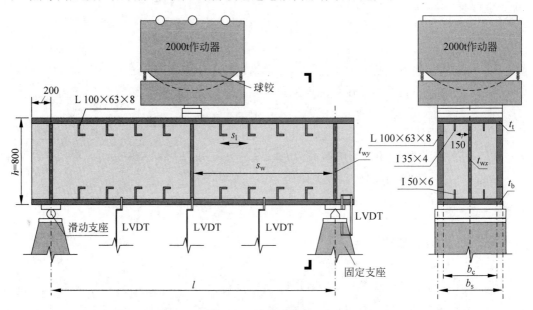

图 5-17　受剪试验布置

表 5-18　受剪试验试件参数

试件编号	l/mm	b_s/mm	b_c/mm	s_w/mm	s_1/mm	t_t/mm	t_b/mm	t_{wx}/mm	t_{wy}/mm	f_{cu}/MPa	f_c'/MPa
J1[(a)]	3000	600	600	1500	300	6	10	10	6	48.5	38.8
J2	3000	400	400	1500	300	25	25	10	6	48.5	38.8
J3	3000	400	400	1500	100	40	40	10	6	48.5	38.8
J4	3000	400	200	1500	300	25	25	10	6	48.5	38.8
J5	3000	400	100	1500	300	25	25	10	6	48.5	38.8
J6	3000	400	200	1500	100	25	25	10	6	48.5	38.8
J7	3000	400	200	1500	150	25	25	10	6	25.4	20.3
J8	3000	400	200	1500	100	25	25	6	6	25.4	20.3
J9	3000	400	200	1500	100	30	30	12	6	25.4	20.3

试件编号	l/mm	b_s/mm	b_c/mm	s_w/mm	s_1/mm	t_t/mm	t_b/mm	$t_{w,x}$/mm	t_{wy}/mm	f_{cu}/MPa	f_c'/MPa
J10	3600	400	100	1800	300	25	25	10	6	25.4	20.3
J11	1500	400	200	750	100	25	25	10	6	25.4	20.3
J12	3000	400	200	750	300	25	25	10	6	25.4	20.3
J13	3000	400	200	500	300	25	25	10	6	25.4	20.3
J14[(b)]	3000	400	400	1500	100	40	40	10	6	25.4	20.3
J16	3000	400	200	750	300	25	25	10	10	25.4	20.3
J17	3000	400	200	500	300	25	25	10	10	25.4	20.3

注：(a) 试件 J1 的顶部连接件间距为 375mm，其他试件的顶、底部连接件间距相同，均为表中 s_1 数值，试件 J1 的剪力连接件型号为 L90mm×56mm×6mm，其他试件均为 L100mm×63mm×8mm；

(b) 试件 J14 的轴向隔板两面均配置了 $\phi10×100$mm 的栓钉，栓钉横竖向间距分别为 150mm、200mm，其他试件的轴向、横向隔板上均未布置连接件。

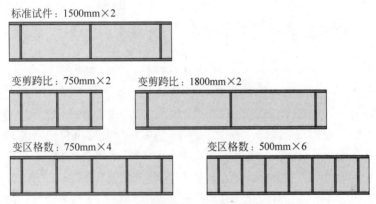

标准试件：1500mm×2

变剪跨比：750mm×2　　变剪跨比：1800mm×2

变区格数：750mm×4　　　变区格数：500mm×6

图 5-18　受剪试验典型参数示意图

共完成 16 个抗剪试验，试件编号为 J1～J14、J16～J17，如表 5-18 所示。在图 5-17 及表 5-18 中，相关参数的定义及范围为：试件的高度 h 均为 800mm；(净)跨度 l 分别为 1500mm、3000mm、3600mm；试件宽度 b_s 分别为 400mm、600mm；混凝土宽度 b_c 分别为 100mm、200mm、400mm、600mm；型钢连接件间距 s_1 分别为 100mm、150mm、300mm；受压钢板厚度 t_t 分别为 6mm、25mm、30mm、40mm；受拉钢板厚度 t_b 分别为 10mm、25mm、30mm、40mm；轴向隔板厚度 $t_{w,x}$ 分别为 6mm、10mm、12mm；横向隔板厚度 t_{wy} 分别为 6mm、10mm；混凝土圆柱体试块受压强度 f_c' 分别为 20.3MPa、38.8MPa。

试件关键参数的设计思路如下：

(1) 弯剪破坏界限。为避免出现受弯破坏，需要进行翼缘加厚。当翼缘厚度较大时，需要配置较多的剪力连接件，这给抗剪试件的制造加工带来不便。因缺少相关资料，试件 J1～J3 改变翼缘厚度，作为第一批试验进行，为其后的试验提供对比与参考。

(2) 混凝土抗剪贡献。试件 J4、J5 改变混凝土厚度，以定量研究混凝土部分对抗剪性能的贡献。

(3) 翼缘抗剪连接程度。试件 J6、J7 改变型钢剪力连接件间距，以定量研究拉压翼缘抗剪连接程度对抗剪性能的贡献。设计中，型钢连接件的抗剪承载力按照规范[1]中给出的方法进行。

（4）轴向隔板抗剪贡献。试件 J8、J9 改变轴向隔板厚度，以定量研究轴向隔板对抗剪性能的贡献。

（5）剪跨比。试件 J10、J11 改变跨度、剪跨比，以定量研究剪跨比对抗剪性能的影响。

（6）横向隔板布置。试件 J12、J13、J16、J17 改变横向隔板的间距与厚度，以定量研究横向隔板布置对抗剪性能的影响。

（7）轴向隔板界面连接。在试件 J14 的轴向隔板两面均配置栓钉（其他试件未配置），以定量研究增强轴向隔板界面连接对抗剪性能的影响。

（8）混凝土强度。对所有试件设置两种混凝土强度，以研究该参数对结构抗剪性能的影响。

所有试件的受压翼缘均配置了轴向加劲肋，以避免产生局部屈曲；对称地，试件的受拉翼缘也布置了相同规格的轴向加劲肋。试件的钢结构部分是在工厂加工完成的，焊接牢固可靠，其中角钢在横隔板处断开，轴向加劲肋穿过角钢与横向隔板；混凝土浇筑是在试验室完成的，先进行一面的浇筑，待其初凝后再进行另一面的浇筑，通过设备振捣密实，表面覆膜养护，减少收缩拉应变。

本节受剪试验与 5.2.2 节中受弯试验的材料参数一致。混凝土轴向抗压强度分别为 38.8MPa、20.3MPa，钢材性能指标如表 5-16 所示。

试验以拟静力方式加载。屈服前使用力控制方式加载，2000kN 以下时每 200kN 为一个荷载步，2000kN 以上时每 400kN 为一个荷载步；屈服后使用位移控制方式加载，荷载步根据屈服位移进行设置。在每一个荷载步中，进行裂缝宽度测量，拍摄试件照片，同时记录试验现象。试件达到峰值荷载后，承载力下降到 80% 时停止加载，以观察试件的破坏原因与失效模式。

2. 试验现象与结果

如图 5-19 所示，以试件 J3 为例描述加载过程中的主要现象。100～200kN（约 2% 峰值荷载）时有界面剥离的响声，型钢连接件开始发挥作用；300kN（4% 峰值荷载）时 N 侧下角有响声，由此处支座的滑动引起；100～300kN 时由于初始收缩裂缝闭合，结构刚度有微小的增大的趋势；800kN（10% 峰值荷载）左右时，靠近跨中位置出现新的斜向裂缝，初始收缩裂缝进一步斜向发展，裂缝宽度达到 0.4mm；1400kN（17% 峰值荷载）左右时斜裂缝宽度发展到 0.7mm；2200kN（27% 峰值荷载）左右时斜裂缝沿高度连通，此时宽度发展到 1.0mm；4000kN（48% 峰值荷载）左右时斜裂缝宽度发展到 1.4mm；4000～6000kN（48%～73% 峰值荷载）时斜向裂缝进一步增多变密；7000kN（85% 峰值荷载）时出现混凝土压碎声，有小块混凝土压碎后掉落；跨中挠度达到 50mm 时，混凝土进一步压碎挤出，荷载开始下降，此时连接件附近有裂缝连通迹象，但隔板处变形不大。

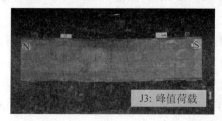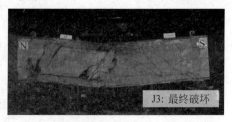

图 5-19　受剪试验典型峰值荷载与最终破坏状态

除 J5 以外,所有试件均有着较好的延性。试件 J5 的混凝土总厚度为 100mm,隔板单侧厚度只有 50mm,试验中发现,由于隔板局部屈曲,混凝土部分被推出,斜压杆破坏,荷载迅速下降,表现出荷载-位移曲线上的脆性行为。试验结束后,将部分混凝土凿开,如图 5-20 所示,轴向隔板出现屈曲,混凝土与隔板出现明显的剥离。隔板屈曲对混凝土产生外推作用,在试验中,混凝土推出一般出现在峰值荷载后,不是导致结构失效的直接原因(除试件 J5),破坏主要是混凝土斜向压溃控制。但混凝土推出加速了斜压杆的破坏,降低了延性。当配置多道横向隔板时,试件显示出极好的延性,位移达到屈服位移 10 倍时承载力仍无明显下降。这是由于隔板对混凝土起到了较好的嵌固与约束作用,混凝土未被推出,斜压杆未明显破坏。实际结构中,混凝土会对隔板起到良好的侧向支撑作用,延性良好。

图 5-20　受剪试件内部隔板屈曲

受剪试件的荷载-位移曲线如图 5-21 所示,受剪试件的试验结果汇总如表 5-19 所示,受剪试件的典型破坏模式如图 5-22 所示。在表 5-19 中,屈服点由基于能量法的图形算法得出[39]。除 J1、J2 外,所有抗剪试件出现与 J3 类似的裂缝发展模式。J1 的翼缘厚度较小,竖向裂缝占主导,最终顶部混凝土轴向压溃破坏,属于弯曲破坏模式;J3~J8、J10、J11、J14、J16、J17 的裂缝主要斜向发展,存在贯穿全高的主斜裂缝,同时破坏受混凝土斜向压溃控制,属于受剪斜压破坏模式,也是试验中主要的破坏模式;J2 的裂缝发展模式介于上述两种情况之间,承载力同时受混凝土轴向压溃和斜向压溃影响,属于较为复杂的弯-剪耦合破坏模式。此外,J9、J12、J13 由于混凝土较窄且强度较小,加载点处混凝土局部压溃导致荷载下降,属于局部压溃破坏模式,其承载力低于受剪斜压破坏。

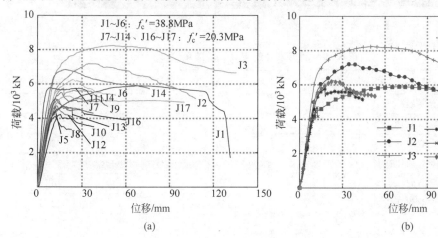

图 5-21　受剪试件的荷载-位移曲线

(a)所有试件;(b)J1~J6;(c)J7~J14,J16~J17

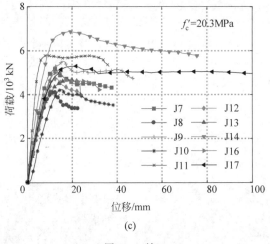

(c)

图 5-21(续)

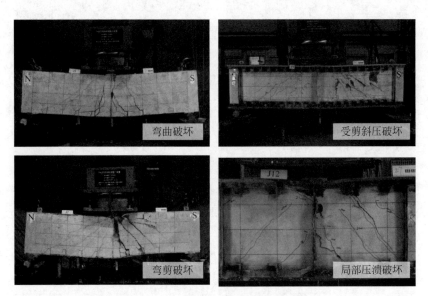

图 5-22 受剪试件的典型破坏模式

表 5-19 受剪试件的主要试验结果

试 件 编 号	破 坏 模 式	屈服位移/mm	屈服荷载/kN	峰值位移/mm	峰值荷载/kN
J1	弯曲破坏	21.8	4995	69.9	5899
J2	弯剪破坏	18.6	6291	34.7	7194
J3	受剪斜压破坏	17.8	7318	50.6	8249
J4	受剪斜压破坏	12.9	5375	17.5	5765
J5	受剪斜压破坏	10.7	4370	12.0	4674
J6	受剪斜压破坏	13.7	5655	24.1	6258
J7	受剪斜压破坏	8.6	4623	12.3	5169
J8	受剪斜压破坏	8.8	3773	12.0	4115

续表

试件编号	破坏模式	屈服位移/mm	屈服荷载/kN	峰值位移/mm	峰值荷载/kN
J9	局部压溃破坏	11.7	5074	15.7	5529
J10	受剪斜压破坏	13.2	4099	15.7	4233
J11	受剪斜压破坏	5.2	5308	8.9	5801
J12	局部压溃破坏	10.1	4423	13.1	4744
J13	局部压溃破坏	10.5	4170	17.7	4697
J14	受剪斜压破坏	9.9	6106	18.4	6877
J16	受剪斜压破坏	9.3	4513	13.6	5123
J17	受剪斜压破坏	11.2	4672	21.7	5300

3. 试验结果分析

试验构件的典型混凝土开裂特征如图 5-23 所示。在不考虑初始收缩裂缝的情况下,第一条结构裂缝通常出现在外荷载为 450~1000kN 时。当横向隔板增加时,裂缝出现更晚。由于双钢板-混凝土组合结构中的混凝土未配筋,不可避免地存在初始裂缝,所以在试件的荷载-位移曲线上,结构裂缝出现后并没有明显的刚度拐点。图 5-23 中分别展示了 0.5 倍峰值荷载及峰值荷载时典型构件的裂缝状态:当横向隔板间距较大时,裂缝以斜向 45°(与水平方向夹角,下同)出现,随着荷载增加,裂缝逐渐向斜向 30°发展;当横向隔板间距较小,小于结构高度时,裂缝方向为局部区格的对角线方向;当构件的剪跨比较小时,裂缝沿加载点与支座间的斜向进行,这表示存在从加载点到支座间的直接传力路径。试验中同时发现,由于应力集中效应,大部分裂缝从型钢连接件的尖角处开始发展。

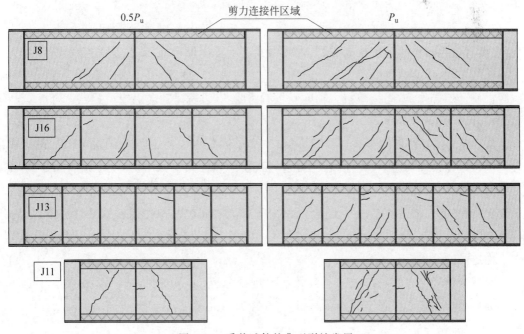

图 5-23　受剪试件的典型裂缝发展

以下通过不同构件的对比,分析混凝土宽度、连接件间距等构造参数对受力特征的影响。

(1)混凝土宽度的影响。如图 5-24(a)所示,J3、J4、J5 混凝土宽度分别为 400mm、200mm、100mm,J4 相比于 J3 承载力下降超过 20%,J5 相比于 J4 承载力下降超过 20%。当混凝土宽度不同时,各个构件的承载力差别较大,说明混凝土对受剪承载力有较大的影响。此外,由于 J4~J6 的混凝土宽度较窄,其结构横隔板屈服达到剪切承载力后,两侧混凝土被不同程度挤出,从而位移明显增加,荷载下降。由于 J5 的混凝土宽度最小,只有100mm,这一现象体现最为明显,其钢板屈服、混凝土挤出后荷载立即下降。由于 J4、J6 的混凝土较宽,混凝土也不易鼓出,所以其达到极限荷载后仍有较好的延性。

(2)连接件间距的影响。如图 5-24(b)所示,对比 J4、J6,两构件仅角钢配置不同,当角钢加密时,构件承载力有一定上升,J6 相比于 J4 承载力提高 8.3%,这是由于密集的加劲肋有利于混凝土斜压机制的形成。

(3)横隔板厚度的影响。如图 5-24(c)所示,对比 J8、J9,构件仅轴向隔板厚度不同,当轴向隔板厚度增加时,构件抗剪承载力增加,其增加幅度与型钢混凝土组合结构技术规程[40]对应的工字钢抗剪承载力公式接近①。

(4)剪跨比的影响。如图 5-24(d)所示,对比 J4、J10、J11,构件的剪跨比不同。在考虑混凝土强度影响后,当剪跨比减小时,构件抗剪承载力增加;当剪跨比从 2.25 减小到 1.88时,抗剪承载力增加幅度不大;当剪跨比从 1.88 减小到 0.94 时,抗剪承载力增加较多。这是由于:当剪跨比大于 1 时,均形成 45°左右的斜压角,抗剪承载力变化不大;当剪跨比小于 1 时,形成的斜压角将大于 45°,抗剪承载力将增加。

(5)轴向隔板配置栓钉的影响。如图 5-24(e)所示,对比 J3、J14,考虑 J3 的混凝土强度较高,配置栓钉对结构抗剪性能有利,但提高幅度有限。原因在于,抗剪拉压杆传力可以通过翼缘板实现,不必通过混凝土与轴向隔板的协调变形。此外,由于轴向隔板配置栓钉可以减缓混凝土压碎推出,间接减缓了轴向隔板的屈曲发展,所以轴向隔板配置栓钉时承载力有少量提升,延性有所增加。

(6)横向隔板布置的影响。如图 5-24(f)所示,对比 J4、J12、J13、J16、J17,构件的横向隔板间距与厚度不同,在排除其他因素的影响后,横向隔板间距减小、厚度增加对构件的抗剪承载力呈有利影响,但试验中此影响很小,基本可以忽略。这是因为,试验中轴向隔板较厚,试件含钢率较大,最后都是混凝土压坏,横向隔板无法同时发挥作用。另外,横向隔板的布置会对混凝土桁架模型中拉杆的形成进行进一步的保障,极大地提高结构的延性,建议将其作为构造措施使用。

对试验得到的翼缘轴向应变与隔板应变进行分析,结果表明,试件无明显剪力滞后效应,同时,结构翼缘屈服晚于隔板屈服,一般在峰值荷载之后,这验证了破坏由剪切控制。

———————————

① 目前文献[40]的标准已经作废,但作者当时研究的时候该标准未作废,作为研究过程的一个对比,仍采用当时适用的标准。

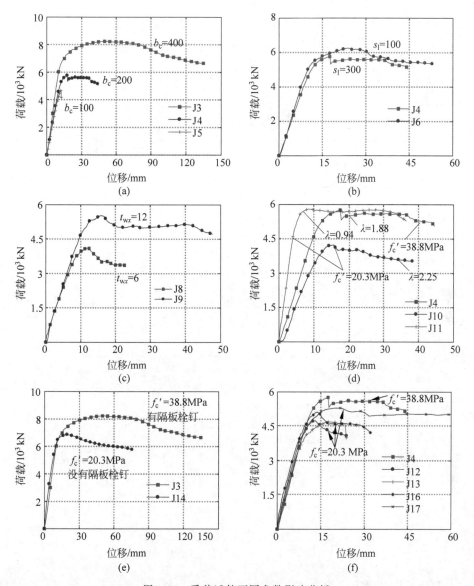

图 5-24 受剪试件不同参数影响分析

（a）混凝土宽度；（b）连接件间距；（c）轴向隔板厚度；（d）剪跨比；（e）轴向隔板配置栓钉；（f）横向隔板布置

图 5-25 给出了轴向隔板部分在总抗剪承载力中的贡献，此部分抗剪承载力通过左右两跨跨中截面的平均剪应力加和得到。从图 5-25 可见，钢结构部分的抗剪贡献为 30%～60%。

4. 试验小结

针对隔舱式钢板-混凝土结构的抗剪性能，设计并完成了 16 个大比例模型抗剪试验，得到了不同试件的荷载-位移曲线，对试验现象进行了分析与讨论。小结如下：

（1）大部分试件出现受剪斜压破坏的模式，腹板屈服及混凝土斜向压溃导致最后破坏。试验结果表明，钢板屈服和混凝土斜压可以同时发挥作用并达到极限状态，不同抗剪机制的承载力可以采取一定方式叠加。

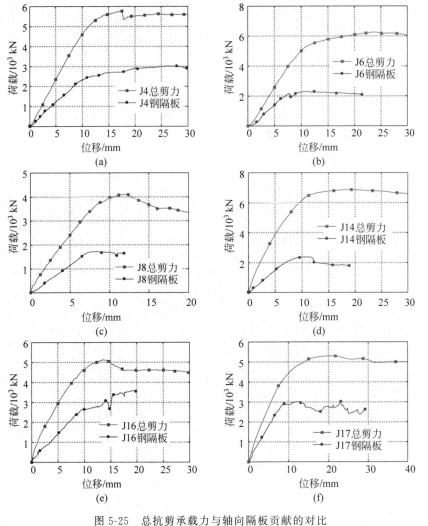

图 5-25　总抗剪承载力与轴向隔板贡献的对比

(a) J4；(b) J6；(c) J8；(d) J14；(e) J16；(f) J17

（2）初始结构裂缝方向约为 45°，之后朝 30°方向发展；当横向隔板间距小于试件高度时，斜裂缝角度大于 45°。应力分析表明，轴向隔板主应力方向大于 45°，说明其不处于纯剪状态，相比于工字钢腹板受剪有所差异，机理更加复杂。

（3）参数分析表明：混凝土宽度与轴向隔板厚度是影响结构抗剪承载力的主要因素；剪跨比、轴向隔板配置栓钉、界面连接对抗剪承载力有一定影响；当含钢率较大时，轴向隔板首先发挥作用，横向隔板设置对抗剪承载力的影响较小，但可提高延性。

5.3.2　受剪理论分析

钢板-混凝土结构的受剪模型与理论需要以混凝土结构、钢结构相关研究作为基础。在混凝土结构设计中，抗剪部分一直是难点。对于细长梁构件，各国规范一般采用桁架模型，对于混凝土开裂角度、骨料咬合作用、斜压破坏限值有不尽相同的规定；对于深梁构件，主要有美国 ACI 规范[41]建议的拉压杆概念模型（strut-and-tie model），但是有关具体计算方法的内容较少。在钢结构设计中,钢梁的抗剪承载力主要由轴向的腹板提供。当腹板厚度足够或者受到有效的横向支撑,不会发生屈曲时,可以按照纯剪状态对应的材料屈服强度进行抗剪设计;当腹板可能屈曲时,需要通过弹塑性屈曲理论,结合试验结果,在抗剪设计中考虑稳定性。

钢板-混凝土结构包含混凝土与钢两种材料,并通过剪力连接件形成组合作用。在受剪过程中,混凝土可以与腹板、钢隔板等连接措施组成桁架,通过类似钢筋混凝土桁架的机制承担剪力。当配置腹筋等离散的连接措施时,其抗剪机理与钢筋混凝土类似;当配置钢隔板等连续的连接措施时,抗剪机理更为复杂。此外,相关研究表明,钢板-混凝土结构由于钢翼缘宽度大,相比于钢筋混凝土结构有更加明显的销栓作用,设计中不能忽略。本节基于上文所述试验,对抗剪机理更加复杂的配置钢隔板的钢板-混凝土结构进行理论分析。

钢板-混凝土结构在受剪过程中,其抗剪承载力并非混凝土与钢结构部分的简单叠加。经分析,其抗剪承载力主要由三部分构成。

1. 组合桁架机制

当混凝土与钢板通过连接件组合成整体时,组合桁架机制为两种材料协调作用的组合抗剪机制,与两者各自单独承担剪力时的内在机理有着本质的不同。经典抗剪桁架模型由拉压杆共同组成,离散的抗剪桁架模型如图 5-26 所示。在钢筋混凝土结构抗剪中,混凝土作为斜压杆,钢筋作为拉杆,结构的抗剪承载力为两者破坏的较小值。

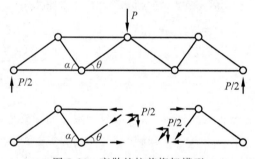

图 5-26　离散的抗剪桁架模型

在钢板-混凝土结构中,混凝土与轴向隔板是连续分布的。试验中混凝土出现斜压破坏,说明混凝土承担了斜压杆的作用。为了平衡斜向压应力,轴向隔板与横向隔板可以像腹筋一样提供抗拉作用,作为拉杆。其中,轴向隔板连续分布,横向隔板离散分布。此外,抗剪桁架模型中的上弦杆由混凝土和上翼缘钢板共同构成,下弦杆由下翼缘钢板构成。在构件的斜截面中,剪力分别为斜压杆与斜拉杆中的竖向分力,与外部剪力平衡。基于隔舱式钢板-混凝土结构,连续分布的抗剪桁架模型如图 5-27 所示,其中,混凝土构成斜压杆(主压应力),双向隔板构成斜拉杆(主拉应力)。设斜压杆角度为 α_1,轴向隔板中的斜拉杆角度为 θ,通常情况下主压应力与主拉应力垂直,有 $\alpha_1 + \theta = 90°$,即混凝土在主拉应力方向开裂。对于横向隔板,其受单向应力,方向 α_2 为构件布置方向,一般为 $90°$。当混凝土斜向压溃,由斜压杆破坏控制的结构抗剪承载力为

$$V_{uc} = f_{vud} b_c z \tag{5-20}$$

$$f_{vud} = 1.25\sqrt{f'_c} \tag{5-21}$$

其中,V_{uc}——双钢板组合沉管隧道结构中混凝土斜压杆破坏时的抗剪承载力;

　　　　f_{vud}——混凝土斜压杆破坏剪切设计强度,采用日本规范[1]的取值;

　　　　b_c——混凝土宽度;

　　　　z——混凝土受剪区高度,等于弯矩作用下混凝土受压区中心与受拉翼缘中心的距离;

　　　　f'_c——混凝土轴心抗压强度。

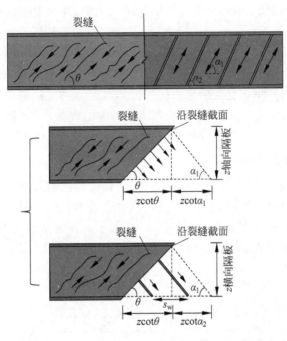

图 5-27　钢板-混凝土结构的连续抗剪桁架模型

　　若沿混凝土斜裂缝方向将结构截开,不考虑上下翼缘的销栓作用,则截面上的竖向应力只有纵横隔板上拉应力的分量,由竖向力的平衡条件,此部分应力对应截面剪力。在试验研究与理论分析中,纵横向隔板在抗剪过程中都可以达到屈服,当纵横隔板屈服时,组合桁架抗剪模型中拉杆破坏控制的抗剪承载力为

$$V_{ut} = \frac{\sin\alpha_1}{\sin\theta} z t_{wx} f_y + \sin\alpha_2 \frac{(\cot\theta + \cot\alpha_2)z}{s_w} A_t f_y \tag{5-22}$$

其中,V_{ut}——钢板-混凝土结构中拉杆破坏时的抗剪承载力;

　　　　A_t——横向隔板的截面面积;

　　　　θ——混凝土斜压杆与水平方向的夹角;

　　　　α_1——轴向隔板斜拉杆应力方向与水平方向的夹角;

　　　　α_2——横向隔板与水平方向的夹角;

　　　　t_{wx}——轴向隔板厚度;

　　　　f_y——钢材屈服强度;

　　　　s_w——横向隔板间距。

　　根据相关文献的研究结果,建议 θ 取 $30°$,α_1 取 $60°$。同时应注意,当横向隔板间距较大,在抗剪斜截面中无横向隔板时,设计中考虑到安全性,横向隔板对抗剪承载力的贡献应

不予考虑。

当 θ 取 30°，α_1 取 60°，α_2 取 90° 时，钢板-混凝土组合桁架机制的抗剪承载力 V_{truss} 如下式所示：

$$V_{\text{truss}} = \min(V_{\text{uc}}, V_{\text{ut}}) = \min\left(1.25\sqrt{f_c'}, \sqrt{3}f_y \frac{t_{\text{wx}} + A_t/s_w}{b_c}\right)b_c z \qquad (5\text{-}23)$$

上述模型受剪区高度均采用 z，即构件弯矩作用下混凝土受压区中心与受拉翼缘中心的距离。由于在实际结构中剪力较大处一般为节点，若为固支节点则弯矩也较大，需要考虑弯矩的不利影响，对有效受剪区域进行折减；当弯矩较小时，可按实际高度计算。

2. 腹板纯剪机制

当不存在混凝土时，配置钢隔板的钢板-混凝土结构将退化为钢结构。此时，轴向隔板相当于工字钢腹板，横向隔板相当于加劲肋。在此钢结构中，抗剪承载力由腹板（轴向隔板）纯剪机制提供。

当存在混凝土时，轴向隔板不仅作为钢腹板通过纯剪机制发挥作用，同时也在上文提到的组合桁架机制中作为斜拉杆发挥作用。如何定量求得轴向隔板在两种机制中的占比十分重要。在实际结构加载中，随着剪力的增加，两种抗剪机制会同时发挥作用，各自的抗剪贡献程度与抗剪刚度有关。随着混凝土开裂以及结构塑性的发展，不同抗剪机制的刚度将发生变化，对总抗剪承载力的贡献也随之变化。在轴向隔板屈服后，塑性流动可以进一步发展，通过在两种机制中的应力重分布，可以达到更高的抗剪承载力。本推导假定钢材延性良好，两种机制的应力重分布可以充分发展，使得抗剪承载力在可能组合中达到最大。基于此推论，由于抗剪桁架机制提供的抗剪承载力更大，材料利用效率更高，所以在抗剪极限状态中，轴向隔板首先作为斜拉杆参与抗剪桁架机制，如果仍有富余，再作为钢腹板参与纯剪机制。如果 $V_{\text{uc}} < V_{\text{ut}}$，那么抗剪桁架机制中轴向隔板斜拉杆的拉应力按下式计算：

$$f_t = \frac{f_{\text{vud}}b_c}{\dfrac{\sin\alpha_1}{\sin\theta}t_{\text{wx}} + \sin\alpha_2\dfrac{\cot\theta + \cot\alpha_2}{s_w}A_t} \qquad (5\text{-}24)$$

式中，f_t——轴向隔板斜拉杆拉应力，其方向与水平方向的夹角为 α_1。

轴向隔板参与不同抗剪机制的应力分解莫尔圆如图 5-28 所示：点 A 为抗剪桁架机制中斜拉杆在 α_1 方向的应力状态，处于纯拉状态，其应力莫尔圆与 τ 轴相切；点 B 为将点 A 状态旋转到竖直方向，此时对应的正应力为 σ_{rx}，剪应力为 τ_r；点 C 为应力状态 B 与第二机制纯剪应力 τ_p 的叠加，为实际的在竖直方向的应力状态。基于应力莫尔圆以及 von Mises 屈服理论，斜拉杆拉应力 f_t 与纯剪应力 τ_p 在钢材屈服时满足以下方程：

$$f_t^2 + 3f_t\tau_p\sin(2\alpha_1) + 3\tau_p^2 = f_y^2 \qquad (5\text{-}25)$$

当 θ 取 30°，α_1 取 60°，α_2 取 90° 时，可以求得

$$f_t = \frac{f_{\text{vud}}b_c}{\sqrt{3}(t_{\text{wx}} + A_t/s_w)} \qquad (5\text{-}26)$$

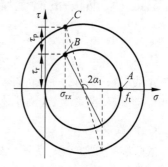

图 5-28 轴向隔板参与不同抗剪
机制的应力分解莫尔圆

$$\tau_{\mathrm{p}} = -\frac{\sqrt{3} f_{\mathrm{t}}}{4} + \frac{\sqrt{12 f_{\mathrm{y}}^2 - 21 f_{\mathrm{t}}^2 / 4}}{6} \tag{5-27}$$

则腹板纯剪机制提供的抗剪承载力 V_{web} 为

$$V_{\mathrm{web}} = \tau_{\mathrm{p}} z t_{\mathrm{w,x}}, \quad V_{\mathrm{uc}} < V_{\mathrm{ut}} \tag{5-28}$$

3. 翼缘销栓机制

在钢板-混凝土结构中,翼缘受到混凝土的支撑,与钢筋混凝土中的纵筋相似,翼缘在受剪过程中将通过销栓机制提供抗剪承载力。与钢筋混凝土结构类似,受拉翼缘处的裂缝导致销栓变形更加明显,因此仅建议考虑受压翼缘的销栓机制。对 5.3.1 节中的试验数据进行回归分析,销栓机制承担的剪力按下式计算:

$$V_{\mathrm{dowel}} = 0.1 f_{\mathrm{y}} b_{\mathrm{s}} t_{\mathrm{b}} \tag{5-29}$$

式中,V_{dowel}——钢板-混凝土翼缘销栓机制提供的抗剪承载力;

b_{s}——翼缘宽度;

t_{b}——受拉翼缘厚度。

4. 总抗剪承载力

基于以上推导,钢板-混凝土结构的总抗剪承载力 V_{u} 为

$$V_{\mathrm{u}} = V_{\mathrm{truss}} + V_{\mathrm{web}} + V_{\mathrm{dowel}} \tag{5-30}$$

采用该理论模型,对 5.3.1 节中试件的抗剪承载力进行预测,精度较好,平均误差仅为 4.0%,最大误差不超过 15%。平均来说,三种抗剪机制在总抗剪承载力中的贡献分别为 35.1%、47.0%、17.9%,可见第一、二机制均占比较大,起主导作用,而翼缘销栓机制的抗剪贡献同样不可忽视,且这种抗剪机制的作用在钢板-混凝土结构中比在钢筋混凝土结构中更加明显。目前的理论模型尚未反映剪跨比的影响,深梁抗剪机理有待进一步研究。

5.4　冲切性能

5.4.1　钢板-混凝土结构冲切试验

本节对钢板-混凝土结构冲切性能的相关试验进行介绍[22,42],以作为理论分析与设计方法研究的依据。研究对象为近年来在桥梁工程中应用较多的钢-UHPC 组合桥面板,重点关注其在轮载下的局部抗冲切性能。相比于传统正交异性钢桥面,钢-UHPC 组合桥面板具有自重轻、刚度大、应力水平低、抗疲劳性能好的优势。

1. 试验设计

试验装置如图 5-29 所示。板中心的集中荷载通过 5000kN 试验机进行加载,加载区域的面积由千斤顶下的钢垫块来控制。组合板试件置于四边简支的支座上,支座上下均设有平钢板垫块,以保证有效支承。由于钢板具有很好的延性,初步预测该类型试件在发生破坏前的变形可能较大,因此支座全部采用三角支座,未设置滚轴支座。四边支座置于"回"字形底座梁上。为方便测量板底变形等数据,在"回"字形底座梁下又增设一对工字梁,以保证板底下方有足够的操作空间。

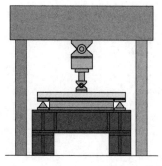

图 5-29　冲切试验加载装置

试验构件主要分为两种,分别为板内配置钢筋网的构件以及板内无钢筋网的构件。通过两批试验,对集中荷载作用下钢-UHPC 组合板的弯曲破坏和冲切破坏进行区分和比较,并考虑 UHPC 层厚度、钢板厚度、集中荷载区域面积、栓钉直径、栓钉间距等参数,对钢-UHPC 组合板冲切破坏的机理进行深入研究。

构件尺寸为 800mm×800mm,钢板厚度均为 12mm,UHPC 层厚度均为 50mm。对于配置钢筋网的构件,UHPC 内配置单层双向钢筋网,钢筋等级为 HRB400,直径为 10mm,上层钢筋距顶面 10mm。配置钢筋网试件参数如表 5-20 所示,包含 4 组不同参数的构件,其中 F1 组包含 4 个相同的构件,其他每组分别包含 2 个相同的构件,以保证试验结果的可靠性。无钢筋网试件参数如表 5-21 所示,共计 12 个,参数变化包括 UHPC 层厚度、钢板厚度、栓钉布置、加载区域面积(冲跨比)等。对于 UHPC 层厚度为 75mm 的构件,栓钉高度为 60mm;对于 UHPC 层厚度为 50mm 的构件,栓钉高度为 35mm;对于 UHPC 层厚度为 35mm 的构件,无法采用栓钉连接件,该类构件采用焊接钢筋网代替栓钉连接件,该连接方式能够满足剪力连接的需求。

表 5-20　配置钢筋网冲切试验构件参数　　　　　　　　　　　单位:mm

构件编号	构件尺寸(长×宽)	UHPC 层厚度	钢板厚度	栓钉间距	栓钉直径	支承方式
F1	800×800	50	12	250	13	四边支承
F2				250	10	四边支承
F3				125	13	四边支承
F4				250	13	对边支承

表 5-21　无钢筋网冲切试验构件参数　　　　　　　　　　　单位:mm

构件编号	板　厚	栓钉间距	加载边长	钢板厚度
P1	75	200	100	8
P2		120	100	8
P3		200	80	8
P4		200	125	8
P5		200	100	12
P6		200	100	10
P7		—	100	—

续表

构 件 编 号	板　　厚	栓 钉 间 距	加 载 边 长	钢 板 厚 度
P8	50	200	100	8
P9		200	100	12
P10		—	100	—
P11	35	200(焊接钢筋网)	100	8
P12		—	100	—

试验测量的数据主要包括：施加在钢-UHPC组合板中心的竖向集中荷载,通过力传感器进行测量；钢-UHPC组合板底部中心点竖向挠度以及垂直板边缘距离中心一定距离处的竖向挠度,通过架设在构件下方的位移计进行测量；钢板与UHPC层间滑移,通过架设在构件侧面的位移计进行测量；钢板底面垂直板边及对角线方向不同位置的应变,通过贴在钢板底面的应变片进行测量。测点布置及编号如图5-30所示。

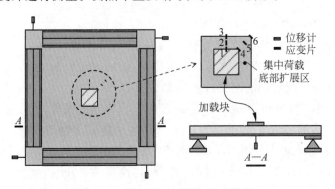

图5-30　冲切试验测点布置及编号

在材性试验中,通过预留100mm立方体试块测得UHPC抗压强度平均值f_{cu},通过20mm宽钢材材性试件测得钢材的屈服强度f_y和极限强度f_u。根据材性试验结果计算平均值,配置钢筋网试件$f_{cu}=154.6\text{MPa}$,无钢筋网试件$f_{cu}=120.3\text{MPa}$,两试验的钢材材性一致,$f_y=445.5\text{MPa}$,$f_u=589.1\text{MPa}$。

2. 试验现象与结果

配置钢筋网试件的典型试验现象如表5-22所示。其破坏模式主要取决于支承方式的不同,而栓钉布置并未从根本上改变试件的破坏模式。对于四边支承的构件,一方面,在破坏时UHPC层形成了明显的锥形破坏面,这一现象属于冲切破坏的特征；另一方面,在试验结束后将UHPC层与钢板层剥离,可以看到,UHPC底面沿对角线方向出现明显的裂缝,如图5-31所示。根据板的塑性铰线理论,UHPC层沿裂缝形成塑性铰,这又属于弯曲破坏模式。钢板也形成了较为明显的屈服线,而且,显然钢板的屈服早于构件最终破坏。综合以上分析,四边支承的构件应当属于弯曲破坏和冲切破坏的复合模式。对边支承构件的破坏模式则与上述弯曲破坏的屈服线机制明显不同。从试验现象来看,对边支承构件的表面裂缝基本与构件两边平行,并未出现沿对角线方向的裂缝,构件呈现出明显的单向破坏。当裂缝发展至构件边缘时,其形态也类似于梁式构件的破坏,在板侧面形成裂缝。构件破坏形态如图5-32所示。

表 5-22　配置钢筋网试件的典型试验现象

构件编号	荷载/kN	试 验 现 象
F1-1	250	加载区域附近 UHPC 表面出现微裂缝,听到开裂声
	400	加载区域四边附近出现裂缝,可观察到板中心区域的变形,开裂声(钢纤维断裂声)增多
	500	UHPC 表面西北、西南及东南对角线方向裂缝发展超过 10cm,构件四边 UHPC 与钢板明显分离,伴有持续开裂声
	700	UHPC 表面四个对角线方向裂缝长度超过 30cm,加载区域四周全部开裂,下沉变形较为明显,伴有大量开裂声
	800	UHPC 表面四个对角线方向裂缝贯通至构件侧面,构件四角明显翘起
	1000	UHPC 与钢板界面测点位置滑移达到 10mm,UHPC 表面裂缝数量及宽度进一步增加
	1155	UHPC 中心区域完全破坏,栓钉密集发生断裂,UHPC 板与钢板分离
	破坏后	UHPC 板退出工作,仅钢板在集中荷载作用下变形持续增加,当支座无法继续转动时停止加载
F2-1	250	UHPC 表面加载区域附近出现细小裂缝,听到轻微的钢纤维断裂声
	350	UHPC 表面东北和西南对角线方向出现明显裂缝,持续听到钢纤维断裂声
	500	UHPC 表面东北和西南方向裂缝迅速发展,西北和东南方向也出现裂缝
	600	对角线方向裂缝继续发展,中心加载区域出现明显开裂下沉
	900	裂缝基本停止发展,中心加载区域继续快速下沉
	1007	UHPC 中心加载区域完全破坏,栓钉开始密集断裂
	破坏后	UHPC 层退出工作,构件完全破坏,随后停止加载
F3-1	300	UHPC 表面加载区域附近出现细小裂缝,听到轻微的钢纤维断裂声
	450	UHPC 表面西北、东北、东南对角线方向均出现明显裂缝,持续听到钢纤维断裂声
	550	UHPC 表面四条对角线方向裂缝均迅速发展,裂缝长度超过 150mm,构件四角轻微翘起
	750	UHPC 表面对角线方向裂缝继续发展并贯通至构件边缘
	1000	UHPC 表面裂缝进一步发展,四角明显翘起,并在四角位置出现若干新裂缝
	1050	中心加载区域出现下沉,板中心位置挠度快速增加
	1120	UHPC 中心加载区域完全破坏,栓钉开始密集断裂
	破坏后	UHPC 层退出工作,构件完全破坏,随后停止加载
F4-1	300	UHPC 表面裂缝迅速发展并贯通至构件侧面,构件荷载达到峰值
	峰值后	构件荷载下降,中心位置挠度快速增长,UHPC 表面东侧出现对称裂缝
	破坏后	裂缝迅速发展,构件破坏,随后停止加载

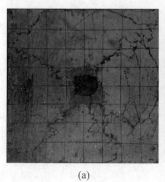

(a)　　　　　　　　　　(b)

图 5-31　UHPC 层裂缝分布

(a) 上表面；(b) 下表面

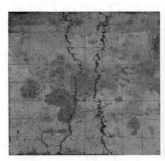

图 5-32　构件 F4-1 破坏模式

　　配置钢筋网试件的试验结果如表 5-23 所示,其典型荷载-位移曲线如图 5-33 所示。对于四边支承的构件,当施加的荷载达到第一次峰值时,试件栓钉发生破坏,UHPC 层与钢板分离并几乎完全退出工作。随后钢板部分仍然能够继续承受荷载,试件变形持续增加。由于支座本身转动能力有限,栓钉破坏后过大的变形对于本研究已经没有意义,因此在本研究中定义试件的极限荷载为构件加载过程中的第一次峰值荷载,相应时刻的位移定义为试件的极限位移。对于两边支承的构件,荷载达到峰值后开始下降,后期虽然钢板能够继续承受荷载,但此时构件已经破坏,因此定义该峰值荷载为构件的极限荷载,相应时刻的位移为极限位移。

表 5-23　配置钢筋网试件的试验结果

编　号	极限荷载/kN	极限位移/mm	平均极限荷载/kN	标准差/kN
F1-1	1154.7	73.6	1051.5 (1106.8)	116.2 (43.4)*
F1-2	1095.7	74.2		
F1-3	1070.0	70.9		
F1-4	885.4	62.1		
F2-1	1007.1	71.7	1025.6	26.1
F2-2	1044.0	67.6		
F3-1	1121.5	73.6	1127.1	7.9
F3-2	1132.6	77.5		
F4-1	298.8	12.8	271.2	39.1
F4-2	243.5	12.9		

　　*注:构件 F1-4 存在一定初始缺陷,括号内的数值为除去 F1-4 的结果。

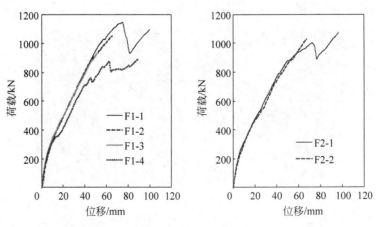

图 5-33　配置钢筋网试件的典型荷载-位移曲线

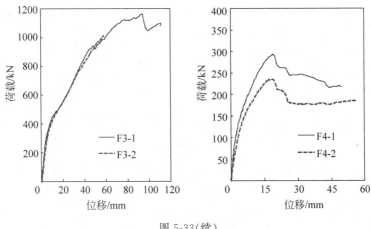

图 5-33（续）

　　无钢筋网试件的典型试验现象如表 5-24 所示，汇总的试验结果如表 5-25 所示。根据试验现象，构件一般在第一次达到峰值荷载后开始快速形成冲切破坏面。因此，定义构件的极限承载力为构件荷载第一次达到峰值并开始发生破坏时的数值。相应的，构件的极限位移定义为第一次达到极限承载力时对应的中心挠度。从试验结果来看，无钢筋网试件的破坏明显更符合冲切破坏的模式。在试验中，组合板构件的破坏模式均为比较典型的冲切破坏。概括来说，在加载初期，构件表面未出现裂缝；当荷载接近极限承载力时，在构件表面加载区域附近开始观察到开裂现象；当荷载第一次达到峰值后，UHPC 沿锥形面开裂；开裂过程持续一段时间，期间荷载基本维持不变或略有下降，裂面上钢纤维不断拔出或断裂，最终构件完全破坏。构件的典型破坏形态如图 5-34 所示。从图 5-34 可以看出，在发生破坏时，构件中心区域形成明显的冲切破坏面，而破坏面之外的 UHPC 并未发生开裂。在试验结束后，将 UHPC 层撬开并观察其破坏面，如图 5-35 所示。在该试验中，冲切破坏面母线与竖直方向的夹角约为 60°，大于配置钢筋网的构件的破坏角度。对于无钢板的纯 UHPC 构件，在试验中均发生弯曲破坏，没有形成冲切破坏面。构件在达到极限承载力时，中心变形较大，且对角线方向发生开裂。

表 5-24　无钢筋网试件的典型试验现象

构件编号	荷载/kN	试 验 现 象
P1	100	支座界面水泥浆出现轻微开裂声，构件表面完好
	320	出现轻微钢纤维断裂声，构件表面未出现开裂
	450	出现密集的钢纤维断裂声，在构件表面中心区域四周开始观察到开裂
	峰值后	峰值荷载约为 455kN，荷载达到峰值后开始缓慢下降，冲切破坏面上的钢纤维不断拔出或断裂，破坏面逐渐形成
	破坏后	栓钉也开始陆续发生破坏，构件完全破坏，随后停止加载
P2	350	荷载达到 350kN 时，现象与 P1 一致，构件表面未见破坏
	590	突然出现较大破坏声，同时荷载发生突降。推测该破坏为栓钉破坏
	峰值后	荷载继续上升一小段，伴随密集钢纤维断裂声，在构件表面观察到开裂
	破坏后	荷载第二次达到峰值约 511kN，并开始缓慢下降，此时冲切破坏面已开始形成，裂面间钢纤维尚未完全破坏，但构件整体已无法承受更大荷载

续表

构件编号	荷载/kN	试 验 现 象
P3	300	在荷载小于 300kN 之前现象与 P1 一致,构件表面未见破坏
	350	出现密集钢纤维断裂声,在 UHPC 表面观察到开裂
	峰值后	峰值荷载约为 365kN,荷载达到峰值后略有下降,并持续稳定一段时间,冲切破坏面快速形成
	破坏后	位移达到 7.5mm 左右时,有栓钉发生破坏,荷载突降,随后停止加载
P8	100	支座界面水泥浆出现轻微开裂声,在构件表面未观察到破坏
	150	出现若干次不太大的响声,推测为 UHPC 内部发生损伤
	230	钢纤维开始密集发生断裂,构件荷载增速变缓,观察到构件表面开裂
	峰值后	荷载峰值约为 285kN,随后开始下降。此时冲切破坏面逐渐形成,裂面间钢纤维大量断裂
	破坏后	UHPC 完全冲切破坏,仅钢板在集中荷载作用下变形持续增加,随后停止加载
P9	100	听到轻微的钢纤维断裂声及水泥浆开裂声,构件表面完好
	200	荷载出现短暂下降,很快继续上升。此时构件表面现象尚不明显,推测为栓钉焊接不良而发生局部破坏
	310	在 UHPC 表面观察到开裂,并开始出现持续破坏的响声。此时认为荷载达到峰值,之后有所下降
	破坏后	经过一段时间,构件冲切破坏面基本形成。钢板在集中荷载作用下继续受力,荷载开始上升,随后停止加载
P11	150	在荷载小于 150kN 之前现象与 P1 基本一致
	220	开始出现大量钢纤维断裂声,同时观察到 UHPC 表面开裂
	破坏后	荷载维持在 215kN 左右,构件变形急剧增加,形成明显的冲切破坏面,随后停止加载

表 5-25 无钢筋网试件的试验结果汇总

构件编号	板厚/mm	极限承载力/kN	极限位移/mm
P1	75	455.2	9.44
P2		591.9	4.94
P3		368.2	4.61
P4		493.5	8.98
P5		511.1	10.84
P6		464.5	9.18
P7		121.2	5.53
P8	50	284.5	9.25
P9		307.4	7.44
P10		60.4	7.04
P11	35	221.7	7.40
P12		35.5	6.74

3. 试验结果分析

通过对比不同参数试件的试验结果,可以发现,试件承载力随 UHPC 层厚度的增加而明显增加,且 UHPC 层厚度对构件冲切破坏的初始刚度和极限承载力影响较大。当 UHPC

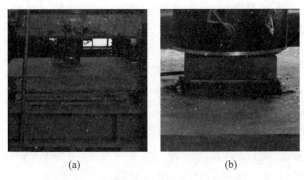

图 5-34　无钢筋网试件的典型破坏形态
(a) 整体；(b) 局部

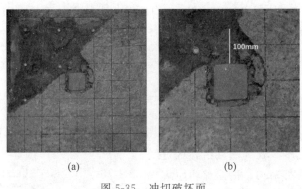

图 5-35　冲切破坏面
(a) 整体；(b) 局部

厚度增加 1 倍时，其极限承载力也增大了几乎 1 倍。

随着钢板厚度的增加，构件的极限承载力也有所增加。但与 UHPC 层厚度的影响程度相比，钢板厚度对构件冲切破坏承载力影响相对较小。在本试验中，当钢板厚度增加 50%时，构件承载力提高了约 12%。

加载区域面积对构件的初始刚度并无影响，这是由于构件本身是相同的。而对于冲切破坏承载力，加载区域面积则有一定的影响。加载区域面积越大，构件极限承载力也越高。从冲切破坏的角度来看，这是由于加载区域的面积（边长）决定了冲切破坏形成的锥形破坏面的范围，当加载区域面积较大时，形成的破坏面面积也较大，相应的极限承载力就有所增加。

栓钉连接件的布置对构件刚度产生一定影响，但栓钉的承载力对构件整体承载力的贡献比例不大，对极限承载力的影响程度也较小。

4. 试验小结

10 块配置钢筋网、9 块无钢筋网钢-UHPC 组合板以及 3 块纯 UHPC 板在集中荷载作用下的破坏试验表明：配置较密钢筋网的钢-UHPC 组合板，在集中荷载作用下的破坏模式为弯曲破坏与冲切破坏的结合；对于未配置较密钢筋网的钢-UHPC 组合板，在集中荷载作用下的破坏模式以冲切破坏为主，构件极限承载力与前者相比下降较多。

对于配置钢筋网的钢-UHPC 组合板，由于 UHPC 层厚度很小（50mm），一层钢筋网

（双向直径各为 10mm，总计厚度 20mm）占到 UHPC 层高度的一半左右，这使得钢筋网能够为 UHPC 层贡献较大的弯曲承载力。且由于组合板中钢板厚度较大（12mm），这使得弯曲破坏模式得到进一步发展。但与此同时，UHPC 层从出现裂缝开始，就持续沿冲切破坏的锥形面方向开裂。由于钢纤维和钢筋等共同作用，UHPC 层从出现裂缝到裂缝间失去承载能力需要经历一个相当长的过程。这一系列机理最终导致钢-UHPC 组合板发生弯曲与冲切的复合破坏。

对于无钢筋网钢-UHPC 组合板，在中心区域形成锥形破坏面之前，构件其他部分并未发生明显破坏，在其表面未观察到其他开裂。当 UHPC 层开裂后，裂面间钢纤维继续承受荷载。在钢纤维和底部钢板的共同作用下，构件整体并未发生脆性破坏。其破坏过程持续一段时间，最终 UHPC 层完全破坏。

通过对不同参数试件分组分析可知：UHPC 层厚度越大，构件承载力越高；钢板厚度越大，构件承载力越高；加载区域面积越大，构件承载力越高。而栓钉布置主要影响构件的早期刚度，对极限承载力的贡献相对较小。

5.4.2　冲切理论分析

1. 冲切破坏基础理论及模型

钢-UHPC 组合板的冲切破坏模型如图 5-36 所示[42]。假设冲切形成的锥形体在集中荷载下发生竖向虚位移 u，δ 为塑性滑移区宽度，其他参数的含义详见图 5-36。根据虚功原理，外荷载在竖向虚位移上做的虚功，应该等于混凝土部分内力所做的虚功，加上钢筋和钢板内力所做的虚功。

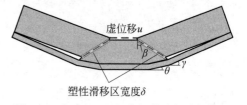

图 5-36　钢-UHPC 组合板的冲切破坏模型

据此可以建立如下方程：

$$P_u = W_{UHPC} + W_{sp} + W_s$$

$$= \int_V |\sigma\varepsilon_n + \tau\gamma_{nt}| \, dV + f_y\varepsilon_s A_{s0}\delta + f_{sp}\varepsilon_{sp} A_{s1}\delta \tag{5-31}$$

其中，塑性区 UHPC 单位体积为

$$dV = (4a + 2\pi r)\delta \frac{dz}{\cos\beta} \tag{5-32}$$

其中，a——上表面加载区域边长。

塑性区 UHPC 应变分量为

$$\varepsilon_n = \frac{u\sin\beta}{\delta}, \quad \gamma_{nt} = \frac{u\cos\beta}{\delta} \tag{5-33}$$

穿过锥形面的钢筋面积为

$$A_{s0} = \rho_s(4a + 2\pi r')h_0 \tag{5-34}$$

锥形面对应的钢板面积为

$$A_{s1} = t(4a + 2\pi R') \tag{5-35}$$

钢筋应变为

$$\varepsilon_s = \frac{u\sin\theta}{\delta} \tag{5-36}$$

钢板应变为

$$\varepsilon_{sp} = \frac{u\sin\gamma}{\delta} \tag{5-37}$$

式中，ρ_s——单向的纵筋配筋率；

r'和R'——考虑转动后的冲切加载区域边缘到临界破坏面的垂直距离。

根据文献[43]的推导，可以得到如下结果：

$$r' = h_0 \frac{\tan\beta}{1+\tan\beta\tan\theta} \tag{5-38}$$

$$R' = \left(h+\frac{t}{2}\right)\frac{\tan\beta}{1+\tan\beta\tan\gamma} \tag{5-39}$$

其中，h_0——钢筋截面中心距板顶面的平均刚度；

h——UHPC板厚度；

t——钢板厚度。

通过上述方程求解构件的极限承载力，还需要β、θ和γ。其中，β是根据塑性破坏准则来确定的，而θ和γ无法直接求解，需要通过经验方法和试验拟合方法来估算。为了简化计算，这里近似认为θ和γ相等。以下首先引入UHPC的强度准则。

针对冲切破坏的理论推导，不同学者采用了不同的混凝土强度准则模型进行分析。文献[44]在分析混凝土板的冲切破坏问题时，采用了双剪应力强度理论。该强度准则的破坏条件为

$$\begin{cases} F = \sigma_1 - \dfrac{1}{2m}(\sigma_2+\sigma_3) = f_t, & F \geqslant F' \\ F' = \dfrac{1}{2}(\sigma_1+\sigma_2) - \sigma_3/m = f_t, & F < F' \end{cases} \tag{5-40}$$

式中，f_t——材料的抗拉强度；

$\sigma_1,\sigma_2,\sigma_3$ $(\sigma_1>\sigma_2>\sigma_3)$——混凝土主应力；

m——材料的抗压、抗拉强度之比，$m=f_c/f_t$。

这一准则形式相对简洁，计算结果与试验结果吻合较好。但这一强度准则并未考虑单轴强度、双轴强度的不同，计算得到的锥体母线与竖直方向夹角也相对偏大。

文献[45]在分析混凝土中栓钉拔出的冲切破坏机制时，采用了文献[46]提出的双剪应力三参数模型。该模型考虑了静水压力的影响，其破坏条件为

$$\begin{cases} F = \sigma_1 - \dfrac{\sigma_2+\sigma_3}{2} + \beta\left(\sigma_1+\dfrac{\sigma_2+\sigma_3}{2}\right) + \dfrac{a}{3}(\sigma_1+\sigma_2+\sigma_3) = c, & F \geqslant F' \\ F' = -\sigma_3 + \dfrac{\sigma_1+\sigma_2}{2} + \beta\left(\sigma_3+\dfrac{\sigma_1+\sigma_2}{2}\right) + \dfrac{a}{3}(\sigma_1+\sigma_2+\sigma_3) = c, & F < F' \end{cases} \tag{5-41}$$

如n近似取1.20，将其代入上述公式，可以得到：

$$\beta = \frac{3-4m}{3+3m} \tag{5-42}$$

$$a = \frac{m}{1+m} \tag{5-43}$$

$$c = \frac{2m}{1+m} f_t \tag{5-44}$$

记 $m = f_c / f_t$，m 为材料单轴抗压、单轴抗拉强度之比。

由于冲切问题具有轴对称的特点，在过去的研究中通常将其视为平面应变问题，本节采用这一假设，如下式所示：

$$E\varepsilon_2 = \sigma_2 - \nu(\sigma_1 + \sigma_3) = 0 \tag{5-45}$$

假设 UHPC 泊松比 ν 为一常数（文献中一般取 0.2，对于塑性分析也可取 0.5），将式(5-45)代入某种破坏准则方程中，可得

$$\begin{cases} F = f(\sigma_1, \sigma_3, \cdots) = f_t, & F \geqslant F' \\ F' = f'(\sigma_1, \sigma_3, \cdots) = f_t, & F < F' \end{cases} \tag{5-46}$$

即可以将破坏准则方程写成 σ_1 和 σ_3 的函数。设破坏面上的正应力和剪应力分别为 σ 和 τ，相应的极限应力圆方程为

$$G = \left(\sigma - \frac{\sigma_1 + \sigma_3}{2}\right)^2 + \tau^2 - \left(\frac{\sigma_1 - \sigma_3}{2}\right)^2 = 0 \tag{5-47}$$

将式(5-46)代入式(5-47)，可得

$$G(\sigma, \tau, \sigma_3) = 0 \tag{5-48}$$

对式(5-48)求偏导，可得

$$\frac{\partial G}{\partial \sigma_3} = 0 \tag{5-49}$$

联立式(5-48)和式(5-49)即可以解得包络线方程。根据包络线方程及材料参数，可以解出包络线与 σ 轴的夹角为 α。根据塑性理论关联流动法则，对于上述冲切锥形面母线与垂直方向夹角 β，有 $\tan\beta = \tan\alpha$，因此 $\beta = \alpha$。由此可以得到冲切破坏分析模型的关键参数 β。根据这一夹角值，结合界面塑性极限分析，就能够计算得到板的冲切破坏承载力。

对于前面提到的双剪应力强度准则，从其表达式可以看出，式中仅包含 σ_1、σ_2 和 σ_3 的一次项。这样可以将式(5-46)写成

$$\begin{cases} F = k_1\sigma_1 - k_2\sigma_3 = f_t, & F \geqslant F' \\ F' = k_1'\sigma_1 - k_2'\sigma_3 = f_t, & F < F' \end{cases} \tag{5-50}$$

通过联立式(5-48)和式(5-49)，并代入式(5-50)，可以解得

$$\begin{cases} (k_2 - k_1)\sigma = (-1 \pm 2\sqrt{k_1 k_2 \tau}) f_t \\ (k_2' - k_1')\sigma = (-1 \pm 2\sqrt{k_1' k_2' \tau}) f_t \end{cases} \tag{5-51}$$

由式(5-51)可得

$$\tan\alpha = \left| \frac{k_2 - k_1}{2\sqrt{k_1 k_2}} \right| \tag{5-52}$$

上述解为一般形式的通解，只需代入破坏准则即可快速方便地进行计算。此处分别采用双剪应力强度准则和双剪应力三参数强度准则进行分析。将式(5-45)代入双剪应力强度理论的破坏准则，得

$$\begin{cases} F = \dfrac{4m-1}{4m}\sigma_1 - \dfrac{3}{4m}\sigma_3 = f_t, & F \geqslant F' \\ F' = \dfrac{3}{4}\sigma_1 - \dfrac{4-m}{4m}\sigma_3 = f_t, & F < F' \end{cases} \tag{5-53}$$

同理,将式(5-45)代入双剪应力三参数强度准则,得

$$\begin{cases} F = \dfrac{12-m}{12m}\sigma_1 - \dfrac{1}{2}\sigma_3 = f_t, & F \geqslant F' \\ F' = \dfrac{m+6}{10m}\sigma_1 - \dfrac{59m-6}{60m}\sigma_3 = f_t, & F < F' \end{cases} \tag{5-54}$$

式中,m——材料的拉、压强度之比。

在计算中,抗压强度一般取构件的圆柱轴心抗压强度。根据法国 UHPC 设计规程[47],其抗压强度特征值可以通过下式计算:

$$f'_c = f_{cm} - \lambda S_{fcm} \tag{5-55}$$

式中,f_{cm}——试件的平均抗压强度;

S_{fcm}——强度标准差;

λ——置信系数,可直接从现有文献中获得。

本节即根据式(5-55)对 UHPC 抗压强度进行计算。

对于 UHPC 的抗拉强度,上述规程也给出了建议公式:

$$f_t = \begin{cases} 0.6477\sqrt{f'_c}, & \text{蒸汽养护} \\ 0.6892\sqrt{f'_c}, & \text{延后蒸汽养护,低温养护} \\ 0.5563\sqrt{f'_c}, & \text{自然空气养护} \end{cases} \tag{5-56}$$

拉压强度比 m 通过这两个强度值计算。将包络线方程代入平衡方程,可以解得

$$P_c = \frac{h_1(4a + \pi h_1 \tan\alpha)}{2\sqrt{k_1 k_2}} f_t \tag{5-57}$$

$$P_s = f_y A_{s0} \sin\theta \tag{5-58}$$

$$P_{sp} = f_{sp} A_{s1} \sin\theta \tag{5-59}$$

其中,

$$h_1 = \frac{h}{1 + \tan\beta\tan\theta} \tag{5-60}$$

至此,除了板面转角 θ 外,上述公式的其他参数均已能够根据试验构件确定。θ 值的估算需要考虑的因素较多,且需要大量试验进行拟合。

本节采用试验实测得到的倾角 θ 的近似值,结合本节推导得到的公式进行极限承载力计算,得到的理论承载力与试验得到的承载力比较接近。但对于配置钢筋的构件,其理论承载力与真实承载力仍有一定偏差。对于采用双剪应力破坏准则的模型,其计算值更接近试验值,误差基本在 10% 之内。但其计算得到的冲切破坏面夹角约为 49°,这与第一组配置钢筋的构件试验测得的角度比较接近,而与第二组未配置钢筋的构件试验结果并不吻合。对于采用双剪应力三参数破坏准则的模型,其计算值与试验值相差较多,但计算得到的冲切破坏面夹角与第二组试验结果较为吻合。其原因可能在于,配置钢筋的构件中 UHPC 受到较

强的约束,而未配置钢筋的构件中 UHPC 仅受到栓钉较弱的约束。

除了上述因素之外,理论计算值与试验值存在偏差的原因主要在于钢-UHPC 组合板在破坏时并非符合理想的冲切破坏模型。在组合结构中,往往将钢板的作用近似等效为钢筋混凝土结构中的受拉钢筋,以便于进行受力分析。但对于冲切破坏,钢-UHPC 组合板中的钢板与钢筋混凝土中的受拉钢筋并非是完全等效替代的。对于钢筋混凝土板,钢筋直接穿过裂面,并在裂面间传递荷载。在理想冲切破坏机构中,钢筋的塑性变形集中发生在塑性区内。这一点在试验中也有一定的体现,即在裂面位置能够观察到明显的钢筋变形甚至弯折。而对于钢-UHPC 组合板,其钢板的塑性变形并不仅仅集中在某一塑性区内,而是连续变化的。从试验中可以得知,钢板的变形受到 UHPC 的约束较小,构件破坏时仍然具有一定的受弯特性。当构件发生破坏后,钢板部分在荷载作用下能够继续变形,这一"后冲切"阶段的本质也是钢板的弯曲变形。综合以上分析可以认为,在计算钢-UHPC 组合板的冲切破坏性能时,不能仅从单一的破坏机构入手进行分析,而要充分考虑其弯曲与冲切复合的破坏模式。

2. 冲切破坏复合计算模型

文献[43]对钢纤维混凝土板的冲切承载力进行了研究,认为在板发生冲切破坏之前,其抗弯能力始终存在。作者提出冲切破坏时板的极限承载力应当由混凝土的抗冲切承载力、钢筋抗冲切的作用以及构件整体抗弯承载力这三部分共同组成,如下式所示:

$$P_{pun} = k_c P_c + P_s + k_f P_{flex} \tag{5-61}$$

式中,k_c——考虑混凝土强度以及冲切破坏锥形面裂缝发展的系数;

k_f——抗弯强度的折减系数。

以上系数按下式计算:

$$k_c = 0.3[1 + (100 - f_c)/h] \geqslant 0.3 \tag{5-62}$$

$$k_f = 0.15(3.6 - \theta) \geqslant 0 \tag{5-63}$$

从公式表达形式上来看,这两个参数的计算过程表明:混凝土强度越高、板厚越大时,混凝土部分的冲切承载力对整体冲切承载力的贡献系数越低;而板的变形倾角越大,构件抗弯强度对整体冲切承载力的贡献越低。

此外,文献还对式(5-63)中板的倾角进行了拟合:

$$\theta = 0.14(1 + 0.88\lambda_f)\left(\lambda_p \frac{f_c}{\mu_s f_y}\right)^{1/3} \quad (°) \tag{5-64}$$

式中,λ_f——钢纤维掺量参数;

λ_p——板的冲跨比;

μ_s——截面配筋率。

式(5-64)表明:钢纤维掺量越高,构件发生冲切破坏时对应的变形(倾角)越大;冲跨比越大,构件发生冲切破坏时对应的变形(倾角)越大;配筋越低,构件发生冲切破坏时对应的变形(倾角)越大。这一系列推论是符合大量试验现象的。

对于钢-UHPC 组合板,其冲切承载力的计算模型为

$$P_{pun} = k_c P_c + (P_s + P_{sp}) + k_f P_{flex} \tag{5-65}$$

式中,P_{flex}——构件的极限受弯承载力,计算方法一般可由塑性铰线理论得到;

k_c、k_f——系数。

k_c 的定义可参见文献[43]。由于 UHPC 抗压强度大于 100MPa，因此在钢-UHPC 组合板的承载力计算中，直接取 $k_c = 0.3$ 作为常数。以下重点考虑 k_f 的计算方法。

在针对混凝土板的计算中，板的整体变形（倾角）对抗弯承载力的贡献起着决定性的作用。当变形增大到一定程度时，其破坏机构基本已经符合冲切破坏的模式。而对于钢-UHPC 组合板，由于底部存在以受弯为主的钢板，构件始终具有一定的抗弯承载力。可以认为，对于组合板，弯曲承载力对其整体承载力贡献的大小更多地受到栓钉的布置的影响。基于试验结果，给出的 k_f 表达式为

$$k_f = 3.2\rho_{stud} - 0.01 \geqslant 0 \tag{5-66}$$

式中，ρ_{stud}——配栓率，$\rho_{stud} = A_{stud}/d^2$；

A_{stud}——单个栓钉的截面面积；

d——栓钉间距。

除此之外，对于钢-UHPC 组合板的倾角 θ 值，可采用试验得到的极限挠度来换算成倾角，对承载力进行估计。计算分析结果表明，由以上公式计算得到的理论承载力与试验值吻合良好。对于无钢筋网的构件，其计算误差大都在 10% 以内。对于配置钢筋网的构件，其计算误差约为 30%。主要原因在于，对于配置钢筋网的构件，计算得到的冲切破坏面角度远大于试验中观察到的角度，从而导致理论计算承载力偏高。这与计算时选择的破坏准则有关。对于配置钢筋网的构件，其 UHPC 可能受到一定约束。如采用考虑静水压力的破坏准则（例如双剪应力三参数准则等），计算得到的锥形面角度约为 49.2°。将该角度代入上述公式，计算得到的极限承载力与试验值相差在 10% 以内。由此可见，对于配置钢筋网的钢-UHPC 组合板，其破坏准则宜采用考虑静水压力的多参数准则。而对于纯 UHPC 板，其弯曲破坏承载力小于冲切破坏承载力，因此应以弯曲破坏承载力的计算结果为准。

综上所述，钢-UHPC 组合板（包括纯 UHPC 板）的极限承载力统一表达为

$$P_u = \min(P_{flex}, P_{pun}) \tag{5-67}$$

5.5 数值分析方法

5.5.1 有限元模型

本节基于前述的钢板-混凝土组合结构面外弯、剪试验与理论分析，介绍钢板-混凝土结构的一般弯、剪有限元数值分析方法[35]。其中，计算软件采用通用有限元软件 MSC. Marc[48]，其基本方法和思路与其他多数通用有限元分析软件类似。冲切性能的数值模型与弯剪分析类似，但其计算精度目前看还不够理想，限于篇幅原因这里不再单独介绍。

1. 几何条件与网格划分

有限元模型使用三维实体-壳混合单元建立。抗弯、抗剪构件有限元网格划分分别如图 5-37、图 5-38 所示，其中双向隔板、加劲肋使用 quad4 四边形四节点完全积分单元（对应 shell 75 单元），沿厚度方向设置 3 个积分点，混凝土、加载块使用 hex8 六面体八节点完全积分单元（对应 solid 7 单元）。对于抗剪构件，为了更加准确地考虑销栓作用，其上下翼缘采用实体单元建立；对于受弯构件，其上下翼缘较薄，采用壳单元建立。在受剪构件中，由于

上下翼缘较厚,屈曲一般不会发生(试验中未发生),其加劲肋简化地并入上下翼缘厚度中,不再用壳单元建出;受弯构件上下翼缘较薄,试验中也观察到其轴向加劲肋与母板共同屈曲鼓出,因此受弯构件的加劲肋使用壳单元根据实际尺寸建出。根据模型总体尺寸,综合考虑计算准确性与效率,经网格测试,受剪、受弯模型分别采用50mm、100mm的网格尺寸。

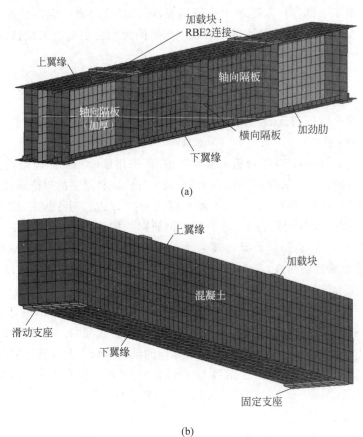

(a)

(b)

图 5-37　抗弯构件有限元模型网格划分

(a) 钢结构部分;(b) 含混凝土

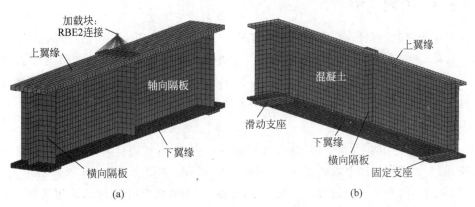

(a)　　　　　　　　　　　　　　　　　(b)

图 5-38　抗剪构件有限元模型网格划分

(a) 钢结构部分;(b) 含混凝土

在支座处模拟实际支撑条件,分别设置相关边界约束。对于支座沉降,按照试验中数据,将其换算成刚度,考虑到模型中;根据试验值,支座的弹性刚度设为 601kN/mm。在加载点处设置了钢垫板加载块以防止应力集中,使用 RBE2(刚性臂)统一连接到加载参考点,使用位移控制方式来进行加载。

此外,计算中开启大应变(large strain)选项以考虑几何非线性。

2. 界面连接与接触

翼缘处的界面设置如图 5-39(a)、(b)所示。结构中上下翼缘界面处有型钢连接件来阻止钢与混凝土的相对滑移,模型中在型钢连接件所在位置设置弹塑性弹簧(Spring)以模拟界面剪力与滑移效应。根据已有的关于型钢连接件的试验研究[49],对于本研究中采用的连接件,如图 5-40 所示,其本构采用理想弹塑性模型,在弹性段的刚度为 600N/mm,弹性极限位移为 2.1mm。根据试验研究结果,剪力连接件具有足够的抗拔能力,在受力过程中不会被拔出,因此剪力连接件处的钢-混凝土单元界面的法向位移相同,模型中使用 tie(共自由度)约束。在连接件之间的部分,混凝土与翼缘间存在面面接触作用,即存在分离或挤压的作用,当挤压时还将存在摩擦。连接件之间的区域设置接触属性,在接触表(contact table)中开启壳单元的双面接触判定,可以考虑壳单元双面接触;使用有限滑移(finite sliding);使用库仑双线性(Coulomb bilinear)摩擦本构;偏斜系数(bias factor)设为 0(即不允许单元穿透);板件按实际厚度建模,接触容限设为 0;钢材与混凝土间的摩擦系数设为 0.5。受弯构件的受压翼缘有可能出现屈曲,轴向布置的 I 型钢加劲肋按照实际尺寸建模,偏于保守地不考虑加劲肋与混凝土间的嵌固与摩擦作用,因此在模型中不设置相关约束。

如图 5-39(c)所示,轴向隔板与混凝土间由于没有剪力连接件及加劲肋,因此此处仅设置接触属性,具体参数与上文一致。受剪试件 J14 轴向钢板上设置了足够的栓钉,因此 J14 的轴向隔板-混凝土间采用共节点的约束方式。

如图 5-39(d)所示,横向隔板-混凝土界面使用了共节点的建模方法,即不考虑其相对滑移与剥离。试验中没有观察到此处的滑移与剥离现象,整体性较好,因此这里采用了简化的建模方法。

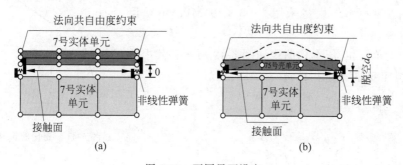

图 5-39　不同界面设定

(a) 翼缘(受剪模型);(b) 翼缘(受弯模型);(c) 轴向隔板;(d) 横向隔板

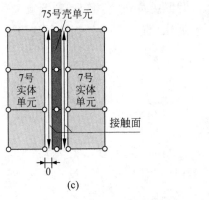

图 5-39(续)

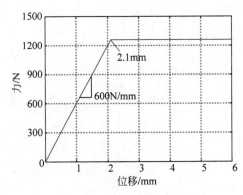

图 5-40　剪力连接件本构曲线

3. 材料本构

钢材使用 von Mises 屈服面以及等向强化法则。本构曲线最初采用材性试验测得曲线,计算中发现,使用图 5-41 所示的简化曲线对结果的影响很小,差别基本可以忽略,因此本研究中采用图 5-41 所示的简化钢材本构曲线,以便定量分析钢材屈服强度、极限强度的影响。钢材弹性模量采用 2.05×10^5 MPa,泊松比为 0.3。

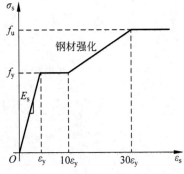

图 5-41　简化的钢材本构曲线

混凝土的单轴拉、压本构曲线如图 5-42 所示。其中单轴受压应力-应变曲线采用 Hognestad 模型[50]:

$$\begin{cases} \sigma = \sigma_0 \left[2\left(\dfrac{\varepsilon}{\varepsilon_0}\right) - \left(\dfrac{\varepsilon}{\varepsilon_0}\right)^2 \right], & 0 < \varepsilon \leqslant \varepsilon_0 \\ \sigma = \sigma_0 \left[1 - 0.15\left(\dfrac{\varepsilon - \varepsilon_0}{\varepsilon_u - \varepsilon_0}\right) \right], & \varepsilon_0 < \varepsilon \leqslant \varepsilon_u \end{cases} \quad (5\text{-}68)$$

式中,σ——混凝土应力;

ε——混凝土应变;

σ_0——混凝土受压强度,等于混凝土轴心受压强度 f'_c;

ε_0——对应于混凝土受压强度 σ_0 时的应变，$\varepsilon_0 = 2(\sigma_0/E_c)$；$E_c$ 为混凝土弹性模量；

ε_u——混凝土的极限应变，建议取值 0.0038。

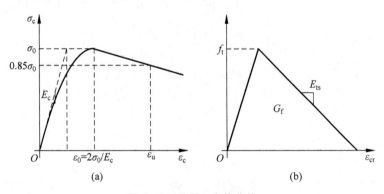

图 5-42　混凝土本构曲线

(a) 混凝土受压；(b) 混凝土受拉

在 MARC 中，混凝土本构曲线转化为等效应力-等效塑性应变的形式输入。此外，在损伤选项（damage effect）中将等效应力下降到 $0.1f'_c$ 时的应变设置为压溃应变（crushing strain）以模拟混凝土受压破坏。试验中，混凝土受压强度 f'_c 为 38.8MPa、20.3MPa，根据模式规范（CEB-FIP model code）[51]，其弹性模量按下式计算：

$$E_c = \alpha_E E_{c0} \left(\frac{f'_c}{10}\right)^{1/3} \tag{5-69}$$

其中，$E_{c0} = 2.15 \times 10^4 \text{MPa}$；

α_E——计算参数，按规范建议取 1.0。

按照式(5-69)计算得到的两种强度的混凝土的弹性模量分别为 3.38×10^4 MPa、2.72×10^4 MPa。混凝土泊松比 ν_c 设置为 0.2。

对于受剪构件，混凝土塑性屈服面采用 MARC 中的线性摩尔-库仑模型以考虑可能存在的环压的影响。屈服面方程如下式所示：

$$f = \alpha I_1 + J_2^{1/2} - \frac{\bar{\sigma}}{\sqrt{3}} = 0 \tag{5-70}$$

其中，$\bar{\sigma}$——等效应力；

I_1——主应力第一不变量，等于三个主应力的和；

J_2——偏应力第二不变量；

α——与摩擦角 φ 相关的参数。

从式(5-70)中可以看出，MARC 中的线性摩尔-库仑模型与 Drucker-Prager 屈服准则一致。按照下式计算得到[52]，当摩擦角 φ 为 45°时，参数 α 取值为 0.22。

$$\alpha = \frac{2\sin\varphi}{\sqrt{3}(3 + \sin\varphi)} \tag{5-71}$$

对于受弯构件，其混凝土主要为单轴受力，行为较为简单，屈服面采用 von Mises 模型，以提高计算效率。

对于混凝土受拉,采用弥散裂缝模型来模拟,使用固定转角裂缝假定,在材料损伤选项中进行设定。混凝土受拉强度 f_t 及断裂能 G_f 按照模式规范[51]计算:

$$f_t = \begin{cases} 0.3(f_c' - 8)^{2/3}, & f_c' \leqslant 58\text{MPa} \\ 2.12\ln(1 + 0.1f_c'), & f_c' > 58\text{MPa} \end{cases} \tag{5-72}$$

$$G_f = 0.073(f_c')^{0.18} \tag{5-73}$$

基于单元尺寸,混凝土受拉软化模量 E_{ts} 按照下式计算[53]:

$$E_{ts} = \frac{f_t^2 l_m}{2G_f} \tag{5-74}$$

式中,l_m——混凝土网格尺寸。

为避免固定转角模型可能存在的剪力锁死效应导致抗剪承载力偏大,采用剪力传递系数对混凝土剪切模量进行修正,如下式所示:

$$G = \eta G_0 \tag{5-75}$$

$$G_0 = \frac{E_c}{2(1 + \nu_c)} \tag{5-76}$$

式中,G——修正后的剪切模量;

$\quad G_0$——修正前的剪切模量;

$\quad \eta$——剪力传递系数。

试验中混凝土的剪切应变不大,剪力传递系数设置为恒定值 0.1,以提高计算效率。

4. 模型简化

在上述的建模方法中,为了模拟不同界面的性质,采用了不同的界面建模方法,引入了弹塑性弹簧、接触等,具有较强的非线性,使得有限元模型更加复杂,计算效率同时降低。本节基于上文中的有限元模型,对与界面性质相关的参数进行分析,以了解界面性能对整体结构的影响。

对于抗剪构件,由于翼缘较厚,不存在失稳鼓曲的现象,同时隔板屈曲是在混凝土压溃后发生的,其受力阶段界面上主要是剪力作用。界面剪力主要受两方面因素影响:剪力连接件(刚度与承载力)和界面摩擦。以试件 J3 为例分析界面性能的影响,相关数值计算结果如图 5-43 所示。在图 5-43(a)中,保持界面摩擦系数为 0.5 不变,改变连接件刚度,范围为原刚度的 1/3～∞。从图 5-43(a)中可见,抗剪构件的荷载-位移曲线变化基本可以忽略,其承载力、刚度基本一致,只有延性有较小的变化。基于上述结果,可以得到以下推论:对于抗剪构件,翼缘处的界面摩擦、横向隔板和少量连接件已可以提供充分的剪力连接,一般情况下翼缘-混凝土界面可以视为无滑移。在图 5-43(b)中,当剪力连接件刚度设为∞(即认为翼缘-混凝土界面无滑移)时,改变界面摩擦系数,范围为 0.5～0,构件的荷载-位移曲线变化基本可以忽略。图 5-43(b)中还给出了当剪力连接件刚度为 1/3、摩擦系数为 0 的特殊情况,此时结构的承载力基本不变,只有刚度有所减小。由于设计中主要关注结构的极限承载力,抗剪构件可以采用 $k_s = \infty$ 及 $\mu = 0$ 的假定,使得模型可以进一步简化。

与抗剪构件类似,以 W1 为例讨论抗弯构件界面性能的影响。在抗弯构件的有限元计算中发现,图 5-44(a)所示的局部失稳只在混凝土压溃后出现,其出现后求解器即停止运算,

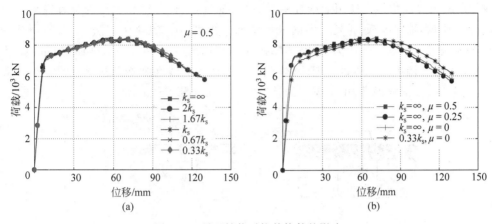

图 5-43　界面性能对抗剪构件的影响

（a）不同连接件刚度；（b）不同界面摩擦系数

因此考虑局部失稳时，模型计算结果在峰值荷载前与不考虑失稳时的结果一致。另外，考虑到受弯构件主要由混凝土承受压力，受压翼缘占比小；试验也表明，当加劲肋距厚比较大，为 40 时，局部失稳仍较晚出现，不影响屈服荷载。可以判断出，通常加劲肋配置下受压翼缘稳定性对结构的受弯承载力影响较小，可于数值分析中忽略。在弯剪构件的试验与数值分析中，局部失稳对整体性能的影响较小，难以分析不同参数对其影响，需要更精细的局部模型来反映。当满足相关构造要求，受压翼缘不考虑局部失稳时，其界面主要是剪力作用。如图 5-44（b）所示，当剪力连接件刚度从 $0 \sim \infty$ 变化时，构件的荷载-位移曲线基本无变化。这是因为，多道横向隔板已经提供了足够的剪力连接，形成了组合作用，这也与已有研究中观察到端板提供较大抗剪连接的结论一致。基于以上讨论，对于抗弯构件的翼缘-混凝土界面，在一般情况下可以假定无滑移。当翼缘-混凝土界面无滑移时，通过简单推导可知，轴向隔板界面的摩擦作用不对结构性能产生明显影响。

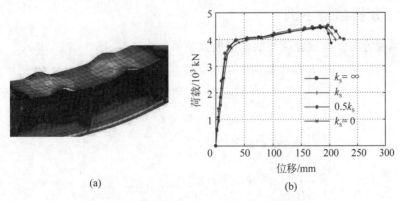

图 5-44　界面性能对抗弯构件的影响

（a）局部屈曲；（b）不同连接件刚度

根据以上结果，简化的界面建模方法如图 5-45 所示。在图 5-45（a）中，抗剪构件翼缘-混凝土界面采用共节点建模方法。在图 5-45（b）中，当无脱空时，抗弯构件翼缘-混凝土界面采用共节点建模方法；当存在脱空时，使用 RBE2（刚性臂）连接，留出脱空高度。弯剪构件的翼缘-混凝土界面均不再使用非线性弹簧、接触属性,这样可以较大地提高计算效率。如图 5-45(c)所示,轴向隔板-混凝土界面采用法向自由度(tie)的建模方法,不再使用接触属性,此种方法考虑了法向作用力,忽略了摩擦作用。如图 5-45(d)所示,横向隔板-混凝土界面的建模策略保持不变。通过合理简化,模型不再使用非线性弹簧及接触,经对比,计算效率可以得到 5~8 倍的提升,单个模型的计算时间一般小于 5min。

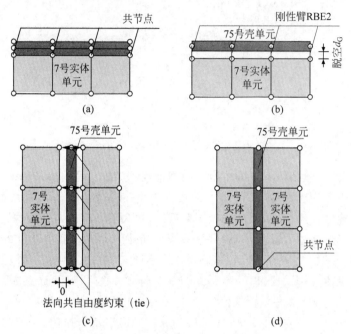

图 5-45　简化后的不同界面设定

(a) 翼缘(受剪模型);(b) 翼缘(受弯模型);(c) 轴向隔板;(d) 横向隔板

5.5.2　分析结果示例

针对本章受弯与受剪试验模型的典型模拟结果如图 5-46、图 5-47 所示。

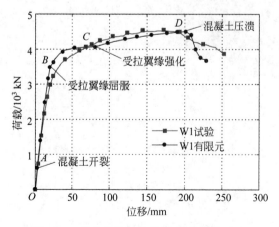

图 5-46　受弯试件 W1 荷载-位移曲线对比

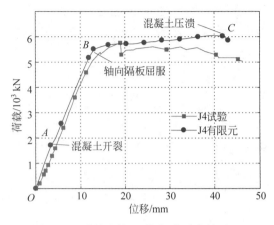

图 5-47 受剪试件 J4 荷载-位移曲线对比

如图 5-46 所示,受弯模型的荷载-位移曲线存在 4 个典型的加载阶段。O-A 段为初始阶段,整个构件为弹性状态,直到 A 点混凝土出现竖向弯曲裂缝,此时结构的整体刚度出现细微变化。A-B 段中,混凝土弯曲裂缝持续发展,由于下翼缘钢板为主要受拉构件且处于弹性阶段,整体构件基本为弹性。B 点构件受拉翼缘进入其本构曲线上的屈服平台段,此时结构进入塑性段,荷载随位移缓慢增加。C 点构件受拉翼缘进入其本构曲线上对应的强化段,构件的整体刚度也出现变化。C-D 段中,混凝土由于压应力较大开始出现软化,直到 D 点,在上翼缘某处混凝土压溃并退出工作,整体结构的刚度变为负值;D 点后结构荷载快速下降,有限元求解停止。有限元计算得到的荷载-位移曲线总体上与试验曲线较为吻合,同时也存在以下几点不同。试验中混凝土中未配置钢筋,不可避免地存在初始裂缝,所以试验荷载-位移曲线上没有明显的混凝土开裂点,与有限元曲线相比,其初始刚度也较小。此外,由于试验中钢结构部分存在残余应力与几何缺陷,在加载过程中将先后进入屈服,所以在屈服点附近试验曲线的过渡更为缓和。有限元模型较为准确地给出了弹性刚度、屈服荷载、极限荷载,已经可以满足计算需求,因此可以不考虑实际试验中的初始裂缝及残余应力。

如图 5-47 所示,受剪模型的荷载-位移曲线存在 3 个典型的加载阶段。O-A 段为初始阶段,整个构件为弹性状态,直到 A 点混凝土出现裂缝,此时结构的整体刚度出现变化。因钢结构部分主要承受拉应力且刚度相比于混凝土较大,所以混凝土开裂后整体荷载-位移曲线上的刚度变化不明显。A-B 段中,混凝土裂缝持续发展,因钢结构部分未进入屈服,结构整体仍表现为弹性。B 点为构件轴向隔板进入屈服的点,也是整个构件的屈服点,此时结构进入塑性段,荷载随位移缓慢增加。在 B-C 段,由于混凝土受力不均匀,受力较大的部分逐渐开始受压软化,此部分混凝土的应力水平开始下降,直到 C 点,在加载点附近的混凝土首先压溃并退出工作,整体结构的刚度变为负值,此时有限元求解也停止。有限元计算得到的荷载-位移曲线总体上与试验曲线较为吻合,同时也存在以下几点不同。试验中混凝土未配置钢筋,不可避免地存在初始裂缝,所以试验荷载-位移曲线上没有明显的混凝土开裂点。在试验曲线的开始阶段,刚度有小幅度的增加,这是由于初始裂缝闭合导致的。此外,由于试验中钢结构部分存在残余应力与几何缺陷,在加载过程中将先后进入屈服,所以在屈服点附近试验曲线的过渡更为缓和。有限元模型较为准确地给出了弹性刚度、屈服荷载、极限荷载,已经可以满足计算需求,因此可以不考虑实际试验中的初始裂缝及残余应力。

　　对于其他构件的模拟也得到了类似的结果,这里不再详细给出。本节所述有限元模型及其简化模型对于设计所关注的构件的关键性能给出了较为准确的预测,可以用于研究与工程分析。

参考文献

[1] 土木学会. 鋼コンクリートサンドイッチ構造設計指針(案)[M]. コンクリートライブラリー 73,1992.

[2] BOWERMAN H,CHAPMAN J C. Bi-steel steel-concrete-steel sandwich construction[C]//Composite Construction in Steel and Concrete Ⅳ Conference. Washington DC: Amerieca Society of Civil Engineers,2014: 656-667.

[3] BOWERMAN H G,GOUGH M S,KING C M. Bi-steel design and construction guide[M]. Scunthorpe: British Steel Ltd,1999.

[4] XIE M,FOUNDOUKOS N,CHAPMAN J C. Static tests on steel-concrete-steel sandwich beams[J]. Journal of Constructional Steel Research,2007,63(6): 735-750.

[5] WANG Y,LIEW J Y R,LEE S C. Ultimate strength of steel-concrete-steel sandwich panels under lateral pressure loading[J]. Engineering Structures,2016,115: 96-106.

[6] YAN J B,LIEW J Y R,ZHANG M H,et al. Experimental and analytical study on ultimate strength behavior of steel-concrete-steel sandwich composite beam structures[J]. Materials and Structures, 2015,48(5): 1523-1544.

[7] 卢显滨. 双钢板-混凝土组合梁拟静力试验研究[D]. 哈尔滨: 哈尔滨工业大学,2015.

[8] WRIGHT H D,ODUYEMI T O S. Partial interaction analysis of double skin composite beams[J]. Journal of Constructional Steel Research,1991,19(4): 253-283.

[9] SMITH D W,SOLOMON S K,CUSENS A R. Flexural tests of steel-concrete-steel sandwiches[J]. Magazine of Concrete Research,1976,28(94): 13-20.

[10] NARAYANAN R,ROBERTS T M,NAJI F J. Design guide for steel-concrete-steel sandwich construction,Volume 1: general principles and rules for basic elements[M]. Ascot,Berkshire,UK: The Steel Construction Institute,1994.

[11] LIEW J Y R,SOHEL K M A. Lightweight steel-concrete-steel sandwich system with J-hook connectors[J]. Engineering Structures,2009,31(5): 1166-1178.

[12] LENG Y B,SONG X B,CHU M,et al. Experimental study and theoretical analysis of resistance of steel-concrete-steel sandwich beams[J]. Journal of Structrual Engineering,2015,141(2): 04014113.

[13] LENG Y B,SONG X B. Experimental study on shear performance of steel-concrete-steel sandwich beams[J]. Journal of Constructional Steel Research,2016,120: 52-61.

[14] LEEKITWATTANA M,BOYD S W,SHENOI R A. Evaluation of the transverse shear stiffness of a steel bi-directional corrugated-strip-core sandwich beam [J]. Journal of Constructional Steel Research,2011,67(2): 248-254.

[15] 刘进. 核电工程钢板混凝土组合剪力墙面外弯剪性能研究[D]. 北京: 北京工业大学,2016.

[16] YAN J B,LIEW J Y R,QIAN X,et al. Ultimate strength behavior of curved steel-concrete-steel sandwich composite beams[J]. Journal of Constructional Steel Research,2015,115: 316-328.

[17] FARGHALY A,FURUUCHI H,UEDA T. Punching shear failure mechanism of open sandwich slab and its parameters' effects[J]. Journal of Advanced Concrete Technology,2005,3(2): 283-296.

[18] SOHEL K M A,LIEW J Y R. Steel-concrete-steel sandwich slabs with lightweight core—static performance[J]. Engineering Structures,2011,33(3): 981-992.

[19] YAN J B,WANG J Y,LIEW J Y R,et al. Punching shear behavior of steel-concrete-steel sandwich composite plate under patch loads[J]. Journal of Constructional Steel Research,2016,121：50-64.

[20] LENG Y B,SONG X B. Flexural and shear performance of steel-concrete-steel sandwich slabs under concentrate loads[J]. Journal of Constructional Steel Research,2017,134：38-52.

[21] HUANG Z Y,WANG J Y,LIEW J Y R,et al. Lightweight steel-concrete-steel sandwich composite shell subject to punching shear[J]. Ocean Engineering,2015,102：146-161.

[22] 樊健生,白浩浩,韩亮,等. 钢-UHPC 组合板冲切性能试验研究和承载力计算[J]. 建筑结构学报,2020,42(6)：150-159.

[23] 樊健生,王哲,杨松,等. 超高性能混凝土板冲切与弯曲性能研究[J]. 工程力学. 2021,38(4)：30-43.

[24] 中华人民共和国住房和城乡建设部,国家质量监督检验检疫总局. 钢结构设计标准：GB 50017—2017[S]. 北京：中国建筑工业出版社,2017.

[25] CEN. Eurocode 4——Design of composite steel and concrete structures：EN1994[S]. Brussels：European Committee for Standardization,1994.

[26] 中华人民共和国住房和城乡建设部. 钢板剪力墙技术规程：JGJ/T 380—2015[S]. 北京：中国建筑工业出版社,2015.

[27] LIEW J Y R,SOHEL K M A,KOH C G. Impact tests on steel-concrete-steel sandwich beams with lightweight concrete core[J]. Engineering Structures,2009,31(9)：2045-2059.

[28] LIEW J Y R,WANG T Y. Novel steel-concrete-steel sandwich composite plates subject to impact and blast Load[J]. Advances in Structural Engineering,2011,14(4)：673-688.

[29] 松尾幸久,溝部有人,清宮理. 耐火板で保護された鋼・コンクリート合成構造部材の耐火性評価[J]. 土木学会論文集,2005,802：97-108.

[30] DAI X X,LIEW J Y R. Fatigue performance of lightweight steel-concrete-steel sandwich systems[J]. Journal of Constructional Steel Research,2010,66(2)：256-276.

[31] 杨悦. 核工程双钢板-混凝土结构抗震性能研究[D]. 北京：清华大学,2015.

[32] 杨悦,刘晶波,樊健生,等. 钢板-混凝土组合板受弯性能试验研究[J]. 建筑结构学报,2013,34(10)：24-31.

[33] 聂建国,刘明,叶列平. 钢-混凝土组合结构[M]. 北京：中国建筑工业出版社,2005.

[34] 中华人民共和国建设部,中华人民共和国国家质量监督检验检疫总局. 混凝土结构设计规范(2015年版)：GB 50010—2010[S]. 北京：中国建筑工业出版社,2010.

[35] 郭宇韬. 双钢板组合沉管隧道结构受力机理及设计方法研究[D]. 北京：清华大学,2020.

[36] GUO Y T, NIE X,TAO M X,et al. Bending capacity of steel-concrete-steel composite structures considering local buckling and casting imperfection[J]. Journal of Structural Engineering,ASCE,2019,145(10)：04019102.

[37] 陈肇元,朱金铨,吴佩刚. 高强混凝土及其应用[M]. 北京：清华大学出版社,1992.

[38] 李同林,殷绥域. 弹塑性力学[M]. 北京：中国地质大学出版社,2006.

[39] NIE J G,HU H S,FAN J S,et al. Experimental study on seismic behavior of high-strength concrete filled double-steel-plate composite walls[J]. Journal of Constructional Steel Research,2013(88)：206-219.

[40] 中华人民共和国建设部. 型钢混凝土组合结构技术规程：JGJ 138—2001[S]. 北京：中国建筑工业出版社,2002.

[41] ACI Committee. International Organization for Standardization. Building code requirements for structural concrete (ACI 318—08) and commentary[S]. Detroit：American Concrete Institute,2008.

[42] 韩亮. 钢-UHPC 组合板冲切破坏性能的试验研究[D]. 北京：清华大学,2017.

[43] 林旭健,郑作樵,钱在兹. 混凝土弯冲板的破坏机构与极限强度[J]. 工程力学,2003(1)：58-62.

[44] 严宗达. 用双剪强度理论解混凝土板冲切的轴对称问题[J]. 工程力学,1996(1)：1-7.

[45] 马原. 组合结构栓钉连接件抗拔性能研究[D]. 北京：清华大学,2015.

[46] 俞茂宏. 混凝土强度理论及其应用[M]. 北京：高等教育出版社,2002.

[47] AFGC. Ultra high performance fibre reinforced concrete recommendations AFGC/SETRA Recommendations(Revised edition)2013[S]. France：AFGC publication,2013.

[48] MSC. Marc. Volume A：Theory and User Information[M]. Santa Ana：MSC Software Corp,2012：531-596.

[49] HIROSHI Y,KIYOMIYA O. Load carrying capacity of shear connectors made of shape steel in steel-concrete composite members[R]. Japan：Technical Note of the Port and Habour Research Institute Ministry of Transport,1987.

[50] HOGNESTAD E,HANSON N W,MCHENRY D. Concrete stress distribution in ultimate strength design[J]. Journal Proceedings,1955,52(12)：455-480.

[51] Comité Euro-International du Béton-Fédération International de la Précontrainte (CEB-FIP). Fib model code for concrete structures：fib MC 2010 [S]. London：Ernst & Sohn Publishing House,2010.

[52] 江见鲸,陆新征,叶列平. 钢筋混凝土有限元分析[M]. 北京：清华大学出版社,2005.

[53] HU H S,NIE J G,WANG Y H. Effective stiffness of rectangular concrete filled steel tubular members[J]. Journal of Constructional Steel Research,2016,116：233-246.

第6章

钢板-混凝土结构节点

6.1　概述

　　钢板-混凝土结构的节点类型很多,本章主要关注应用最为广泛的钢板-混凝土墙与其他构件之间的节点,包括主要承重构件之间的节点(如墙与墙、板、梁、柱构件之间的节点),也包括固定于钢板-混凝土墙的设备支座等小型连接。设计时,对于这两类节点往往会采取不同的策略。对于前者,节点需要满足结构整体受力的需求,即能够有效传递不同构件之间的内力,往往需要做到比所连接构件截面的强度更高,以达到强节点弱构件的目标;对于后者,则希望在满足节点本身具有足够承载力的前提下,尽量减少对被连接的钢板-混凝土墙体的影响,即不削弱承重构件自身的承载力。

　　本章所述节点,主要是指钢板-混凝土墙与其他构件之间的节点,既包括钢板-混凝土构件之间的节点(如钢板-混凝土墙单元之间的节点、钢板-混凝土墙与钢板-混凝土板之间的节点),也包括钢板-混凝土结构(如墙、楼板)与混凝土结构(如基础、楼板)、钢结构(如钢梁)之间的节点。前者有时也称为组合节点(组合构件之间的节点),如图 6-1(a)、(b)、(c)所示;后者也可称为混合节点(不同类型构件之间的节点),如图 6-1(d)、(e)、(f)所示。

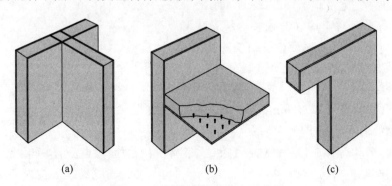

(a)　　　　　　　　　　(b)　　　　　　　　　　(c)

图 6-1　钢板-混凝土墙节点示意图

(a)钢板-混凝土墙-墙节点;(b)钢板-混凝土墙-板节点;(c)钢板-混凝土墙-连梁节点;
(d)钢板-混凝土墙-混凝土基础节点;(e)钢板-混凝土墙-混凝土板节点;(f)钢板-混凝土墙-钢梁节点

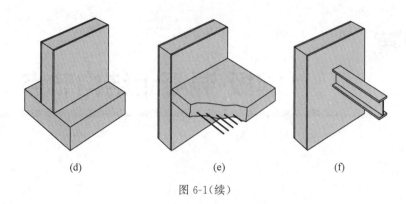

(d)　　　　　　　(e)　　　　　　　(f)

图 6-1(续)

　　需要特别强调的是,在设计钢板-混凝土结构节点构造时,要将简化构造、方便施工作为主要的考虑因素之一。钢板-混凝土结构是适合模块化建造的结构形式。典型模块由钢板和钢板之间或之上的混凝土组合而成,二者通过焊接在钢板上的连接件协同工作。对于钢结构单元,通常在工厂制造成可运输的子模块,运到现场进行组装并相互进行连接,最后在钢模块的双层钢板之间或单层钢板之上浇筑混凝土,从而形成整体结构。不同构件单元以及不同构件之间的节点或连接构造,需要在满足包括承载力、变形能力等安全性要求的前提下,具备易于制造、快速安装、经济节省等特征,否则将难以发挥钢板-混凝土结构的优势。

　　钢板-混凝土墙主要承受面内压、弯、剪和面外弯、剪作用。为了保证整体结构受力性能的充分发挥,特别是在地震或其他偶然作用下的延性和能量耗散,连接节点区域需满足较为严格的设计条件。在这些连接节点区域内,荷载将从其他连接构件传递至钢板-混凝土墙或由钢板-混凝土墙传递到支座或其他连接构件。此外,连接节点区域作为过渡区域,钢板-混凝土墙的面板和内部填充的混凝土根据其相对刚度重新分配荷载,并且发挥组合作用。

　　ANSI/AISC N690—18 规范[1]附录 N9.2 将钢板-混凝土墙分为内部墙体非连接区域和连接节点区域两部分。其中墙体与其他构件的连接区域的宽度不超过 2 倍截面厚度 t_{SC},如图 6-2 所示的阴影部分。对于墙体非连接区域按墙单元进行分析计算,主要考虑面内及面外的整体效应。连接区域则需要按节点受力进行分析设计。该规范对连接区域尺寸的规定是根据工程中所经常采用的 11 号(直径约 36mm)至 18 号(直径约 57mm)钢筋的锚固要求所确定的。

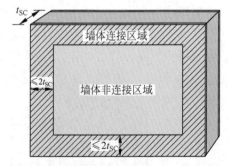

图 6-2　钢板-混凝土墙连接节点区域示意图

　　节点可以看作各种连接件或构造的集合,通常可包括栓钉、钢筋、预埋型钢、焊缝、螺栓、钢筋机械连接器等。设计钢板-混凝土结构节点时,需要针对钢结构和混凝土结构的特点,采取不同的传力构造措施,同时还要力求简化以方便施工。

　　(1)对于钢板-混凝土结构之间的连接,大多数可以沿用钢结构的连接技术,并在连接完成后,在构件内部填充混凝土。钢构件之间的连接可采用螺栓连接或焊接,按照钢结构的相关设计和施工规范验算螺栓和焊缝的尺寸,使连接具有足够的强度。面临地震等极端荷载时,还需要进一步设计或者进行试验研究,以保证结构具有足够的延性,确保连接节点能够适应相连接构件所产生的较大的非弹性变形。

(2)对于钢板-混凝土结构与混凝土结构的连接,存在的困难包括但不限于:当混凝土构件面外连接于组合墙时,钢筋需穿透钢板或连接于钢板表面,此时需要充分考虑钢筋的锚固问题;当组合墙端部连接于混凝土构件时,则需要解决面层钢板的锚固问题,即钢板的内力如何传递或扩散到相邻的混凝土构件内。为满足复杂传力的要求,特别是钢板与钢筋内力的有效传递,可以采用非接触式的搭接连接。这种构造方式施工简便、高效,受力也足够可靠。此时,混凝土结构中的钢筋延伸至钢板-混凝土墙体内部。钢筋的拉力通过与混凝土的握裹作用传递至混凝土,再进一步通过钢板表面的连接件传递至钢板。钢筋也可以设置弯钩以减少锚固长度。当钢板-混凝土结构内部设置有效的连接件或拉筋时,还可以进一步增强这种搭接连接的性能。

(3)当钢梁或设备支架等钢构件连接于钢板-混凝土组合墙表面时,如果承受的内力较大,需要在墙体内部预埋部分构造,包括拉接件、加劲件和连接件等,甚至将整个节点在工厂内与墙体钢模块预制为整体。如果节点承受的内力较小,也可以在墙体内浇筑混凝土并硬化后,后装于墙体表面。不管对于哪一类节点,设计时都需要充分考虑如何将作用于面层钢板的集中力有效传递至整个组合墙体截面。具体设计方法可参考针对钢结构和混凝土结构的锚固件设计方法。

节点设计需要构造合理,同时也应有配套的计算分析方法。对于大部分节点,根据平衡关系容易得到钢板、混凝土及各个元件所承受的内力,进而按照钢结构或混凝土结构的相关规范进行验算即可,而不必采用复杂的有限元分析或大比例试验等手段。

6.2节主要参照美国[1-5]、日本[6]和我国[7-10]相关规范,对钢板-混凝土墙与墙、板、梁的连接节点的基本构造形式和设计方法进行介绍;6.3节结合试验,重点对钢板-混凝土墙与钢筋混凝土基础的连接节点的构造和设计方法进行详细分析。

6.2 钢板-混凝土墙与墙、板、梁的连接节点

对于钢板-混凝土墙与墙、板、梁等构件的连接节点,可以按照单位长度计算模型进行计算分析。节点承受的内力可能包括轴力 N_u、面内剪力 V_u^{in}、面外剪力 V_u^{out}、面外弯矩 M_u。针对每一种内力,都应有清晰明确的传力路径和机制。传力路径上的连接件或构造措施包括栓钉、钢拉杆、钢筋、后张预应力筋、预埋型钢、焊缝、螺栓、钢筋连接器、混凝土承压面等。为保证可靠有效,通常忽略钢板和混凝土之间的黏结作用。

6.2.1 基本设计方法

根据节点承载力的相对大小,节点可分为完全强度连接节点(full-strength connection)和超设计内力连接节点(over-strength connection)。完全强度连接节点是指节点设计强度大于相邻被连接构件中较弱构件的强度;超设计内力连接节点则是指其强度只需大于考虑足够安全系数的荷载组合效应下的内力,且在超出节点设计内力后能够具有一定的变形和耗能能力。通常情况下,应按完全强度连接节点进行设计。这种方式能确保连接节点比连

接部件中较弱的部件更强,因此,当结构承受过大荷载时,钢板-混凝土墙或其他构件将会发生延性破坏模式,而避免破坏发生在连接节点中。此时钢板-混凝土墙或其他发生破坏的构件会对结构整体变形起控制作用,达到"强节点、弱构件"的设计目标。

以下对 ANSI/AISC N690—18 规范[1]关于这两种连接节点的设计要求进行介绍说明。

1. 完全强度连接节点设计

完全强度连接节点设计取决于两个连接构件中具有较低承载力的构件。连接节点需要确保屈服和非弹性行为发生于被连接的钢板-混凝土墙或钢筋混凝土板等构件,而避免发生在连接节点内。因此,需要被连接构件具有良好的延性,并防止发生非延性的破坏模式,如面外剪切破坏和钢板-混凝土墙的一些其他的脆性或次生破坏模式。

完全强度连接节点的设计强度应为两个连接构件中较弱一方的名义强度(轴向拉力、面内剪切、面外剪切和弯矩)的 1.25 倍。即荷载放大系数为 1.25,这也是《核安全相关混凝土结构设计规范》(ACI 349-06)[2]的要求。该放大系数考虑了钢板-混凝土墙体存在的应变硬化和超强现象。在该设计方法中,各类荷载都需要有清晰明确的传力机制。这些传力机制可以通过多种已经广泛应用的连接件或连接措施来实现,如焊接、钢筋连接器等。连接件或连接措施的设计强度可按照 ANSI/AISC N690—18 规范 N9.4.3 节或其他相关规范的规定来计算或选取。

此外,可根据设计荷载基本组合作用下连接节点有限元分析得到的内力对完全强度连接节点进行强度校核。由于假定这些设计力和弯矩同时发生,因此该校核结果是偏于保守的。

2. 超设计内力连接节点设计

在某些情况下,被连接构件为了满足其他功能需求而非受力要求,其承载力很高,因此,从实际工程实施的角度,很难实现完全强度连接节点。例如,如果与节点相连的钢板-混凝土墙或钢筋混凝土楼板为了满足核安全壳屏蔽辐射等要求,其强度远远超过按照弹性有限元分析得到的设计内力需求,则此时连接节点难以按照比连接构件强度更高的要求进行设计。在这种情况下,可采用超设计内力连接节点设计理念。按照 ANSI/AISC N690—18 规范[1]的要求,连接节点的设计强度可按 200% 的地震荷载设计需求加上 100% 的非地震荷载设计需求来确定。以上设计需求是由结构的弹性有限元分析得到的。

超设计内力连接节点会在与之相连的钢板-混凝土墙之前发生破坏。因此,一般需要通过有限元分析等手段对这些连接节点进行校核。同时,多种荷载作用会导致节点处于复杂的受力状态,而且有时需要考虑各种因素引起的诸如混凝土开裂等问题对节点受力行为产生的影响。因此,超设计内力连接节点的设计可能需要一定的试验研究作为支撑。需要注意的是,这种节点有可能产生非延性破坏模式。另外,节点的受力行为需要针对多种荷载组合进行验证。

超设计内力连接节点仅适用于无法实现完全强度连接的特殊情况。此外,在超设计内力连接节点的传力机制中使用的所有连接件,都应具有延性破坏模式。

3. 组合受力下的节点连接件评估

使用上述任何一种连接节点设计原则,都需要校核各种内力的组合,包括 N_u、V_u^{in}、V_u^{out} 和 M_u。通常首先针对某一类型的受力需求提出相应的传力机制,从而确定连接件承担此类内力时所需要的承载力。连接件所需的总承载力 R_u 是对所有内力所对应的承载力需求进行叠加而得到的。

将所需的总强度与连接节点的承载力进行比较。例如,锚筋可能同时受到拉力和剪切荷载的作用,这种耦合作用可能需要进一步通过试验、有限元等手段进行分析。

6.2.2 连接件设计强度

连接节点的设计应使用合适的传力机制并确保相应传力机制下的连接件设计强度。例如,按照美国 ANSI/AISC N690—18 规范[1]的规定,连接件的设计强度应按如下方式确定:

（1）对于栓钉,设计强度根据 ANSI/AISC N690—18 规范 I8.3 节确定。

（2）对于焊缝和螺栓,设计强度根据 ANSI/AISC N690—18 规范 J 章确定。

（3）对于混凝土直接承受压力荷载,设计强度按 ANSI/AISC N690—18 规范 I6.3a 节确定。

（4）对于剪切摩擦传力机制,设计强度按 ACI 349 或 ACI 349M 规范[2]11.7 节确定。

（5）对于预埋型钢,设计强度按照 ACI 349 或 ACI 349M 规范附录 D 确定。

（6）对于锚杆,设计强度由 ACI 349 或 ACI 349M 规范附录 D 确定。

各国规范对各类连接件的设计强度已有较为明确的规定,但对于各类具体的钢板-混凝土墙与墙、板、梁的连接节点形式,整体上还缺少系统明确的设计方法。规范中已有的若干节点设计方法将在 6.2.3 节中进行介绍。

6.2.3 典型节点介绍

1. 钢板-混凝土墙与钢筋混凝土楼板的连接节点

典型的钢板-混凝土墙与钢筋混凝土楼板的连接节点如图 6-3 所示。该类节点可被设计为完全强度连接节点或超设计内力连接节点。节点由钢板-混凝土墙和在其两侧与其正交的不连续的钢筋混凝土楼板构成。楼板承受的荷载需要通过节点传递至钢板-混凝土墙。楼板内纵筋可直接插入墙内进行锚固,也可通过墙体表面焊接的钢筋连接器进行锚固。对于完全强度连接节点而言,不同荷载类型的传力机制可按照以下方式考虑。

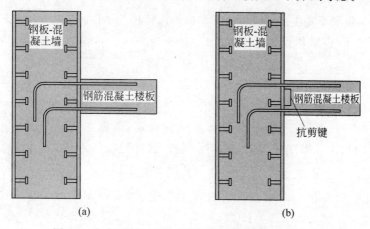

图 6-3 钢板-混凝土墙与钢筋混凝土楼板的连接节点
(a) 无抗剪键；(b) 有抗剪键

楼板受拉作用下的节点受力模式如图 6-4 所示。楼板内的轴拉力通过插入墙体内的纵筋直接传递至墙体或通过纵筋、焊接在钢板表面的钢筋连接器传递至钢板-混凝土墙的表面钢板,并通过钢板内表面的栓钉、锚筋、对拉钢筋等传递至内部混凝土乃至对侧钢板。

楼板受到面内剪切作用的节点受力如图 6-5 所示。面内剪力通过楼板内直接插入墙体的纵筋或与钢筋连接器连接的纵筋提供的剪摩擦传递至墙体,并通过墙体钢板内表面的栓钉、锚筋、对拉钢筋等传递至内部混凝土。

图 6-6 为连接节点受面外剪切荷载示意图。和面内剪力传力机制类似,面外剪力通过楼板内直接插入墙体的纵筋或与钢筋连接器连接的纵筋提供的剪摩擦传递至墙体,并通过墙体钢板内表面的栓钉、锚筋、对拉钢筋等传递至内部混凝土。

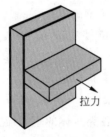  

图 6-4　节点受轴拉力示意图　　图 6-5　节点受面内剪切荷载示意图　　图 6-6　节点受面外剪切荷载示意图

我国《核电站钢板混凝土结构技术标准》(GB/T 51340—2018)[7]对于该节点的设计计算方法有如下规定:楼板的水平纵筋宜直接锚入钢板-混凝土墙中,锚固长度应满足《混凝土结构设计规范》(GB 50010—2010)[8]的要求。楼板的平面外剪力可通过楼板水平纵筋的剪摩擦作用传递到钢板-混凝土墙体,剪摩擦力可按下式计算:

$$V_{\mathrm{j}} = A_{\mathrm{s}} f \mu \tag{6-1}$$

式中,V_{j}——水平纵筋剪摩擦作用提供的平面外抗剪承载力设计值;

A_{s}——水平纵筋的实配钢筋面积与计算所需配筋面积的差值;

f——水平纵筋的抗拉强度设计值;

μ——摩擦系数,取 0.7。

当楼板水平纵筋所提供的剪摩擦力不足以传递楼板的平面外剪力时,应设置抗剪键。抗剪键的设计应满足《钢结构设计标准》(GB 50017—2017)[10]的要求。实际上,该方法与日本 JEAC 4618—2009 规范[6]中的方法类似。JEAC 4618—2009 规范指出墙板节点在受力时,由弯矩产生的压力会引起截面的剪摩擦作用,并且由于钢筋本身能够起到销栓作用,因此可将楼板的面外剪切荷载传递至钢板-混凝土墙中。JEAC 4618—2009 规范参考美国 ACI 318—19 规范[5]中对于剪摩擦的规定,摩擦系数取 0.7,并与钢筋的长期或短期拉伸容许应力 f 和截面面积 A_{s} 相乘,再乘以折减系数 ϕ,可得到剪摩擦力。由于长期荷载下不允许发生界面滑移,因此折减系数 ϕ 取 0.5。对于短期荷载,折减系数 ϕ 取 1.0,这与我国《混凝土结构设计规范》(GB 50010—2010)的规定相同。

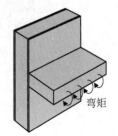

图 6-7　节点受面外弯曲荷载示意图

节点受面外弯曲荷载的示意图如图 6-7 所示。由面外弯矩产生的拉力部分与轴拉荷载传力机制相似,而压力部分主要通过混凝土受压直接传递。在面外弯曲荷载作用下,连接节点自身需要一定的抗剪能力。节点混凝土的抗剪承载力可按照 ACI 349—06 规范[2] 21.5.3 节确定。

2. 钢板-混凝土墙与钢板-混凝土楼板的连接节点

典型的钢板-混凝土墙与钢板-混凝土楼板的连接节点如图 6-8 所示。相比于钢板-混凝土墙与钢筋混凝土楼板的连接节点,其上部纵筋构造与之类似,其下部钢板可通过以下两种方式与墙体连接:

(1) 楼板钢板与墙体钢板焊接,并在墙体内部对应位置增设对拉构造,同时在板底增加一块附加钢板,作为安装时的临时支撑并提供面外抗剪贡献。

(2) 在楼板内靠近下部钢板的区域增设搭接钢筋,下部钢板通过搭接方式将拉力传递至钢筋,进而传递给墙体,同时在板底增加预埋 T 型钢牛腿,作为安装时的临时支撑并提供面外抗剪贡献。

相比第 1 种连接方式,第 2 种连接方式减少了现场焊接工作量,施工更方便。

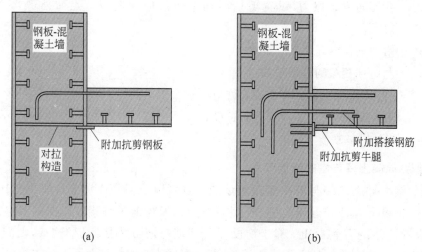

图 6-8 钢板-混凝土墙与钢板-混凝土楼板的连接节点
(a) 底钢板焊接;(b) 附加搭接钢筋

钢板-混凝土墙与钢板-混凝土楼板的连接节点的传力机制包括:

(1) 轴拉力通过楼板上部纵筋和底部钢板传递至墙体,纵筋传力和钢板-混凝土墙与钢筋混凝土楼板的连接节点类似,钢板传力则根据前述构造方案,可以通过焊缝直接传递或通过附加搭接钢筋间接传递。

(2) 面内剪力一方面通过楼板上部纵筋的剪摩擦传递至墙体,另一方面,对于第 1 种节点构造可以通过底部钢板焊缝进行传递,对于第 2 种节点构造可以通过附加搭接钢筋的剪摩擦进行传递。

(3) 面外剪力与面内剪力的传力机制类似,但增加了底部附加钢板或牛腿的抗剪贡献。关于这部分贡献,可参考文献[11]的方法计算其抗剪贡献,并叠加剪摩擦力来确定容许面外剪切荷载。且认为钢板提供的抗剪能力较为可靠,通常可承担 40% 以上的剪切荷载。

由此,日本 JEAC 4618—2009 规范[6] 给出了墙板节点的面外剪切承载力可按式(6-2)

计算,其中附加抗剪钢板时的计算参数见图 6-9。(图中以钢筋混凝土板为例,对于钢板-混凝土板与之类似)

$$Q_a = Q_{sp} + Q_{fr} \qquad (6\text{-}2)$$

其中

$$Q_{sp} = \frac{3M_a}{l_w} \qquad (6\text{-}3)$$

$$Q_{fr} = \phi A_s f \mu \qquad (6\text{-}4)$$

$$M_a = Z_{sp} f_t \qquad (6\text{-}5)$$

$$l_w = 4t_{sp} \qquad (6\text{-}6)$$

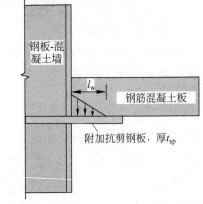

图 6-9　附加抗剪钢板的节点计算简图

式中,Q_a——墙板节点面外剪切力;

Q_{sp}——附加钢板提供的抗剪能力,应为墙板节点面外剪切力的 40% 以上;

Q_{fr}——界面的剪摩擦力,设置剪切附加钢板时应为墙板节点面外剪切力的 60% 以下;

M_a——附加钢板容许面外弯矩;

Z_{sp}——与弯曲相关的截面系数;

f_t——剪切附加钢板面外弯曲的容许应力;

l_w——附加钢板局部压力荷载分布长度;

t_{sp}——附加钢板厚度。

3. 钢板-混凝土墙与墙的连接节点

典型的钢板-混凝土墙与钢板-混凝土墙或钢筋混凝土墙的连接节点如图 6-10、图 6-11 所示。对于钢板-混凝土墙与钢板-混凝土墙的连接,只需通过焊接方式保持节点区域钢板连续,并设置栓钉、灌注混凝土。对于钢板-混凝土墙与钢筋混凝土墙的连接,则需要将钢筋混凝土墙内水平纵筋锚入钢板-混凝土墙内,并在混凝土与钢板接触面上设置栓钉。

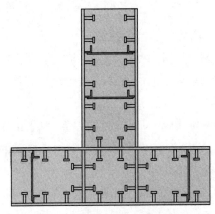

图 6-10　钢板-混凝土墙与钢板-混凝土墙的连接节点

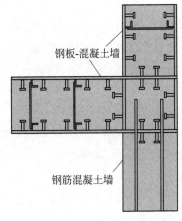

图 6-11　钢板-混凝土墙与钢筋混凝土墙的连接节点

6.3　钢板-混凝土墙与钢筋混凝土基础的连接节点

对于双钢板-混凝土组合结构,需要保证其与钢筋混凝土筏板基础的有效锚固连接,设计时通常要求节点不能先于墙体和基础失效。根据日本 JEAC 4618—2009 规范[6] 和我国《核电站钢板混凝土结构技术标准》(GB/T 51340—2018)[7],通常可以采用 3 种节点构造形式,如图 6-12 所示。第 1 种连接方式是直接将内外侧钢板伸入基础内,并通过钢板两侧焊接的栓钉进行锚固。第 2 种连接方式是将钢面板焊接到水平端板上,伸入混凝土内部的定位钢筋则直接与端板焊接或通过钢筋连接器与端板连接,该方式已在 AP1000 等核电站中得到应用。第 3 种连接方式是采用钢筋搭接连接,即在基础上布置插筋,利用插筋与钢板的搭接传力实现钢板与基础混凝土间的间接传力。其施工过程为:首先布置搭接钢筋并浇筑基础混凝土,然后将双钢板模块单元自上而下吊装就位,最后浇筑内部的混凝土。为简化施工,尤其是避免钢板或钢筋与基础内钢筋的位置冲突,第 3 种连接方式更为方便。

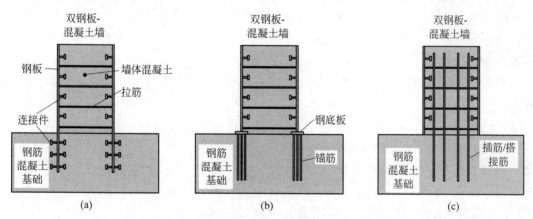

图 6-12　双钢板-混凝土墙与钢筋混凝土基础的连接方式
(a)插入式;(b)锚筋式;(c)插筋式

ANSI/AISC N690—18[1] 附录 N9 给出了双钢板-混凝土墙和钢筋混凝土基础之间连接的基本要求,其理论基础参见文献[12]。但规范并未说明搭接连接的墙-基础节点的拔出性能和设计方法。事实上,当墙体受到地震、风等侧向荷载作用时,倾覆力矩会在墙体根部产生局部拉力[13]。

以往研究主要针对混凝土构件的钢筋搭接接头力学性能,可以简要总结如下。在试验研究方面,试件大致可分为板[14-15]、梁[16-19] 和柱[20-23] 三种类型。为了系统地解释试验结果并进一步指导设计,提出了一些经典的理论模型[14,15,17,24-26],其中一些理论模型已经成为规范的基础。此外,还有很多学者采用宏观和微观层面的 2D 和 3D 有限元分析来揭示搭接接头的力传递机制[27-33]。通过上述研究,可以发现影响非接触钢筋搭接性能的关键参数是搭接钢筋之间的距离、搭接长度、横向钢筋等。

为进一步完善钢板-混凝土墙与钢筋混凝土基础之间连接锚固节点的设计方法并优化构造,开展了大比例模型试验,并在分析钢板、搭接钢筋和拉筋等部件受力过程的基础上,重点评估了搭接钢筋位置和拉筋布置方式的影响,给出了优化构造和设计方法[34]。

6.3.1 试验设计

试验主要研究双钢板-混凝土组合墙与钢筋混凝土筏板基础连接节点的拉拔性能。综合考虑加载装置尺寸和加载能力,选择1:2缩尺比例,试件厚度 t_{sc} 和面板厚度 t_p 分别为800mm 和10mm,墙的宽度取500mm。

当拉力和弯矩从双钢板-混凝土墙传递到混凝土基础时,墙体面板中的拉力首先通过非接触方式传递到搭接钢筋,然后再传递到混凝土基础。因此,双钢板-混凝土结构与混凝土基础的连接由两部分组成:混凝土部分(混凝土内的锚固长度)和双钢板-混凝土结构部分(双钢板-混凝土墙内的搭接长度)。由于钢筋在混凝土内的锚固设计方法已较为成熟,其锚固长度在美国的 ACI 349—06 规范[2] 以及中国的《建筑抗震设计规范(2016 年版)》(GB 50011—2010)[9]、《混凝土结构设计规范》(GB 50010—2010)[8]中都有明确的规定,因此不作为本研究的重点。本次试验研究的试件未包含混凝土基础部分,只考虑节点中双钢板-混凝土结构墙体内的部分,这样有利于简化试件构造。

各试件钢筋均采用 HRB400,其中搭接钢筋直径 $d_b=32$mm,钢板均采用 Q345,混凝土标号为 C40。

根据 ANSI/AISC N690—18[1],节点宜设计为完全强度连接,即设计屈服荷载 P_y 可取:

$$P_y = \min(f_{yp}A_p, f_{ys}A_s) \tag{6-7}$$

式中,f_{yp}、f_{ys}——钢板和搭接钢筋的屈服强度;

A_p、A_s——钢板和搭接钢筋的截面面积。

根据计算,搭接钢筋数量为 16 时,钢筋的屈服荷载可略高于钢板,即 $f_{ys}A_s$ 大于 $f_{yp}A_p$。搭接钢筋对称布置,共 4 排,水平距离为 120mm。

在 ANSI/AISC N690—18[1]中,将搭接节点分为两类,对于搭接处钢筋受拉的情况,搭接长度取钢筋标准锚固长度的 1.3 倍,否则根据 ACI 349—06[2]中 12.2 节的规定,搭接长度按下式计算:

$$L_{TR} = 1.3 \times \frac{3}{40} \frac{f_{ys}}{\sqrt{f'_c}} \frac{\psi_t \psi_e \psi_s}{\left(\frac{c_b + K_{tr}}{d_b}\right)} \tag{6-8}$$

式中,f'_c——混凝土的圆柱体抗压强度;

ψ_t、ψ_e、ψ_s——对于搭接位置、钢筋表面处理、搭接钢筋直径的修正因子,分别取 1.3、1.0、1.0;

c_b——保护层厚度(70mm)与钢筋间距的一半(60mm)中的较小值;

K_{tr}——横向配筋系数,在设计时可以取 0。

由式(6-8)计算得到 $L_{TR}=2167$mm,所以试验中插筋的锚固长度取 2200mm。

为保证钢板与混凝土之间的连接,需要在整个有效连接范围内设置足够的栓钉以防止界面剪切破坏,即栓钉间距应符合下式要求以满足完全抗剪连接:

$$s \leqslant \sqrt{\frac{Q_{cv}L_{TR}}{f_{yp}t_p}} \tag{6-9}$$

式中,Q_{cv}——每个栓钉的剪切强度;

t_p——钢面板的厚度。

根据以上要求,模型中栓钉直径和间距分别取 10mm 和 100mm。

试验对搭接钢筋和拉筋的不同参数进行了研究。其中,拉筋改变的参数主要包括拉筋的位置和直径,同时也提出了局部增加钢腹板的构造形式。钢腹板对防止混凝土受拉撕裂和钢面板屈曲具有很好的效果,且可以提升面外剪切承载力,从而加强双钢板-混凝土墙的整体性。

LS-1～LS-7 和 LS-8 的试件构造如图 6-13 所示。各试件的构造参数见表 6-1。其中,拉筋配筋率(ρ_w)定义为拉筋或内部钢腹板的截面面积除以混凝土的面积($w \times L_{TR}$)。为反映搭接钢筋与外面板之间的空间关系,定义偏心比 er 如下式所示:

$$er = (b_e + b_i)/h \tag{6-10}$$

式中,h——双钢板-混凝土墙的厚度;

b_e、b_i——外层和内层搭接钢筋与面板的距离。

显然,如果搭接钢筋距离钢板越近,er 的值就会越小。

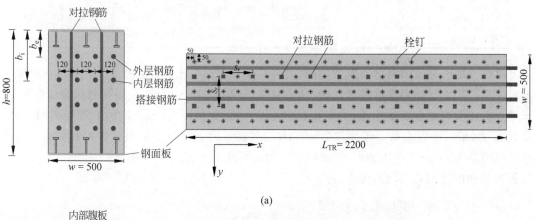

(a)

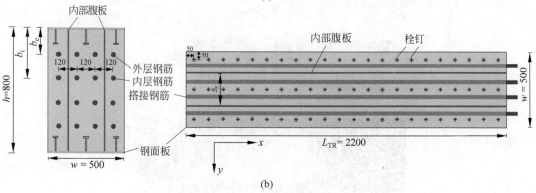

(b)

图 6-13　试件构造图(单位:mm)

(a) LS-1～LS-7;(b) LS-8

表 6-1　试件构造参数

试件编号	s_x/mm	s_y/mm	b_e/mm	b_i/mm	d_t/mm	t_w/mm	ρ_w/%	er	拉筋形式	主要参数
LS-1	200	200	160	310	18	—	0.51	0.59	对拉构造	插筋的位置
LS-2	200	200	70	220	18	—	0.51	0.36	对拉构造	
LS-3	200	200	120	270	18	—	0.51	0.49	对拉构造	基准试件
LS-4	200	200	120	270	14	—	0.31	0.49	对拉构造	
LS-5	200	200	120	270	8.5	—	0.11	0.49	对拉构造	拉筋的布置
LS-6	400	400	120	270	12	—	0.12	0.49	对拉构造	
LS-7	100	200	220	340	18	—	1.02	0.70	对拉构造	基准试件
LS-8	—	250	220	340	—	3	1.20	0.70	对拉构造	

　　钢材的基本材性指标如表 6-2 所示,其中 f_y 是屈服强度,f_u 是抗拉强度,E 是弹性模量。混凝土立方体抗压强度的平均值和标准差分别为 43.11MPa 和 3.5MPa。

表 6-2　钢材的材料特性

类　　型	f_y/MPa		f_u/MPa		E/GPa		伸长率/%	
	平均值	标准差	平均值	标准差	平均值	标准差	平均值	标准差
钢筋(18mm)	452.4	8.5	591.0	4.8	204.9	2.1	17.6	0.16
钢板(10mm)	451.3	7.1	583.8	4.7	206.1	1.9	19.6	0.13
钢板(3mm)	445.0	3.0	555.0	1.9	210.2	1.0	20.2	0.11

　　试件及加载装置的整体示意图如图 6-14 所示。由于本研究关注的是节点的轴拉性能,所以应尽可能保证边界条件接近铰接,从而释放掉端部弯矩。因此,在实际的试验过程中节点通过铰接头与加载装置相连,如图 6-14 所示。试验先按照力控制加载,在开裂前每一级荷载为 200kN,开裂后每一级荷载为 400kN。在钢板进入屈服后采用位移控制加载,每一级位移增量为 2mm。在达到 1.25 倍钢板屈服荷载或 5 倍屈服位移时停止加载。为了定量分析钢板和搭接钢筋之间的传力机制,按照图 6-15 布置了钢筋或钢板应变片。

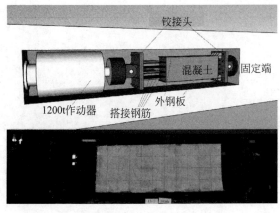

图 6-14　试验装置

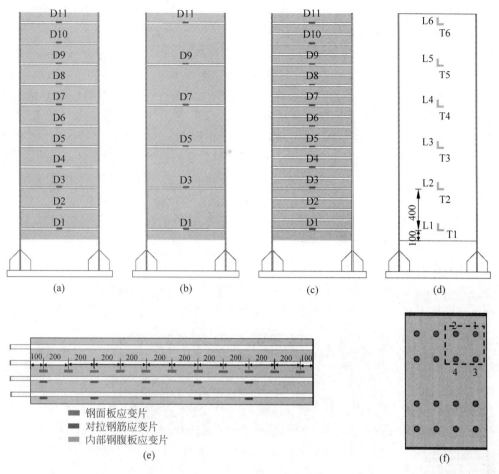

图 6-15　应变片布置

（a）LS-1～LS-5 拉筋；（b）LS-6 拉筋；（c）LS-7 拉筋；（d）LS-8 内腹板；（e）顶部钢面板和搭接钢筋；（f）搭接钢筋

6.3.2　试验结果及分析

1. 试验现象

由于各试件在加载过程中的现象相似，以 LS-3 为例进行描述，如图 6-16 所示。

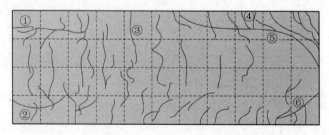

图 6-16　LS-3 裂缝分布图

当荷载达到 1000kN 时，在锚固段靠近作动器最外侧锚固钢筋的高度出现一条纵向裂缝①。当荷载达到 1200kN 时，在构件混凝土左端最外侧锚固钢筋的高度出现一条新的纵向裂缝②,且有多条垂直于加载方向的横向裂缝出现。当荷载为 2000kN 时,构件混凝土右侧产生斜裂缝,此时纵向裂缝①的宽度为 0.15mm,横向裂缝③的宽度为 0.05mm。当荷载为 2800kN 时,纵向裂缝①最大宽度为 0.3mm。当荷载为 2800～4000kN 时,纵向裂缝逐渐向前延伸,混凝土表面中部横向裂缝和右侧斜裂缝逐渐增多。当荷载达到 4000kN 时,纵向裂缝①的最大宽度为 0.5mm,中部横向裂缝的宽度为 0.2～0.3mm,而斜裂缝④的宽度为 0.3mm。在位移加载阶段,纵向裂缝和中部横向裂缝几乎没有发展,而混凝土右侧表面不断产生新的斜裂缝。在位移达到 14mm 的时候,产生了两条主斜裂缝⑤、⑥,且此时有混凝土剥落。在角部的斜裂缝宽度达到 7mm。此后主斜裂缝的延伸方向逐渐接近水平,并延伸至构件中部。当位移达到 24mm 时,斜裂缝的宽度为 10mm。当位移达到 47mm 时,达到最大荷载 5648kN。在位移超过 48mm 时构件下侧钢板被拉断。

各试件都呈现出相似的延性破坏模式,但详细的开裂分布和荷载-位移曲线却不尽相同,这将在下文进行讨论。

2. 裂缝模式

通过观察试验过程中裂缝的发展情况,整个混凝土表面可分为以下三个区域:纵向裂缝区(L 区)、横向裂缝区(T 区)和斜裂缝区(D 区),如图 6-17 所示。

图 6-17　搭接区的开裂模式

不同区域的裂缝模式和机理不同:

L 区产生纵向裂缝的主要原因是,钢筋上的肋会对周围的混凝土施加向外的压力,使混凝土处于受拉状态。当混凝土的拉应变超过开裂应变时,裂缝将延伸至试件表面。

T 区横向裂缝在水平方向上分布均匀,说明该区钢筋、钢板和混凝土配合良好。每个试件的平均裂缝间距大致等于 200mm,这也恰好是栓钉间距。究其原因,是栓钉所在截面有所削弱,导致裂缝更易产生。

斜裂缝主要出现在 D 区,大部分裂缝角度在 45°左右。原因是,该区域外钢板受力大,钢板上的栓钉与混凝土之间的传力较大。因此,由于应力集中,斜裂缝更容易从栓钉头部发展。还应注意的是,由于栓钉拉动的混凝土在右端缺乏支撑并且容易从试件上剥落,因此可能会出现严重的斜裂缝。实际上,这种现象在实际工程中不太可能发生,因为混凝土在真实的双钢板-混凝土墙中是连续的。

3. 荷载-位移关系

试件的主要试验结果如图 6-18 和表 6-3 所示。为更方便地对比不同参数对搭接节点受力性能的影响,同时给出了分组的荷载-位移关系曲线。其中,δ_u 为峰值荷载 P_u 对应的挠度,采用能量法计算屈服挠度 δ_y,其对应荷载为屈服荷载 P_y。

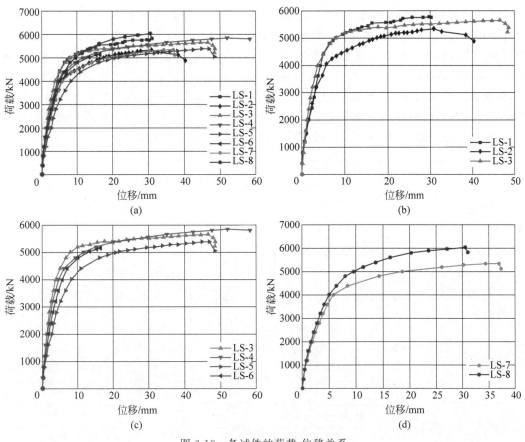

图 6-18　各试件的荷载-位移关系

(a) LS-1~LS-8；(b) LS-1~LS-3；(c) LS-3~LS-6；(d) LS-7~LS-8

表 6-3　主要试验结果汇总表

试件编号	P_u/kN	δ_u/mm	P_y/kN	δ_y/mm	μ_d	(P_y/δ_y)/(kN/mm)	er	ρ_w/%	破坏模式
LS-1	5773.2	29.7	4549.2	5.3	5.60	858.34	0.59	0.51	钢板屈服
LS-2	5341.2	30.9	4272.4	7.6	4.07	562.16	0.36	0.51	钢板断裂
LS-3	5648.4	46.6	4808.4	6.7	6.96	717.67	0.49	0.51	钢板断裂
LS-4	5845.2	52.0	4857.6	9.8	5.31	495.67	0.49	0.31	钢板屈服
LS-5	5386.8	46.9	4258.8	9.8	4.79	434.57	0.49	0.11	钢板屈服
LS-6	5154.0	16.4	4558.8	7.9	2.08	577.06	0.49	0.12	钢板断裂
LS-7	5348.4	36.9	4497.6	9.0	4.10	499.73	0.70	1.02	钢板屈服
LS-8	6032.4	30.5	4999.2	9.6	3.19	522.93	0.70	1.20	搭接钢筋屈服

可以看出,每个试件的屈服荷载约等于两侧钢板的屈服力(4513kN)。峰值荷载由双钢板的极限抗拉强度决定,为 5154~6032kN。这种变化与钢材材性的离散性和焊接残余应力等其他因素有关。此外,除 LS-6 和 LS-8 外,每个试件的 μ_d 均大于 4.0,表明其具有良好的延性。LS-6 的过早失效与拉筋和外板之间的焊接损伤有关。对于 LS-8,在试验期间其外钢板和搭接钢筋都屈服,因此,为了防止搭接钢筋的断裂,试验停止。

4. 钢板和搭接钢筋的应变

荷载传递的机制可以直接通过外钢板和搭接钢筋的应变来反映。

各试件沿长度方向的钢板纵向应变如图 6-19 所示。由于发现顶部和底部钢面板的应变几乎相同,因此图 6-19 中的应变取两个钢板的平均值。平行于纵轴和横轴的虚线表示假设拉力完全由钢板承担时的屈服荷载 P_y 和相应的应变 ε_{py}。值得注意的是,钢面板中的纵向应变在搭接连接的开始处(在靠近固定端的 D 区中)最高,随着力从钢面板传递到搭接钢筋,钢面板中的纵向应变沿长度逐渐减小。在搭接连接端部(在靠近作动器的 L 区),所有的拉力都已从钢面板传递到搭接的钢筋上。此外,应变在屈服前几乎与外部荷载呈线性关系。当应变超过屈服应变后,它们会迅速增加,导致部分应变片失效。

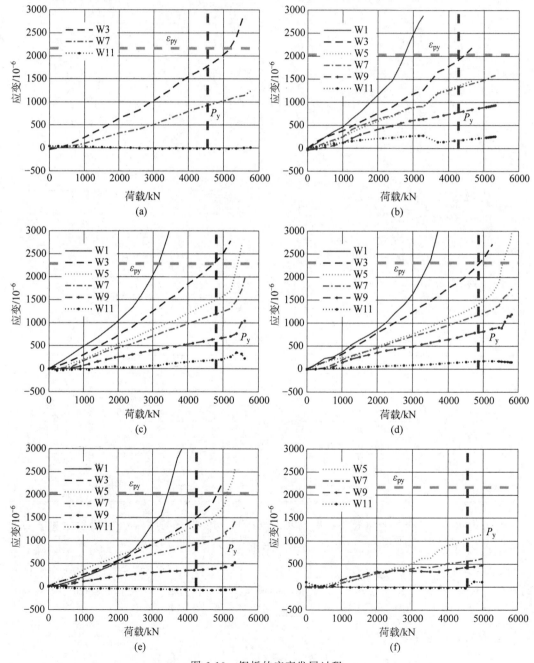

图 6-19　钢板的应变发展过程

(a) LS-1;(b) LS-2;(c) LS-3;(d) LS-4;(e) LS-5;(f) LS-6;(g) LS-7;(h) LS-8

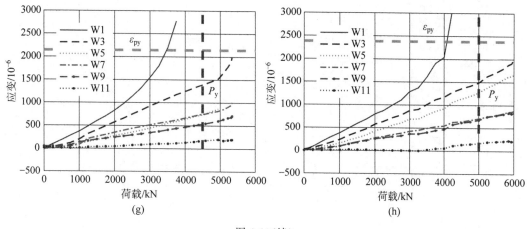

图 6-19(续)

　　试验中也测量了搭接钢筋的应变,由于各试件的应变变化相似,故以 LS-2 为例,如图 6-20 所示。平行于纵轴和横轴的虚线表示钢筋屈服时的荷载 P_y 和屈服应变 ε_{ry}。可以观察到,随着荷载的增加,应变和荷载大致呈线性关系。与钢面板的应变变化相反,搭接钢筋的应变在作动器附近最大,并沿搭接长度逐渐减小。此外,同一搭接截面上不同钢筋的应变较为接近。考虑到搭接钢筋布置的对称性,可以推导出在布置应变片的截面上搭接钢筋所承受的荷载。由于钢面板和搭接钢筋上的应变片布置在同一截面上,因此可以计算出钢板和搭接钢筋在这些截面上所承受的荷载。例如,图 6-21 所示为 3200kN 荷载下沿试件长度钢板及搭接钢筋的荷载贡献,其中横轴代表不同位置。横坐标越小,对应位置离作动器越远。可以发现,每个位置的两部分荷载贡献之和大约等于灰色虚线表示的外部荷载 3200kN。综上所述,在锚固长度范围内,拉力可以在钢板和搭接钢筋之间顺利传递。

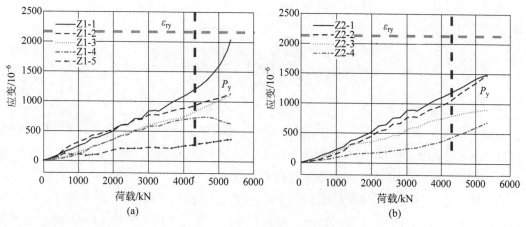

图 6-20　搭接钢筋的应变发展过程
(a) 1 号钢筋；(b) 2 号钢筋；(c) 3 号钢筋；(d) 4 号钢筋

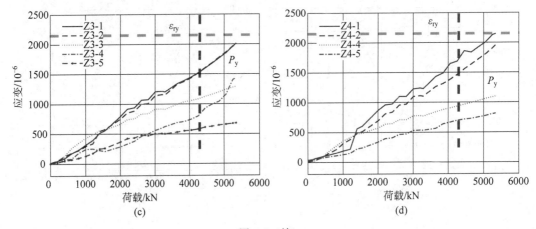

图 6-20(续)

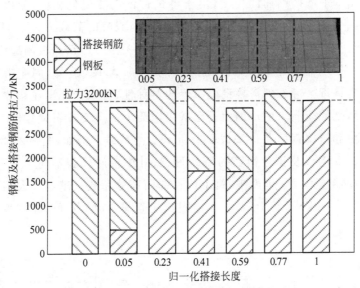

图 6-21　荷载 3200kN 时钢板和搭接钢筋的贡献

注：归一化搭接长度指截面所在位置与作动器的距离和总搭接长度的比值。

5. 拉筋和腹板应变

拉筋和内腹板在控制裂缝和防止混凝土劈裂破坏方面起着重要作用。为了分析它们在加载过程中的机制和影响,将应变的发展和分布绘制于图 6-22 中。为了更清楚地展示应变分布,每个试件在 3000kN 时的拉筋或内腹板的应变变化如图 6-23 所示。值得注意的是,拉筋(LS-1～LS-7)和内部钢腹板(LS-8)的应变沿搭接长度呈非线性分布。如图 6-22 所示,在屈服荷载 P_y 之前,位于最靠近作动器拉筋上的 D11 的应变远高于其他拉筋,这是由于沿着搭接钢筋的纵向裂缝贯穿了 L 区的拉筋和腹板,而在加载过程中,T 区中拉筋的应变仍然很小。此外,出现斜裂缝后,D 区拉筋的应变迅速增加。

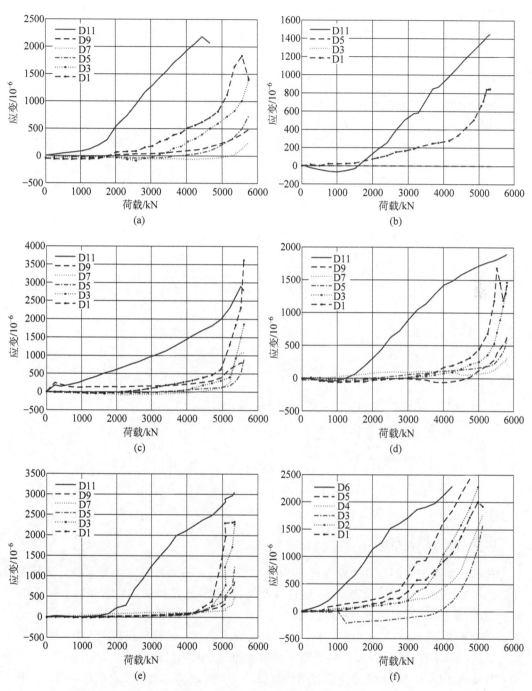

图 6-22　拉筋和钢腹板的应变发展过程

(a) LS-1；(b) LS-2；(c) LS-3；(d) LS-4；(e) LS-5；(f) LS-6；(g) LS-7；(h) LS-8

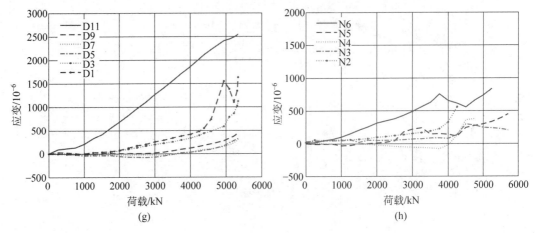

图 6-22（续）

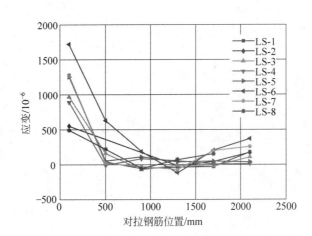

图 6-23 各试件在 3000kN 时拉筋或钢腹板的应变变化

6.3.3 设计方法

拉筋和搭接钢筋的位置对双钢板–混凝土墙和混凝土基础之间搭接节点的力学行为有显著的影响。除了上述两个参数外，组合墙和钢板的厚度、搭接钢筋的直径和长度也有影响。因此，根据试验结果，本节提出了对现有设计规范进行补充的有关设计建议。

一般来说，在试验中观察到这种连接的失效模式包括：①钢板屈服和断裂；②拉筋不足造成的混凝土劈裂破坏；③搭接长度不足造成的滑移破坏。此外，由于设计不当，也可能发生其他破坏模式，例如，④由于搭接钢筋数量不足而导致搭接钢筋先于钢板屈服；⑤由于钢板上的栓钉不足而导致钢筋与混凝土的界面破坏。上述 5 种破坏模式中，第 1 种为延性破坏模式，满足"强连接、弱部件"的设计理念。因此，建议在连接设计中将此模式作为理想的失效模式。

首先，钢板之间的连接可以确保结构的完整性，以避免混凝土劈裂破坏，也就是图 6-24 所示的第 2 种破坏模式。首先定义不平衡力矩 M_c，它是由外钢板和搭接钢筋之间的横向间距引起的,如式(6-11)所示。需要注意的是,由于试件的对称性和边界条件,图 6-24 中仅包含一半的搭接钢筋,并且选择分析的试件宽度为拉筋之间的横向距离,即仅需考虑一根拉筋。

$$M_c = FC \tag{6-11}$$

式中,F——左侧搭接钢筋和右侧钢面板的合力;

C——外钢板和合力位置之间的横向距离,按下式计算:

$$C = \text{er} \times \frac{h}{2} \tag{6-12}$$

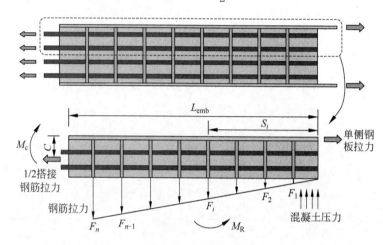

图 6-24　假设 M_c 和拉筋的应变分布

不平衡力矩 M_c 可能导致混凝土的劈裂破坏。为了防止这种破坏模式的发生,需要拉筋来约束混凝土并形成抵抗力矩 M_R,其计算公式为

$$M_R = \sum_{i=1}^{n} F_i S_i \tag{6-13}$$

式中,n——L_{TR} 内的拉筋个数,L_{TR} 由式(6-8)计算;

F_i、S_i——第 i 个拉筋的内力和对应的到搭接节点右端的水平距离,F_i 可按下式计算。

$$F_i = \frac{\pi}{4} d^2 \sigma_i \tag{6-14}$$

式中,d、σ_i——钢筋的直径和应力。

根据力矩平衡得

$$M_R = M_c \tag{6-15}$$

假设拉杆的应变和应力沿搭接长度 L_{TR} 呈线性分布,即

$$\sigma_i \propto S_i \tag{6-16}$$

在分析中混凝土的拉应力忽略不计,在试验中观测到的拉筋中应变的非线性分布将通过进一步修正来考虑。为了简化计算,假定混凝土受压块的尺寸非常小。因此,可以基于这些假定获得每个拉筋的应力,并得到拉筋设计方法。

首先,M_R 可按下式计算:

$$M_R = \frac{\pi}{4} d^2 f_y s_{tl} \left[\frac{1}{3} \left(\frac{L_{TR}}{s_{tl}} \right)^2 + \frac{1}{2} \left(\frac{L_{TR}}{s_{tl}} \right) + \frac{1}{6} \right] \tag{6-17}$$

式中，f_y——拉筋的屈服应力；

    s_{tl}——拉筋纵向间距。

由非接触式搭接引起的不平衡力矩为

$$M_c = f_{yp} t_p s_{tt} C \tag{6-18}$$

式中，s_{tt}——横向拉筋间距。

如果搭接钢筋的布置尚未确定，C 的值可以保守地取 $0.5t_{sc}$。因此，在其他参数的情况下，拉筋的直径可按下式计算：

$$d = \sqrt{\frac{2f_{yp}t_p s_{tt}t_{sc}}{\pi f_y s_{tl}\left[\frac{1}{3}\left(\frac{L_{TR}}{s_{tl}}\right)^2 + \frac{1}{2}\left(\frac{L_{TR}}{s_{tl}}\right) + \frac{1}{6}\right]}} \tag{6-19}$$

从图 6-22 和图 6-23 可以看出，靠近基础拉筋中的拉力远大于其他拉筋，这违背了线性分布假设。为了定量分析每个拉筋对于抵抗 M_c 的贡献，按下式定义 ϕ_i：

$$\phi_i = \frac{F_i S_i}{M_c}, \quad i = 1, 2, \cdots, n \tag{6-20}$$

因此，ϕ_n 代表离基础最近的拉筋的贡献，ϕ_{n-1} 对应于离基础第 2 近的拉筋，以此类推。将除 LS-8 以外的所有试件基于理论模型的计算结果与测量结果进行比较，如图 6-25 所示。

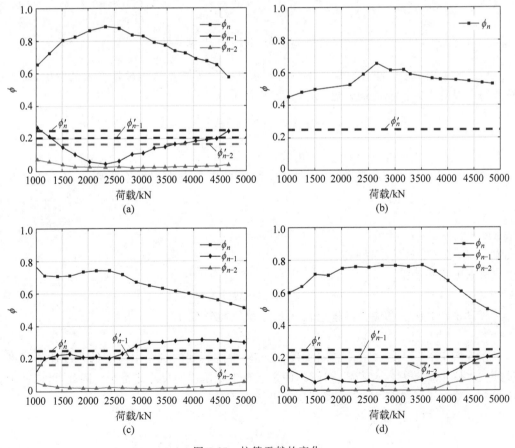

图 6-25　拉筋贡献的变化

(a) LS-1；(b) LS-2；(c) LS-3；(d) LS-4；(e) LS-5；(f) LS-6；(g) LS-7

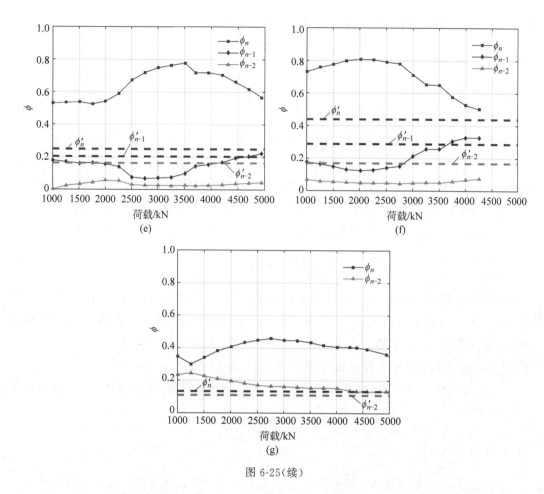

图 6-25（续）

在图 6-25 中，带符号的实线表示实测的 ϕ_i 随着荷载增加的变化情况，同色虚线为 ϕ_i' 是根据理论模型计算得到的值。可以看出，$\phi_n < \phi_{n-1} < \phi_{n-2}$ 的规律在加载过程中始终成立。此外，除 ϕ_n 和 ϕ_{n-1} 之外的其他 ϕ_i 甚至小于 ϕ_{n-2}，因此其他 ϕ_i 未在图 6-25 中绘出。一般来说，在加载开始时，ϕ_n 逐渐增加，最大贡献甚至可能超过 80%，也比预测值大得多。随着距离基础第 2 近的拉筋应变开始迅速发展，它们承载了更大比例的不平衡力矩，从而导致 ϕ_{n-1} 的增加和 ϕ_n 的下降。在屈服荷载下，实测的 ϕ_{n-1} 和 ϕ_n 都高于基于拉筋应变线性分布假设的预测值，这是在设计中需要注意的。

此外，可以观察到，ϕ_{n-2} 几乎没有变化，直到大约 3500kN 时，然后随着荷载的增加而略有增加。LS-1～LS-6 的最大值都小于理论值。然而，对于 LS-7，ϕ_{n-2} 总是高于理论值，因为它的拉筋纵向间距（100mm）小于其他试件的纵向间距（200mm、400mm）。因此，相应的拉筋距离基础更近，可以更早、更有效地对混凝土进行约束。因此，LS-7 的 ϕ_n 比其他试件的小。

为增强结构的完整性，避免劈裂破坏，建议靠近基础的拉筋采用较大的直径。基于上述分析，虽然实测 ϕ_n 和 ϕ_{n-1} 均大于基于拉筋应变线性分布假定得到的预测值，但是在极限荷载下它们分别低于 60% 和 30%。因此，除了式(6-19)，离基础最近的两排拉筋的直径 d_n

和 d_{n-1} 仍需分别满足式(6-21)和式(6-22)以确保安全:

$$d_n \geqslant \sqrt{\frac{6f_{yp}t_p s_{tt}t_{sc}}{5\pi f_y L_{TR}}} \qquad (6\text{-}21)$$

$$d_{n-1} \geqslant \sqrt{\frac{3f_{yp}t_p s_{tt}t_{sc}}{5\pi f_y (L_{TR}-s_{tl})}} \qquad (6\text{-}22)$$

此外值得注意的是,拉筋有助于提升双钢板-混凝土墙的面外剪切强度,但在本分析中没有考虑这一点。此外,本研究所提出的连续焊接在钢面板上的内腹板可以显著提升节点的刚度,表现出良好的力学性能。根据上文所述的结果,靠近基础的内腹板提供的弯矩大于基于线性分布假设得到的计算值。但是,考虑到连续钢腹板具有很好的延性和内力再分配能力,为简便起见,可以采用线性分布假设。因此,内腹板的宽度 t_w 可按下式计算:

$$t_w = \frac{3f_{yp}t_p s_{tt}t_{sc}}{2L_{TR}^2 f_y} \qquad (6\text{-}23)$$

对于搭接钢筋,为避免第 3 种破坏模式,搭接长度应按式(6-8)计算。根据 LS-2 的结果,搭接钢筋与外钢板的距离至少要取栓钉高度与搭接钢筋直径之和。此外,第 4 种破坏模式可以通过足够的搭接钢筋来避免。具体而言,搭接钢筋的数量和强度应满足其总抗拉承载力不小于组合墙钢面板抗拉承载力的 1.25 倍,以保证钢面板先屈服。

最后,应根据式(6-9)设计栓钉,以实现混凝土与钢板的界面处的完全剪力连接,避免第 5 种破坏模式。

6.3.4　小结

本节对双钢板-混凝土墙和钢筋混凝土基础之间的 8 个非接触搭接连接试件进行了单调拉伸加载试验,研究了搭接钢筋位置和拉筋布置对搭接节点的力学行为的影响,并提出了设计建议。主要结论为:

(1)非接触式搭接连接可用作完全强度连接,其设计强度为所连接双钢板-混凝土墙屈服强度的 1.25 倍。通过适当布置的拉筋、栓钉和搭接钢筋,连接节点在拉伸荷载下展示出高达 4 倍的延性。

(2)钢面板屈服前,外面板和搭接钢筋的拉应变沿纵向呈线性分布,表明在埋设长度范围内,它们之间的荷载传递均匀。

(3)试件的割线刚度随搭接钢筋偏心率和横向配筋率 ρ_w 的减小而明显降低。

(4)拉筋能有效地防止劈裂破坏,并且拉筋沿传力长度的应变分布是高度非线性的。尤其是最靠近基础表面的拉筋应变明显大于其他拉筋应变。

(5)该连接共有 5 种可能的失效模式,并建议将钢面板屈服作为预期破坏模式。为了避免其他破坏模式,提出了关于拉筋、搭接钢筋和栓钉的设计建议,并且基于非线性应变分布推导出了拉筋的计算方法。

(6)建议采用正交方向的内部钢腹板作为一种拉筋替代形式,其具有更好的力学性能和更方便的施工性能,并给出了内部钢腹板的计算方法。

参考文献

[1] AISC. Specification for safety-related steel structures for nuclear facilities：ANSI/AISC N690—18 [S]. Chicago：AISC,2018.

[2] ACI. Code requirements for nuclear safety-related concrete structures(ACI 349—06)and commentary [S]. Farmington Hills,MI：ACI,2006.

[3] BHARDWAJ S R,VARMA A H. Modular steel-plate composite walls for safety-related nuclear facilities：Steel design guide 32[S]. USA：AISC,2017.

[4] AISC. Specification for structural steel buildings：ANSI/AISC 360—10[S].Chicago：AISC,2010.

[5] ACI. Building code requirements for structural concrete：ACI 318—19 and commentary [S]. Farmington Hills,MI：ACI Committee,2019.

[6] Technical guidelines for seismic design of steel plate reinforced concrete structures：JEAC 4618—2009 [S]. Tokyo：The Japan Electric Association,2009.

[7] 中华人民共和国住房和城乡建设部,国家市场监督管理总局.核电站钢板混凝土结构技术标准：GB/T 51340—2018[S].北京：中国建筑工业出版社,2019.

[8] 中华人民共和国住房和城乡建设部.混凝土结构设计规范：GB 50010—2010[S].北京：中国建筑工业出版社,2010.

[9] 中华人民共和国住房和城乡建设部.建筑抗震设计规范(2016 年版)：GB 50011—2010[S].北京：中国建筑工业出版社,2010.

[10] 中华人民共和国住房和城乡建设部,国家质量监督检验检疫总局.钢结构设计标准：GB 50017—2017[S].北京：中国建筑工业出版社,2017.

[11] 平川啓司,持田哲雄他：「鋼板コンクリート構造に関する実験の研究」その37-39 壁床接合部実験 [C].日本建学会大会講演梗概集,1999.

[12] BHARDWAJ S R,VARMA A H,MALUSHTE S R. Minimum requirements and section detailing provisions for steel-plate composite (SC) walls in safety-related nuclear facilities[J]. Engineering Journal-American Institute of Steel Construction J,2017,54(2)：89-107.

[13] HUANG Y,ZHU Z G,NAITO C J,et al. Tensile behavior of half grouted sleeve connections：Experimental study and analytical modeling[J]. Construction and Building Materials,2017,152：96-104.

[14] MCLEAN D I,SMITH C L. Noncontact lap splices in bridge column-shaft connections[R]. Pullman, Washington,USA：Department of Civil and Engineering,Washington State University,1997：15-40.

[15] SAGAN V,GERGELY P,WHITE R. Behavior and design of noncontact lap splices subjected to repeated inelastic tensile loading[J]. ACI Structural Journal,1991,88(4)：420-431.

[16] HAMAD B,NAJJAR S. Evaluation of the role of transverse reinforcement in confining tension lap splices in high strength concrete[J]. Materials and Structures,2002,35(4)：219-228.

[17] HAMAD B S,MANSOUR M Y. Bond strength of noncontact tension lap splices[J]. ACI Structural Journal,1996,93：316-326.

[18] JACQUES E,SAATCIOGLU M. Bond-slip modelling of reinforced concrete lap splices subjected to low and high strain rates[J]. Engineering Structures,2019,195：568-578.

[19] LUKOSE K,GERGELY P,WHITE R. Behavior of reinforced concrete lapped splices for inelastic cyclic loading[J]. ACI Journal Proceedings,1982,79(5)：355-365.

[20] CHEN H B,MASUD M,SAWAB J. et al. Parametric study on the non-contact splices at drilled shaft to bridge column interface based on multiscale modeling approach[J]. Engineering Structures,2019, 180：400-418.

[21] LIN Y,GAMBLE W L,HAWKINS N M. Seismic behavior of bridge column non-contact lap splices [R]. Illinois：College of Engineering,University of Illinois at Urbana-Champaign,1998.

[22] MASUD M,CHEN H B,SAWAB J,et al. Performance of non-contact lap splices in geometrically dissimilar bridge column to drilled shaft connections[J]. Engineering Structures,2019,209：110000.

[23] MURCIA D J,LIU Y,SHING P B. Development of bridge column longitudinal reinforcement in oversized pile shafts[J]. Journal of Structural Engineering,2016,142(11)：04016114.

[24] ORANGUN C O,JIRSA J O,BREEN J E. A reevaluation of test data on development length an splices[J]. ACI Journal,1997,74(3)：114-122.

[25] SIVAKUMAR B,WHITE R N,GERGELY P. Behavior and design of reinforced concrete column-type lapped splices subjected to high-intensity cyclic loading [R]. USA：the National Science Foundation,1982.

[26] TASTANI S P,BROKALAKI E,PANTAZOPOULOU S J. State of bond along lap splices[J]. Journal of Structural Engineering,2015,141(10)：04015007.

[27] CHEN H B,MASUD M,SAWAB J,et al. Multiscale analysis of non-contact splices at drilled shaft to bridge column interface[J]. Engineering Structures,2018,176：28-40.

[28] DAOUD A,MAUREL O,LABORDERIE C. 2D mesoscopic modelling of bar-concrete bond[J]. Engineering Structures,2013,49：696-706.

[29] LAGIER F,MASSICOTTE B,CHARRON J P. 3D nonlinear finite-element modeling of lap splices in UHPFRC[J]. Journal of Structural Engineering,2016,142(11)：04016087.

[30] MURCIA D J,SHING P B. Numerical study of bond and development of column longitudinal reinforcement extended into oversized pile shafts [J]. Journal of Structural Engineering, 2018, 144(5)：04018025.

[31] SEOK S,HAIKAL G,RAMIREZ J A,et al. High-resolution finite element modeling for bond in high-strength concrete beam[J]. Engineering Structures,2018,173：918-932.

[32] 周剑,赵作周,侯建群,等. 装配式混凝土剪力墙上下层钢筋间接搭接单向拉伸试验及有限元模拟[J]. 混凝土,2015(11)：12-16+20.

[33] 江佳斐,隋凯,张军,等. 钢筋黏结锚固数值模拟法应用于浆锚钢筋搭接的适用性分析[J]. 施工技术,2018,47(12)：48-52+61.

[34] KONG S Y,FAN J S,NIE X,et al. Pullout behavior of lap splice connections between double-steel-plate composite walls and RC raft foundation in nuclear engineering[J]. Engineering Structures, 2021,230：111720.

第7章

钢板-混凝土组合剪力墙结构

7.1 组合剪力墙构造形式

在高层和超高层建筑中,剪力墙是一种重要的抗侧力构件。在地震作用下,核心筒剪力墙不仅承担了大部分地震剪力,而且还起到了耗散地震能量的重要作用,是高层和超高层结构体系抗震设计的关键构件。随着建筑结构越来越高,底部剪力墙需要承担的竖向荷载越来越大,为保证剪力墙的延性需严格控制轴压比和混凝土强度等级。若仍采用传统的钢筋混凝土剪力墙,将导致墙体厚度过大,从而带来施工复杂,占用空间等问题,而且还会导致自重增加,地震作用增加。此外,剪力墙厚度的增加,使得核心筒的刚度大幅提高,为了满足楼层剪力分担比例的要求,外框梁柱的截面也要随之增加以实现内筒和外框的刚度匹配,此时结构的整体成本和规模均难以控制。因此,剪力墙结构形式的优化成为超高层建筑结构发展的关键之一。钢板-混凝土组合剪力墙通过充分发挥钢与混凝土两种材料的各自优势,扬长避短,能够以尽可能小的墙体厚度来满足高轴压和高延性的需求,从而实现超高层组合结构体系力学性能、施工、成本等各方面的综合最优,目前在超高层建筑结构中的应用越来越广泛[1]。

根据钢板与混凝土的相对位置,组合剪力墙可分为内嵌钢板组合剪力墙和外包钢板组合剪力墙(见图 7-1)[2-4]。

内嵌钢板组合墙相比传统钢筋混凝土剪力墙在承载力、耗能和变形性能方面都有所提高。但内嵌钢板组合剪力墙应用于高层建筑结构时尚存在以下问题需要解决:首先,混凝土位于钢板外侧,在层间位移角较大时,混凝土可能会发生开裂剥落,导致对钢板的约束作用减弱,从而降低剪力墙在大震作用下的延性耗能能力;其次,剪力墙构造较为复杂,钢板运输安装难度较大,现场仍需支模板、绑钢筋等工序,施工相对比较困难;最后,混凝土开裂较难控制,裂缝外露难以避免,从而影响结构的正常使用和耐久性。

图 7-1(b)所示的外包钢板组合剪力墙是解决上述问题的有效途径之一,其优势可归纳如下:①混凝土填充于外侧钢板之内,能始终对钢板起到约束作用,而外侧钢板对内填混凝土同样具有约束作用,从而提高内填混凝土的变形能力,使得剪力墙在大震作用下的延性及耗能能力大幅提高。此外,对于有横向拉结措施的双钢板组合剪力墙,钢板可对混凝土起到更强的约束作用,使得高强混凝土的应用成为可能,从而真正实现"高轴压、高延性、薄墙体"

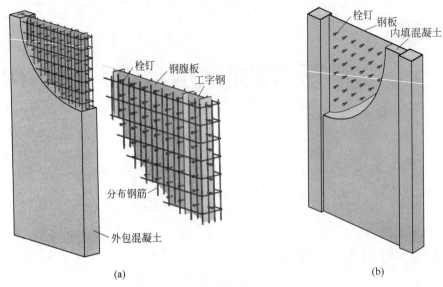

图 7-1　组合剪力墙的典型构造形式

(a) 内嵌钢板组合剪力墙；(b) 外包钢板组合剪力墙

的设计目标。②外包钢板组合剪力墙构造简单,钢结构运输安装方便,外侧钢板在施工阶段兼做混凝土模板,简化现场施工工序。③外侧钢板可有效避免混凝土裂缝外露。④用两块钢板替代一块钢板,可有效避免超高层建筑中厚钢板的使用及其带来的一系列不利影响[1]。由于外包钢板组合剪力墙施工性能优越,符合建筑工业化的发展方向,美国《钢结构建筑抗震规范》(AISC 341—16)[5]推荐在高烈度区采用外包钢板组合剪力墙取代传统钢筋混凝土剪力墙或内嵌钢板组合剪力墙。本章主要对外包钢板-混凝土组合剪力墙的构造形式和设计方法进行论述。

外包钢板组合剪力墙的连接件包括栓钉、T 形加劲肋,对拉钢筋、缀板或其他连接件。也可根据实际工程的需求使用多种连接件的组合配置。我国《钢板剪力墙技术规程》(JGJ/T 380—2015)[6]给出了常见的连接件形式,如图 7-2 所示。在组合墙设计中应确保连接件可有效传递钢-混凝土界面剪力和界面拉力,在两者均较为突出的情况下,应考虑拉剪耦合作用下连接件强度的削弱[7-8]。为防止外包钢板组合剪力墙受力过程中过早出现钢板屈曲问题,进一步给出了采用栓钉、对拉螺栓和 T 形加劲肋时,连接件的尺寸要求及其间距与钢板厚度的比值限制。美国《钢结构建筑抗震规范》(AISC 341—16)[5]规定外包钢板组合剪力墙宜采用拉结钢筋将钢板连接,并给出了拉结钢筋的设计公式和构造要求(见图 7-3),拉结钢筋与钢板的连接可采用塞焊、角焊缝和对拉螺栓三种形式。其中,塞焊厚度需要不低于钢板厚度的 50%。

通常来讲,当具有充分的连接或拉接构造时,即便墙体厚度较大,双钢板-混凝土组合剪力墙内部不配置钢筋也可满足延性和抗裂等方面的要求。

美国《钢结构建筑抗震规范》(AISC 341—16)[5]给出了图 7-4 所示的两种构造方式,可用于墙体厚度较大的情况。图 7-4(a)中使用传统钢筋混凝土柱作为边缘约束构件,并在墙身设置横向钢筋网和抗剪连接件。对于图 7-4(b)所示的方案,则要求采用全熔透对接焊将外包钢板与翼缘板相连,且在墙身部位使用横向钢筋网和栓钉连接件。其中,横向钢筋网

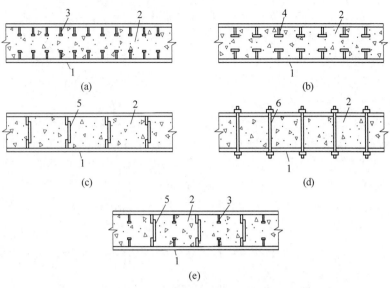

图 7-2　外包钢板组合剪力墙构造

1—外包钢板；2—混凝土；3—栓钉；4—T 形加劲肋；5—缀板；6—对拉螺栓。

(a) 栓钉式；(b) T 形加劲肋式；(c) 缀板式；(d) 对拉螺栓式；(e) 栓钉与缀板混合式

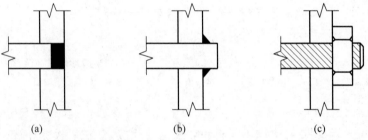

图 7-3　美国《钢结构建筑抗震规范》(AISC 341—16)中的拉结钢筋与钢板连接示意图

(a) 塞焊；(b) 钢板外侧角焊缝；(c) 螺栓

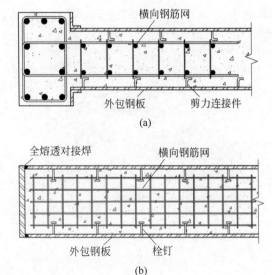

图 7-4　美国《钢结构建筑抗震规范》(AISC 341—16)中的两种钢板-混凝土组合剪力墙构造图

(a) 采用传统钢筋混凝土柱的钢板-混凝土组合墙；(b) 采用横向钢筋网的钢板-混凝土组合剪力墙

具有沿墙厚方向的钢筋,有利于避免轴力、弯矩和面外剪力作用下,墙身混凝土沿着厚度方向开裂的趋势。我国《钢板剪力墙技术规程》(JGJ/T 380—2015)[6]规定,钢板组合剪力墙厚度超过 800mm 时,内填混凝土内可配置水平和竖向分布钢筋。分布钢筋的配筋率不宜小于 0.25%,间距不宜大于 300mm,且栓钉连接件宜穿过钢筋网片。墙体钢板之间宜设缀板或对拉螺栓等对拉构造措施。

　　国内外完成的钢板组合剪力墙压弯剪试验表明,采用矩形钢管混凝土作为边缘约束构件时,破坏形态多为边缘约束构件钢腹板和钢翼缘的连接焊缝部位出现的焊缝断裂破坏。为解决此类问题,文献[9]提出采用图 7-5 所示的半圆形钢管或圆形钢管作为边缘约束构件,以缓解或推迟焊缝断裂破坏,提升构件的抗震延性。半圆形钢管的受压侧混凝土约束效应较弱,其极限位移角(为 3.0%～3.4%)低于圆形钢管截面的构件(为 4.0%～4.16%)。边缘约束构件采用圆形或半圆形截面时,需要与建筑布置协调一致。

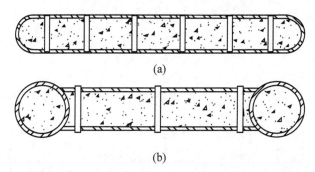

(a)

(b)

图 7-5　美国《钢结构建筑抗震规范》(AISC 341—16)推荐的半圆形钢管和圆形钢管构造
(a) 配置半圆形钢管的组合剪力墙;(b) 配置圆形钢管的组合剪力墙

　　文献[10]对 7 个双钢板-混凝土组合剪力墙进行了纯剪试验,试件尺寸为 1200mm×1200mm×200mm,双层钢板之间由隔板和对拉钢筋连接,并在钢板上焊接栓钉,以保证钢板与混凝土协同工作,如图 7-6 所示。主要变化参数为钢板厚度、加劲肋数量以及是否焊接栓钉等。试验结果表明:在剪应变达 0.002 之前,组合剪力墙试件表现出稳定的滞回性能;在钢板和混凝土出现分离前,承载力无下降。图 7-6 所示的连接构造包含了栓钉、对拉钢筋和隔板,可较好地避免或推迟外包钢板屈曲现象,适用于荷载较大的剪力墙结构。

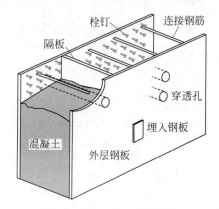

图 7-6　双钢板-混凝土组合剪力墙构造示意图

在钢板-混凝土组合剪力墙中,墙体厚度与单侧钢板的厚度比值宜为25~100,对应墙体含钢率为2%~8%,钢板厚度不宜低于10mm以确保施工过程中的钢板稳定性和栓钉可焊性[6]。

栓钉连接件的直径不宜大于钢板厚度的1.5倍,栓钉的长度宜大于栓钉直径的8倍。若栓钉的直径与钢板厚度的比值过大,栓钉焊接会影响钢板性能。栓钉应具有足够的长度,以防止栓钉被拔出而影响其防止钢板屈曲的能力[6]。

若采用T形加劲肋的连接构造,加劲肋的钢板厚度不应小于外包钢板厚度的1/5,且不应小于5mm。T形加劲肋腹板高度 b_1 不应小于加劲肋钢板厚度的10倍,端板宽度 b_2 不应小于加劲肋钢板厚度的5倍[6](图7-7)。

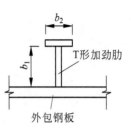

图7-7　T形加劲肋构造

7.2　组合剪力墙设计方法

7.2.1　正截面承载力

1. 轴压比限值

《钢板剪力墙技术规程》(JGJ/T 380—2015)[6]规定,对于外包钢板组合剪力墙,重力荷载代表值作用下的轴压比可按下式计算:

$$n = \frac{N}{f_c A_c + f A_s} \tag{7-1}$$

式中,N——重力荷载代表值作用下剪力墙的轴压荷载设计值;

f_c——混凝土轴心抗压强度设计值;

A_c——剪力墙截面的混凝土面积;

f——钢材强度设计值;

A_s——剪力墙截面的钢板总面积。

轴压比的限值和抗震等级与《建筑抗震设计规范(2016年版)》(GB 50011—2010)[11]中对钢筋混凝土剪力墙的规定相同,但在轴压比的计算中包含了钢板的贡献(钢筋混凝土剪力墙轴压比计算时不考虑钢筋面积),因此,实际上相比钢筋混凝土剪力墙的轴压比限值有一定放松。

2. 轴心受压承载力设计方法

对于轴心受压构件,当采用合理的连接件(如栓钉、对拉钢筋、缀板拉结等)作为构造措施时,已有较多试验表明钢板在受压屈服前不会发生局部屈曲,钢板的屈服应变与混凝土峰值应变非常接近,因此,可使用钢板与混凝土受压强度两部分简单叠加的方法来计算轴心受压承载力。在计算时不应考虑约束效应对边缘约束构件混凝土抗压强度的提升作用。

3. 偏心受压承载力设计方法

对于正截面偏心受压承载力,我国《钢板剪力墙技术规程》(JGJ/T 380—2015)[6]和美国钢结构相关规范[5,12]已给出了合理的计算方法。其中《钢板剪力墙技术规程》(JGJ/T

380—2015)[6]规定,计算压弯作用下外包钢板组合剪力墙受弯承载力时,可采用全截面塑性方法,且应考虑剪力对钢板轴向强度的降低作用。其正应力分布如图 7-8 所示,受弯承载力可按以下公式计算。

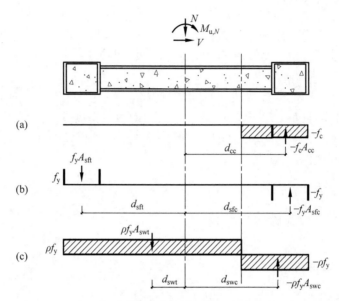

图 7-8　压弯荷载作用下的截面应力分布

(1)塑性中性轴的高度可按下式确定:
$$N = f_c A_{cc} + f A_{sfc} + \rho f A_{swc} - f A_{sft} - \rho f A_{swt} \tag{7-2}$$

(2)受弯承载力可按下式计算:
$$M_{u,N} = f_c A_{cc} d_{cc} + f A_{sfc} d_{sfc} + \rho f A_{swc} d_{swc} + f A_{stt} d_{sft} + \rho f A_{sw} d_{swt} \tag{7-3}$$

$$\rho = \begin{cases} 1, & V/V_u \leqslant 0.5 \\ 1 - (2V/V_u - 1)^2, & V/V_u > 0.5 \end{cases} \tag{7-4}$$

(3)截面弯矩设计值应符合下式要求:
$$M \leqslant M_{u,N} \tag{7-5}$$

式中,N——剪力墙的轴压荷载设计值;

　　M——剪力墙的弯矩设计值;

　　V——剪力墙的剪力设计值;

　　f_c——混凝土的轴心抗压强度设计值;

　　f——钢材强度设计值;

　　$M_{u,N}$——钢板组合剪力墙在轴压荷载作用下的受弯承载力;

　　A_{cc}——受压混凝土面积;

　　A_{sfc}——垂直于受力平面的受压钢板面积;

　　A_{sft}——垂直于受力平面的受拉钢板的面积;

　　A_{swc}——平行于受力平面的受压钢板的面积;

　　A_{swt}——平行于受力平面的受拉钢板的面积;

d_{cc}——受压混凝土的合力作用点到截面中心的距离；

d_{sfc}——垂直于受力平面的受压钢板的合力作用点到截面中心的距离；

d_{sft}——垂直于受力平面的受拉钢板的合力作用点到截面中心的距离；

d_{swc}——平行于受力平面的受压钢板的合力作用点到截面中心的距离；

d_{swt}——平行于受力平面的受拉钢板的合力作用点到截面中心的距离；

ρ——考虑剪应力影响的钢板强度折减系数；

V_u——剪力墙的受剪承载力。

美国《钢结构建筑设计规范》(AISC 360—16)[12]在计算组合剪力墙的压弯承载力时，给出了全截面塑性方法和应变协调法供选用，其中应变协调法类似于《混凝土结构设计规范》(GB 50010—2010)[13]中钢筋混凝土构件的正截面承载力计算方法。Eurocode 4[14]在计算组合剪力墙的压弯承载力时，采用的也是全截面塑性方法。

使用上述方法计算正截面承载力时，由于荷载分项系数的存在，轴压荷载设计值可能高于实际值。然而大偏心受压时，输入高于实际值的设计轴压荷载有可能提升了弯矩承载力的计算结果。这可能导致设计结果偏不安全。建议计算内力组合时合理考虑该因素，避免高估组合剪力墙在大偏心受压时的受弯承载力。

7.2.2 斜截面承载力

受剪承载力设计是双钢板-混凝土组合剪力墙重要的设计内容之一。双钢板-混凝土组合剪力墙的优势之一在于，利用墙体钢板抗剪强度高的优点，提高组合剪力墙的受剪承载力，减小墙体厚度。除双层钢板外，墙体混凝土以及钢管混凝土端柱也对受剪承载力有重要贡献，此外钢板对墙体混凝土产生一定的约束效应，从而抑制混凝土开裂，这种组合作用对剪力墙整体受剪承载力也有一定贡献。目前，大多研究成果主要考虑钢板部分受剪承载力的计算与设计，混凝土部分仅作为安全储备，不考虑其抗剪贡献；对于含端柱的组合剪力墙，一般假设端柱仅用于抗弯，不计端柱的抗剪贡献，因此也低估了组合剪力墙的受剪承载力。我国《钢板剪力墙技术规程》(JGJ/T 380—2015)[6]给出了外包钢板组合剪力墙的斜截面承载力设计方法，该方法采用的公式形式与美国钢结构规范一致，均只考虑钢板部分的剪切屈服强度，忽略了混凝土部分的贡献项。

文献[15]通过建立包含 37 个含边缘约束构件的组合剪力墙剪切破坏数据库，结合回归分析得到了组合剪力墙的受剪承载力计算公式。该数据库中所有试件加载的边界条件均采用底部固支，顶部施加水平荷载性轴向荷载，且所有试件均配置了边缘约束构件。回归分析研究发现，组合剪力墙的剪切承载力与钢板屈服强度的相关性很低，而与混凝土抗压强度的相关性很高(见图 7-9)，后者线性回归斜率约为 0.295，该结果与传统钢筋混凝土构件中剪切受压破坏的规律较为接近。图 7-9 中各个学者所报道的组合剪力墙剪切破坏形态主要为剪切受压破坏，因此主要由混凝土压杆受压传递剪力。基于该数据库，回归得到了相应的组合剪力墙剪切承载力计算公式。公式中主要考虑混凝土抗压承载力贡献、钢板屈服承载力贡献和轴力贡献。

本节在前述研究基础上，进一步分别针对墙体钢板、混凝土墙板以及矩形钢管混凝土柱的受剪承载力开展研究，采用叠加法得到了双钢板-混凝土组合剪力墙的受剪承载力公式，

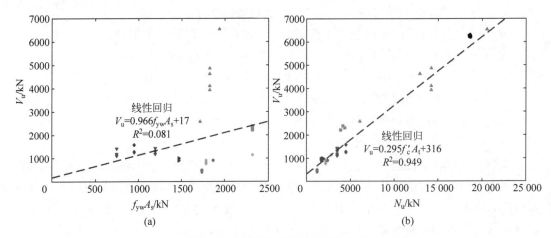

图 7-9　组合剪力墙受剪承载力分析

(a) 受剪极限承载力与钢板抗拉屈服承载力关系；(b) 受剪极限承载力与混凝土抗压承载力关系

并与试验结果进行了对比,该公式具有较高的精度。

1. 钢板部分的抗剪机理及规范相关规定

各国规范通常以弹性屈曲荷载作为钢板剪力墙受剪承载力极限状态的判断标准。仅当非抗震设防的钢板剪力墙有充分依据时,可利用其屈曲后强度。

研究表明,四边有可靠支撑的钢板发生局部屈曲时并不意味着破坏,其屈曲承载力仍能继续增加[16],主要是因为,周围框架的约束作用使钢板形成拉力带,最终破坏以拉力带的应力达到屈服作为标志。目前大量研究针对如何利用钢板的屈曲后强度,建立了斜拉力带理论。以加拿大钢结构设计规范[17]为代表,采用斜拉力带理论可以比较准确地预估屈曲后阶段的承载力。斜拉力带理论计算模型如图 7-10 所示,该模型的思路为,分别考虑钢板和框架的单独作用,然后将二者受剪承载力组合。

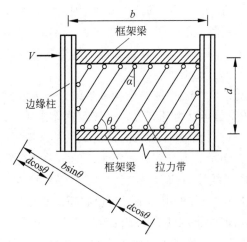

图 7-10　斜拉力带理论计算模型

FEMA 450[18]规定钢板剪力墙名义受剪承载力 V_{sp} 为

$$V_{sp} = 0.42 f_{spy} t_{sp} L \sin 2\alpha \tag{7-6}$$

式中，f_{spy}——钢板抗拉强度设计值；

$\quad\quad t_{sp}$——钢板厚度；

$\quad\quad L$——竖向边缘构件之间的净距；

$\quad\quad \alpha$——钢板斜拉力带的角度，与水平和竖向边缘构件相关。

美国《钢结构建筑抗震规范》(AISC 341—16)[5]规定了钢板墙的受剪承载力计算公式，如下式所示：

$$V_{sp} = 0.6f_{spy}A_{sp} \tag{7-7}$$

式中，A_{sp}——钢板的横截面面积。

式(7-7)同时也作为钢板-混凝土组合剪力墙抗剪承载力设计公式。

文献[19]给出钢板墙受剪承载力计算公式，如下式所示：

$$V_{sp} = f_{spy}A_{sp}\sin\alpha\cos\alpha = 0.5f_{spy}A_{sp}\sin 2\alpha \tag{7-8}$$

在斜拉力带理论提出以后，各国学者对该理论进行了深入研究，考虑钢板墙周边框架刚度等因素对斜拉力带角度的影响，提出了多种计算方法。但是可以看出，目前钢板墙受剪承载力计算中，并不考虑竖向荷载作用，这对于双钢板-混凝土组合剪力墙是不适用的。根据 von Mises 屈服准则，组合剪力墙轴压比较高时，墙体钢板竖向应力较大，其受剪承载力会有所降低。

根据已有双钢板-混凝土组合剪力墙试验，墙体钢板可以形成斜向剪切屈曲波形，但是斜拉力带并不明显，故斜拉力带理论并不适用于双钢板-混凝土组合剪力墙的计算；在达到极限荷载时，组合剪力墙的墙体钢板等效应变基本都超过屈服应变，几乎进入全截面屈服状态，因此可根据图 7-11 所示单元应力情况进行钢板受力分析[20]。

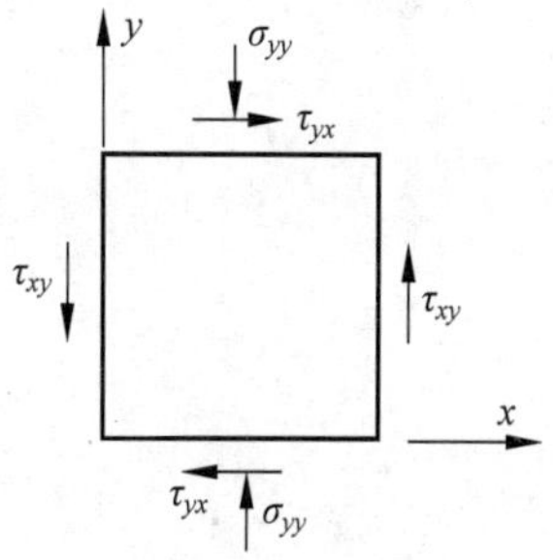

图 7-11　钢板单元应力分析

根据 von Mises 屈服准则：

$$\sigma_{yy}^2 + 3\tau_{xy}^2 = f_{spy}^2 \tag{7-9}$$

可得

$$\tau_{xy} = \sqrt{f_{spy}^2 - \sigma_{yy}^2}\,/\sqrt{3} \tag{7-10}$$

根据换算截面法，组合剪力墙换算截面面积为

$$A_0 = \alpha_E\rho_{spw}A_w + (1-\rho_{spw})A_w \tag{7-11}$$

钢板应力为

$$\sigma_{yy} = E_s\frac{N_w}{E_cA_0} = \alpha_E\frac{N_w}{A_0} \tag{7-12}$$

轴压比表达式为

$$n = N_w/(f_cA_w) \tag{7-13}$$

式中，N_w——端柱之间墙体所受轴压荷载；

$\quad\quad A_w$——端柱之间墙体总截面面积；

$\quad\quad \rho_{spw}$——剪力墙截面含钢率；

$\quad\quad \alpha_E$——钢材弹性模量与混凝土弹性模量之比；

$\quad\quad E_c$——混凝土弹性模量；

$\quad\quad E_s$——钢材弹性模量；

f_c——混凝土轴心抗压强度设计值。

根据式(7-10)~式(7-13),可得剪应力,如下式所示:

$$\tau_{xy} = \beta_1 f_{spy}/\sqrt{3} \tag{7-14}$$

$$\beta_1 = \sqrt{1 - \left(\frac{n\alpha_E}{1+(\alpha_E-1)\rho_{spw}}\right)^2 \cdot \left(\frac{f_c}{f_y}\right)^2} \tag{7-15}$$

β_1 为墙体钢板考虑轴压作用的抗剪强度折减系数。可以看出,β_1 与轴压比 n、混凝土强度 f_c、钢板抗拉强度 f_y 以及截面含钢率 ρ_{spw} 有关。当轴压比 n 为零时,可还原为 $\tau_{xy} = f_{spy}/\sqrt{3}$。

当混凝土强度等级为 C60、钢材为 Q235、$n=0.6$、$\rho_{spw}=0.03$ 时,$\beta_1=0.92$。对于实际工程中较常用的混凝土强度等级 C30~C60,固定其他参数,β_1 随混凝土强度等级变化关系如图 7-12 所示。

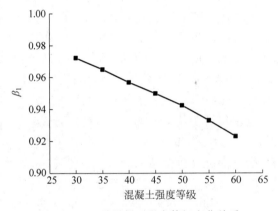

图 7-12 β_1 随混凝土强度等级变化关系

故考虑轴压作用时,墙体钢板的受剪承载力为

$$V_{sp} = \beta_1 f_{spy} A_{sp}/\sqrt{3} \tag{7-16}$$

对于钢板发生剪切屈曲形成斜拉力带时,由斜拉力带理论计算的钢板抗剪强度低于不考虑屈曲的全截面受剪屈服承载力[19],由式(7-8)可近似计算(假定 $\alpha=45°$)剪切屈曲符合斜拉力带理论时的抗剪强度降低系数 $\beta_2=0.5\times\sqrt{3}=0.87$。组合剪力墙试件的墙体钢板受栓钉或者对拉螺栓限制,屈曲程度低于形成斜拉力带的状态,故 β_2 应介于 0.87 与 1.0 之间,近似取 $\beta_2=0.9$。

综上所述,墙体钢板部分的受剪承载力计算公式为

$$V_{sp} = 0.577\beta_1\beta_2 f_{spy} A_{sp} = 0.519\beta_1 f_{spy} A_{sp} \tag{7-17}$$

2. 混凝土部分的抗剪理论及规范相关规定

钢筋混凝土剪力墙受剪承载力的计算方法主要有:直接由试验结果得到经验公式[21-22]、基于力学模型的分析计算[23,25]、通过数值模型进行计算拟合得到的公式。各国规范大多按照半理论半经验的方法,采取偏下限值作为设计计算公式;基于力学原理的模型分析能够反映混凝土剪力墙的受力机理,但是不同学者提出的模型差异较大,普适性较低;而有限元方法计算混凝土受剪性能还未得到广泛认同。

各国规范和文献建议的多种受剪承载力计算公式的关键参数一般为混凝土强度、剪跨

比、水平分布钢筋、轴压荷载等。我国《高层建筑混凝土结构技术规程》(JGJ 3—2010)[26]、Eurocode 8[27]采用剪跨比作为设计参数,计入轴压荷载的有利影响,采用叠加法来考虑水平分布钢筋的贡献。

《高层建筑混凝土结构技术规程》(JGJ 3—2010)[26]给出钢筋混凝土剪力墙的受剪承载力计算公式(持久、短暂设计工况),如下式所示:

$$V_w = \frac{1}{\lambda - 0.5}\left(0.5f_t b h_{w0} + 0.13N\frac{A_w}{A}\right) + f_{sh}\frac{A_{sh}}{s}h_{w0} \tag{7-18}$$

式中,N——剪力墙轴压荷载设计值,当 $N > 0.2f_c b_w h_w$ 时,应取 $N = 0.2f_c b_w h_w$;

　　　　A——剪力墙横截面面积;

　　　　A_w——T形或I形截面剪力墙腹板面积,对于矩形截面 $A_w = A$;

　　　　λ——计算截面处的剪跨比,当 $\lambda < 1.5$ 时应取 $\lambda = 1.5$,当 $\lambda > 2.2$ 时应取 $\lambda = 2.2$;

　　　　A_{sh}——同一截面内水平分布钢筋的全截面面积;

　　　　f_{sh}——水平分布钢筋的抗拉强度设计值;

　　　　s——水平分布钢筋的竖向间距;

　　　　h_{w0}——截面有效高度。

对于两端配有型钢的钢筋混凝土剪力墙,《组合结构设计规范》(JGJ 138—2016)[28]考虑边缘端柱(或暗柱)型钢销栓抗剪作用及对混凝土墙体的约束,给出带边框型钢混凝土剪力墙受剪承载力计算公式(持久、短暂设计工况),如下式所示:

$$V_w = \frac{1}{\lambda - 0.5}\left(0.5\beta_r f_t b_w h_{w0} + 0.13N\frac{A_w}{A}\right) + f_{sh}\frac{A_{sh}}{s}h_{w0} + \frac{0.4}{\lambda}f_a A_a \tag{7-19}$$

式中,f_a——型钢抗拉强度设计值;

　　　　A_a——剪力墙一端所配型钢的截面面积,当两端所配型钢截面面积不同时,取较小一端的面积;

　　　　β_r——周边柱对混凝土墙体的约束系数,取 1.2[28]。

基于以上公式,建议钢板组合剪力墙中混凝土部分的抗剪承载力可采用下式:

$$V_w = \frac{1}{\lambda - 0.5}\left(0.5\beta_r f_t t_{wc} h_w + 0.13N\frac{t_{wc}h_w}{A_0}\right) + f_{sh}\frac{A_{sh}}{s}h_w \tag{7-20}$$

式中,λ——计算截面处的剪跨比,当 $\lambda < 1.5$ 时应取 $\lambda = 1.5$,当 $\lambda > 2.2$ 时应取 $\lambda = 2.2$;

　　　　t_{wc}——墙体混凝土净厚度,$t_{wc} = t_w - 2t_{sp}$,t_{sp} 为单层钢板厚度,t_w 为墙体厚度;

　　　　h_w——墙体腹板截面高度;

　　　　A_0——双钢板-混凝土组合剪力墙换算截面面积。

3. 矩形钢管混凝土端柱部分的抗剪理论及规范相关规定

目前,在钢管混凝土柱抗剪理论研究方面,对圆钢管混凝土柱的研究较多[29],矩形钢管混凝土柱的抗剪研究相对较少。《矩形钢管混凝土结构技术规程》(CECS 159:2004)[30]建议,矩形钢管混凝土柱的受剪承载力仅由钢管管壁承受,不考虑混凝土的贡献,如下式所示:

$$V_{tube} \leqslant 2t(b - 2t)f_{spv} \tag{7-21}$$

式中,t——矩形钢管壁厚;

　　　　b——平行于剪力方向的钢管边长。

《组合结构设计规范》(JGJ 138—2016)[28]建议矩形钢管混凝土偏心受压框架柱的斜截面受剪承载力按下式计算(持久、短暂设计状况):

$$V_{\text{tube}} \leqslant \frac{1.75}{\lambda+1}f_t b_c h_c + \frac{1.16}{\lambda}f_a th + 0.07N \tag{7-22}$$

式中,λ——端柱计算剪跨比,取上下端较大弯矩设计值与对应剪力设计值和柱截面高度 h 的比值,当 $\lambda<1$ 时取 $\lambda=1$,当 $\lambda>3$ 时取 $\lambda=3$;

b_c、h_c——矩形钢管内填混凝土的截面宽度和高度;

t——钢管管壁厚度;

h——钢管截面高度。

鉴于目前矩形钢管混凝土柱受剪承载力研究的局限性,考虑矩形钢管对核心混凝土的约束效应较低,分别计算核心混凝土柱与钢管的受剪承载力,然后进行叠加。核心混凝土柱的受剪承载力参考《组合结构设计规范》(JGJ 138—2016)[28],由于矩形钢管混凝土柱与剪力墙连接,其变形与剪力墙协调,计算时取剪力墙的剪跨比 λ,并且忽略轴力的有利影响。矩形钢管混凝土端柱受剪承载力计算公式为

$$V_{\text{tube}} = \frac{1.75}{\lambda+1}f_t A_{ct} + 2t_{st}(l_c - 2t_{st})f_{spv} \tag{7-23}$$

式中,λ——组合剪力墙的剪跨比,当 $\lambda<1$ 时取 $\lambda=1$,当 $\lambda>3$ 时取 $\lambda=3$;

A_{ct}——单个钢管混凝土柱核心混凝土截面面积;

l_c——端柱沿墙轴线方向的宽度;

t_{st}——端柱钢管壁厚。

4. 受剪承载力计算公式

在墙体钢板、混凝土墙板和矩形钢管混凝土端柱三部分受剪承载力分析的基础上,采用叠加法,按式(7-24)~式(7-27)计算双钢板-混凝土组合剪力墙的受剪承载力。考虑到矩形钢管混凝土端柱受剪承载力并不能完全发挥,将其折减一半,并忽略受拉侧端柱核心混凝土的抗剪贡献。

$$V_u = V_{sp} + V_w + V_{\text{tube}} \tag{7-24}$$

$$V_{sp} = 0.577\beta_1\beta_2 f_{spy}A_{sp} \tag{7-25}$$

$$V_w = \frac{1}{\lambda_2 - 0.5}\left(0.5\beta_r f_t t_{wc}h_w + 0.13N\frac{t_{wc}h_w}{A_0}\right) + f_{sh}\frac{A_{sh}}{s}h_w \tag{7-26}$$

$$V_{\text{tube}} = \frac{0.875}{\lambda_3+1}f_t A_{ct} + 2t_{st}(l_c - 2t_{st})f_{spv} \tag{7-27}$$

式中,V_u——组合剪力墙总受剪承载力;

V_{sp}——墙体钢板受剪承载力;

V_w——混凝土墙板受剪承载力;

V_{tube}——端柱受剪承载力;

λ_2、λ_3——名义剪跨比,当 $\lambda<1$ 时取 $\lambda_3=1$,当 $\lambda<1.5$ 时取 $\lambda_2=1.5$,当 $\lambda>2.2$ 时取 $\lambda_2=2.2$,当 $\lambda>3$ 时取 $\lambda_3=3$;

$\dfrac{N \cdot t_{wc}h_w}{A_0}$——混凝土墙板承担的轴力,当 $N \cdot t_{wc}h_w/A_0 > 0.2f_c t_{wc}h_w$ 时,取 $0.2f_c t_{wc}h_w$。

采用 4.3 节完成的 10 个双钢板-混凝土组合剪力墙(CSW-1～CSW-10)试验结果和 1 个普通钢筋混凝土剪力墙(SW-1)试验结果,对式(7-24)～式(7-27)进行验证,结果如表 7-1 所示,计算时材料强度均采用实测值。

表 7-1　组合剪力墙受剪承载力计算值与试验值对比

试 件 编 号	剪 跨 比	$V_{u,t}$/kN	$V_{u,c}$/kN	ω/%
CSW-1	2.0	552.3	648.5	17.43
CSW-2	1.5	735.1	791.0	7.61
CSW-3	1.5	769.3	775.4	0.80
CSW-4	1.5	751.3	766.6	2.03
CSW-5	1.0	1000.7	955.8	−4.49
CSW-6	1.0	972.6	950.5	−2.27
CSW-7	1.0	981.7	960.3	−2.17
CSW-8	1.0	1004.8	957.6	−4.70
CSW-9	1.0	971.7	948.4	−2.39
CSW-10	1.0	892.8	878.6	−1.60
SW-1	1.0	437.5	400.6	−8.43
平均值	—	—	—	0.17
标准差	—	—	—	0.071

由表 7-1 可见,对于低剪跨比组合剪力墙(CSW-5～CSW-10),受剪承载力计算值与试验值比较接近,且偏于安全;对于中高剪跨比组合剪力墙(CSW-1～CSW-4),剪跨比越大,受剪承载力计算值误差越大,主要是由于中高剪跨比组合剪力墙并未发生剪切破坏,且剪跨比增大时,弯曲作用所占比重加大。

7.2.3　基础锚固设计

本节主要介绍用于组合剪力墙基础锚固设计所需的底部弯矩设计值的确定方法。为了实现"强节点弱构件、强连接强锚固"的设计理念,国内外规范普遍采用增加锚固部位的内力设计值的方式。按照美国《核设施安全相关钢结构规范》(ANSI/AISC N690—12)[31]建议,核设施工程中组合剪力墙的基础锚固设计内力可选用下述两种方法之一来进行计算:①连接构件的名义强度的 1.25 倍(1.25 也被称为超强系数);②地震荷载设计内力的 200%叠加非地震荷载设计内力的 100%。其中,第一种方法和美国《核安全相关混凝土结构规范》(ACI 349—06)[32]中针对混凝土剪力墙结构的设计要求一致,也是 ANSI/AISC N690—12 规范[31]推荐的设计方法。此外,美国《钢结构建筑抗震规范》(AISC 341—16)[5]推荐用于组合剪力墙基础锚固设计的超强系数为 1.1。然而,不少外包钢板组合剪力墙的弯曲破坏试验研究报道了,钢板存在一定的应变强化现象,内填混凝土也因存在一定的约束效应导致强度提升。因此,基于混凝土剪力墙得出的 1.25 的超强系数可能不适用于组合剪力墙。

为研究此问题,文献[3]建立了弯曲破坏的外包钢板组合剪力墙数据库。该数据库包含下述特征:①各个试件均出现弯曲破坏形态,不含剪切破坏或锚固破坏试件;②仅考虑剪力墙边界条件(底部固支,顶部施加水平荷载性轴向荷载),不包含纯剪应力状态下的薄膜试验或连梁试验；③构件须配置边缘约束构件。经过上述检查，数据库共计包含 47 个试件，来自文献[9,20,33-40]，各试件的详细信息如表 7-2 所示。使用各个试验报道的混凝土圆柱体抗压强度和钢材屈服强度，按照美国《钢结构建筑抗震规范》(AISC 341—16)[5] 计算了理论抗弯承载力 M_{AISC}。其中，若原参考文献报道 150mm 混凝土立方体抗压强度 f_{cu}，则按照下述公式将其换算为混凝土圆柱体强度[41]：

$$f'_c = \begin{cases} 0.8f_{cu}, & f_{cu} \leqslant 50 \\ f_{cu}-10, & f_{cu} > 50 \end{cases} \tag{7-28}$$

表 7-2　弯曲破坏组合剪力墙数据库

参考文献	试件	H/mm	h/mm	b_w/mm	L_c/mm	b_c/mm	t_c/mm	t_s/mm	f_{yw}/MPa	f_{yc}/MPa	f'_c/MPa	N/N	M_{test}/(kN·m)	M_{test}/M_{AISC}
文献[20]	CSW-1	1600	800	90	100	120	3	3	306	306	28.8	589	884	1.16
	CSW-2	1200	800	90	100	120	3	3	306	306	30.8	630	882	1.14
	CSW-3	1200	800	90	100	120	3	3	306	306	27.7	770	923	1.21
	CSW-4	1200	800	90	100	120	3	3	306	306	29.0	1026	902	1.17
文献[34]	DSCSW1H	3850	1000	120	0	120	10	10	383	383	39.7	0	2831	1.26
	DSCSW1C	3570	1000	120	0	120	10	10	383	383	39.7	0	3102	1.39
	DSCSW2	3570	1000	120	0	120	10	10	383	383	39.7	0	2888	1.29
文献[33]	CFSCW-1	2658	1284	214	214	214	5	5	306	306	77.5	7375	6796	1.32
	CFSCW-2	2658	1284	214	214	214	5	5	306	306	76.1	7319	6519	1.28
	CFSCW-3	2658	1284	214	214	214	5	5	306	306	76.1	7319	6925	1.36
	CFSCW-4	2658	1284	214	214	214	4	4	351	351	79.8	7535	5644	1.12
	CFSCW-5	2658	1284	214	214	214	3	3	443	443	78.1	7404	5443	1.12
	CFSCW-6	2658	1284	214	214	214	5	5	306	306	55.0	5863	6053	1.40
	CFSCW-7	2658	1284	214	214	214	5	5	306	306	92.6	5863	6846	1.30
	CFSCW-8	2658	1284	214	214	214	4	6	351	363	78.4	7807	6261	1.09
	CFSCW-9	2658	1284	214	214	214	5	5	306	306	73.3	7375	6929	1.37
	CFSCW-10	1500	750	125	125	125	3	3	443	443	73.7	2756	1676	1.33
	CFSCW-11	1125	750	125	125	125	3	3	443	443	70.7	2718	1536	1.24
	CFSCW-12	750	750	125	125	125	3	3	443	443	78.0	2816	1513	1.17
文献[35]	B-HCSW1	2000	1000	100	100	100	3	3	245	245	71.8	923	1094	1.07
	B-HCSW2	2000	1000	100	100	100	3	3	245	245	67.1	1898	1506	1.28
	B-HCSW3	2000	1000	100	100	100	3	3	245	245	63.1	1831	1564	1.35
文献[36]	SCW1	2160	1200	120	280	120	8	8	277	277	26.0	1115	2861	1.14
	SCW6	3000	1200	120	280	120	8	8	277	277	26.0	1115	2686	1.07
	SCW7	3000	1200	120	280	120	6	6	336	336	26.0	697	2586	1.13
	SCW8	2160	1200	120	280	120	6	6	336	336	26.0	697	2370	1.04
	SCW9	2160	1200	120	280	120	8	8	277	277	41.3	1099	3388	1.23
文献[37]	DSHCW-3	2000	800	100	200	100	3.8	3.8	306	306	51.3	1200	858	1.00
	DSHCW-4	2000	800	100	134	100	3.8	3.8	306	306	51.3	1200	941	1.04
文献[38]	DSCW-1	2145	1020	150	150	150	4.71	4.08	342	402	25.3	806	1661	0.97
	DSCW-2	2145	1020	150	150	150	4.71	4.08	342	402	25.3	1208	1651	0.95
	DSCW-3	2145	1020	150	150	150	4.71	4.08	342	402	25.3	1611	1632	0.93
	DSCW-4	2145	1020	150	150	150	4.71	4.08	342	402	25.3	806	1695	0.99
	DSCW-5	2145	1020	150	150	150	4.71	4.08	342	402	25.3	1208	1763	1.01
	DSCW-6	2145	1020	150	150	150	4.71	4.08	342	402	25.3	1611	1880	1.08

续表

参考文献	试件	H/mm	h/mm	b_w/mm	L_c/mm	b_c/mm	t_c/mm	t_s/mm	f_{yw}/MPa	f_{yc}/MPa	f'_c/MPa	N/N	M_{test}/(kN·m)	M_{test}/M_{AISC}
文献[39]	SW1	2750	1100	140	140	140	3.73	2.94	322	299	35.2	2061	2239	1.02
	SW2	2750	1100	140	220	140	3.73	2.94	322	299	32.6	1908	2223	1.07
	SW3	2750	1100	140	220	140	2.94	1.83	322	322	32.6	1431	1838	1.09
	SW4	2750	1100	140	220	140	3.73	1.83	322	299	35.2	1546	2197	1.09
	SW5	2750	1100	140	220	140	3.73	2.94	322	299	32.6	1431	1918	1.31
文献[40]	DSHCW1	2350	900	100	150	150	4	3	283	292	73.5	800	1352	1.14
	DSHCW2	2350	900	100	150	150	4	3	283	292	73.5	0	1041	1.08
	DSHCW3	2350	900	100	150	150	4	3	283	292	73.5	800	1361	1.15
文献[9]	CFSSP-NB1	3048	1235.1	203.2	109.6	219.1	8.18	8	434.4	289.6	47.9	0	4133	1.13
	CFSSP-NB2	3048	1235.1	203.2	109.6	219.1	8.18	8	420.6	296.5	46.8	0	4135	1.13
	CFSSP-B1	3048	1104	152.4	219.1	219.1	8.18	8	427.5	303.4	48.8	0	3804	1.22
	CFSSP-B2	3048	1104	152.4	219.1	219.1	8.18	8	441.3	317.2	32.9	0	3875	1.25

注：H 为墙高度；h 为剪力墙截面总高度；b_w 为腹板宽度；L_c 为边缘约束构件长度；b_c 为边缘约束构件厚度；t_c 为边缘约束构件钢板厚度；t_s 为腹板钢板厚度；f_{yw} 为腹板外包钢板屈服强度；f_{yc} 为边缘约束构件钢板屈服强度；f'_c 为混凝土圆柱体强度；N 为试验轴力；M_{test} 为试验抗弯承载力(正、负两方向承载力的平均值)；M_{AISC} 为按照美国规范计算的抗弯承载力。

　　根据上述 47 个弯曲破坏组合剪力墙的试验结果，按照美国《钢结构建筑抗震规范》(AISC 341—16)[5]计算抗弯承载力 M_{AISC} 并与试验承载力进行对比。其中试验承载力为正、负两方向承载力的平均值。按照表 7-2 的对比结果，该数据库中的组合剪力墙抗弯承载力出现了较为显著的超强(试验承载力高于规范规定的理论值)。图 7-13 对比了试验极限抗弯承载力 M_{test} 和规范极限承载力 M_{AISC}。可以看出，抗弯超强系数 M_{test}/M_{AISC} 为 0.93～1.40，其平均值 Ω_{ave} 为 1.16，变异系数 σ 为 0.125。M_{AISC} 对于数据库中的 43 个试件是低于试验承载力的，但对于文献[38]报道的构件却高估了试验抗弯承载力。这可能是由于，该文献中的构件采用了 L 形拉结件，其抵抗外包钢板屈曲的能力相对较弱，因此可能难以确保构件达到极限抗弯承载力。基于上述结果，图 7-14 进一步绘制了数据库中组合剪力墙超强系数的累积分布函数。如图 7-14 所示，采用 1.1 或 1.25 的超强系数均无法充分

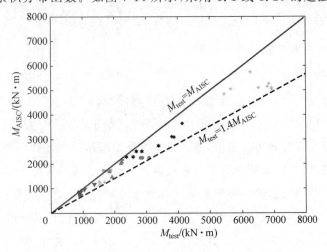

图 7-13 试验极限抗弯承载力和规范极限承载力的对比

反映钢板-混凝土组合剪力墙弯曲破坏的超强效应。这一现象可能是由于边缘约束构件的约束作用导致的混凝土强度提升和钢板屈服后的强化行为。此外,图 7-14 的累积分布函数接近直线,说明超强系数的分布近似符合正态分布。因此,建议采用下式计算得出的超强系数作为组合剪力墙基础锚固部位的超强系数设计值:

$$\Omega_{d} = \Omega_{ave} + 2\sigma = 1.41 \tag{7-29}$$

式中,Ω_{d}——设计超强系数;

Ω_{ave}——超强系数平均值;

σ——超强系数的变异系数。

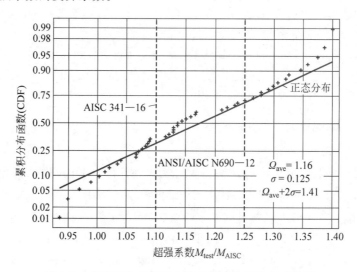

图 7-14　数据库构件超强系数累积分布函数半对数图

7.2.4　位移角限值

本节通过对大量钢板组合剪力墙试验数据的分析,提出对应不同性能状态的组合剪力墙的位移角限值,可为基于组合剪力墙的高层建筑结构抗震设计提供关键性控制指标。

1. 外包钢板组合剪力墙位移角限值

根据 117 组有效试验数据[1,9,34-35,37-38,40,42-53],对外包钢板组合剪力墙的抗震性能指标限值进行研究。首先对剪跨比、轴压比、含钢率等试验数据进行统一计算和整理,再结合试验现象和现行设计规范给出外包钢板组合剪力墙性能状态的划分方法,然后通过参数估计确定各性能状态的抗震性能指标限值,并计算其保证率来进行验证和调整。此外,研究剪跨比、轴压比、含钢率、构造形式等参数对外包钢板组合剪力墙构件位移角限值的影响规律,拟合出比较精确的各性能状态的位移角限值计算公式,以细化修正外包钢板组合剪力墙构件各性能状态的位移角限值。根据对研究文献中的试件破坏现象的总结提炼,外包钢板组合剪力墙试件的破坏形态主要可分为压弯破坏和弯剪破坏两种。影响试件破坏形态的重要因素是剪跨比。剪跨比 $\lambda \geqslant 2.0$ 的试件的破坏形态以压弯破坏为主,剪跨比 $\lambda < 1.5$ 的试件的

破坏形态以弯剪破坏为主。两种破坏形态在试验现象上存在诸多共同点,包括:外包钢板与混凝土界面发生局部黏结破坏、外包钢板发生局部屈曲、抗剪连接件严重变形或断裂、内部混凝土破碎压溃等。

参考《建筑抗震设计规范(2016 年版)》(GB 50011—2010)中对结构构件破坏程度的划分方法,其附录 M 的条文说明中建议了结构竖向构件对应于不同破坏状态的最大层间位移角参考控制目标中包含四种性能状态:完好、轻微损坏、中等破坏和不严重破坏。对结构竖向构件,新增性能状态严重破坏,且将严重破坏对应的最大层间位移角定为规范规定的弹塑性层间位移角限值,则可将结构构件各破坏状态下的层间位移角限值进行归纳,如表 7-3 所示。

表 7-3　结构竖向构件对应于不同破坏状态的最大层间位移角控制目标

结　构　类　型	完好	轻微损坏	中等破坏	不严重破坏	严重破坏
RC 框架	1/550	1/250	1/120	1/60	1/50
RC 抗震墙、筒中筒	1/1000	1/500	1/250	1/135	1/120
RC 框架-抗震墙、板柱-抗震墙、框架-核心筒	1/800	1/400	1/200	1/110	1/100
RC 框支层	1/1000	1/500	1/250	1/135	1/120
钢结构	1/300	1/200	1/100	1/55	1/50
钢框架-RC 内筒、SRC 框架-RC 内筒	1/800	1/400	1/200	1/110	1/100

由此可将外包钢板组合剪力墙构件的性能状态划分为五个等级:完好、轻微损坏、中等破坏、不严重破坏和严重破坏。构件的性能点即为各性能状态的极限点,故外包钢板组合剪力墙构件性能等级划分示意图如图 7-15 所示。

图 7-15　外包钢板组合剪力墙构件性能等级划分示意图

表 7-4 给出了外包钢板组合剪力墙构件各性能等级对应的破坏现象、继续使用的可能性和位移角限值取值。由表 7-4 可知,将轻微损坏的位移角限值定为屈服位移角,中等破坏的位移角限值定为峰值位移角,不严重破坏的位移角限值定为极限位移角。其中屈服位移角是构件骨架曲线上名义屈服点对应的位移角,当构件加载到名义屈服点时,构件不再处于完好性能状态对应的弹性工作阶段,而已处于轻微损坏性能状态。此外,完好性能状态和严重破坏性能状态的位移角限值对应的试验数据较难准确、统一定义,为简化考虑,可由其他性能状态的位移角限值计算得到。由表 7-3 可知,《建筑抗震设计规范(2016 年版)》(GB 50011—2010)中完好的位移角限值大致为轻微损坏位移角限值的 1/2,严重破坏的位移角限值大致为不严重破坏位移角限值的 1.1~1.2 倍。因此,将完好的位移角限值取为轻微损坏位移角限值的 1/2,严重破坏的位移角限值取为不严重破坏位移角限值的 1.2 倍,则外包钢板组合剪力墙构件各性能状态位移角限值取值示意图如图 7-16 所示。

表 7-4　外包钢板组合剪力墙构件性能等级划分方法

性能等级	破坏现象	继续使用的可能性	位移角限值
完好	构件骨架曲线呈线弹性,两侧钢板和内部混凝土共同工作,卸载基本无残余变形	不需要修理即可继续使用	取轻微损坏性能状态的位移角限值的1/2
轻微损坏	钢板与混凝土界面开始发生局部黏结破坏,墙体和约束边缘构件的钢板屈服并发生局部屈曲,构件出现轻微的塑性变形	不需修理或需稍加修理,仍可继续使用	构件骨架曲线上名义屈服点对应的位移角(几何作图法)
中等破坏	钢板与混凝土界面局部黏结破坏加重,存在一定的脱落和相对滑移,墙体和约束边缘构件的钢板局部屈曲加重,底部受压侧混凝土达到极限压应变,构件达到峰值承载力	一般加固即可恢复使用,但修复可能不经济	构件骨架曲线上峰值承载力对应的位移角
不严重破坏	钢板与混凝土界面局部黏结破坏继续加重,墙体和约束边缘构件的钢板局部屈曲继续加重,内部混凝土开始压溃,但仍具有较高的承载能力	需要大修才有可能恢复正常使用,并耗费很高的经济代价	构件骨架曲线下降段85%峰值承载力对应的位移角
严重破坏	钢板与混凝土间的连接件严重变形或断裂,墙体和约束边缘构件的钢板局部明显鼓凸,内部混凝土压溃破碎,承载力下降显著	修复的可能性很低,既需耗费极高的经济代价,又难以恢复正常使用	取不严重破坏性能状态的位移角限值的1.2倍

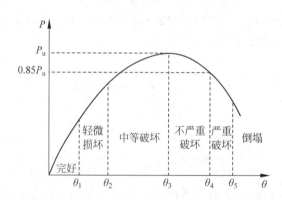

图 7-16　外包钢板组合剪力墙构件各性能状态位移角限值取值示意图

图 7-17(a)～(d)分别为构件数量与剪跨比、轴压比、距厚比、含钢率的关系图。由图 7-17 (a)～(d)可知:117 组外包钢板组合剪力墙试件有效试验数据中,剪跨比 $\lambda < 1.5$ 的试件较少(33/117=28.2%),大部分试件的剪跨比均≥1.5,即"高墙"试件,多发生压弯破坏;在轴压比方面,大部分试件的轴压比均≤0.3(91/117=77.8%),试验轴压比 0.3 对应的设计轴压比大致为 0.5～0.6,即在《建筑抗震设计规范(2016 年版)》(GB 50011—2010)规定的剪力墙轴压比限值范围内;在距厚比方面,大部分试件的距厚比均小于 50,占据比例为 98/117=83.8%,一般能够保证协同工作和钢板的稳定性能;在含钢率方面,大部分试件的含钢率均≥5%(103/117=88.0%),高于实际工程结构中外包钢板组合剪力墙构件的含钢率。这主要是由于,设计试验构件时需要综合考虑缩尺比例和钢板加工制造难度等因素,当缩尺比例能够满足试验设备加载能力时,缩尺后的钢板厚度往往会小于 3mm,难以满足钢

板加工制造、连接件焊接等方面的要求,因此试件的含钢率一般均会明显高于实际工程结构中的构件。在构造形式方面,试验构件采用的构造形式种类繁多,包括抗剪栓钉、加劲肋、约束拉杆、对拉螺栓、对拉钢筋、不同构造的组合等等。图 7-17(e)～(g)分别为构件数量与屈服位移角、峰值位移角、极限位移角的关系图。由图 7-17(e)～(g)可知,屈服位移角、峰值位移角和极限位移角的试验数据分布均呈现出明显的偏度,即表现为位移角的概率分布并非均匀对称地分布在平均值两侧,并且都向左侧偏移。

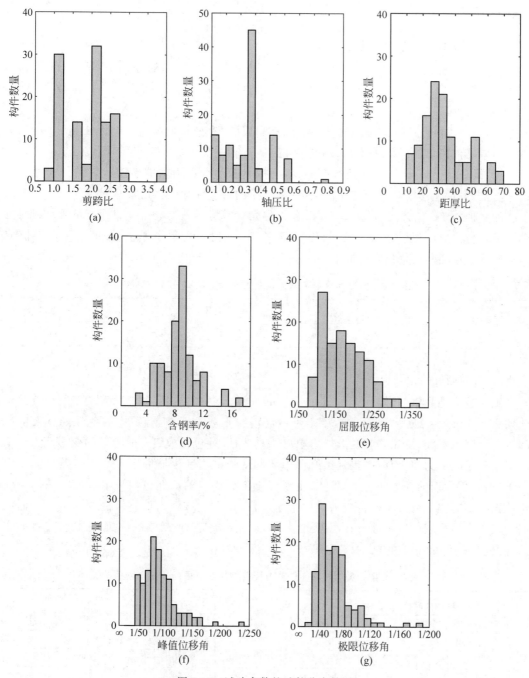

图 7-17　试验参数的试件分布情况

(a) 剪跨比；(b) 轴压比；(c) 距厚比；(d) 含钢率；(e) 屈服位移角；(f) 峰值位移角；(g) 极限位移角

通过参数估计、计算保证率、拟合位移角计算公式细化修正等步骤,计算得到外包钢板组合剪力墙各性能状态的层间位移角限值,如表 7-5 所示,弹性层间位移角限值取 1/600,弹塑性层间位移角限值取 1/85。

表 7-5　外包钢板组合剪力墙各性能状态层间位移角限值

性能状态	完好	轻微损坏	中等破坏	不严重破坏	严重破坏
位移角限值	1/600	1/300	1/135	1/100	1/85

2. 内嵌钢板组合剪力墙位移角限值

以内嵌钢板组合剪力墙构件的国内外现有试验研究为基础,通过 81 组有效试验数据建立试验数据库[2,53-61],对内嵌钢板组合剪力墙的抗震性能指标(层间位移角限值)进行研究,主要包括以下工作:

(1) 搜集国内外针对内嵌钢板组合剪力墙构件的有效试验数据,共计 81 组,并对关键参数和特征位移角进行统一计算和整理。

(2) 结合现行设计规范和试验现象,将内嵌钢板组合剪力墙的性能状态划分为五个等级,并给出各性能等级对应的破坏现象、继续使用的可能性和位移角限值取值。

(3) 通过参数估计、计算保证率、拟合位移角计算公式细化修正等步骤,计算得到内嵌钢板组合剪力墙各性能状态的层间位移角限值,如表 7-6 所示,弹性层间位移角限值取 1/800,弹塑性层间位移角限值取 1/90。

表 7-6　内嵌钢板组合剪力墙各性能状态层间位移角限值

性能状态	完好	轻微损坏	中等破坏	不严重破坏	严重破坏
位移角限值	1/800	1/400	1/200	1/110	1/90

3. 剪力墙位移角限值对比

组合剪力墙和钢筋混凝土(reinforced concrete,RC)剪力墙各性能状态的层间位移角限值如表 7-7 和图 7-18 所示。可知,相比于钢筋混凝土剪力墙,组合剪力墙各性能状态的层间位移角限值更大,意味着其变形能力更好。具体地,外包钢板组合剪力墙的变形能力优于内嵌钢板组合剪力墙,而内嵌钢板组合剪力墙的变形能力和钢筋混凝土相近或略好。原因在于,组合剪力墙的变形能力主要还是由混凝土部分决定的。外包钢板组合剪力墙两侧外包的钢板能对内部混凝土产生较强的约束作用,进而有效增强构件整体的变形能力。而内嵌钢板组合剪力墙的钢板放置在混凝土中,不能对混凝土形成较强的约束,故构件整体的变形能力相对于钢筋混凝土剪力墙无明显提高。

表 7-7　组合剪力墙和 RC 剪力墙各性能状态层间位移角限值

构件类型	完好	轻微损坏	中等破坏	不严重破坏	严重破坏
外包钢板组合剪力墙	1/600	1/300	1/135	1/100	1/85
内嵌钢板组合剪力墙	1/800	1/400	1/200	1/110	1/90
RC 框架-剪力墙、核心筒等	1/800	1/400	1/200	1/110	1/100
RC 抗震墙、筒中筒等	1/1000	1/500	1/250	1/135	1/120

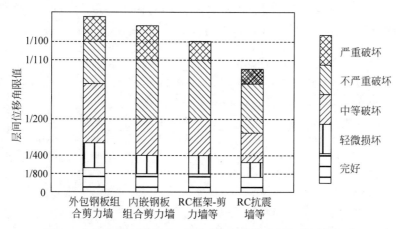

图 7-18 组合剪力墙和 RC 剪力墙各性能状态层间位移角限值

参考文献

[1] 聂建国,陶慕轩,樊健生,等. 双钢板-混凝土组合剪力墙研究新进展[J]. 建筑结构,2011,41(12): 52-60.

[2] WANG J J,LIU C,FAN J S,et al. Triaxial concrete constitutive model for simulation of composite plate shear wall-concrete encased:THUC3[J]. ASCE Journal of Structural Engineering,2019, 145(9):04019088.

[3] NIE X,WANG J J,TAO M X,et al. Experimental study of flexural critical reinforced concrete filled composite plate shear walls[J]. Engineering Structures,2019,197:109439.

[4] 马晓伟,聂建国,陶慕轩. 钢板-混凝土组合剪力墙正常使用阶段有效刚度[J]. 土木工程学报,2014, 47(7):18-26.

[5] AISC. Seismic provisions for structural steel buildings:AISC 341—16[S]. American Institute of Steel Construction (AISC 341-16),Chicago,Illinois,2016.

[6] 中华人民共和国住房和城乡建设部. 钢板剪力墙技术规程:JGJ/T 380—2015[S]. 北京:中国建筑工业出版社,2015.

[7] PALLARÉS L,HAJJAR J F. Headed steel stud anchors in composite structures:part Ⅱ. tension and interaction[R]. Report No. NSEL-014,Newmark Structural Laboratory Report Series (ISSN 1940-9826),Department of Civil and Environmental Engineering,University of Illinois at Urbana-Champaign,Urbana,Illinois,April,2009.

[8] PALLARÉS L,HAJJAR J F. Headed steel stud anchors in composite structures:part Ⅱ. tension and interaction[J]. Journal of Constructional Steel Research,2010,66(2):213-228.

[9] ALZENI Y,BRUNEAU M. In-plane cyclic testing of concrete-filled sandwich steel panel walls with and without boundary elements[J]. Journal of Structural Engineering,2017,143(9):04017115.

[10] TAKEDA T,YAMAGUCHI T,NAKAYAMA T,et al. Experimental study on shear characteristics of a concrete filled steel plate wall[C]//Transactions of the 13th International Conference on Structural Mechanics in Reactor Technology,Porto Alegre,Brazil,1995:3-14.

[11] 中华人民共和国住房和城乡建设部,国家质量监督检验检疫总局. 建筑抗震设计规范(2016 年版): GB 50011—2010[S]. 北京:中国建筑工业出版社,2015.

[12] AISC. Specification for structural steel buildings:AISC 360—16[S]. American Institute of Steel Construction (AISC 360-16),Chicago,Illinois,2016.

[13] 中华人民共和国住房和城乡建设部.混凝土结构设计规范：GB 50010—2010[S].北京：中国建筑工业出版社,2010.

[14] European Committee for Standardization (CEN). Eurocode 4：Design of composite steel and concrete structures：EN 1994-1-1：2004[S]. Brussels,2004.

[15] WANG J J,NIE X,BU F,et al. Experimental study and design method of shear-dominated composite plate shear walls[J]. Engineering Structures. 2020,215：110656.

[16] 董全利.防屈曲钢板剪力墙结构性能与设计方法研究[D].北京：清华大学,2007.

[17] CSA. 1-94. Limit State Design of Steel Structures：CAN/CSA-16[S]. Canada,1994.

[18] FEMA 450. NEHRP recommended provisions for seismic regulations for new buildings and other structures[R]. Reports No. FEMA 450,Washington,DC,2003.

[19] PARK H G,KWACK J H,JEON S W,et al. Framed steel plate wall behavior under cyclic lateral loading[J]. Journal of Structural Engineering,2007,133(3)：378-388.

[20] 卜凡民.双钢板-混凝土组合剪力墙受力性能研究[D].北京：清华大学,2011.

[21] CARDENAS A E, RUSSELL H G, CORLEY W G. Strength of low-rise structural walls[J]. American Concrete Institute,1980,63：221-242.

[22] WOOD S L. Shear strength of low-rise reinforced concrete walls[J]. ACI Structural Journal,1990,87(1)：99-107.

[23] MAU S T,HSU T C. Shear design and analysis of low-rise structural walls[J]. Journal of the American Concrete Institute,1986,83(2)：306-315.

[24] SIAO W B. Strut-and-tie model for shear behavior in deep beams and pile caps failing in diagonal splitting[J]. ACI Structural Journal,1993,90(4)：356-363.

[25] 张大长,陈怀亮,卢中强.基于抗剪抵抗机构的无开洞 RC 剪力墙的极限承载力分析模型的探讨[J].工程力学,2007,24(7)：134-139,188.

[26] 中华人民共和国住房和城乡建设部.高层建筑混凝土结构技术规程：JGJ 3—2010[S].北京：中国建筑工业出版社,2010.

[27] European Committee for Standardization. Final draft of EuroCode 8：Design Provisions for earthquake resistance—Part 1：General rules,seismic actions and rules for buildings：prEN 1998-1：2003E[S]. Bruxells,2003.

[28] 中华人民共和国住房和城乡建设部.组合结构设计规范：JGJ 138—2016[S].北京：中国建筑工业出版社,2016.

[29] 钱稼茹,崔瑶,方小丹.钢管混凝土柱受剪承载力试验[J].土木工程学报,2007,40(5)：1-9.

[30] 中国工程建设标准化协会.矩形钢管混凝土结构技术规程：CECS 159：2004[S].北京：中国计划出版社,2004.

[31] AISC. Specification for safety-related steel structures for nuclear facilities：ANSI/AISC N690—12[S]. Chicago：AISC,2012.

[32] ACI. Code Requirements for Nuclear Safety-related Concrete Structures（ACI 349—06）and Commentary[S]. Farmington Hills,MI：ACI,2006.

[33] NIE J G,HU H S,FAN J S,et al. Experimental study on seismic behavior of high-strength concrete filled double-steel-plate composite walls[J]. Journal of Constructional Steel Research,2013,88：206-219.

[34] EOM T S,PARK H G,LEE C H,et al. Behavior of double skin composite wall subjected to in-plane cyclic loading[J]. ASCE Journal of Structural Engineering,2009,135(10)：1239-1249.

[35] 吴杰.双钢板型高强混凝土组合剪力墙抗震性能研究[D].广州：广州大学,2012.

[36] LUO Y F,GUO X N,LI J,et al. Experimental research on seismic behaviour of the concrete-filled double-steel-plate composite wall[J]. Advances in Structural Engineering,2015,18(11)：1845-1858.

[37]　马恺泽,刘伯权,鄢红良,等.高轴压比双层钢板-高强混凝土组合剪力墙抗震性能试验研究[J].工程力学,2014,31(5):218-224.

[38]　陈丽华,夏登荣,刘文武,等.双钢板-混凝土组合剪力墙抗震性能试验研究[J].土木工程学报,2017,50(8):10-19.

[39]　JI X D,JIANG F M,QIAN J R. Seismic behavior of steel tube-double steel plate-concrete composite walls:experimental tests[J]. Journal of Constructional Steel Research,2013,86:17-30.

[40]　CHEN L,MAHMOUD H,TONG S M,et al. Seismic behavior of double steel plate—HSC composite walls[J]. Engineering Structures,2015,102:1-12.

[41]　陈肇元,朱金铨,吴佩刚.高强混凝土及其应用[M].北京:清华大学出版社,1992.

[42]　李盛勇,聂建国,刘付钧,等.外包多腔钢板-混凝土组合剪力墙抗震性能试验研究[J].土木工程学报,2013(10):26-38.

[43]　庞悦.双钢板-混凝土组合剪力墙的抗震性能试验及数值分析[D].合肥:合肥工业大学,2017.

[44]　李健,罗永峰,郭小农,等.双层钢板组合剪力墙抗震性能试验研究[J].同济大学学报(自然科学版),2013,41(11):1636-1643.

[45]　李晓虎,李小军,申丽婷,等.核岛结构双钢板混凝土组合剪力墙低周往复试验研究[J].北京工业大学学报,2016,42(10):1498-1508.

[46]　朱立猛,周德源,赫明月.带约束拉杆钢板-混凝土组合剪力墙抗震性能试验研究[J].建筑结构学报,2013,34(6):93-102.

[47]　程春兰,周德源,叶珊,等.低剪跨比带约束拉杆双钢板-混凝土组合剪力墙抗震性能试验研究[J].东南大学学报(自然科学版),2016,46(01):126-132.

[48]　纪晓东,蒋飞明,钱稼茹,等.钢管-双层钢板-混凝土组合剪力墙抗震性能试验研究[J].建筑结构学报,2013,34(6):75-83.

[49]　阳芳.高温气冷堆双钢板混凝土组合剪力墙抗震性能研究[D].北京:清华大学,2013.

[50]　汤序霖,丁昌银,陈庆军,等.带加劲肋多腔双层钢板-混凝土组合剪力墙的抗震性能试验[J].工程力学,2017,34(12):150-161.

[51]　王强.多腔钢板-混凝土组合剪力墙抗震性能试验研究及有限元分析[D].哈尔滨:哈尔滨工业大学,2016.

[52]　丁路通.双钢板-交错栓钉-混凝土组合剪力墙抗震性能研究[D].北京:中国地震局工程力学研究所,2014.

[53]　贾翔夫.钢板混凝土组合剪力墙抗剪性能研究[D].北京:清华大学,2015.

[54]　吕西林,干淳洁,王威.内置钢板钢筋混凝土剪力墙抗震性能研究[J].建筑结构学报,2009,30(5):89-96.

[55]　张文江.钢管混凝土边框内藏钢板组合剪力墙抗震性能试验与理论研究[D].北京:北京工业大学,2012.

[56]　聂建国,胡红松,李盛勇,等.方钢管混凝土暗柱内嵌钢板-混凝土组合剪力墙抗震性能试验研究[J].建筑结构学报,2013,34(1):52-60.

[57]　韩建强,李莉,王一功,等.C80高强混凝土钢板剪力墙抗震延性关键技术试验研究[J].土木工程学报,2014,47(12):27-38.

[58]　朱爱萍.内置钢板C80混凝土组合剪力墙抗震性能研究[D].北京:中国建筑科学研究院,2015.

[59]　蒋冬启,肖从真,陈涛,等.高强混凝土钢板组合剪力墙压弯性能试验研究[J].土木工程学报,2012(3):17-25.

[60]　陈涛,肖从真,田春雨,等.高轴压比钢-混凝土组合剪力墙压弯性能试验研究[J].土木工程学报,2011(6):1-7.

[61]　干淳洁.内置钢板钢筋混凝土剪力墙抗震性能研究[D].上海:同济大学,2008.

第8章 钢板-混凝土组合沉管隧道结构

8.1 发展过程及工程实例

钢板-混凝土结构具有很强的面外抗弯能力,同时也具有很好的延性、抗冲击性能和防水性能[1]。由于钢板-混凝土结构的混凝土内可不配置钢筋,钢板同时作为混凝土浇筑时的模板,能够有效缩短工期,经济效益显著[2]。鉴于上述优点,钢板-混凝土结构在沉管隧道中也得到了成功应用,并显示出很大的推广价值和发展潜力。本章将对钢板-混凝土组合结构在沉管隧道工程中的应用与发展进行介绍,重点结合其发展历史来说明组合沉管隧道结构的构造形式,并给出相关设计计算方法。

8.1.1 组合沉管隧道结构的发展

水下隧道有多种施工方式,如矿山法、盾构法、围堰明挖法和沉埋管节法等[3]。根据不同的工程建设条件和运行需求,各水下隧道施工方式都有其适宜的应用范围。

沉埋管节法简称沉管法,又称预制管节沉放法,一般在干船坞内预制隧道管节,通过航道浮运至隧道建设位置后,沉埋到预先挖设的水下沟槽内并连接成结构整体。沉管法具有防水性好、场地占用少、施工便捷、环境适应性强等优点,是应用于大型水下隧道建设的重要方式[4]。

沉管隧道最早起源于美国,之后在欧洲与日本得到了较大的发展[5]。根据管节的制造方式和材料不同,传统沉管隧道可分为钢壳结构与钢筋混凝土结构两类。前者是在船厂或钢结构厂制作出管节的钢壳后下水,然后在漂浮状态下的钢壳内安装模板并配置钢筋,最后形成内部填充混凝土的钢壳结构。后者则是在干船坞内采用常规的陆上施工工艺制成管节后再下水进行浮运。从历史上看,钢壳隧道是北美流行的做法,而在欧洲、东南亚和澳大利亚,几乎所有沉管隧道都是钢筋混凝土结构,在日本则两种类型都有应用。

早期的沉管隧道,由于混凝土的防水技术不过关,因此采用较薄的钢壳结构来起到防水密闭的作用,同时在施工阶段也作为模板。在这种情况下,钢壳并不是主要的受力材料,因此钢板厚度较薄,通常为 $6\sim8\text{mm}$,荷载主要还是由内部的钢筋混凝土承担。美国、日本的造船业比较先进,对于大型钢壳制造有较为丰富的技术储备和经验,因此早期建成了一批钢壳沉管隧道。

美国于 1910 年建成的底特律河铁路隧道,采用的是钢壳结构[5]。钢壳混凝土沉管隧道可分为双钢板或者单钢板结构,混凝土内配置钢筋,如图 8-1 所示。钢壳主要起防水作用并充当混凝土模板,一般较薄,运营状态下不考虑其受力,内部的钢筋混凝土才是运营阶段的主要受力结构[6]。正因如此,钢壳混凝土沉管隧道本质上是钢筋混凝土隧道＋钢壳,并未考虑二者之间的协同受力。后来,为了加强整体性,在钢壳与混凝土界面开始逐渐引入连接件,但受力主体仍为钢筋混凝土结构。美国建成的钢壳沉管主要采用圆形截面,以获得较高的刚度,如穿越旧金山湾的 BART 隧道,采用的即是钢壳结构(图 8-2)。该隧道为双圆形截面,由 57 个单元组成,总长 5.8km。值得一提的是,该隧道位置距离 1989 年 7.1 级洛马-普雷塔(Loma Prieta)地震震中很近,但隧道在地震中未产生任何损坏。

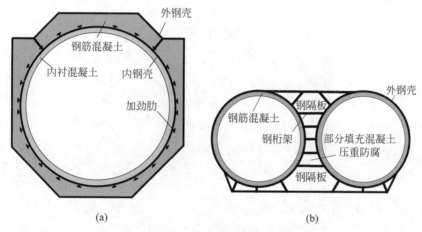

图 8-1　钢壳沉管隧道
(a) 双层钢板;(b) 单层钢板

图 8-2　美国旧金山湾钢壳结构 BART 隧道

欧洲国家对混凝土技术进行了持续研发,最早生产出能够达到水下隧道性能要求的混凝土,因此钢筋混凝土沉管隧道在欧洲首先发展起来[7]。

当有多个车行道时,采用圆形截面隧道会导致空间有效利用率较低,此时矩形截面隧道尽管受力更大,但综合效益更高。荷兰于 1937—1942 年建成的 Maas Tunnel 首先采用了矩形截面的多箱式钢筋混凝土沉管隧道,如图 8-3 所示。随着水下压接法和 GINA 止水带技术的成熟,矩形截面的钢筋混凝土沉管成为欧洲沉管隧道的首选方案[8]。

我国于 2017 年建成贯通的港珠澳大桥海底隧道,是世界上已建成的最大规模沉管隧道(图 8-4)。海中沉管段采用钢筋混凝土结构,总长 5664m,分 33 节,标准管节长度 180m,宽

37.95m,高 11.4m。

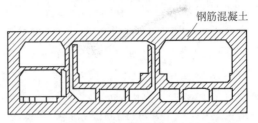

图 8-3　钢筋混凝土沉管隧道(Maas Tunnel)

图 8-4　港珠澳大桥沉管隧道钢筋混凝土管节

随着建设条件的多样化以及工程技术的进步,在钢壳沉管隧道和钢筋混凝土沉管隧道结构的基础上,钢板-混凝土组合沉管隧道结构技术也逐渐发展起来。当隧道截面较宽、水深较大时,钢板-混凝土管节可避免钢筋混凝土管节因钢筋密布而带来的浇筑困难,同时具有更大的承载力和刚度。与传统钢筋混凝土沉管隧道结构相比,钢板-混凝土组合沉管隧道结构具有以下优点:

(1) 通过钢-混凝土两种材料组合作用,使得相同设计条件下组合结构的尺寸、重量更小,便于安装与运输,减小了航道疏浚量,减少了环境污染。

(2) 外包钢板较大地提升了结构的抗冲击爆炸能力,增强了结构在极端荷载下的性能。

(3) 外包钢板极大地提高了结构的防水性能,间接提升了耐久性,用钢量不再由抗裂控制,一定程度上提高了经济性。

(4) 钢翼缘板与隔板充当了混凝土浇筑模板,其隔舱式结构使得施工中可采用自密实混凝土从顶部预留孔浇筑,从而可以实现钢结构制作与混凝土浇筑的场地分离,使得场地选择更为灵活,节省相关造价。

(5) 钢板充当混凝土模板,其造型相对灵活,使得结构对于变截面、不同地质条件的适应性大大增强。

(6) 易于采用浮态浇筑方式,即,首先制作钢结构部分,然后在系泊状态下向钢结构舱室内部浇筑混凝土,从而避免陆上浇筑对干坞的占用以降低施工费用和加快施工进度。

1986 年,英国 Tomlinson 公司曾提出了交错栓钉式双钢板-混凝土组合结构,希望将其运用到威尔士跨 Conwy 河沉管隧道项目中。如图 8-5 所示,交错栓钉式双钢板-混凝土组合结构内外钢板上焊接了交错排列的长栓钉,相互之间起到搭接作用,钢板中进一步填充混凝

土以形成组合结构。然而,由于很难保证两块钢板之间的精确距离,混凝土浇筑施工困难,
不便操作,人工成本高,方案未在工程中应用。此方案也有自身的优点,如可以节省模板、提
升防水性等。欧洲煤钢共同体认为此结构具有优越的性能,在 1990—1997 年曾持续资助了
对这种结构形式的研究。威尔士 Cardiff 大学承担了主要研究工作[9-10],并于 1994 年在英
国钢结构协会出版了《双钢板-混凝土组合结构设计规范》[11]。

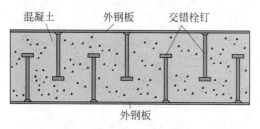

图 8-5　交错栓钉式双钢板-混凝土组合结构

考虑到栓钉焊接复杂、费时费力的问题,英国 Corus 公司于 1998 年提出了 Bi-steel 双
钢板-混凝土组合结构[12]。Bi-steel 结构通过旋转摩擦焊接技术同时将连接件两端焊接于
钢板内侧,如图 8-6 所示。Corus 公司还开发了专门的加工制造设备,进一步简化了工艺,
可有效节约时间和成本。但受设备能力限制,Bi-steel 构件尺度通常较小,现有最大结构厚
度为 700mm,最大钢板厚度为 20mm,目前还未见其应用于大型隧道结构的报道。

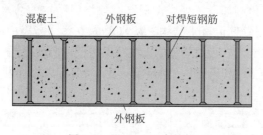

图 8-6　Bi-steel 组合结构

1990 年前后,日本开始对双钢板-混凝土组合结构进行研究[13],并在几座沉管隧道的
部分管节中进行了初步应用尝试。研究中,对内外钢面板的连接构造进行了一批试验测试,
最终发现钢隔板是沉管隧道结构的最合适形式,由于可以采用分舱浇筑混凝土的方法,因此
也称其为"隔舱式钢板-混凝土结构",如图 8-7 所示。此种结构在使用、施工性能等方面都
具有较大优势。这种以双向隔板和加劲肋为特点的沉管隧道结构,在日本的神户港隧道
(1999 年建成)、那霸隧道(2011 年建成)、新若户隧道(2012 年建成)、东京港临港路隧道
(2020 年建成)等工程中得到应用[14-16]。依托相关工程,日本对双钢板组合沉管隧道结构
的设计施工方法、构造要求等进行了总结,于 1992 年出版了《鋼コンクリートサンドイッチ
構造設計指針(案)》(《钢-混凝土夹心结构设计指南》)[17]。

2010 年以来,我国针对深圳至中山跨海通道的建设需求,在前期相关研究的基础上,对
钢板-混凝土组合沉管隧道结构开展了系统研究,尤其是针对宽截面管节和深水建设条件带
来的难题,在理论和方法上取得了系列成果,并直接支持了实际工程建设[18-19]。这些研究
表明:相比于钢筋混凝土结构,钢板-混凝土组合沉管隧道结构尺寸小、用料省、承载能力
强;相比于钢壳隧道结构和钢筋混凝土隧道结构,钢板-混凝土组合沉管隧道结构材料利用

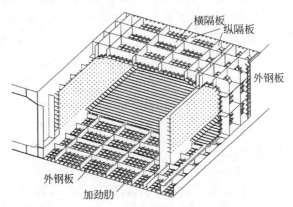

图 8-7　隔舱式钢板-混凝土沉管隧道结构

率高、施工便捷、尺寸不受限制。钢板-混凝土组合沉管隧道结构已在实际工程中得到应用,也是未来巨型沉管隧道的重要发展方向。

8.1.2　典型构造与关键问题

　　管节可以采用单钢板或双钢板混凝土结构(图 8-8)[20]。单钢板混凝土结构可应用于管节的底板或外墙。顶板顶侧如设置外壳钢板可有效增强结构的防水能力,但由于不利于浇筑混凝土,因此也可采用钢筋混凝土结构＋防水层的方案。当因横向跨度大、埋深大、地震设防烈度高等导致结构受力较大时,则可以采用双钢板混凝土结构。双钢板混凝土结构的承载能力强于钢筋混凝土结构,因此截面尺度更小,从而可以降低管节的整体高度。

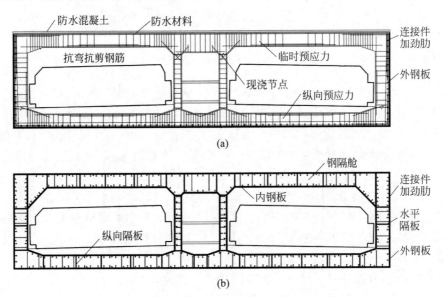

图 8-8　单钢板与双钢板-混凝土结构管节
(a) 单钢板-混凝土结构管节;(b) 双钢板-混凝土结构管节

双钢板-混凝土结构中,纵、横隔板将结构分割为独立的舱室,该结构也称为隔舱式钢板-混凝土结构。相比于其他双钢板-混凝土组合结构,此种结构有两个典型特点:

(1) 分别沿纵向、横向设置了连接内外钢面板的双向钢隔板,形成了隔舱式结构,这便是其名称的由来,也可称其为双向隔板式双钢板-混凝土组合结构。

(2) 钢面板上设置了双向加劲肋,其中沿隧道纵向布置 T 型或 L 型钢加劲肋,参与纵向受力并同时充当抗剪连接件,沿隧道横向布置 I 型钢(也称条型钢或板钢,即无截面边缘增大的平钢板)加劲肋,参与横向受力。

与其他形式的双钢板-混凝土组合结构相比,新型隔舱式钢板-混凝土组合沉管隧道结构具有以下优点:

(1) 其内外面板的连接措施相对简单,更加适合大型结构施工。

(2) 双向布置的加劲肋提升了施工阶段及使用阶段钢面板的局部稳定性,相比于其他形式连接件,布置间距可以更大。

(3) 双向布置的钢隔板极大地提升了结构在施工阶段的刚度,使得混凝土浇筑可以在钢结构运输或安装后进行,提升了施工便捷性。

(4) 双向隔板对结构面外抗剪性能的提升较大。

对于钢板-混凝土组合沉管隧道结构的设计,目前可供参考的标准指南主要有:

(1) 日本土木学会 1992 年出版的《钢-混凝土夹芯结构设计指南(草案)》[17],该标准给出的设计方法主要参考了钢筋混凝土结构。

(2) 英国钢结构协会 1994 年出版的 *Design Guide for Steel-Concrete-Steel Sandwich Construction*,*Volume 1*:*General Principles and Rules for Basic Elements*[11],该规范主要针对以栓钉为连接件的双钢板-混凝土组合结构。

(3) 英国钢铁公司 1999 年出版的 *Bi-Steel Design and Construction Guide*[12],该规范主要针对以圆柱形拉筋为连接件的双钢板-混凝土组合结构。

采用双钢板-混凝土结构时,需要采用具有高流动、自密实、低收缩特征的混凝土,以保障混凝土能够完全充满内外两层钢板之间的空间,尤其对于管节的顶板和底板,这项要求更为关键。不同类型混凝土与坍落度和流动性之间的关系可参见图 8-9[21]。对于采用双钢板结构的隧道顶板和底板,优先使用高流动性混凝土。对于此类混凝土,不需振捣即可填充到

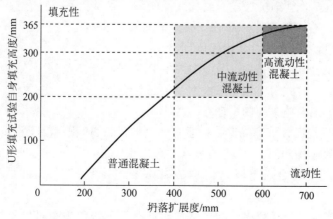

图 8-9　混凝土类型与坍落度、流动性之间的关系

钢隔舱内的每个角落,在浇筑的过程中不会发生离析等问题。此外,配合合理的构造设计,特别是排气孔构造,混凝土与顶部钢板之间没有空隙或空隙很小,从而不影响受力。为防止混凝土收缩等引起脱空,还要求混凝土具有良好的低收缩性能。

已有的相关研究表明:当双钢板-混凝土组合结构的内外钢板之间缺少有效连接措施时,结构在面外剪切、冲击、爆炸荷载下的表现较差,内外钢板连接措施对结构在相关工况下的性能提升显著;钢面板对抗剪、抗冲击、抗爆性能的贡献较大,抗剪承载力中不能忽略销栓作用。承受弯矩时,完全抗剪连接的双钢板-混凝土组合结构可按塑性理论设计,部分抗剪连接时要考虑相关折减;钢隔板及端板可以提供较强的抗剪连接作用。设计中要注意连接件间距适当,以保证钢板局部稳定性。

但传统双钢板-混凝土组合结构的设计方法不能直接应用于双钢板组合沉管隧道结构,主要表现在:①在受剪方面,双钢板组合沉管隧道结构中双向隔板构造不同于一般结构中的只在轴向受力的一维连接件(如钢筋、槽钢等),其空间隔舱式结构的受力机制更为复杂,存在多种剪力传递途径,对于抗剪性能有重要影响;②在受弯方面,隧道结构近似处于平面应变状态,需要考虑多轴应力的影响,由施工工序导致的结构缺陷也需要在设计中被关注;③在局部稳定性能方面,双钢板组合沉管隧道结构的连接件间距较大,其翼缘板配置加劲肋,可能存在加劲肋与母板共同屈曲的问题,即组合加劲板的屈曲问题。

总结相关研究以及实际工程需求,设计中需要考虑与解决的结构相关问题有:

(1)在抗剪连接件设计方面,需考虑抗剪连接件规格、混凝土流通设置、混凝土及钢板受力状态等参数对钢-混凝土连接性能的影响,提出适宜的抗剪连接件形式以及抗剪承载力计算方法。

(2)在组合构件抗弯设计方面,需考虑配置钢板厚度、受压翼缘稳定性对构件抗弯性能的影响,明确隔板抗弯贡献,提出组合构件抗弯承载力计算方法,以及最小钢板厚度、抗剪连接件间距最大限值等构造要求。

(3)在组合构件抗剪设计方面,需考虑剪跨比、纵横隔板布置形式等参数对构件抗剪性能的影响,提出组合构件抗剪承载力、弯剪相关承载力的计算方法,以及双向隔板适宜布置形式。

(4)钢板-混凝土组合沉管隧道结构一般采用分舱浇筑,其顶面将不可避免地产生浇筑缺陷,即混凝土脱空,需要研究脱空对结构性能的影响以及相关控制工艺和限值要求。

(5)对钢板-混凝土组合沉管隧道结构适宜的节点连接构造及设计方法也需要进行研究,以确保节点强度不低于连接构件强度。

(6)钢板-混凝土组合沉管隧道结构通常采用混凝土浮态浇筑工艺,需要考虑横向与纵向浇筑顺序及其组合方式对沉管管节成型线形的影响,并根据施工能力和工期要求,确定合理的混凝土浇筑方案及施工控制标准。

(7)钢板-混凝土组合沉管隧道结构通常尺寸较大,大体积混凝土浇筑过程中可能产生较为显著的温度效应,需要考虑温度的影响并给出相应的设计方法与施工措施。

(8)钢板-混凝土组合沉管隧道结构的纵向结构体系选型、基础形式及刚度过渡控制等。

(9)针对双钢板组合沉管隧道结构开发有针对性的数值模型,以便对结构受力性能进行更有效的计算模拟。

8.1.3　工程案例

世界已建成及在建的部分钢板-混凝土组合沉管隧道结构如表 8-1 所示。表 8-1 中伊斯坦布尔马尔马拉隧道的外层钢板厚度为 3mm,设计时仅考虑将其作为防水层使用。港珠澳大桥则仅在最终接头管节采用了钢板-混凝土结构。

表 8-1　钢板-混凝土组合沉管隧道工程实例概况

项目名称及建设时间	管节数量	管节长度/m	宽×高/(m×m)	底板	内墙	外墙	顶板
大阪咲州 Osaka Sakishima(1989—1997)	10	102	35.2×8.5	S-SC	RC	S-SC	RC
神户港岛 Kobe Minatojima(1992—1999)	5	95	34.4×9.1	S-SC	D-SC	D-SC	D-SC
那霸临港 Okinawa Naha port(1997—2011)	8	90	36.9×8.7	D-SC	D-SC	D-SC	D-SC
大阪港梦州 Osaka Yumeshima(1999—2009)	8	100	35.4×8.6	S-SC	—	D-SC	D-SC
新若户 Kitayushu Wakato(1999—2012)	7	68.5/79/80/106	27.9×8.4	D-SC	D-SC	D-SC	D-SC
东京港临港路 Tokyo Port Lingang Road(2016—2020)	7	134	28×8.4	D-SC	D-SC	D-SC	D-SC
伊斯坦布尔马尔马拉 Istanbul Marmaray(2004—2008)	11	98.5~135	15.3×8.6	S-SC	RC	S-SC	RC
斯德哥尔摩南斯特伦 Stockholm Söderström(2010—2013)	3	85/107	20×9.0	S-SC	RC	S-SC	RC
港珠澳大桥(2009—2017)	1	12	37.95×11.4	D-SC	D-SC	D-SC	D-SC
深中通道(2016—)	32	165	(46~55.5)×10.6	D-SC	D-SC	D-SC	D-SC

注:RC——钢筋混凝土;S-SC——单钢板-混凝土;D-SC——双钢板-混凝土。

世界上第一个真正意义上的双钢板-混凝土组合沉管隧道为日本神户港海底隧道,建于 1998 年[22]。该隧道总长约 520m,标准节段尺寸为 95m×35m×9m,截面及主要构造如图 8-10 所示。该隧道顶板以及内外墙采用了双钢板-混凝土结构,内部浇筑高流动自密实

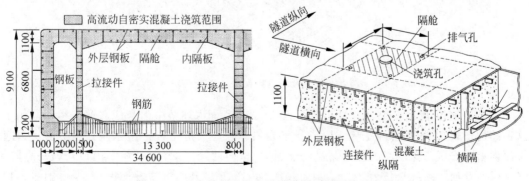

图 8-10　日本神户港海底隧道横断面及隔舱示意图

混凝土;底板则采用了单钢板-混凝土结构,板内配置受力钢筋,并浇筑普通混凝土。为保证钢结构舱室内部混凝土的浇筑质量,在工程实施过程中建立了涵盖材料、制造、浇筑等多个环节的质量保障体系,并在混凝土硬化后,采用射线法对钢板与混凝土之间的脱空情况进行了检测。

由于双钢板-混凝土组合沉管隧道结构具有受力性能好、施工方便且可减少或不占用船坞的优点,日本在 2000 年后对组合沉管隧道技术进行了更深入研究,并在那霸隧道(1997—2011 年)和新若户隧道(1999—2012 年)中进行了应用。最新于 2020 年建成的东京港临港路南北线工程中的沉管隧道部分采用了双钢板-混凝土组合结构。该项目共有 7 个沉管管节,每个管节宽 27.8m、高 8.35m、长 134m,是迄今为止日本制造的最长管节。

以那霸隧道为例,对日本组合沉管隧道结构技术进行简要介绍。该隧道长 540m,由 6 个沉管管节组成,每个管节高 8.7m、宽 36.94m、长 90.0m。沉管底板为单钢板-混凝土组合结构,侧墙和顶板为双钢板-混凝土组合结构。顶、底板内均设纵横向隔板将面板连为整体,同时用于抗剪。在顶板和侧墙钢板的内侧设置角钢,用于增强钢结构外壳在加工和运输过程中的刚度,并在混凝土浇筑期间加强钢结构,同时也作为抗剪连接件,以保证钢板与混凝土二者间组合作用的充分发挥。

为保证内部浇筑混凝土的密实度,那霸隧道针对大流动性混凝土浇筑方案进行了细致的考虑。在大流动性混凝土材料方面,新日铁采用细粒高炉矿渣,开发出抗组分材料分离的新型自密实高流动性混凝土,并添加超增塑剂以使其便于实际应用。在浇筑工艺方面,采用了图 8-11 所示的隔舱构造和浇筑方案,即在混凝土浇筑孔和排气孔处,均设置了高 1m 的辅助管。浇筑孔位置处辅助管内流态混凝土提供的连通压力,有助于混凝土有效地填充到钢板隔舱内的各个角落。此外,在管节纵、横方向上,也采用了跳舱浇筑的策略。

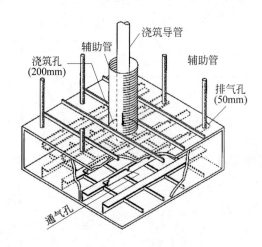

图 8-11 那霸隧道的混凝土浇筑方案

由于双钢板-混凝土组合沉管隧道结构的优势,我国深圳至中山跨江通道工程也采用了这种结构形式,并根据实际工程需要进行了发展。深中通道工程采用东隧西桥方案[23],起于深圳市宝安区广深沿江高速公路机场互通立交,向西跨越珠江口,在中山市马鞍岛登陆,终于横门互通。路线全长为 24km,跨海长度为 22.4km,其中沉管段长约 5035m,如图 8-12 所示,全线采用设计速度 100km/h 的双向八车道高速公路技术标准。

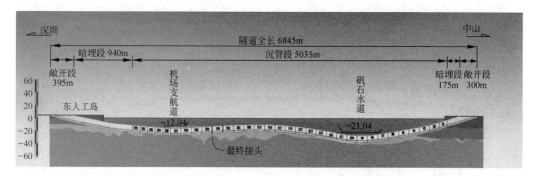

图8-12　深中通道沉管隧道部分纵断面设计图

在方案比选阶段,相比于钢筋混凝土沉管结构,钢板-混凝土组合沉管隧道结构在管节预制、场地要求、浮运沉放、航道疏浚工程量、施工工期以及风险管控等方面具有优势,因此作为最终的实施方案。

深中通道沉管隧道采用两孔一管廊结构,即左、右侧为主行车孔,中管廊布置有排烟道、安全通道和电缆通道。采用钢板-混凝土组合结构后,标准管节长165m,截面宽46m,高10.6m,其中顶、底板厚度均为1.5m,如图8-13所示。

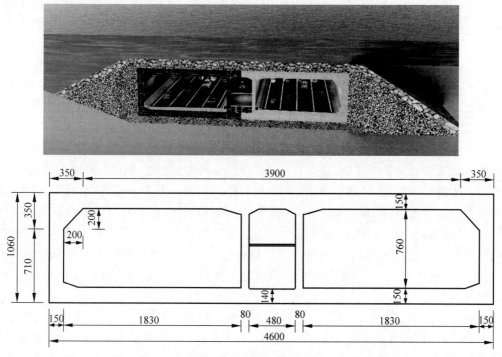

图8-13　深中通道沉管隧道横截面布置图(单位:cm)

沉管主体结构内、外侧钢板采用Q420C级钢材,根据不同部位的受力需求,厚度为18~40mm;横隔板采用Q390C级钢材,厚度为18~30mm;其余钢板为Q345C级钢材。隔舱内填充C50自密实混凝土。

管节的钢结构部分由内外面板、横纵隔板、横纵加劲肋和焊钉连接件构成,如图8-14所示。内、外面板承受拉压作用,主要承受结构受到的弯矩;横、纵隔板则为承受剪力的主要部件。横隔板间距 3m,纵隔板间距 3.5m,与面板构成整体,并形成封闭的隔舱用于浇筑混凝土。纵向加劲肋采用 T 型钢及角钢,加劲肋同时与栓钉共同作为抗剪连接件,保证面板与混凝土的有效连接。此外,纵向加劲肋与横向扁钢加劲肋也起到增强面板刚度的作用。

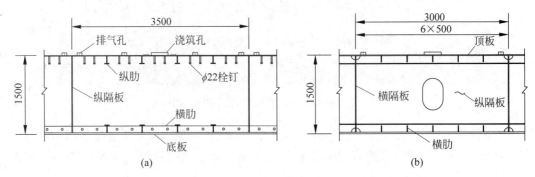

图 8-14　钢隔舱构造(单位:mm)
(a)横截面;(b)纵截面

根据结构受力需求并为了防止混凝土脱空,在钢结构内侧不同部位采用了 T 型钢、角钢、栓钉及其组合等多种加劲和抗剪连接构造形式。与日本已建成的几座钢板-混凝土组合沉管隧道结构不同,加劲肋或连接件大量采用了 T 型钢而非角钢,目的主要是增强连接件的抗拔能力,同时减少在连接件根部形成混凝土脱空的可能性。对于隧道顶板和底板,其钢板内侧均设置 T 型钢加劲肋,T 型钢规格为 150mm×90mm,间距为 0.5～0.7m,并在 T 型钢间距超过 0.5m 时,在 T 型钢之间设置栓钉。对于隧道侧墙,为控制施工期钢板的变形,则在钢板内侧沿隧道纵向设置角钢加劲肋,沿横断面方向设置板肋,其中角钢尖按向上的方向布置,以防止在角钢下侧积聚空气而形成混凝土脱空。

为保障混凝土密实度,减少浇筑过程中产生钢板与混凝土之间的脱空,尤其是顶层钢板下表面设置加劲肋位置的脱空,采用了专门研制的自密实混凝土,同时对隔舱的浇筑孔和排气孔的设置进行了研究。隔舱内填充的 C50 自密实混凝土,具有高稳健、低收缩、自流动等工作性能。对于尺度为 3m×3.5m×1.5m 的标准隔舱,顶层面板设置 1 个浇筑孔和 10 个排气孔,其中浇筑孔直径为 273mm,排气孔直径为 89mm。待混凝土浇筑完成后,对浇筑孔和排气孔均需进行水密封堵。此外,在顶层钢板下侧的纵向加劲肋腹板根部,也设置间距 300mm 的 U 形排气孔,以保证此处不会形成气室死角。钢隔舱的构造布置及混凝土浇筑方式参见图 8-15[24]。

沉管隧道结构需要针对不同施工阶段、不同极限状态组合进行验算,包括对应于施工阶段的短暂状况验算,对应于运营阶段的持久状况验算和偶然状况验算。其中,施工阶段要考虑预制、系泊、浮运、沉放和对接等工况,运营阶段则要考虑全回淤、落锚、沉船、地震、爆炸、极限水位、火灾等工况。为方便设计,通常可取 1 延米管节结构,按二维框架模型,采用梁单元或板壳单元、实体单元进行模拟计算。

此外,对于组合沉管隧道结构还需要进行防水和耐久性设计。在防水设计方面,由于钢板-混凝土组合结构沉管外表面为全封闭钢板,在保证焊缝质量的条件下,可满足一级防水要求。在耐久性设计方面,在与海水接触的沉管外表面,采用包括预留钢板腐蚀厚度、重涂

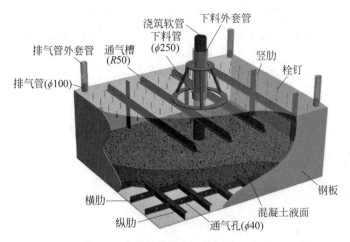

图 8-15　钢板-混凝土沉管隔舱示意图

装、外置牺牲阳极块在内的三重防腐措施,在管节内部与空气接触一侧,则采用重涂装与定期维护的防腐措施。

　　为保证制作质量,在管节验收时重点对自密实混凝土的顶板脱空状况进行检验。具体检测手段可以采用冲击映像法或中子法。根据深中通道工程的实践经验,采取上述施工措施,可以有效控制钢板与混凝土之间的脱空高度和脱空面积,不影响结构的整体受力性能。

8.2　设计计算方法

8.2.1　设计流程与一般规定

　　沉管隧道结构由于横向跨度小,通常以横向作为主要受力方向,相关规范一般也只对横向受力进行较详细规定。此外,沉管隧道施工一般分为若干个管节,最后再连为一体,在施工期及使用期都主要是横向受力。当考虑尺寸效应、地震作用时,纵向受力会有所影响,此时需进行专门分析。

　　典型的沉管隧道结构设计流程如图 8-16 所示。结构内力分析模型一般为横向管节受力框架,可取代表性部分建模(如沿隧道纵向取 1m 长的结构)。模型中,对于钢板-混凝土组合结构的弯矩图可根据初步计算得到的刚度进行计算,对于受拉区开裂混凝土不考虑其刚度。此时计算得到的内力一般较为准确,相对于承载力来说,刚度问题一般不是研究重点。设计中,首先,基于横向框架模型,施加外荷载,计算得到结构内力;然后,假定截面参数(主要为各部分钢板厚度),分别进行轴力、弯矩、剪力的验算。隧道结构中轴力较小,一般不控制设计,可以偏简化地在受拉侧只考虑钢板贡献而受压侧考虑钢板与混凝土的叠加。构件的面外受弯、受剪性能是验算的重点。其中,跨中部分弯矩较大,节点部分弯矩、剪力都较大,需要对不同部位的控制截面进行验算。需要时,可根据受力大小不同,采取变截面、变厚度的方案,以提高结构的受力效率与经济性。对于钢板-混凝土组合结构,还需要验算钢板与混凝土界面处的连接性能,以及弯矩作用下受压钢板的局部稳定性。其中,钢板与混凝土之间一般要求按完全抗剪连接进行设计,对于局部稳定则根据使用要求可按不允许屈曲或考虑屈曲进行设计,考虑屈曲时可对钢板强度进行折减。此外,由于混凝土封闭于钢板外壳内侧,混凝土开裂后不存在防水和耐久性的问题,通常可不对其进行抗裂设计。

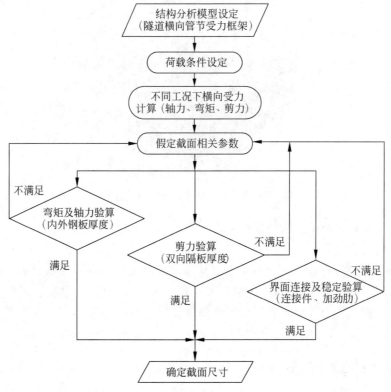

图 8-16　组合沉管隧道结构典型设计流程

总体上,对于钢板-混凝土组合结构,应对其构件及连接件进行以下验算:

(1) 按承载能力极限状态要求,进行持久状况及偶然状况的构件承载力及抗剪连接件的承载力验算。

(2) 按正常使用极限状态的要求,进行持久状况的构件应力、抗剪连接件剪力、构件变形验算。

(3) 按短暂状况结构受力状态的要求,进行施工等工况的应力验算。

其中,用于内部填充的混凝土,应采用高流动性自密实混凝土,混凝土材料的相关设计指标除应满足相应规范的规定外,还需满足工程所需的工作性、耐久性等指标。

8.2.2　承载能力极限状态

本节在总结试验研究与理论分析成果的基础上,给出钢板-混凝土组合隧道结构(本章以下部分均指隔舱式结构)的计算方法。其中面外抗弯承载力的计算方法已在 5.2.3 节详细介绍,面外抗剪承载力的计算方法已在 5.3.2 节详细介绍,而型钢连接件承载力的计算方法则可参考 2.3.2 节,因此本节仅给出轴向承载力的计算方法,其他不再赘述。

钢板-混凝土组合隧道结构的轴向受压承载力按下式计算:

$$N_{cu} = \begin{cases} A_{sc}f_{sc}, & \xi > 0.4 \\ A_{s}f_{s} + A_{c}f_{c}, & \xi \leqslant 0.4 \end{cases} \tag{8-1}$$

$$f_{sc} = (1.18 + 0.85\xi)f_{c} \tag{8-2}$$

$$\xi = \frac{A_{s}f_{s}}{A_{c}f_{c}} \tag{8-3}$$

$$A_{sc} = A_{s} + A_{c} \tag{8-4}$$

式中，N_{cu}——轴向受压承载力设计值；

$\quad A_{sc}$——横截面面积，等于混凝土面积与钢板面积之和；

$\quad f_{sc}$——钢板-混凝土组合结构抗压强度设计值；

$\quad \xi$——约束效应系数；

$\quad A_{s}$——横截面中钢板的面积；

$\quad A_{c}$——横截面中混凝土的面积；

$\quad f_{s}$——钢材强度设计值；

$\quad f_{c}$——混凝土抗压强度设计值。

钢板-混凝土组合隧道结构的轴向受拉承载力应按下列公式计算：

$$N_{tu} = A_{s}f_{s} \tag{8-5}$$

式中，N_{tu}——轴向受拉承载力设计值。

以上公式表明：对于轴向受压，当约束效应系数 $\xi > 0.4$ 时，考虑钢板对混凝土的约束作用，当 $\xi \leqslant 0.4$ 时，由于含钢率较低，建议不考虑约束作用，仅按各自单独叠加计算；对于轴向受拉，由于混凝土开裂，只考虑钢板部分的承载力。

8.2.3　正常使用极限状态

在进行钢板-混凝土组合隧道结构变形计算时，应采用弹性分析方法。计算受弯构件的刚度时，应考虑混凝土开裂的影响，宜采用开裂截面刚度 $E_{c}I_{cr}$，或近似取弹性刚度的 80%，即 $0.8E_{c}I$，其中 E_{c} 为混凝土弹性模量，I 为不考虑钢板配置及混凝土开裂的混凝土毛截面惯性矩。受弯构件在使用阶段的挠度一般不应超过计算跨径的 $1/400$。

8.2.4　短暂工况状态

对短暂工况状态的设计，应计算组合构件在浮运、沉放等施工阶段由自重、施工荷载等引起的应力，并不应超过相关的限值。施工荷载除有特别规定外，均应采用标准组合；温度作用效应可按施工时实际温度场取值；动力安装设备产生的效应应乘以相应的动力系数。

短暂工况状态下，组合构件的应力验算一般应符合下列规定：

(1) 混凝土构件正截面的最大压应力不宜大于 $0.70f_{ck}$（f_{ck} 为混凝土轴心抗压强度标准值）。

(2) 钢结构应力不应大于 $0.80f_{yk}$，且应满足稳定的要求（f_{yk} 为钢材强度标准值）。

以上规定参考了《钢-混凝土组合桥梁设计规范》(GB 50917—2013)[25] 的相关规定。

8.2.5　构造要求

（1）考虑到板件施工阶段的面外刚度要求、运营阶段的防腐要求，组合构件中所用钢板厚度不应小于 8mm。

（2）组合构件受压翼缘的受力向加劲肋布置应满足如下要求：

$$\frac{b}{t_t} \leqslant 40\sqrt{\frac{345}{f_s}} \qquad (8\text{-}6)$$

式中，t_t——受压钢板的厚度；

　　　　b——受压钢板的加劲肋布置间隔，如图 8-17 所示；

　　　　f_s——受压钢板的屈服强度。

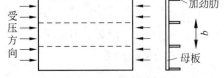

图 8-17　受压钢板加劲肋布置

试验结果与相关分析表明，当组合构件受压翼缘局部宽厚比取 40 时，极限承载力可不折减，此条亦参考《钢板剪力墙技术规程》(JGJ/T 380—2015)[26]中的相关规定。

（3）组合构件中钢与混凝土间的脱空缺陷尺寸不宜大于 10mm。试验研究结果表明，钢与混凝土之间脱空 10mm 对连接件抗剪承载力有一定影响，但对组合沉管隧道结构整体的承载力与刚度基本没有影响。为保证工程质量并考虑工程施工的可实施性，建议控制钢与混凝土之间的脱空缺陷不大于 10mm。

（4）钢板间的最小间距应能保证混凝土可以填充密实。

8.2.6　计算分析实例

本节基于上述各节给出的方法，针对设计中较为重要的弯、剪承载力验算给出实例。

1. 受弯设计

某沉管隧道弯矩分布如图 8-18 所示，其中①、③、④、⑥、⑧为受弯控制截面，以截面③为例进行抗弯设计。截面参数中，已知轴向隔板厚度为 14mm（剪力较小，按构造设计）；考虑施工便捷性、总体布置，双向隔板布置间距均为 3m，截面高度为 1.5m；抗剪连接件间距为 500mm；混凝土抗压强度设计值为 30MPa，钢材强度设计值为 360MPa。沿隧道纵向取 3m 为标准分析对象，混凝土只考虑受压区刚度，建立横向框架杆系模型，得到的截面③设计弯矩约为 50 000kN·m。下面进行抗弯设计。

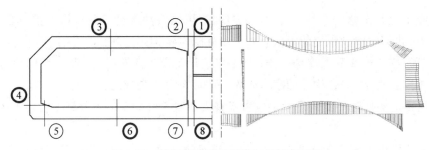

图 8-18　某沉管隧道工程横向框架弯矩图

由于截面③处对应的剪力较小,此处设计不考虑剪力对抗弯承载力的影响。此外,本设计要求混凝土局部脱空高度不大于 10mm,此时可不考虑脱空对抗弯承载力的影响。

设受压翼缘厚度为 14mm,受拉翼缘厚度为 26mm。轴向加劲肋选用 I 型钢,尺寸为 100mm×12mm,间距设为 500mm(对应距厚比为 500/14=36),按照本章建议方法,可以满足距厚比限值要求,设计时可不考虑稳定性的折减;按照日本设计指南[17],此时受压翼缘则需要进行稳定折减,折减后的翼缘受压强度为

$$f_{ytr} = \frac{t_t}{s_a}\sqrt{E_s f_{yt}} = \frac{14}{500}\sqrt{2\times10^5\times360}\,\text{MPa} = 238\text{MPa}$$

将加劲肋面积折算入翼缘厚度,可得折算后的受压、受拉翼缘面积分别为 16.4mm²、28.4mm²,此时有

$$C_s = f_y A_{st} = 360\text{MPa}\times16.4\text{mm}^2 = 5904\text{kN}$$
$$C_c = \beta f_c b_c x = 1.0\times30\text{MPa}\times2986\text{mm}\times x$$
$$C_w = f_y x t_{wx} = 360\text{MPa}\times14\text{mm}\times x$$
$$T_s = 1.15 f_y A_{sb} = 1.15\times360\text{MPa}\times28.4\text{mm}^2 = 11\,757.6\text{kN}$$
$$T_w = f_y(h_s - t_t - t_b - x)t_{wx} = 360\text{MPa}\times14\text{mm}\times(1500\text{mm}-14\text{mm}-26\text{mm}-x)$$

并有

$$C_s + C_c + C_w = T_s + T_w$$

联立上式,可求得混凝土受压区高度:

$$x = 249\text{mm}$$

进而可以求得截面上各力的大小以及作用位置,可得抗弯承载力:

$$M_u = C_s y_{st} + C_c y_c + C_w y_{cw} - T_w y_{tw} = 55\,405\text{kN}\cdot\text{m}$$

满足设计要求。

按照日本指南[17]进行设计时,受压钢板强度为 241MPa,且受拉钢板不考虑 1.15 的强化系数,得到的抗弯承载力为 48 837kN·m,小于设计值,需要加厚钢板。此例中,本章方法给出的承载力计算值相比日本指南增加约 13.4%。

2. 受剪设计

某沉管隧道剪力分布如图 8-19 所示,其中②、⑤、⑦为受剪控制截面,以截面②为例进行抗剪设计。截面参数中,已知拉、压翼缘厚度由受弯设计得到,分别为 30mm、14mm;考虑施工便捷性、总体布置,双向隔板布置间距均为 3m;初步设计截面高度为 1.5m,抗剪控

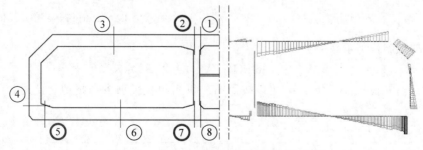

图 8-19　某沉管隧道工程横向框架剪力图

制截面可根据需要加腋；混凝土抗压强度设计值为 30MPa，钢材强度设计值为 360MPa。沿隧道纵向取 3m 为标准分析对象，建立横向杆系模型，混凝土只考虑受压区刚度，得到截面②设计剪力约为 30 000kN。下面根据抗剪需求进行隔板设计。

1) 按日本指南设计

为了便于比较，不考虑日本指南[17]中隔板布置间隔对抗剪承载力的折减系数 k_m。此外，为了考虑受弯的影响，日本指南中混凝土计算高度也按构件弯矩作用下混凝土受压区中心与受拉翼缘中心的距离 z 进行计算。由抗弯计算得到，混凝土受压区中心与受拉翼缘中心的距离 z 约为 1370mm。轴向隔板（对应隧道横隔板）厚度取 34mm，横向隔板（对应隧道纵隔板）厚度取 12mm。按日本指南计算，仅设置轴向隔板时：

$$V_{u1d} = f_{vud}b_c z = (6.85 \times 2966 \times 1370)\text{N} = 27\,820\text{kN}$$

$$V_{u2d} = \sin^2\alpha_1(\cot\theta + \cot\alpha_1)t_{wx}z f_y = [\sin^2 60°(\cot 30° + \cot 60°) \times 34 \times 1370 \times 360]\text{N}$$
$$= 29\,044\text{kN}$$

仅设置横向隔板时：

$$V_{u3d} = \frac{\sin\alpha_2(\cot\theta + \cot\alpha_2)A_t f_y z}{s_w} = \frac{\sin 90°(\cot 30° + \cot 90°) \times 3000 \times 12 \times 360 \times 1370}{3000}\text{N}$$
$$= 10\,251\text{kN}$$

日本指南只取上述两种情况的较大值。可见当仅设置轴向隔板时的抗剪承载力更大，应取此种情况，即

$$V_{uJ} = V_{u1d} = 27\,820\text{kN}$$

当取如上参数时，截面的抗剪承载力为 27 820kN＜30 000kN，不满足设计要求。从以上计算中也可以发现，不管是轴向隔板还是横向隔板变化，混凝土项 V_{u1d} 始终为 27 820kN。且无论双向隔板厚度如何增加、间距如何减小，按日本指南方法计算的构件抗剪承载力始终不大于 27 820kN，无法满足设计要求；只能通过加腋（增加截面高度）或者提高混凝土强度的办法解决，这给设计带来麻烦。

2) 按本章方法设计

组合桁架机制中混凝土压杆的抗剪承载力与日本指南中一致，即

$$V_{uc} = f_{vud}b_c z = V_{u1d} = 27\,820\text{kN}$$

双向隔板拉杆的抗剪承载力为

$$V_{ut} = \frac{\sin\alpha_1}{\sin\theta}z t_{wx} f_y + \sin\alpha_2 \frac{(\cot\theta + \cot\alpha_2)z}{s_w}A_t f_y$$
$$= \left(\sqrt{3} \times 1370 \times 34 \times 360 + \frac{\sqrt{3} \times 1370}{3000} \times 3000 \times 12 \times 360\right)\text{N} = 39\,295\text{kN}$$

即组合桁架机制抗剪承载力为

$$V_{truss} = \min(V_{uc}, V_{ut}) = 27\,820\text{kN}$$

此时纵横隔板拉杆富余较多，可以按照第二机制腹板纯剪参与抗剪。此时拉杆中纯拉应力为

$$f_t = \frac{f_{vud}b_c}{\dfrac{\sin\alpha_1}{\sin\theta}t_{wx} + \sin\alpha_2\dfrac{(\cot\theta + \cot\alpha_2)}{s_w}A_t} = \frac{6.85 \times 2966}{\sqrt{3} \times 34 + \dfrac{\sqrt{3}}{3000} \times 3000 \times 12}\text{MPa} = 255\text{MPa}$$

则腹板纯剪应力及其对应的抗剪承载力为

$$\tau_{\mathrm{p}} = -\frac{\sqrt{3}f_{\mathrm{t}}}{4} + \frac{\sqrt{12f_{\mathrm{y}}^2 - \frac{21}{4}f_{\mathrm{t}}^2}}{6} = \left(-\frac{\sqrt{3} \times 255}{4} + \frac{\sqrt{12 \times 360^2 - \frac{21}{4} \times 255^2}}{6}\right)\mathrm{MPa} = 73\mathrm{MPa}$$

$$V_{\mathrm{web}} = (73 \times 1370 \times 34)\mathrm{N} = 3400\mathrm{kN}$$

此外,销栓作用的抗剪贡献为

$$V_{\mathrm{dowel}} = (0.1 \times 360 \times 3000 \times 30)\mathrm{N} = 3240\mathrm{kN}$$

计算得到总抗剪承载力:

$$V_{\mathrm{u}} = V_{\mathrm{truss}} + V_{\mathrm{web}} + V_{\mathrm{dowel}} = (27\,820 + 3410 + 3240)\mathrm{kN} = 34\,470\mathrm{kN}$$

可见,本方法考虑了隔板较为富余时的纯剪机制抗剪承载力以及翼缘销栓作用,在此例中相比于日本指南[17]抗剪承载力提高约20%。当抗剪承载力不足时,通过增加纵、横隔板含钢量,可以提高承载力,从而满足设计需要,无需加腋或者增加混凝土强度。

参考文献

[1]　ROBERTS T M, EDWARDS D N, NARAYANAN R. Testing and analysis of steel-concrete-steel sandwich beams[J]. Journal of Constructional Steel Research, 1996, 38(3): 257-279.

[2]　NIE J, WANG J, GOU S, et al. Technological development and engineering applications of novel steel-concrete composite structures[J]. Frontiers of Structural and Civil Engineering, 2019, 13(1): 1-14.

[3]　陈韶章. 沉管隧道设计与施工[M]. 北京: 科学出版社, 2002.

[4]　杨文武. 沉管隧道工程技术的发展[J]. 隧道建设, 2009, 29(4): 397-404.

[5]　GURSOY A. Immersed steel tube tunnels: An American experience[J]. Tunnelling & Underground Space Technology, 1995, 10(4): 439-453.

[6]　BICKEL J O, KUESEL T R, KING E H. Tunnel Engineering Handbook[M]. New York: Van Nostrand Reinhold Co, 1982.

[7]　GLERUM A. Developments in immersed tunnelling in Holland[J]. Tunnelling & Underground Space Technology, 1995, 10(4): 455-462.

[8]　WALTER C G. Steel-shell immersed tunnels—Forty years of experience[J]. Tunnelling & Underground Space Technology, 1997, 12(1): 23-31.

[9]　WRIGHT H D, ODUYEMI T O S, EVANS H R. The experimental behaviour of double skin composite elements[J]. Journal of Constructional Steel Research, 1991, 19(2): 97-110.

[10]　WRIGHT H D, ODUYEMI T O S, EVANS H R. The design of double skin composite elements[J]. Journal of Constructional Steel Research, 1991, 19(2): 111-132.

[11]　NARAYANAN R, ROBERTS T M, NAJI F J. Design Guide for Steel-Concrete-Steel Sandwich Construction, Volume 1: General Principles and Rules for Basic Elements[M]. Ascot, Berkshire, UK: The Steel Construction Institute, 1994.

[12]　BOWERMAN H G, GOUGH M S, KING C M. Bi-Steel design and construction guide[M]. British Steel Ltd, London: Scunthorpe, 1999.

[13]　松石正克, 岩田節雄. 鋼板とコンクリートから構成されるサンドイッチ式複合構造物の強度に関する研究(第4報)[C]. 日本造船学会論文集, 1988(164).

[14]　木村秀雄, 小島一雄, 盛高裕生. 沈埋函の海上施工時の函体変形について[C]. トンネル工学研究発表会論文・報告集, 2002(12).

［15］ 玉井昭治,池田泰敏,阿部哲良,等.海上に浮遊している沈埋函への高流動コンクリートの適用：那覇沈埋函(3 号函)製作工事[J].コンクリート工学,2003(41),No. 7.

［16］ 吉本靖俊,吉田秀樹,玉井昭治,等.新若戸沈埋トンネルにおける充てんコンクリートの開発と施工[C].土木建設技術シンポジウム論文集,2006.7.

［17］ 土木学会.鋼コンクリートサンドイッチ構造設計指針(案)[S].コンクリートライブラリー73,1992.

［18］ 宋神友,聂建国,徐国平,等.双钢板-混凝土组合结构在沉管隧道中的发展与应用[J].土木工程学报,2019,52(4)：113-124.

［19］ 郭宇韬.双钢板组合沉管隧道结构受力机理及设计方法研究[D].北京：清华大学,2020.

［20］ ARJAN L,ARD D,HANS D W,et al. Consideration of concrete and steel sandwich tunnel elements [J]. Tunnelling and Underground Space Technology,2022,121：104309.

［21］ 清宮理.土木分野・鋼・コンクリート合成版(沈埋トンネル)[J].コンクリート工学,2014,52(1)：44-49.

［22］ 山本,幹夫,河村,等.鋼コンクリートフルサンドイッチ構造への高流動コンクリートの適用[J].コンクリート工学,1998,36：16-19.

［23］ 徐国平,黄清飞.深圳至中山跨江通道工程总体设计[J].隧道建设,2018,38(4)：627-637.

［24］ 金文良,宋神友,陈伟乐,等.深中通道钢壳混凝土沉管隧道总体设计综述[J].中国港湾建设,2021,41(3)：35-40.

［25］ 中华人民共和国住房和城乡建设部.钢-混凝土组合桥梁设计规范：GB 50917—2013[S].北京：中国建筑工业出版社,2013.

［26］ 中华人民共和国住房和城乡建设部.钢板剪力墙技术规程：JGJ/T 380—2015[S].北京：中国建筑工业出版社,2015.

第9章

钢板-混凝土防护结构

9.1 概述

防护结构是指对武器打击或其他爆炸、冲击破坏作用具有防护能力的工程结构[1]。在民用与工业建筑领域,为防护事故型偶然爆炸效应和偶然撞击效应引起的破坏,也需要设计建造相应的防护结构[2]。不同的防护结构形式在防护目标类型的适用性上通常存在较大差异。本章重点关注的安全壳作为核反应堆的外部结构,除了具有一般防护结构抵抗外部冲击效应的功能外,还能作为控制和限制反应堆内部放射性物质泄漏的关键屏障。

9.1.1 防护结构特点

1. 冲击与爆炸

防护结构所需要承担的荷载效应主要可以分为冲击与爆炸两类。

冲击是发生在力学系统中由于撞击体与该系统动力接触的一种现象[3]。破坏性冲击作用在结构上表现为瞬态动力加载。导弹、飞机以及炮弹等在运动过程中速度可达每秒数百米,具有很大的动能。当命中防护结构时,在弹着点附近战斗部或战斗部爆炸后形成或释放的破片、弹头等凭借其动能侵入目标结构,引起目标损伤。同时弹着点附近混凝土出现分离破碎,形成稍大于弹头直径的空洞,并在空洞附近产生裂缝。以上效应称为侵彻效应。弹头的动能一方面使弹壳变形,另一方面使钢筋混凝土等防护材料变形破坏,同时产生一定的热量。侵彻效应发生在弹着点附近,属于冲击局部作用。此外,当防护材料厚度较小时,冲击作用除了在正面使目标变形破坏外,还会使目标冲击点背面发生开裂和材料的剥离飞散,这种现象称为震塌[2]。通常对防护结构的冲击作用可以根据冲击时能量的消耗量和冲击初始速度进行分类。根据冲击消耗的能量,冲击作用分为剧烈冲击、中等强度冲击、低强度冲击;根据初始速度 v_0,冲击作用分为低速冲击(数米/秒至数十米/秒)、高速冲击(数百米/秒)、超高速冲击(数千米/秒)。一般来说,发生剧烈冲击时,撞击体可认为是无变形的,因为结构消耗的能量要明显高于撞击体消耗的能量。而在非剧烈冲击情况下,情况恰好相反。因此在剧烈冲击和中等强度冲击的情况下需要考虑撞击体和结构之间的相互作用,而在非剧烈冲击情况下可以认为结构无变形,冲击作用可以看作是与结构变形无关的线性脉冲加载。工业与民用建筑中冲击作用造成的事故通常属于低速、剧烈冲击;而对核电站安全壳等防护结构的冲击作用主要是高速冲击，一般情况下冲击作用时间仅为几毫秒。典型作用所对应的应变率如图 9-1 所示。

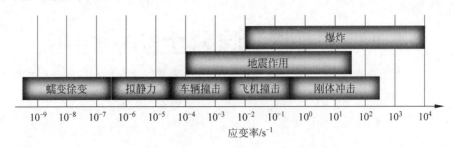

图 9-1　不同作用下的应变率概念示意图

爆炸是物质在瞬间以机械功的形式释放大量气体和能量的现象。本章涉及的爆炸类型基本为化学爆炸，即物质由一种化学结构迅速转变为另一种化学结构，在瞬间释放大量能量并对外做功的现象。爆炸效应是指爆炸引起的热效应、机械效应、空间效应、声光效应以及毒害作用的总称[4]。核爆炸效应还包括早期核辐射以及核电磁脉冲等效应。一般来说，携带炸药的弹头在侵入目标后达到一定侵彻深度时发生爆炸。这类爆炸产生的局部破坏现象与局部侵彻效应的现象类似，表现为爆炸点附近防护材料的分离破碎并形成爆炸空腔，空腔附近的材料产生裂缝，爆炸点下方背面产生爆炸震塌。事故型偶然爆炸效应指易燃气体爆炸、储油储气罐爆炸、粉尘爆炸等。爆炸产生的爆炸波以冲击波的形式在介质中传播，这种具有很高压力的爆炸波作用在防护结构上，称为爆炸荷载[2]。爆炸荷载压力随时间变化，具有高幅值和短持时的特点。爆炸产生的强动载使防护材料与结构呈现出与静载作用下显著不同的非线性和高应变率效应，结构损伤破坏和动态响应分析也更加困难[5]。

本章重点关注的核安全壳，主要需要抵御飞机撞击，这一过程涉及飞机的撞击荷载，飞机撞击核电站(其他建筑物或构筑物)的撞击特点和对其的影响规律，撞击过程中结构内部组件诸如设备、管道位置处由撞击引起的振动效应，飞机燃油燃烧形成的火荷载温度场等方面。

2. 防护结构材料

防护结构材料在冲击、爆炸等作用下主要承受瞬时荷载[6]，且都具有应变速率特性。在快速动载作用下，其变形和破坏特性与静力加载有很大不同。材料的破坏通常需要经历一个变形发展的过程，而在快速动载作用下，材料达到破坏时的变形没有发展完全，加载数值大小就已经发生很大变化，甚至已经卸载，这种现象反映在材料本身表现为材料强度、弹性模量与弹性极限都有一定的提高。

防护结构材料应选用屈服强度、极限强度与弹性模量表现出良好抗动载性能的工程材料，同时随着防护要求的不断提高，轻质、高韧性、高吸能性材料也是防护结构追求的目标。此外，应用于核安全和海洋领域的防护结构，还应有耐高温、耐腐蚀和防辐射等要求。

防护结构材料根据材料基体组成可以分为水泥混凝土基防护材料、金属基防护材料以及有机组分基防护材料。其中，水泥混凝土基防护材料包括钢筋混凝土、超高性能混凝土、钢管混凝土、钢纤维混凝土等；金属基防护材料包括高强钢、高强铝合金等；有机组分基防护材料包括橡胶、聚苯乙烯泡沫、纤维、纳米多孔材料等。

目前大型防护结构材料主要采用钢筋混凝土以及钢材。近年来,钢-混凝土组合形式逐步应用在防护结构中。例如美国西屋公司设计的 AP1000 核电站采用内外双层安全壳来保证结构的安全性,其中外层结构主要采用双钢板-混凝土组合结构。

3. 防护结构设计计算理论

防护结构在爆炸作用或高速冲击作用下的力学性能分析,需要考虑材料在多种荷载工况下的应变率效应,因此,在材料常见的力学本构模型中通常会引入动力放大因子,以定量描述不同应变率下材料强度的提升。防护结构的损伤评判标准和动静力荷载组合系数相对于普通结构存在一定差异。考虑到防护结构的主要作用是保护结构内部安全,保证不引起内部结构的损害和人员伤亡,同时防止内部放射性物质向外释放,因此在对防护结构进行设计计算时一般允许产生较大的塑性变形和一定的局部破坏。同时,防护结构的设计通常需要考虑动力、静力以及动静耦合等复杂工况,根据结构功能性和荷载时效性等设计条件的不同,通常对动静荷载组合的要求也不尽相同。例如,对适用于抵抗武器型爆炸作用或大型商用飞机撞击作用的防护结构,其抗爆承载力的需求远高于静力承载力,因此在这种类型结构的各种设计荷载组合中,动力荷载组合系数远高于静力荷载组合系数;对适用于抵抗事故型爆炸作用或普通车辆撞击作用的防护结构,通常不能忽略常规静力荷载的作用,设计分析过程中需要选取合理的动静力组合系数[2]。

早期对防护结构在高速冲击或爆炸荷载工况下的计算分析主要基于能量法原理或由大量试验数据拟合的经验公式。近年来,随着数值计算方法的不断改进、钢筋混凝土等防护材料动力学本构关系研究的不断深入,以及断裂力学理论的不断发展,防护结构的抗冲击和抗爆计算方法也在不断完善。

9.1.2　钢板-混凝土防护结构

钢板-混凝土结构由内部核心混凝土与两侧或单侧的外层受力钢板以及中间的抗剪连接件构成,主要分为单钢板-混凝土结构和双钢板-混凝土结构。传统的核安全壳等防护结构一般以钢筋混凝土和预应力混凝土为主,而正如前面章节所介绍,钢板-混凝土结构相对传统的混凝土结构具有承载力高、延性好、抗震性能卓越的优点,同时可以模块化施工、免支模、节省人工成本、提高施工效率,并体现出良好的抗冲击与抗爆炸能力。因此,钢板-混凝土结构非常适合应用于以核安全壳、海洋工程防护结构等为代表的防护结构中。我国浙江三门和山东海阳建设的 AP1000 核电站、山东石岛湾 CAP1400 核电站都采用了双钢板-混凝土结构作为屏蔽厂房的防护墙体结构。

钢板-混凝土结构在撞击与侵彻的过程中处于复杂的三向应力状态,钢板和混凝土的共同工作有利于整体结构单元抗压能力提升。混凝土作为钢板的侧向支撑,使其不会过早屈曲,而钢板则可以防止结构冲击侧背侧的混凝土剥落飞溅。设置足够的栓钉和对拉构造可以抑制钢板-混凝土界面滑移,抵抗外包钢板与核心混凝土的分离,提高结构的界面抗剪承载力、斜截面抗剪承载力以及抗冲切承载力,同时提高受压外包钢板的抗压承载力。

常规武器或飞机撞击造成的破坏大多发生在弹着点或撞击点附近的局部范围内。图 9-2 为冲击作用下单钢板-混凝土组合结构的局部破坏模式示意图。随着入射体的速度或质量增加,结构单元的破坏模式将依次表现为迎击侧的侵入、背侧钢板的鼓包、冲击物撕裂背侧钢板的贯通以及具有残余速度的贯穿这四种形态。

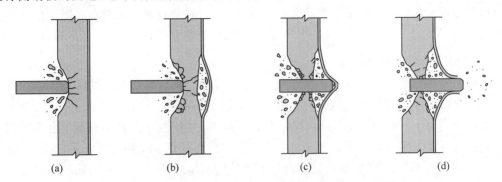

图 9-2　冲击作用下单钢板-混凝土组合结构的局部破坏模式
（a）弹体侵入目标；（b）背侧钢板鼓包；（c）背侧钢板撕裂；（d）弹体贯穿目标

9.2　钢板-混凝土防护结构抗爆与抗冲击性能

近年来,有关钢板-混凝土结构在爆炸情况下受力分析的研究不断增多[7-11],这些研究主要通过对比相同结构尺寸参数的钢板-混凝土结构和普通钢筋混凝土结构在爆炸荷载作用下的破坏模式和动态响应,发现钢板与混凝土的协同工作有利于提升整体结构的抗爆承载力,并表现出良好的动力特性。

针对钢板-混凝土防护结构抗飞机撞击问题的主要研究方法为试验研究(缩尺或足尺)、数值模拟(耦合法或解耦法)和理论分析。为了近似求解飞机垂直撞击刚性墙的荷载时程,Riera 基于飞机的质量刚度分布,并考虑机身屈曲荷载,推导了一个简单的解析公式,即Riera 方法[12],详见 9.2.3 节描述。在理论分析方面,已有大量研究基于 Riera 方法,开展了飞机撞击荷载的理论分析[13-18],并优化了原有理论模型的压溃力分项系数和飞机质量分布简化方式。在试验研究和数值模拟方面,开展了飞机模型撞击局部结构的试验,并建立了精细的有限元模型,标定了相应的本构参数[19-21]。进一步通过飞机撞击整体结构的数值模拟[22-28],采用耦合或者解耦分析的方法,研究了防护结构在飞机撞击下的整体动力响应和毁伤特性。

9.2.1　爆炸、冲击作用下的受力特点与破坏机理

钢板-混凝土组合结构的冲击荷载试验,通常分为低速冲击试验与高速冲击试验,两者的区别如表 9-1 所示[29]。低速冲击试验主要采用落锤冲击试验方法,高速冲击试验主要采用弹头冲击法。爆炸荷载试验则主要通过将一定当量的炸药在距试件一定距离或接触时引爆,从而产生爆炸冲击波。

表 9-1　低速冲击与高速冲击对比

项　　目	低　速　冲　击	高　速　冲　击
工况示例	汽车、轮船撞击	子弹、炮弹打击
试验方法	落锤、摆锤	轻气炮、Hopkinson 杆

续表

项　目	低速冲击	高速冲击
输入能量	低速度、大质量	高速度、小质量
结构响应	以整体响应为主	局部破坏为主
适用理论	冲击动力学	侵彻力学
设计重点	防止结构位移超限或发生破坏、倒塌	防止结构贯穿破坏以保护内部安全

1. 材料的应变率效应

钢材与混凝土在短时动荷载下的应力-应变发展与常规静荷载不同，体现为显著的应变率效应。对于钢板与钢筋，可采用塑性随动模型，并通过与应变率相关的因数表示屈服应力 σ_y，从而较好地考虑应变率效应[10]。

$$\sigma_y = \left[1 + \left|\frac{\dot{\varepsilon}}{C}\right| \frac{1}{P}\right](\sigma_0 + \beta E_p \varepsilon_p^{\text{eff}}) \tag{9-1}$$

式中，σ_0——初始屈服应力；

β——硬化参数；

$\dot{\varepsilon}$——应变率；

C、P——应变率参数；

$\varepsilon_p^{\text{eff}}$——有效塑性应变；

E_p——塑性硬化模量，按下式计算：

$$E_p = E_t E/(E - E_t) \tag{9-2}$$

式中，E——初始弹性模量；

E_t——切线弹性模量。

由于焊接高温对金属材料的强度和延性有较为显著的影响，因此还需要在拉筋与钢板、钢板与钢板的焊接位置考虑材料本构的差异性。已有学者通过开展强动载下焊接钢板的力学性能研究，提出了相关本构模型[30]。

混凝土材料在短时动荷载下的抗压和抗拉强度受到应变率的影响会有一定程度的提高。可引入动力增大系数的方法来考虑应变率效应。动力增大系数 κ 表示在某一应变率下材料动力强度与静力强度的比值[8]，混凝土的抗压动力增大系数用 κ_c 表示，可按下式计算：

$$\kappa_c = \frac{f_{cd}}{f_{cs}} = \begin{cases} \left(\dfrac{\dot{\varepsilon}_d}{\dot{\varepsilon}_{cs}}\right)^{1.026\alpha}, & \dot{\varepsilon}_d \leqslant 30\text{s}^{-1} \\ \gamma \dot{\varepsilon}_d^{\frac{1}{3}}, & \dot{\varepsilon}_d > 30\text{s}^{-1} \end{cases} \tag{9-3}$$

式中，$\lg\gamma = 6.15\alpha - 0.19$；

$\alpha = \left(5 + \dfrac{3f_u}{4}\right)^{-1}$，$f_u$ 为静载下混凝土立方体抗压强度；

f_{cd}——混凝土应变率为 $\dot{\varepsilon}_d$ 时的动力抗压强度；

f_{cs}——混凝土应变率为 $\dot{\varepsilon}_{cs}$ 时的静力抗压强度，$\dot{\varepsilon}_{cs} = 30 \times 10^{-6}\text{s}^{-1}$。

混凝土抗拉强度动力增大系数 κ_t 可按下式确定：

$$\kappa_t = \frac{f_{td}}{f_{ts}} = \begin{cases} \left(\dfrac{\dot{\varepsilon}_d}{\dot{\varepsilon}_{ts}}\right)^{\delta}, & \dot{\varepsilon}_d \leqslant 1\mathrm{s}^{-1} \\[3mm] \beta\left(\dfrac{\dot{\varepsilon}_d}{\dot{\varepsilon}_{ts}}\right)^{\frac{1}{3}}, & \dot{\varepsilon}_d > 1\mathrm{s}^{-1} \end{cases} \tag{9-4}$$

式中，$\lg\beta = 6\delta - 2$；

$\quad\delta = \dfrac{1}{\left(1 + \dfrac{8f'_c}{f'_{c0}}\right)}$，$f'_c$ 为静载下混凝土单轴抗拉强度；$f'_{c0} = 10\mathrm{MPa}$；

$\quad f_{td}$——混凝土应变率为 $\dot{\varepsilon}_d$ 时的动力抗拉强度；

$\quad f_{ts}$——混凝土应变率为 $\dot{\varepsilon}_{ts}$ 时的静力抗拉强度，$\dot{\varepsilon}_{ts} = 10^{-6}\mathrm{s}^{-1}$。

对于钢筋材料，动力分析中通常可采用塑性随动硬化模型[31]、塑性分段线性模型[32]和 John-Cook 模型，所有模型均可考虑钢筋材料的应变率效应。其中塑性硬化模型采用 Cowper-Symonds 模型来表示应变率效应，其方程如下式所示：

$$\sigma_{yd} = \left[1 + \left(\frac{\dot{\varepsilon}}{C}\right)^2\right]\sigma_y + \beta E_p \varepsilon_p^{\mathrm{eff}} \tag{9-5}$$

式中，σ_{yd}——钢筋动态屈服强度；

$\quad \sigma_y$——钢筋初始屈服应力；

$\quad \beta$——硬化参数，取 0 代表随动强化，取 1 代表各向同性强化，取 0 与 1 之间的值代表 混合强化。

2. 结构的受力特点和破坏机理

当爆炸冲击荷载作用在钢板-混凝土结构上时，在较长时间的爆炸荷载作用下，钢板-混凝土结构通常发生常见的弯曲破坏形态，但在短时爆炸荷载作用下，受到脉冲荷载的影响，钢板-混凝土结构有可能在弯曲破坏发生前就产生剪切破坏。在高速冲击作用下，结构通常来不及产生动力响应就已经发生了较为严重的局部破坏，当速度超过某一限值时，甚至会发生贯穿性的破坏；在低速冲击作用下，冲击荷载产生的应力较小，应力波很快发生传播和反射，并使结构产生运动，结构的响应主要表现为整体弹塑性变形，而局部破坏相对不是很严重。

在爆炸冲击荷载作用下，钢板-混凝土结构中的混凝土层可以吸收大部分能量，为主要吸能层[33]。在发生爆炸的同时往往还伴随着高温作用，但钢材本身不耐高温，在高温作用下，钢材与混凝土之间的黏结作用会大幅下降。此外，由于钢板-混凝土属于分层结构形式，两种材料的波阻抗不同，因此爆炸产生的应力波在钢材与混凝土材料的接触面上会产生反射拉伸作用，这使钢板-混凝土结构相对单层结构更容易产生破裂[34]。

当钢板和混凝土未采用完全剪力连接时，容易发生水平剪切黏结破坏，造成钢板的滑移，因此黏结滑移是影响结构横向抗剪强度的关键因素。不同的黏结滑移条件下，钢板-混凝土组合梁的破坏机理和极限强度与含钢率、剪跨比和抗剪件间距都有关系[11]。

此外,冲击荷载、爆炸荷载等动荷载作用在梁上时,还会使结构产生波动效应[3]。梁本身受荷载作用发生横向弯曲振动,同时梁材料横向可压缩,因此应力波进入梁内时引起梁材料的拉压振动,使梁处于组合振动状态,该应力波称为横向应力波。研究表明,对于跨高比大于 4 的非深梁,实际工程中可以忽略结构中的波动效应。

国内外学者对钢板-混凝土组合结构在冲击和爆炸荷载作用下的响应影响因素的研究表明,钢板-混凝土结构的抗爆、抗冲击性能与抗剪连接件形式及布置、轴压比、钢板厚度、钢材和混凝土强度、混凝土层厚度等因素有关。一般来说,钢板厚度增加可以显著减小组合板在冲击爆炸荷载下的变形,混凝土层厚度增加可以显著减小冲击作用下的结构响应。拉筋间距也会对结构响应造成影响,拉筋间距过大,墙体抗冲击性能较差,可能导致整体破坏。减小拉筋间距有利于加强钢板与混凝土之间的连接、提高整体刚度,从而有效减小冲击作用下的结构响应[35]。

9.2.2　抗爆分析与计算方法

1. 理论分析

对于结构在爆炸荷载作用下的整体响应,通常将具有连续质量分布的结构等效为质点、弹簧、阻尼器组成的系统进行分析。最初用于研究爆炸荷载作用下结构动态响应的是等效单自由度方法,如式(9-6)、图 9-3 所示。该方法将具有连续质量分布的结构与模型中质点的集中质量等效,同时将实际分布荷载与模型中的集中力等效。通过对结构模型建立运动微分方程可以得到实际结构的位移响应时程。

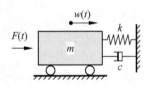

图 9-3　等效单自由度模型

$$m\ddot{x}(t) + c\dot{x}(t) + kx(t) = F(t) \tag{9-6}$$

但是单自由度方法只能用来分析单一失效状态,无法分析多失效模式,因此研究人员基于等效单自由度方法提出了多种分析钢板-混凝土组合结构在爆炸荷载作用下的动态响应的方法。文献[36]提出了一种替代单自由度方法的刚塑性方法,来计算钢管混凝土组合柱的爆炸反应,结果表明这种刚塑性方法在爆炸荷载的情况下比等效单自由度方法更加精确。文献[37]建立了层状波动模型来分析内衬钢板-混凝土组合结构在爆炸荷载作用下的防震塌机理,为工程设计提供了理论依据。

2. 数值模拟

数值模拟分析已经成为研究结构抗爆炸问题的一种重要手段和方法,可以很大程度上再现实际情况。文献[10]通过数值模拟分析揭示了双钢板-混凝土组合结构在非接触爆炸作用下的破坏机理。试件有限元模型长和宽均为 3200mm,钢板厚度为 3mm,混凝土层厚194mm,抗剪连接件直径为 10mm,间距为 200mm。为了对比钢筋混凝土结构的抗爆性能,同时建立了同尺寸的钢筋混凝土板模型,钢筋采用双向双层布置,直径为 20mm,横向和纵向钢筋间距均为 200mm,钢筋与混凝土采用分离式共节点。炸药质量为 13kg,在距离板上表面 0.5m 处引爆。

从模拟结果可以得到组合板破坏的全过程:在爆炸荷载作用下,双钢板-混凝土组合简支板靠近背爆面钢板(即下层钢板)的混凝土部分受到拉力作用首先产生裂缝,随后裂缝沿背爆面钢板向两侧延伸,直到背爆面钢板与混凝土层完全脱离;由于层间抗剪连接件的作用,背爆面钢板会跟随迎爆面钢板发生变形;在此阶段,由于中间混凝土层没有了背爆面钢板的约束作用,会发生层失效的现象,最终中心混凝土失效破坏并形成贯穿孔洞。

在抵抗爆炸冲击作用时,双钢板-混凝土组合结构中迎爆面钢板与背爆面钢板能有效防止混凝土碎块的剥落,其中迎爆面钢板通过改变迎爆面混凝土受到的应力峰值和曲线形状发挥作用,而背爆面钢板则是通过阻止混凝土层靠近背爆面一侧出现剥落发挥作用。

图 9-4 给出了两种板的中心位移以及同一爆炸距离下板后空气压力情况。从图 9-4 中可以看到,随着爆炸距离增加,两种板的中心位移趋于一致,这证明在短时近爆情况下,双钢板-混凝土组合板的抗爆性能更加优越。板后空气压力可以反映板的隔爆能力,双钢板-混凝土组合板的背面残余压力要远小于钢筋混凝土板,这证明双钢板-混凝土组合板的隔爆性能更好。

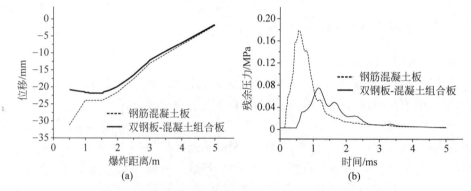

图 9-4 双钢板-混凝土组合板与钢筋混凝土板的抗爆性能对比

(a) 10ms 时板中心位移;(b) 0.5m 爆距时板后空气压力

文献[9]通过试验证明了在接触爆炸的情况下,双钢板-混凝土组合板的受力破坏情况与非接触爆炸相似:核心混凝土跨中产生纵向的贯穿裂缝,背爆面钢板与核心混凝土发生脱离,栓钉被拔出;迎爆面一侧钢板与混凝土未发生明显脱离,在爆炸区域一定范围内钢板表面发生塑性破坏。同时试验设置了钢筋混凝土板的对照组,表 9-2 为钢筋混凝土板和双钢板-混凝土组合板的混凝土塑性损伤情况与挠度的对比。

表 9-2 试件损伤与挠度分析

试 件 类 型	迎爆面爆坑尺寸/(mm×mm)	背爆面爆坑尺寸/(mm×mm)	试验跨中挠度/mm	数值跨中挠度/mm	是否发生贯穿	整体性	是否能继续承载
钢筋混凝土板	360×360	410×400	50	46.2	是	一般	否
双钢板-混凝土组合板	280×280	—	35	27.4	否	好	是

由于双钢板-混凝土组合板试件两侧的钢板约束,核心混凝土并未剥落,同时两侧钢板的屈曲变形由于核心混凝土的存在而减小,相对钢筋混凝土板试件来说,双钢板-混凝土组合板试件整体性较好,在加载过后仍具有承载能力。

9.2.3　抗飞机撞击分析与计算方法

1. 飞机撞击理论分析的一般方法

1968 年，Riera[13] 将飞机视为大变形弹体、建筑物视为靶体，研究了飞机撞击结构的过程。变形弹体距离靶体较近的部分受到撞击不断压缩而变形甚至破碎，如图 9-5 中的黑色部分所示，远离靶体部分未受到撞击压缩，可视为刚性部分，如图 9-5 中的白色部分所示。假设：飞机模型为一维模型，可承担所有的撞击荷载，不考虑撞击荷载的位置分布情况；飞行轴线与飞行轨迹重合，且与靶体垂直；飞机模型的变形压碎部分不产生抛射物。

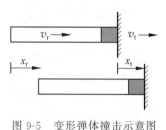

图 9-5　变形弹体撞击示意图

根据飞机撞击时的动量-冲量守恒定律有

$$F(t) = \frac{\mathrm{d}}{\mathrm{d}t}(m_r v_r + m_c v_t) \tag{9-7}$$

式中，$F(t)$——飞机所受撞击荷载；

　　m_r——未变形部分（刚性部分）质量；

　　m_c——变形压碎部分质量；

　　v_r——飞机刚性部分的速度；

　　v_t——飞机变形压碎部分与靶体的速度。

展开式(9-7)，则有

$$F(t) = m_r \frac{\mathrm{d}v_r}{\mathrm{d}t} + v_r \frac{\mathrm{d}m_r}{\mathrm{d}t} + m_c \frac{\mathrm{d}v_t}{\mathrm{d}t} + v_t \frac{\mathrm{d}m_c}{\mathrm{d}t} \tag{9-8}$$

式(9-8)中，右端第一项为飞机结构的压溃力，即

$$p_c[x(t)] = m_r \frac{\mathrm{d}v_r}{\mathrm{d}t} \tag{9-9}$$

式中，$x(t)$——t 时刻飞机变形部分和未变形部分的分界点坐标。

将式(9-9)代入式(9-8)，推导得到

$$F(t) = p_c[x(t)] + \mu[x(t)]v_r^2 + m_c \frac{\mathrm{d}v_t}{\mathrm{d}t} + v_t \frac{\mathrm{d}m_c}{\mathrm{d}t} \tag{9-10}$$

式中，$\mu[x(t)]$——t 时刻飞机单位长度质量。

将靶体视为刚性体，即令 $v_t = 0$，并考虑各分量的正负号，下式

$$F(t) = p_c[x(t)] + \mu[x(t)]v_r^2 \tag{9-11}$$

计算求解，可以得到飞机撞击荷载随时间变化的曲线。另外，式(9-9)中压溃力为一瞬时值，计算起来比较困难，通常用平均压溃力来代替。国内外许多学者提出不少经验公式，不过计算值差别较大，所以合理选取压溃力是该模型使用中的一个关键点。

对于撞击荷载时程曲线，文献[14]在文献[13]模型的基础上，在考虑了动量守恒的前提下，进一步考虑能量守恒来分析讨论，假设材料为理想弹塑性模型，则有

$$-e = -\frac{1}{2}\mu[x(t)]v_r^2(1-f) + m_r \frac{\mathrm{d}v_r}{\mathrm{d}t} \tag{9-12}$$

式中,e——每单位长度因变形耗散的能量;

f——变形部分剩余速度与撞击速度之比的平方。

由式(9-9)、式(9-11)和式(9-12)得

$$F(t) = -\left\{\frac{1}{2}\mu[x(t)]v_r^2(1+f)+e\right\} \tag{9-13}$$

因为剩余速度最小为0且不大于撞击速度,所以$0 \leqslant f \leqslant 1$,当$f=1$时,式(9-13)退化为式(9-11)。另外,由式(9-12)右端第二项小于等于零可得

$$f \geqslant 1 - \frac{2e}{\mu[x(t)]v_r^2} \tag{9-14}$$

文献[15]从式(9-11)出发,考虑撞击变形区域速度的折减,引入惯性撞击荷载比例因数1,得到修正的公式如式(9-15)所示。文献[16]给出α_1的取值为0.5,文献[17]通过式(9-15)与试验数据对比,给出的相对最佳取值为0.9。

$$F(t) = p_c[x(t)] + \alpha_1\mu[x(t)]v_r^2 \tag{9-15}$$

文献[16]对飞机的撞击荷载时程曲线的研究是建立在质量、动量和能量守恒的基础上,与前述模型最主要的不同是能量部分的守恒:飞机未变形部分撞击进入变形区域,假设其减少的能量转化为飞机的塑性变形能、飞机变形部分的动能、撞击过程中产生的热能、声能,以及靶体的动能和应变能。给出撞击荷载的计算公式,如下式所示:

$$F(t) = p_c[x(t)] + \frac{1}{2}(1+f)\mu[x(t)]v_r^2 + \sqrt{f}m_c\frac{dv_t}{dt} + \frac{1}{v_r}\frac{dE_a}{dt} \tag{9-16}$$

式中,E_a——撞击过程中热能、声能、靶体动能和应变能之和。

式(9-16)最后一项的量值很难估计,若忽略此项,又会低估撞击荷载的影响,对靶体的设计不利。

文献[18]提出一个集中质量弹塑性模型,弹簧的刚度为K_j,黏性阻尼系数为C_t,机身质量简化为n个集中质量,假设机翼质量在机身撞击到一定长度后与机身脱离。离散的质点通过具有一定长度和刚度的弹簧相连,弹簧可压缩和拉伸。当弹簧与靶板接触时,仅为压缩状态,当达到压溃力时,弹簧开始压溃,并在第j个弹簧的压应变ε_j达到-1时完全压溃;当弹簧处于拉伸状态时,在达到断裂应变时断裂。根据上述假设,文献[18]给出了飞机撞击刚性靶板和可变形靶板的撞击模型(图9-6)。利用撞击刚性靶板模型,计算了波音707-320和FB-111战斗机的撞击荷载时程曲线,并与Riera模型的计算结果进行了对比分析,两种模型的结果达到了很好的一致性;并对比分析了两种飞机撞击可变形靶板和刚性靶板的撞击荷载时程曲线,计算结果很接近。

2. 试验研究与数值模拟

文献[19]对飞机撞击双钢板-混凝土组合板和单钢板-混凝土组合板进行了缩比试验,该试验的弹体根据文献[17]于1988年进行的原型整机试验的战斗机进行缩比,比例为1:7.5,飞机机身为高密度低强度的泡沫塑料填充的圆柱体,外壳为2mm厚的玻璃纤维,发动机包括0.127mm厚的钢制外壳、1.6mm厚的钢制端板、与钢制外壳同轴的直径8.9mm的铝制圆柱内壳,以及钢制外壳与铝制内壳中间的蜂窝填充物。飞机模型的撞击速度为150m/s。试验所用单钢板-混凝土板没有前钢板,钢板与混凝土之间用栓钉连接。通过试验研究了靶板和飞机模型的破坏机理,获得了飞机模型撞击钢板-混凝土组合板的减速特性

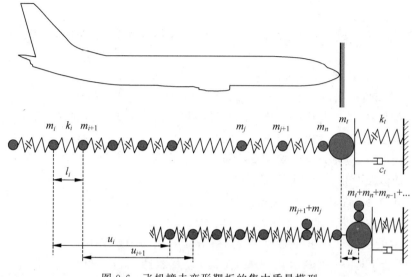

图 9-6 飞机撞击变形靶板的集中质量模型

和贯穿后剩余速度,以及后钢板的应变和变形数据。试验数据表明,钢板尤其是后钢板可有效防止混凝土的震塌抛射,钢板-混凝土组合板提供的撞击阻力明显高于常规钢筋混凝土板,从而可使板的贯穿厚度降低 30% 左右。

考虑到试验研究的高昂代价,有很多学者选择数值模拟方法来开展飞机撞击防护结构的研究,通常包括两种方法。

第 1 种是解耦方法,主要研究飞机撞击安全壳等问题。通过将飞机撞击刚性靶板的撞击荷载时程施加到安全壳上完成数值仿真。文献[17]通过试验给出了 F4 战斗机撞击荷载时程曲线,这是目前文献记录中唯一通过原型试验获得的撞击荷载曲线;文献[13,22]基于Reira 模型,通过计算模拟给出了波音 707-320 在 103m/s 撞击速度下和波音 747-400 在120m/s 撞击速度下的撞击荷载曲线;文献[23,24]利用有限元模拟获得了空客 A320 撞击刚性墙(撞击速度 120m/s)的撞击荷载时程曲线,以及波音 767-400 的撞击荷载时程曲线(撞击速度 150m/s)。

文献[25]分析总结了现行核工程设计中采用的或相关规程中建议的大飞机撞击解耦分析方法的局限性。通过对 Reira 模型、飞机撞击刚性墙和屏蔽厂房的撞击荷载分析,获得了飞机机身、机翼、发动机在不同撞击速度下撞击荷载时程和分布规律,并给出了一种具有普适性的大飞机撞击问题解耦评价方法,使解耦方法适用于大飞机撞击局部毁伤分析。

第 2 种是耦合方法,需要对飞机和建(构)筑物进行建模,模拟两者的撞击相互作用过程。文献[26]对波音 737 飞机撞击 AP1000 屏蔽厂房进行了有限元分析,认为其能够有效抵御飞机撞击。文献[27]对波音 767-200ER 飞机撞击双钢板-混凝土屏蔽厂房的撞击荷载进行了数值计算,讨论了材料模型、网格尺寸对计算结果的影响。文献[28]采用耦合分析方法全面评价了大型商用飞机撞击双钢板-混凝土屏蔽厂房的毁伤特性,获得了撞击区域的局部破坏形式以及撞击远区的振动响应规律。研究了飞机撞击速度、撞击角度、飞机质量、对拉钢筋直径、外包钢板厚度、混凝土强度、环形水箱中水体对撞击区域变形的影响,以及有无辅助厂房、有无阻尼条件下结构反应的差异性,进一步分析了发动机单独撞击屏蔽厂房时的毁伤特性。

9.3 钢板-混凝土防护结构抗爆与抗冲击设计方法

我国《核电站钢板混凝土结构技术标准》(GB/T 51340—2018)[38]对应用在核电站的钢板-混凝土组合结构做出了规定。其中 3.2.3 条列出了核电站中钢板-混凝土组合结构需要考虑的异常荷载、极端环境荷载以及内部飞射物和外部人为事件引起的荷载,《核电厂厂房设计荷载规范》(NB/T 20105—2019)[39]则对各种有关冲击、爆炸的荷载做出了具体规定。在计算撞击响应时,应充分考虑支座及结构连接处的反力,除了计算局部冲击破坏,还应计算结构的响应以及对相关设备的影响。

国外规范中也有许多对钢板-混凝土组合结构在冲击或爆炸荷载作用下的材料和结构要求。美国钢结构协会《核设施安全相关钢结构规程》(ANSI/AISC N690—18)[40]在附录 N9 中规定了钢板-混凝土组合结构(其中特别强调适用范围为双钢板-混凝土组合结构,面板使用栓钉锚固到混凝土上,并使用拉杆相互连接)在高应变率加载(即脉冲和冲击荷载)情况下的材料强度提高系数 DIF(动载提高系数,参见表 9-3)以及峰值荷载的放大系数 DLF(动力荷载系数)。同时对各类冲击、撞击荷载做出了定义。在考虑冲击荷载引起的非弹性行为时,规范沿用了美国钢结构协会《钢结构建筑抗震规程》(ANSI/AISC 341—16)[41]对材料以及结构延性比限值的要求。

表 9-3 动载提高系数(DIF)

材　　料	DIF	
	屈服强度	极限强度
碳素钢板	1.29	1.10
不锈钢钢板	1.18	1.00
40 级钢筋	1.20	1.05
60 级钢筋	1.10	1.05
混凝土抗压强度	—	1.25
混凝土抗剪强度	—	1.10

在基于延性和局部作用进行结构设计时,允许增加用于确定公称强度的屈服应力,增加值一般根据试验确定,若无试验数据可允许将规定的最小屈服应力提高 10%。在确定结构构件所需的强度时,应假定冲击和脉冲荷载与其他荷载同时存在。

此外,规范附录中还规定:在冲击荷载设计时应同时满足局部效应和结构整体响应的要求,局部冲击效应包括钢板-混凝土组合墙的贯穿且防止贯穿所需的面板厚度应至少比使用合理方法计算的厚度提高 25%。同时给出三种确定脉冲荷载下钢板-混凝土组合墙响应的方法:

(1) 通过计算动力荷载系数(DLF)来考虑脉冲荷载的动力效应:脉冲荷载应至少等于瞬态脉冲峰值荷载乘以 DLF,其中 DLF 的计算应基于结构和瞬态脉冲荷载的动力特性。

(2) 利用脉冲、动量、能量平衡原理来考虑脉冲荷载的动力效应。

(3) 利用动力时程分析来考虑脉冲荷载的动力效应。

针对局部破坏的问题,规范附录中给出了防止墙体贯穿所需厚度的方法[42]。

欧洲规范对钢-混凝土组合结构受冲击和爆炸荷载时的规定较少。欧洲《沉管隧道双钢板组合结构施工》(*Double skin composite construction for submerged tube tunnels*)[43]中定义荷载类别时考虑了由爆炸和车辆撞击造成的意外荷载，并对双钢板-混凝土组合结构受冲击作用下的设计方法给出原则性意见。手册认为，双钢板-混凝土组合结构极具延展性，只要螺栓足够接近并且在快速加载时不会在它们与钢板的连接处断裂，就会使双钢板-混凝土组合结构在冲击荷载下表现良好。

我国《核电站钢板混凝土结构技术标准》(GB/T 51340—2018)在定义有关冲击、碰撞及爆炸的荷载种类方面基本涵盖了美国《核设施安全相关钢结构规程》(ANSI/AISC N690—18)的所有类别，而美国规范并没有对内部飞射物和外部人为事件引起的荷载类别进行细分，欧洲规范可查找的条文规定则相对较少。总体上目前双钢板-混凝土组合结构在考虑冲击、爆炸、撞击等瞬时动荷载方面可参考的成熟规范较少。

9.3.1　荷载与荷载组合

《核电站钢板混凝土结构技术标准》(GB/T 51340—2018)3.5节提出：对于飞机撞击计算，可采用时程曲线法或实际飞机模型法，其中实际飞机模型法应考虑不同的撞击速度、高度和角度。图9-7为规范给出的飞机撞击力及撞击面积的时程曲线。

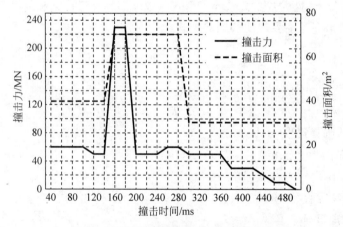

图 9-7　飞机撞击力及撞击面积时程曲线

当高能炸药被引爆时，会产生爆轰波并在药包中传播，导致爆炸能量的突然释放。对于接触式或近距离爆炸，由于接触面或反射面对冲击波的反作用，将在介质上产生局部爆炸荷载。一般来说，爆炸载荷是高度脉冲的，表现出持续时间很短的高压。在实际工程分析中，爆炸荷载经常被简化为具有峰值压力和较短持续时间的三角形脉冲，如图9-8所示。

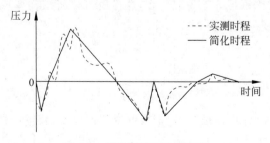

图 9-8　简化爆炸压力历程图

对于设计施工时应考虑的冲击、爆炸的荷载种类,可参考我国《核电站钢板混凝土结构技术标准》(GB/T 51340—2018),其中相关荷载类别包括:设计基准事故工况下因高能管道破裂产生的喷射冲击荷载 R_{rj}、设计基准事故工况下因高能管道破裂而产生的撞击荷载 R_{rm}、龙卷风引起的飞射物撞击所产生的效应 W_{tm}、内部飞射物引起的撞击荷载 A_1(例如由乏燃料容器跌落而引起的荷载及控制棒或阀门部件等飞出而引起的荷载)、外部爆炸引起的冲击波荷载 A_2、外部飞射物(如飞机坠毁、汽车轮部件等)飞出引起的荷载 A_3。

以上涉及荷载在参与荷载组合时,分项系数都为1,具体荷载组合类别可参考《核电站钢板混凝土结构技术标准》(GB/T 51340—2018)3.2.3节。

9.3.2 局部破坏计算

由于冲击荷载的侵彻作用,在结构产生整体响应的同时还伴随着局部的破坏。对于钢筋混凝土结构的局部破坏,已有多种计算侵彻深度和防止穿透所需最小厚度的公式[44]。如1946年由美国提出的 ACE 公式、1956年的 BRL 公式和 NDRC 公式以及它们的修正版本。这些公式都是基于试验的经验性公式,因此不能很好地描述结构的损伤破坏机理,但由于其简单方便而得到长期应用。

对于钢板-混凝土组合结构,文献[45]引入等效配筋率来考虑钢板与钢筋对结构抗冲击性能的贡献,并提出穿透临界速度的经验公式:

$$V_p = 1.3 \rho_c^{\frac{1}{6}} f_c^{\frac{1}{2}} \left(\frac{dT^2}{M}\right)^{\frac{2}{3}} (B + 0.3)^{\frac{1}{2}} \tag{9-17}$$

$$B = \left(\frac{A_f}{3s_f T} + \frac{2A_r}{3s_r T} + \frac{t_s}{T}\right) \times 100 \tag{9-18}$$

式中,V_p——穿透临界速度,m/s;

ρ_c——混凝土的密度,kg/m³;

f_c——混凝土的轴心抗压强度,Pa;

d——冲击物的直径,m;

T——板的厚度,m;

t_s——钢板的厚度,m;

M——冲击物的质量,kg;

B——等效配筋率,%;

A_f、A_r——受冲击侧、背冲击侧钢筋的截面面积,m²;

s_f、s_r——受冲击侧、背冲击侧钢筋间距,m。

文献[17]等则将背侧钢板等效为混凝土,这样就可以将结构变成钢筋混凝土板来进行计算,并给出了等效厚度的折算公式:

$$\begin{cases} t_{eq,p} = 30t_s^{0.4} \\ t_{eq,s} = 21t_s \\ t_{eq,b} = 15t_s \end{cases} \tag{9-19}$$

式中,$t_{eq,p}$、$t_{eq,s}$、$t_{eq,b}$——计算钢板穿透、钢板撕裂和钢板鼓起时所用的等效厚度,m。

目前影响和应用较为广泛的是文献[42]提出的钢板-混凝土组合结构抗冲击性能三步

设计法。通过对已发表的钢板-混凝土组合墙的试验数据的总结归纳,按照图9-9所示的理想破坏机制,可得到如下计算方法。

首先,根据经验公式按照钢筋混凝土结构的计算方法算出临界贯穿厚度,并将其乘以70%的折减系数,得到钢板-混凝土结构临界贯穿厚度;其次,忽略冲击侧钢板,假定受冲击后混凝土的开裂面为圆锥面,且冲击物穿透混凝土层并带走这部分锥形的混凝土塞,冲击物与被撞出部分的混凝土以相同的残余速度运动,根据能量平衡可以算出残余速度的值;最后,计算背冲击侧钢板防冲击穿透所需的最小厚度。公式经整合后如下式所示[29]:

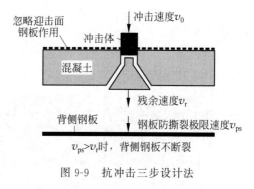

图 9-9 抗冲击三步设计法

$$V_r = \sqrt{\dfrac{V_0^2 - V_p^2}{1 + \dfrac{M_{cp}}{M}}} \tag{9-20}$$

$$t_s = \dfrac{0.006\,82(M_{cp} + M)V_r^2}{\dfrac{1}{2}\pi d^2 \sigma_s} \tag{9-21}$$

式中,V_r——冲击物贯穿混凝土后的残余速度,m/s;

$\quad$ V_0——初始冲击速度,m/s;

$\quad$ V_p——混凝土的临界贯穿速度,m/s;

$\quad$ M_{cp}——混凝土被撞出冲切锥体部分的质量,kg;

$\quad$ M——冲击物的质量,kg;

$\quad$ t_s——背冲击侧钢板防止冲击锥体穿透和钢板撕裂的临界厚度,mm;

$\quad$ d——冲击物的直径,m;

$\quad$ σ_s——钢板的极限强度,Pa。

该设计方法将混凝土受冲击过程与钢板受冲击过程分开考虑,在一定程度上反映了钢板-混凝土组合结构在冲击作用下的破坏机理,得到了广泛应用。目前,ANSI/AISC N690—18[40] 推荐采用该设计方法来计算钢板-混凝土组合结构的抗冲击性能。但文献[42]提出的3步设计法并没有将双钢板-混凝土组合结构中的栓钉和拉筋作用考虑在内,因此仍是偏于保守的计算方法。文献[46]基于能量法提出了一种考虑对拉钢筋的核工程双钢板-混凝土墙防贯穿计算方法,并通过试验及有限元模型验证了其合理性,具有一定参考价值。

9.4 工程应用

本节主要结合 AP1000 核电工程实例简要论述钢板-混凝土组合结构形式在防护结构设计中的应用,对钢板-混凝土结构的设计、构造以及施工的主要特点进行介绍。

美国西屋公司研发的 AP1000 核电站在屏蔽厂房顶部设有一个环形储水箱[47]，当钢制安全壳内部温度或压力过高时，冷却系统会自动开启，水箱中的水依靠重力向下喷淋至钢制安全壳上，并依靠自然蒸发和空气对流来实现降温减压。该系统不需要外部电源以及复杂的能动设备，这使得安全系统得以简化，并且有效提高了安全应急系统正常启动的可靠性。AP1000 核电机组采用了模块化的施工过程。图 9-10 为美国佐治亚州 Vogtle 核电站屏蔽厂房安全壳的施工过程。

图 9-10　美国佐治亚州 Vogtle 核电站模块化施工

我国引进 AP1000 技术所建设的核电站屏蔽厂房的结构形式与 AP1000 类似，主要结构形式为双钢板-混凝土结构，由外包钢板、对拉钢筋、栓钉以及混凝土组成。

AP1000 的防护结构由安全壳及其内部建筑结构组成，采用钢板-混凝土结构和钢筋混凝土结构。安全壳主要由筒壁结构、穹顶结构、基础连接以及其他构造组成，如图 9-11 所示。其中，筒壁结构的外半径为 72.5ft(22.1m)，厚度为 36in(914mm)。底部受到外侧辅助建筑的保护，因此采用钢筋混凝土结构；上部为钢板-混凝土结构。钢板内填充抗压强度为 6000psi(41.4MPa)的普通混凝土。

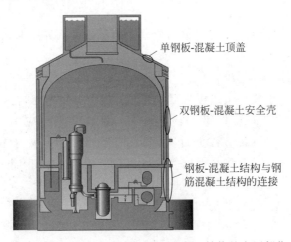

图 9-11　AP1000 安全壳中钢板-混凝土结构的应用部位

安全壳的功能包括屏蔽辐射、被动冷却以及抵抗外部冲击、龙卷风、地震等，其主要依据的规范为 ACI 349—13[48] 和 ANSI/AISC N690—18[40]。

AP1000 核电站的设计中大量地采用了模块化设计和施工。在核岛中部分结构(墙、楼板等)采用钢板-混凝土组合结构来代替常规的钢筋混凝土结构。AP1000 中墙体模块的设计分析是建立在对钢板-混凝土结构墙体结构模块的试验研究基础之上的。试验结果指出，墙体结构模块与普通钢筋混凝土墙体相比，极限承载力显著提升，并且在峰值循环荷载下刚度退化程度较少。

在 AP1000 典型结构模块的施工过程中，所有钢构件都在工厂制作完成，运输至现场组装就位，同时可以兼做混凝土浇筑的模板。应用钢板-混凝土组合结构模块化技术，具有制作精度高、人力成本低以及施工速度快等诸多优点，在很大程度上缩短了核电站的建设周期。

本节以 AP1000 典型的 CA20 结构模块为例[49]，介绍钢板-混凝土结构在核电厂站工程中的具体应用，并总结了相关设计依据和计算结果。

9.4.1 典型结构形式

AP1000 中的结构模块主要由钢板、加强角钢、剪力钉等构件组成，其中钢板作为主要构件，类似于常规混凝土结构中的钢筋，与浇筑完成后的混凝土共同作用。由于钢面板表面平整，且单侧与混凝土接触，无法产生像普通变形钢筋与混凝土之间的握裹力，因此在钢板上设置栓钉来传递钢板和混凝土之间的剪力。栓钉的大小和间距满足规范 AISC N690—06 的要求[50]，以使钢面板和混凝土能够完全共同工作。

相邻钢板的连接采用全熔透焊缝，以保证焊缝至少具有与钢板相同的强度。两侧钢板之间通过钢桁架连接，钢桁架作为结构模块的骨架，在运输、架设和混凝土的浇筑过程中，可发挥钢模板拉杆的作用，对结构模块起到支撑作用，保证钢板的稳定性；在混凝土浇筑凝固后，钢桁架可发挥箍筋的作用，提升结构的抗剪承载力。钢桁架的设计也满足规范 AISC N690—06 的要求。墙体结构模块通过插筋或其他方式锚固在混凝土基础底板上，安装就位后，在钢板之间浇筑混凝土。

CA20 为 AP1000 核电厂最大的结构模块，其功能包括乏燃料的贮存、传输、热交换以及废物收集与处理等。该模块由 32 个墙体子模块和 40 个楼板子模块组成，长 21.4m，宽 14.2m，高 20.95m。在典型的墙体结构模块中，钢板的厚度为 12.7mm，钢桁架之间的间距为 762mm，栓钉的直径通常为 19mm，栓钉的长度为 152mm，栓钉之间的竖向及水平间距均为 254mm，墙体厚度为 762mm，最厚处为 1524mm。组装完成的 CA20 模块如图 9-12 所示。

图 9-12 组装完成后的 CA20 模块

安全壳的锥形屋顶采用单钢板-混凝土组合结构如图 9-13 所示。钢结构部分由 32 根径向钢梁组成，并在每对径向钢梁之间设有环形梁。钢梁之上再焊钢板（内衬钢板），钢板上部同时焊有栓钉连接件。锥形屋顶的钢梁承受施工阶段浇筑混凝土时的全部荷载，并在混凝土硬化后与其形成组合截面。设计时，沿锥形屋面的径向，将钢梁、钢面板和混凝土作为组合截面，计算分析其轴向和弯曲承载力。同时，要校核钢梁在混凝土硬化之前的承载力。

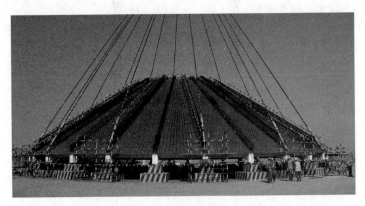

图 9-13   锥形屋顶构造

9.4.2   结构设计依据

AP1000 中采用的材料参数如表 9-4 所示。针对应用于核电厂房的钢板-混凝土组合结构,需要考虑高温高热等特殊工况下钢材特性随温度升高而发生的变化。表 9-5 中列出了 ASTM A36 钢材屈服强度和弹性模量随温度升高而变化的情况。按照表 9-5 中的数据,弹性模量在温度不超过 212°F(100℃)时以及屈服强度在温度不超过 120°F(49℃)时,随温度的变化可以忽略不计。在事故高温条件下,高温构件(212°F)屈服强度的变化率为 0.91,因此可以考虑 10% 的安全裕量。

表 9-4   AP1000 材料参数

材 料 种 类	材 性 数 据
混凝土	抗压强度 27.6MPa,泊松比 0.17,弹性模量 24.9GPa
碳钢板	材料牌号 ASTM A36,屈服强度 248MPa,弹性模量 200GPa
不锈钢板	材料牌号 Duplex 2101,屈服强度 448MPa,弹性模量 200GPa

表 9-5   ASTM A36 特性参数与温度的关系

温度/°F	屈服强度/ksi	屈服强度/MPa	弹性模量/ksi[①]	弹性模量/GPa
70	36.00	248	29 500	203
100	36.00	248	29 200	201
120	35.36	244	29 120	201
200	32.80	226	28 800	199
212	32.69	225	28 740	198
240	32.44	224	28 600	197
300	31.90	220	28 300	195

注:1ksi=1000psi。

AP1000 设计中所需要考虑的荷载类型包括恒载、活载、液体荷载、安全停堆地震荷载、正常工况和事故工况下的温度荷载等。其中轴向拉压承载力分析以及平面内和平面外的受弯承载力分析过程,需要参照 ACI 349—13 第 10 章和第 14 章的要求;平面内抗剪分析需要根据 ACI 349—13 第 11 章和第 14 章的相关规定进行设计;其中,钢面板还可等效为钢筋混凝土结构的上下层主筋,其贡献可根据规范 ACI 349—13 中的 11.10 节确定;平面外抗剪根据 ACI 349—13 第 11 章的规定进行设计。

9.4.3　结构设计校核

墙体模块所需钢板厚度的设计需要考虑三种荷载组合,分别是不考虑温度荷载、考虑正常温度荷载、考虑事故工况下的温度荷载。浇筑混凝土后的双钢板-混凝土组合结构墙体模块的钢板可等效为竖直和水平方向保护层为零的受力钢筋。因此可以沿用 ACI 349—13 针对钢筋混凝土结构的计算方法来进行设计与校核[49]。首先,采用不考虑温度荷载的计算结果,确定一个钢板厚度的初始参考值。然后,考虑正常温度荷载和事故工况下的温度荷载,计算关键单元所需钢板厚度。若该厚度超过参考厚度,则需基于钢板参考厚度值进行计算,确保钢板的最大应力不超过钢板屈服强度的 2 倍,否则需要提升钢板参考厚度值。最终确定所有墙体的钢板厚度为 12.7mm。钢板的设计计算结果见表 9-6。

表 9-6　钢板的设计计算结果

墙体编号	适用范围	墙体厚度	设计钢板厚度	不考虑温度荷载		考虑正常温度荷载			考虑事故工况下的温度荷载		
				Elem[②]	RPT[③]	Elem[②]	RPT[③]	SI/TY[④]	Elem[②]	RPT[③]	SI/TY[④]
2	L2、K2	60	0.5	17 903	0.29	21 645	0.41		21 645	0.61	0.61
2	其他	30	0.5	21 651	0.23	21 649	0.71	0.66	21 649	1.00	0.95
3		30	0.5	25 386	0.15	19 846	0.22		21 253	0.36	
4		30	0.5	20 739	0.34	20 742	0.36		21 698	0.25	
L2		48	0.5	10 529	0.44	20 477	0.37		20 477	0.57	0.53
K2		57	0.5	20 421	0.43	20 874	0.35		20 421	0.53	0.53
J2		30	0.5	19 964	0.17	19 953	0.16		21 733	0.29	
J1		30	0.5	20 806	0.23	20 806	0.18		21 714	0.16	

注:①表中长度单位为英寸;②Elem 为关键单元编号;③RPT 为考虑温度荷载情形下,关键单元所需钢板厚度;④SI/TY 为基于钢板厚度的参考值,取关键单元钢板的设计应力与 2 倍屈服应力的比值。

墙体底部锚固钢筋的计算方法同样可参照 ACI 349—13 规定的钢筋混凝土结构的计算方法,假定钢筋的位置距墙体表面 203.2mm,对于大部分墙体锚固钢筋采用 ACI 349—13 规范中的 11 号钢筋,间距 304.8mm。与底板相连的锚筋的计算结果见表 9-7。

表 9-7　与底板相连的锚筋的计算结果

墙体编号	适用范围	墙体厚度	设计钢板厚度	计算值					设计值	
				Elem[②]	RPT[③]	RA[④]/(in²/ft)	RAM[⑤]/(in²/ft)	RAP[⑥]/(in²/ft)	锚筋	配筋面积/(in²/ft)
2	L2、K2	60	0.5	17 903	0.29	2.55	2.16	(3.6)	#11@6″	3.12
2	其他	30	0.5	17 866	0.15	1.22	1.08	(3.6)	#11@12″	1.56
3		30	0.5	17 943	0.09	0.87	1.08	(3.6)	#11@12″	1.56
4		30	0.5	25 429	0.21	1.37	1.08	(3.6)	#11@12″	1.56

续表

墙体编号	适用范围	墙体厚度	设计钢板厚度	计算值					设计值	
				Elem[②]	RPT[③]	RA[④] /(in²/ft)	RAM[⑤] /(in²/ft)	RAP[⑥] /(in²/ft)	锚筋	配筋面积 /(in²/ft)
L2		48	0.5	18 108	0.09	2.32	1.73	(3.6)	♯11@8"	2.34
K2		57	05	18 074	0.10	2.22	2.05	(3.6)	♯11@8"	2.34
J2		30	0.5	18 056	0.07	0.73	1.08	(3.6)	♯11@12"	1.56
J1		30	0.5	18 001	0.12	1.12	1.08	(3.6)	♯11@12"	1.56

注：①若无特别说明，表中长度单位为英寸；②Elem 为关键单元编号；③RPT 为考虑温度荷载情形下，关键单元所需钢板厚度；④RA 为基于应力分析确定的所需配筋面积；⑤RAM 为基于最小配筋率 0.3% 确定的所需配筋面积；⑥RAP 为所需配筋面积建议值，在所需钢板厚度小于钢板厚度参考值时可以忽略。

平面外抗剪钢筋的计算方法同样可以采用规范 ACI 349—13 规定的钢筋混凝土结构的计算方法，通过计算可知，无需配置平面外的抗剪钢筋。在预先定义的各种荷载组合工况下，平面外抗剪钢筋的计算结果见表 9-8。

表 9-8　平面外抗剪钢筋的计算结果

墙体编号	墙体厚度	不考虑温度荷载		考虑正常温度荷载		考虑事故工况下的温度荷载		最大值
		Elem[②]	配筋面积 /(in²/ft²)	Elem[②]	配筋面积 /(in²/ft²)	Elem[②]	配筋面积 /(in²/ft²)	配筋面积 /(in²/ft²)
2 (L2、K2)	60	—	0.00	21 645	0.14	19 145	0.23	0.23
2 (其他)	30	21 623	0.06	21 651	0.46	21 651	0.67	0.67
3	30	—	0.00	—	0.00	21 251	0.04	0.04
4	30	20 739	0.02	20 739	0.08	21 686	0.03	0.08
L2	48	20 477	0.31	20 477	0.37	21 823	0.44	0.44
K2	57	20 421	0.01	20 872	0.09	20 872	0.34	0.34
J2	38	19 964	0.09	21 747	0.07	21 747	0.23	0.23
J1	30	20 806	0.26	20 806	0.16	21 719	0.02	0.26

注：①若无特别说明，表中长度单位为英寸；②Elem 为关键单元编号。

西屋公司还采用日本规范《钢板混凝土结构抗震设计导则》(JEAG 4618—2005)[51] 进行了大量的设计验证工作，并对 JEAG 4618—2005 和 ACI 349—01 进行了对比，以证明其计算设计方法的合理性。计算结果表明：若给定相同的结构尺寸参数，美国规范 ACI 349—01 对钢板-混凝土组合构件承载力的评估相对于日本规范 JEAG 4618—2005 更为保守。以由 ACI 349—01 计算的平面外剪力设计值与由 JEAG 4618—2005 计算的抗剪承载力的比值为例，校核结果见表 9-9。

表 9-9　平面外剪力设计值与抗剪承载力的比值

墙体编号	墙体厚/in(mm)	不考虑温度荷载		正常温度荷载		考虑事故工况下的温度荷载		最大比值[2]
		Elem[1]	Ratio[2]	Elem[1]	Ratio[2]	Elem[1]	Ratio[2]	
J-1	30 (762)	20 806	0.57	20 806	0.61	21 705	0.41	0.61
J-2	30 (762)	19 964	0.43	21 747	0.54	21 747	0.65	0.65
K-2	57 (1448)	20 421	0.26	20 872	0.66	20 872 20 421	0.71 0.84	0.84
L-2	48 (1219)	20 477 20 925	0.74	20 477 20 925	0.97 0.64	20 477 20 925	0.80 0.97	0.97
2 (K-2,L-2)	60 (1524)	21 645	0.32	20 690	0.53	20 690	0.68	0.68
2 (其他)	30 (762)	21 623	0.38	21 651	0.90	21 650	0.94	0.94
3	30 (762)	20 317	0.31	21 661	0.35	21 669	0.26	0.35
4	30 (762)	21 698	0.28	21 698	0.49	21 698	0.39	0.49

注：①Elem 为关键单元编号；②Ratio 为 ACI 349—01 平面外剪力设计值与 JEAG 4618—2005 抗剪承载力的比值。

9.4.4　抗飞机撞击分析

文献[26]对商用客机撞击 AP1000 屏蔽厂房的全过程进行了数值模拟。分析在 LS-DYNA 动力有限元计算平台上进行。屏蔽厂房结构的混凝土采用 Solid 164 单元,钢板采用 Shell 163 单元,两者之间采用绑定面接触算法。大型商用飞机参考美国的波音 737 飞机原型,重约 54t,翼展为 28.88m,机长为 33.4m,初始速度为 100m/s,采用 Shell 163 单元来模拟。对于飞机的撞击角度,在计算中进行简化处理,仅考虑水平方向的撞击。

混凝土本构采用 HJC 模型。飞机机身材料采用钛合金,本构采用刚体模型。屏蔽厂房钢材本构模型采用塑性随动强化模型。同时必须控制沙漏能,以避免出现零能现象。

飞机撞击的时变曲线结果见图 9-14。由图 9-14 可以看出,在 0.012~0.042s 时间范围内,撞击速度从 −328ft/s(−100m/s)衰减为 0,撞击时间过程为 0.03s。

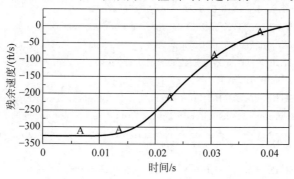

图 9-14　飞机的残余速度时变曲线

由有限元计算结果可得,大型商用飞机以 100m/s 水平速度坠落撞击屏蔽厂房时,最大的撞击点位移约为 3ft(0.91m),AP1000 屏蔽厂房外部和内部结构的间隔为 4.5ft(1.37m);混凝土的平面有效应变最大值为 1.06%,小于材料的失效应变,因此该撞击工况下将不会发生屏蔽厂房的外墙贯穿,撞击过程不会对内部结构产生破坏作用。

参考文献

[1] 俞儒一.防护结构概论(一)[J].爆炸与冲击,1987(1):89-96.

[2] 钱七虎,王明洋.高等防护结构计算理论[M].南京:凤凰出版传媒集团,2009.

[3] 王明洋,杨晓宁,卢浩,等.事故性冲击钢筋混凝土结构的计算原理与设计方法[J].防护工程,2020,42(4):1-14.

[4] 崔克清.安全工程大辞典[M].北京:化学工业出版社,1995.

[5] 方秦,陈小伟.冲击爆炸效应与工程防护专辑·编者按[J].中国科学:物理学 力学 天文学,2020,50(2):5.

[6] 戴银所,邬建华,龚华栋,等.爆炸、冲击防护材料发展综述[J].防护工程,2015(5):69-78.

[7] 孙锋,潘蓉,张庆华,等.某高温气冷堆示范工程大跨单侧钢板-混凝土组合梁受力机理研究[J].原子能科学技术,2016,50(3):503-508.

[8] 赵春风,卢欣,何凯城,等.单钢板-混凝土剪力墙抗爆性能研究[J].爆炸与冲击,2020,40(12):24-36.

[9] 赵春风,何凯城,卢欣,等.双钢板-混凝土组合板抗爆性能分析[J].爆炸与冲击,2021,41(9):116-131.

[10] 彭先泽,杨军,李顺波,等.爆炸冲击载荷作用下双层钢板-混凝土板与钢筋混凝土板动态响应对比研究[J].防灾科技学院学报,2012,14(3):18-23.

[11] 秦彦帅,曲艳东,李继野,等.爆炸冲击载荷下钢板-混凝土组合结构的动态性能和破坏机理研究进展[J].混凝土与水泥制品,2021(3):82-87.

[12] JIANG H,CHORZEPA M G. Aircraft impact analysis of nuclear safety-related concrete structures: A review[J]. Engineering Failure Analysis,2014,46:118-133.

[13] RIERA J D. On the stress analysis of structures subjected to aircraft impact forces[J]. Nuclear Engineering and Design,1968,8(4):415-426.

[14] HORNYIK K. Analytic modeling of the impact of soft missiles on protective walls [C]//Proceedings of the 4th International Conference on Structural Mechanics in Reactor Technology. San Francisco, 1977: Paper # J7/3,1-12.

[15] BAHAR L Y,RICE J S. Simplified derivation of the reaction-time history in aircraft impact on a nuclear power plant[J]. Nuclear Engineering and Design,1978,49(3):263-268.

[16] ABBAS H,PAUL D K,GODBOLE P N,et al. Soft missile impact on rigid targets[J]. International Journal of Impact Engineering,1995,16(5-6):727-737.

[17] SUGANO T,TSUBOTA H,KASAI Y,et al. Full-scale aircraft impact test for evaluation of impact force[J]. Nuclear Engineering and Design,1993,140(3):373-385.

[18] WOLF J P,BUCHER K M,SKRIKERUD P E. Response of equipment to aircraft impact[J]. Nuclear Engineering and Design,1978,47(1):169-193.

[19] MIZUNO J,KOSHIKA N,MORIKAWA H,et al. Investigation on impact resistance of steel plate reinforced concrete barriers against aircraft impact Part1:Test program and results [C]//Proceedings of the 18th International Conference on Structural Mechanics in Reactor Technology. Beijing,2005: 2566-2579.

[20] MIZUNO J,KOSHIKA N,MORIKAWA H,et al. Investigation on impact resistance of steel plate

reinforced concrete barriers against aircraft impact Part 2：Simulation analyses of scale model impact tests［C］//Proceedings of the 18th International Conference on structural Mechanics in Reactor Technology. Beijing,2005：2580-2590.

[21] MIZUNO J,KOSHIKA N,TANAKA E,et al. Investigation on impact resistance of steel plate reinforced concrete barriers against aircraft impact Part 3：Analyses of fullscale aircraft impact［C］//Proceedings of the 18th International Conference on Structural Mechanics in Reactor Technology. Beijing,2005：2591-2603.

[22] ILIEV V,GEORGIEV K,SERBEZOV V. Assessment of impact load curve of Boeing 747-400［J］. MTM Virtual Journal,2011(1)：22-25.

[23] SIEFERT A,HENKEL F O. Nonlinear analysis of commercial aircraft impact on a reactor building-Comparison between integral and decoupled crash simulation［J］. Nuclear Engineering and Design, 2014,269：130-135.

[24] JIN B M,LEE Y S,JEON S J,et al. Development of finite element model of large civil aircraft engine and application to the localized damage evaluation of concrete wall crashed by large civil aircraft［C］//Proceedings of the 21th International Conference on Structural Mechanics in Reactor Technology. New Delhi,2011：4289-4296.

[25] 韩鹏飞. 核工程双钢板混凝土结构抗大型商用飞机撞击研究［D］. 北京：清华大学,2018.

[26] 徐征宇. 飞机撞击核岛屏蔽厂房的有限元分析［J］. 核科学与工程,2010,30(增刊)：1-4.

[27] 郑文凯. 大型商用飞机撞击核电站屏蔽厂房的荷载研究［D］. 北京：清华大学,2013.

[28] LIU J B,HAN P F. Numerical analyses of a shield building subjected to a large commercial aircraft impact［J］. Shock and Vibration,2018,2018：1-17.

[29] 赵唯以,王琳,郭全全,等. 双钢板混凝土组合结构抗冲击性能的研究进展［J］. 钢结构（中英文）, 2020,35(3)：26-36.

[30] 张春辉,张斐,张磊,等. 强动载荷下焊接钢板力学性能及本构模型研究［J］. 振动与冲击,2021, 40(8)：269-277.

[31] COWPER G R,SYMONDS P S. Strain-hardening and strain-rate effects in the impact loading of cantilever beams［R］. Providence：Brown University,1957.

[32] LS-DYNA Keyword User's Manual Ver. 971［M］. Livermore,California：Livermore Software Technology Corporation,LSTC,2010.

[33] 孟令钊. 局部荷载下拱形组合墙板的破坏机理及抗爆性能分析［D］. 哈尔滨：哈尔滨工业大学,2019.

[34] 张志彪. 爆炸作用下钢板-混凝土组合结构破坏规律研究［D］. 徐州：中国矿业大学,2014.

[35] 朱秀云,林皋,潘蓉,等. 基于荷载时程分析法的钢板-混凝土结构墙的抗冲击性能敏感性分析［J］. 爆炸与冲击,2016,36(5)：670-679.

[36] KANG K W,LEE S C,LIEW R. Analysis of steel-concrete composite column subject to blast［J］. Proceedings of the Institution of Civil Engineers-structures and Buildings,2013,166(SB1)：15-27.

[37] 柳锦春,方秦,张亚栋,等. 爆炸荷载作用下内衬钢板的混凝土组合结构的局部效应分析［J］. 兵工学报,2004(6)：773-776.

[38] 中华人民共和国住房和城乡建设部. 核电站钢板混凝土结构技术标准：GB/T 51340—2018［S］. 北京：中国计划出版社,2018.

[39] 中华人民共和国国家能源局. 核电厂厂房设计荷载规范：NB/T 20105—2019［S］. 北京：中国计划出版社,2019.

[40] AISC. Specification for safety-related steel structures for nuclear facilities：ANSI/AISC N690—18 ［S］. Chicago,Illinois：American Institute of Steel Construction,2018.

[41] AISC. Seismic provisions for structural steel buildings：ANSI/AISC 341—16［S］. Chicago,Illinois：

American Institute of Steel Construction,2016.

[42] BRUHL J C,VARMA A H,JOHNSON W H. Design of composite SC walls to prevent perforation from missile impact[J]. International Journal of Impact Engineering,2015,75：75-87.

[43] NARAYANAN R. Double skin composite construction for submerged tube tunnels [M]. Holland, Oxford. Elsevier Science Publishers,1992.

[44] 郑全平,周早生,钱七虎,等.防护结构中的震塌问题[J].岩石力学与工程学报,2003(8)：1393-1398.

[45] BARR P. Guidelines for the Design and Assessment of Concrete Structures subjected to Impact[R]. The United Kingdom：UKAEA,1988.

[46] 王菲,刘晶波,韩鹏飞,等.核工程钢板-混凝土墙防撞击贯穿实用计算方法[J].爆炸与冲击,2020,40(10)：122-133.

[47] AP1000 Design Control Document,Revision 19[M]. Westinghouse Electric Corporation,2011.

[48] Code requirements for nuclear safety-related concrete structures：ACI 349—13[S]. Farmington Hills,MI：American Concrete Institute,2014.

[49] 高宁.钢板混凝土结构在 AP1000 核电站中的应用[C]//2010 年核电站新技术交流研讨会.深圳：中国电机工程学会,2010.

[50]   Specification for safety-related steel structures for nuclear facilities：AISC N690—06[S]. Chicago：American Institute of steel Construction,2006.

[51] Technical guidelines for aseismic design of steel plate reinforced concrete structures-buildings and structures：JEAG 4618—2005[S]. Nuclear Standards Committee,Japan Electric Association,2005.

第10章

钢板-混凝土组合桥面结构

10.1 概述及构造形式

钢-混凝土组合结构桥梁将钢梁与混凝土桥面板通过抗剪连接件连接成整体并共同受力。如图 10-1 所示,组合结构桥梁的钢梁形式多种多样,典型的结构形式包括钢板梁(工字型截面居多)、钢箱梁和钢桁梁等,桥面板则通常为混凝土板[1]。由于尽可能地将钢材和混凝土分别布置在截面的受拉区和受压区,两种材料各自的优势得以充分发挥。

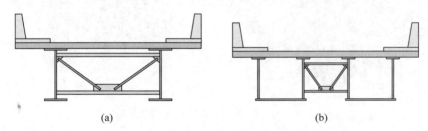

(a)   (b)

图 10-1 钢-混凝土组合结构桥梁截面示意图

(a) 钢板梁-混凝土组合桥梁;(b) 钢箱梁-混凝土组合桥梁

传统组合结构桥梁中混凝土桥面板厚度普遍较大,通常超过 250mm,自重可以占到上部结构总重量的 70% 以上,导致桥梁上部结构自重较大,使结构跨越能力受到很多限制[2]。以组合梁斜拉桥为例,由于自重较大,主梁的经济适用跨径难以突破 600m。因此,采用新型桥面结构替代厚重的混凝土桥面板,有利于增强桥梁的跨越能力。

钢板-混凝土组合桥面板是由钢底板和混凝土通过栓钉等连接件结合而成的桥面板形式。钢板在桥面板施工中可以作为混凝土的永久性模板,免去拆卸模板和架设支撑,施工快速且安全。并且钢板-混凝土组合桥面板也可以在工厂预制,施工质量容易得到保证。由于钢板的存在,组合桥面板具有刚度大、承载力高、重量轻、配筋量少等优点,因此设计中可以增加横隔板间距和主梁间距,增大桥面板的跨度。此外,将钢板-混凝土组合桥面板用于钢筋混凝土桥面板的翻修、改建和加固工程中,可加快施工进度,减小对交通的不利影响。总体看,钢板-混凝土组合桥面板兼具钢筋混凝土桥面板和钢桥面板的诸多性能优势,在增大桥面板跨度、实现安全快速施工和良好结构性能方面具有很多优势[3]。

组合桥面板可选用的钢板形式十分丰富,例如平钢板、压型钢板(波形钢板)和正交异性钢板等；而根据混凝土层性能或厚度的不同，组合桥面板的截面尺寸和构造也会有所区别。以下将对主要的钢板-混凝土组合桥面板构造形式进行介绍。

10.1.1 压型钢板-混凝土组合桥面板

压型钢板-混凝土组合桥面板采用压型钢板作为混凝土的永久性底模板，压型钢板和混凝土之间通过压型钢板自带的齿槽压痕连接（图 10-2）[4]，或通过焊接在压型钢板上的栓钉、开孔板等连接件实现组合作用（图 10-3）[5-6]。在某些报道中，压型钢板也被称为波形钢板或钢折板。

图 10-2　自带齿槽压痕的压型钢板截面图
(a) 开口压型钢板；(b) 闭口压型钢板

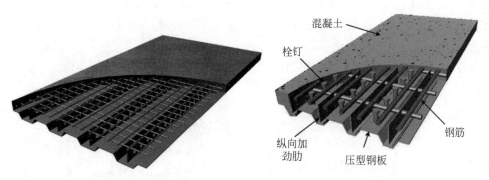

图 10-3　带抗剪连接件的压型钢板-混凝土组合桥面板

20 世纪 60 年代，欧美以及日本等国家将压型钢板-混凝土组合桥面板运用到房屋建设中。压型钢板可以作为永久底模使用，非常有利于加快施工速度。各国对这种结构也开展了大量研究，包括构造形式、纵向抗剪、弯剪承载力及变形等，这些工作为压型钢板-混凝土组合桥面结构的发展也提供了参考[7]。

与楼板结构中多采用厚度 1mm 左右的压型钢板不同，桥梁结构中如考虑压型钢板的共同受力，厚度通常较大，一般不小于 6mm。压型钢板-混凝土组合桥面板最早应用于美国和法国的一些大跨桥梁，以降低桥梁自重和施工成本；后来，日本也大量采用这种组合桥面板来提升桥梁的结构性能[6]。由于压型钢板仅沿一个方向凸起，组合桥面板沿不同方向的承载力和刚度有显著差异，因此该类组合桥面板通常按单向板进行设计。

10.1.2 平钢板-混凝土组合桥面板

平钢板-混凝土组合桥面板由平整的钢底板和混凝土组成[8]，钢底板和混凝土之间通过抗剪连接件形成整体共同工作，如图 10-4 所示。混凝土内可根据需要配置钢筋或不配置钢筋。平钢板-混凝土组合桥面板可以视为对压型钢板-混凝土组合桥面板的改进，它减少了混凝土用量和施工作业量，并解决了抗剪连接件的安装空间不足、部分压型钢板厚度大和预制程序复杂的问题。

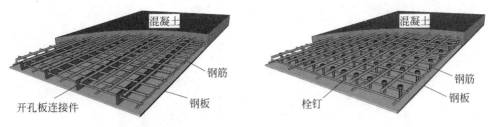

图 10-4　平钢板-混凝土组合桥面板

平钢板-混凝土组合桥面板能够很好地适应非规则板(斜板和弯板)的受力特性。斜板轴线处主弯矩方向与桥轴线存在一定夹角,且斜交角越大时主弯矩方向与支承边夹角越大,弯矩沿板宽分布越不均匀;钝角处存在较大的负主弯矩;横向弯矩大于直板,且在自由边钝角和锐角处反号;板中存在分布复杂的双向扭矩。另外,弯板在外荷载作用下,截面承受弯-扭耦合作用,其外弧挠度大于内弧,这些现象主要由体积中心偏心、桥面横坡影响、车辆行驶时的离心力和荷载相对支座的偏心作用引起。对于曲率半径较小的斜桥和弯桥,传统的钢筋混凝土桥面板的板底钢筋难以沿主拉应力方向布置,因此桥面板底部易开裂,从而降低了桥面结构的承载力、刚度和耐久性。而平钢板-混凝土组合桥面板在正弯矩作用下,其截面的拉应力主要由钢底板承担,平整的钢底板沿各方向的受力性能一致,可以有效抵抗各个方向的拉应力。

对于平钢板-混凝土组合桥面板,为使钢材与混凝土协同工作,必须采用合适的抗剪连接件。栓钉连接件是钢-混凝土组合结构中常用的抗剪连接件,它易于制作,焊接工艺成熟,且布置灵活,应用在平钢板-混凝土组合桥面板中可以保证组合桥面板受力的各向同性。开孔板连接件(又称为 PBL 连接件)也是一种应用广泛的抗剪连接件(图 10-4),其优良的剪力连接性能得到了大量推出试验和梁式试验的验证[5,9]。开孔板连接件是含有一系列圆孔的窄钢板,其沿组合桥面板的跨度方向通长与钢底板通过角焊缝连接,凭借混凝土榫和穿孔钢筋的作用来承担钢板和混凝土之间的界面剪力。由于仅需要角焊缝连接,避免了熔透焊接。含开孔板连接件的组合桥面板的疲劳性能优于含栓钉的组合桥面板,更加适应桥面结构的要求。另外,开孔板连接件作为钢底板的纵肋,避免了钢底板在浇筑桥面板混凝土时刚度不足的问题,通常不需要设置更多支撑;开孔板和钢底板都可以承担组合桥面板截面的拉应力,基本不需要额外配置受拉钢筋。

根据已有的工程经验,平钢板-混凝土组合桥面板的厚度比压型钢板-混凝土组合桥面板略有减小。日本于 1969 年建成的西栗桥选用了平钢板-混凝土组合桥面板,其中钢底板厚 4.5mm,涂有橡胶防腐涂料,上部混凝土板厚 150mm,桥面板总厚度为 154.5mm,较钢筋混凝土桥面板减薄约 30mm。钢底板上设有机械连接的凸起铆钉起到抗剪连接作用,再在其上绑扎钢筋网,上部混凝土在工场浇筑成板(2.2m×5m)。在运营 18 年后,对西栗桥进行了全面检查,结果表明,该桥面结构具有轻质高强的优点,未出现铺装层严重损坏、钢结构疲劳开裂等钢桥面常见病害。同样位于日本的板桥川桥也采用了平钢板-混凝土组合桥面板[10],该桥为五跨上承式连续钢桁架桥,跨径设置为(72.8+3×88+72.8)m,桥面板跨度为 5m。如图 10-5 所示,采用规格为 75mm×75mm×6mm 的 L 型钢作为横桥向抗剪连接件,在垂直于桥轴线方向按 60cm 间距设置;采用规格为 $200\text{mm}\times200\text{mm}\times8/12\text{mm}$ 的 T 型钢作为纵向抗剪连接件,沿桥轴线方向按 1m 间距设置;在梁端部的钢底板上也焊接栓钉以起到加强的作用。

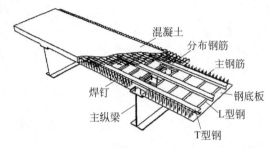

图 10-5　日本板桥川桥的桥面结构示意图

于 2006 年建成通车的广东佛山市东平大桥[10-12]采用了平钢板-混凝土组合桥面板。该桥跨径组合为(43.5+95.5+300+95.5+43.5)m,采用中承式钢桁拱-连续梁协作体系方案。采用含栓钉和开孔钢板连接件的平钢板-混凝土组合桥面板,搭设在格子桥面梁上,最小板厚为 120mm,最大板厚为 200mm。

位于四川省泸州市合江县的合江长江一桥于 2017 年建成通车[10],全桥跨径为$(10\times 20+530+4\times20)$m,主跨采用中承式钢管混凝土拱桥。其桥面板由 6~8mm 钢底板和 140mm 的混凝土板通过开孔板连接件组成。

10.1.3　平钢板-UHPC 组合桥面板

超高性能混凝土(ultra-high performance concrete,UHPC)是以最大密实度原理设计的新型水泥基复合材料,其组成成分包含微米级水泥与纳米级硅灰,配合超低的水胶比,具有超高的力学性能与耐久性[13,15]。UHPC 的抗压强度一般可以超过 120MPa,掺入 2%~ 3%的钢纤维之后,其抗折强度可达 20~60MPa,并表现出较强的韧性[14]。对于特大跨径组合结构桥梁,为了进一步降低桥面板自重,可用 UHPC 替代上述平钢板-混凝土组合桥面板中的普通混凝土,形成平钢板-UHPC 组合桥面板(图 10-6)。UHPC 具备远高于普通混凝土的抗拉强度,将其用于桥面板可同时解决因负弯矩或材料收缩带来的桥面板开裂问题。

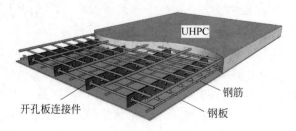

图 10-6　平钢板-UHPC 组合桥面板

10.1.4　正交异性钢板-UHPC 组合桥面板

正交异性钢桥面板(简称正交异性钢板)具有质量轻、易于运输、施工架设速度快等优点,是大跨度钢结构桥梁常用的桥面结构形式。其上方通常直接铺设 35～80mm 的沥青混合料,由防锈层、黏结层和铺装层构成[16]。随着运营时间的增长,钢桥面易出现两类病害问题,即铺装层损坏和钢桥面结构疲劳开裂[17-18]。各国大跨径钢桥的相关病害报道并不鲜见,如中国于 1997 年建成的虎门大桥出现了开裂、脱空、推移等典型的正交异性钢桥面铺装层病害[19]。而具有代表性的钢桥面疲劳开裂案例有 1966 年建成的英国塞文桥(Severn Crossing)[20],该桥在纵肋-横隔板、纵肋-面板等焊接位置出现了不同程度的疲劳开裂。

针对疲劳开裂问题,国外学者曾提出采用纤维增强混凝土或 UHPC 来加固正交异性钢桥面[21-24]。具体的加固措施是在正交异性钢桥面之上浇筑一层纤维增强混凝土或 UHPC,并在混凝土内密集配置钢筋。该技术已经在欧洲的多个钢桥面修复工程中得到应用,并取得了一定效果。

为更好地解决正交异性钢桥面的上述问题,可以采用 UHPC 作为结构层或加固层,即在正交异型钢桥面板上设置厚度较小的 UHPC 层,将钢桥面转变成正交异性钢板-UHPC组合桥面,如图 10-7 所示[25-26]。在此类桥面结构中,密配筋的 UHPC 层也被称为超高韧性混凝土(STC)。这种组合桥面结构有以下优点[25]:

(1) UHPC 为水泥基材料,改善了表面沥青混凝土层的工作条件,可以有效降低黏结层失效和沥青铺装层开裂、车辙、推移等破坏风险。

(2) 组合结构提高桥面刚度,减小了钢面板和纵横肋在轮载下的应力,能够大幅提高钢桥面的疲劳寿命。

(3) UHPC 层具有高抗拉强度和高韧性,能够满足荷载作用下的应力与变形要求。

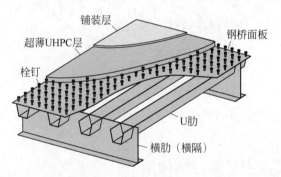

图 10-7　采用闭口肋的正交异性钢板-UHPC 组合桥面板

上述桥面结构方案已在现有钢桥面的技术改造中得到推广。对于饱受铺装层损坏和钢桥面板焊接细节疲劳开裂困扰的既有正交异性钢桥面,先对其开裂的焊接细节进行修复,并凿除沥青混凝土铺装层。然后,在钢面板上焊接短栓钉连接件,浇筑 UHPC 层。最后完成磨耗层的铺装。该技术成功应用于建成于 1984 年的马房北江公铁两用大桥。其公路桥为14 孔 64m 简支钢箱梁桥,采用面板厚度为 12mm、角钢加劲肋高度为 125mm 的正交异性钢桥面。由于钢桥面刚度的不足,在运营中变形过大,多次导致铺装层破坏,并经历了反复的铺装层更换。2011 年,该桥一共采用 5 种方案来进行桥面修复,其中第 11 跨采用上述薄层UHPC＋磨耗层铺装方案来进行修复,现浇密配筋 UHPC 层厚 50mm,表面沥青混凝土铺装层厚 20mm,并通过"栓钉＋环氧树脂胶黏剂"的复合方式连接 UHPC 层与钢面板[27]。在马房大桥钢桥面上增设 UHPC 层后,钢桥面结构主要构件及构造细节中的应力大幅度下

降：纵肋下翼缘纵桥向应力降幅为 40.81% ～ 44.54%；面板−纵肋连接处应力降幅为
43.44% ～ 85.78%；面板−纵肋−横梁相交处应力降幅为 32.80% ～ 86.63%；横梁过焊圆孔
处主拉应力降幅为 56.48%。因此，铺设 UHPC 层后，基本消除了钢面板构造细节处疲劳
开裂的风险。根据 4 年的跟踪对比，第 11 跨铺设 UHPC 层的桥面处于良好的工作状态，而
其他几跨都出现不同程度的损坏，甚至铲除翻修。

正交异性钢板−UHPC 组合桥面板也适用于新建桥梁。以株洲枫溪大桥为例[26]，主桥
为跨径 300m 的双塔自锚式悬索桥，在 14mm 厚的钢桥面上方焊接 $\phi 13mm \times 40mm$ 栓钉，
栓钉纵横向间距均为 150mm，然后绑扎钢筋中心间距为 50mm、$\phi 10mm$ 的 HRB400 钢筋
网，并浇筑 50mm 的 UHPC 层。与传统的桥面板相比，这样的新型组合桥面结构可使钢结
构应力水平明显降低，减小正交异性钢板疲劳开裂的风险。

岳阳洞庭湖大桥为主跨 1480m 的双塔双跨钢桁梁悬索桥，采用了正交异性钢板−
UHPC 组合桥面板。计算分析表明，采用正交异性钢板−UHPC 组合桥面板后，在结构自重
没有增加的前提下，包括抗疲劳性能等在内的结构受力性能都得到明显的提升。在设计阶
段，为优化桥面板构造形式，还采用有限元方法对 U 肋方案、球扁钢肋方案和板肋方案进行
了对比分析。计算表明，采用组合桥面板后，改用制造工艺相对简单的板肋（T 肋）来代替正交
异性钢桥面常用的 U 肋（图 10-8），也完全能够满足受力的需求，同时具有很好的抗疲劳性能。

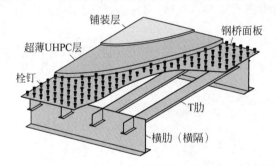

图 10-8　采用开口肋的正交异性钢板−UHPC 组合桥面板

10.1.5　钢−混凝土界面连接构造

将混凝土与钢板进行组合，可以获得受力性能优越的新型桥面结构形式，界面的连接程
度是影响这种组合作用的关键。普通混凝土与钢板直接黏结的抗剪强度很低，在理想受力
环境及钢板无锈的条件下约为 0.4MPa，开裂后摩擦系数仅为 0.2 左右，因此实际应用时一
般忽略两者的黏结作用，依靠连接件来保证两种材料之间的协同工作。

在钢板−混凝土组合桥面结构中，常用的抗剪连接件为栓钉。栓钉连接件制造工艺简
单，不需要大型轧制设备，适合工业化生产；用半自动拉弧焊机施工非常迅速，受作业环境
的限制较少，便于现场焊接和质量控制，且栓钉连接件为各向同性，受力性能好，沿任意方向
的强度和刚度相同，对混凝土板中钢筋布置的影响也较小。

栓钉在普通混凝土中的抗剪承载力、抗剪刚度和疲劳性能等方面的研究已较多，相关的
设计方法和构造要求也较为完备[1]。近年来，为了减小桥面板厚度、降低桥面系自重，开始
推广应用钢板−UHPC 组合桥面板，并对其界面连接性能进行了研究。

例如,通过试验研究了栓钉在 UHPC 中的受拉性能和受剪性能[28]。受拉试验的试件发生 UHPC 锥形破坏,结果表明,按照经典理论和现有规范将严重低估 UHPC 锥形破坏的承载力。推出试验表明,栓钉在发生较大滑移时也可以保持很高的承载力,最后钉杆受到拉剪复合作用而断裂。施加约束后栓钉根部应力最大,破坏时焊脚被平齐剪断,平均承载力较无约束时略有降低。UHPC 板除栓钉根部位置发生少量局部压溃外,整体性良好,无开裂现象。尽管试件最后的破坏模式为栓钉剪断,但栓钉和 UHPC 可协同受力,发挥超出本身强度的承载力。基于试验结果可以标定和验证 Ollgaard[29] 提出的经典栓钉荷载-滑移模型。此外,通过精细数值模拟与模型疲劳试验,对钢板-UHPC 组合桥面系中栓钉连接件的疲劳性能也进行了研究[30]。在精细数值模型分析中,通过建立多尺度有限元模型,能够提取栓钉的剪应力影响面,并基于标准疲劳车荷载,计算得到栓钉等效疲劳剪应力幅。在模型疲劳试验中,取桥面系的正弯矩和负弯矩板带为原型,设计足尺疲劳试件,对正、负弯矩试件中的栓钉在名义剪应力下进行疲劳加载。同时,考虑影响面大小、车流量和设计年限等因素对等效疲劳应力幅进行修正,并对栓钉的疲劳寿命进行评估。研究表明,试件在经历 200 万次疲劳加载后应变仍保持平截面,未发生明显界面疲劳破坏,UHPC 中的栓钉连接件具有足够的疲劳承载力安全储备。

开孔板连接件也是钢板-混凝土组合桥面结构中常用的一种连接件。开孔板连接件由德国 Leonhardt and Partners 公司开发,并首次用于委内瑞拉的 Third Caroni 桥以提高结构的抗疲劳性能。开孔板连接件的开孔钢板由两条纵向角焊缝焊于钢板表面,由于角焊缝焊脚尺寸较小,因此相对于采用全截面熔透焊的栓钉,对钢板的影响较小。开孔板连接件的荷载主要通过开孔内所形成的一系列混凝土榫传递到桥面板内。嵌固在钢板孔内的混凝土所处的应力状态,使其抗压强度有一定提高。连接件孔内可以贯通横向钢筋,不影响桥面板内钢筋的布置。而且这部分横向钢筋能够提高对孔内混凝土榫的横向约束作用,使其处于多向受压状态,从而进一步提高连接件的抗剪承载力。开孔板连接件刚度较大,抗疲劳性能较好。疲劳试验表明,连接件在 40% 极限荷载下经过 200 万次加载循环后,其滑移量仅为0.14mm。可见,在工作应力下,开孔板连接件变形小,接近于刚性连接件,有利于承受疲劳荷载。此外,开孔板连接件在一定程度也起到对钢板加劲的作用,有利于减少钢板在施工阶段即混凝土浇筑过程中的变形。

除栓钉和开孔板连接件外,为减少焊接工作,其他一些界面连接方式在某些条件下也可供选择。例如,文献[28]通过一系列受拉试验和推出试验,研究了多种 UHPC-钢板界面构造形式,包括光滑钢板界面、花纹钢板界面、撒入骨料的环氧胶黏剂界面、焊接弯起钢筋界面和栓钉连接界面(图 10-9)。试验结果表明:UHPC 与光滑钢板的直接黏结强度较低(平均值 0.46MPa),光滑钢板界面裂开时试件瞬间丧失承载力,呈现出脆性破坏;类似地,花纹钢板界面也发生脆性破坏,平均黏结应力为 1.65MPa,为光滑钢板界面的 3 倍,然而变异系数较高。对于撒入骨料的环氧胶黏剂连接的钢板-UHPC 界面,环氧胶采用环氧树脂和聚酰胺树脂混合而成,处理时分两层涂抹,第一层厚度约为 0.5mm,待其初步形成强度后涂抹第二层,第二层厚度约为 1mm,并撒布单一粒径(5～10mm)石灰石。梁式试验[31]表明,这种胶黏剂界面的强度较高,纵向抗剪强度为 1.2～2.2MPa。含胶黏剂界面的组合梁试件,可达到和通过栓钉完全剪力连接的组合梁试件接近的极限承载力,这证明撒入骨料的环氧胶黏剂界面处理法在某些情况下可用于替代栓钉。尽管黏结强度较高,但这种胶黏剂界面在受拉或无约束受剪时发生脆性破坏[28]，在应用中需要注意。焊接弯起钢筋在初始黏结破坏后表现出良好的延性，随着荷载的增加，达到极限承载力后界面黏结失效，弯筋承受拉剪复合作用，弯起处的焊缝被撕裂，试件进入第一屈服平台，随后一侧焊缝处的钢筋被剪断，承载力降为一半并进入第二屈服段。也有部分试件发生钢筋弯起处拉断的破坏模式，按照钢筋抗剪极限强度计算得到的承载力可作为工程设计值，偏于保守。

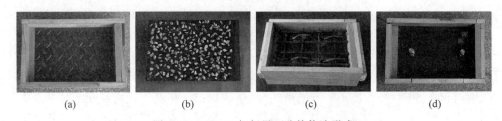

图 10-9　UHPC-钢板界面连接构造形式

(a) 花纹钢板界面；(b) 石灰石树脂界面；(c) 焊接弯起钢筋界面；(d) 栓钉连接界面

10.2　设计计算方法

当钢板-混凝土组合桥面板用于组合结构桥梁中，组合桥面板既作为组合主梁的翼缘板参与桥梁整体受力，又在车轮荷载作用下存在局部受力问题。因此，设计时需分别验算组合桥面板在整体作用和局部作用下的受力性能。通常来说，组合桥面板可分为二或三个体系进行计算：①第一体系，组合桥面板作为主梁的上翼缘参与总体受力，称为"主梁体系"；②第二体系，组合桥面板与支承其的纵、横肋（次梁）形成梁-板体系承受车辆荷载，称为"桥面体系"；③第三体系，混凝土层与钢面板作为支撑于纵、横肋（次梁）上的连续组合板，承受车轮的局部荷载，称为"面板体系"。其中，第一体系考虑总体荷载效应，第二体系和第三体系考虑局部荷载效应，在弹性阶段将三个体系的计算结果叠加即可得到组合桥面板的最终内力计算结果。对于第一体系，桥面板以面内的拉、压受力为主，即以膜力为主。对于第三体系，桥面板则以面外弯、剪作用为主。对于第二体系，桥面板的受力状态则介于第一体系和第三体系之间。对于不同的桥型和荷载模式，组合桥面板的各受力体系所占的荷载效应比例有所不同，第二体系或第三体系也可能仅需要考虑其中之一。

以下主要介绍平钢板-混凝土组合桥面板和正交异性钢板-UHPC组合桥面板的设计计算方法。

10.2.1　平钢板-混凝土组合桥面板

1. 一般规定

本节规定适用于由平钢板和混凝土组成的组合桥面板，钢板和混凝土之间通过栓钉等连接件形成整体共同工作。组合桥面板作为主梁的上翼缘，也可以作为箱梁的底板（下翼缘）使用。此处所述组合桥面板不包括双钢板-混凝土夹心桥面板，抗剪连接件也主要针对栓钉。

本节所述的平钢板，是指底部平整，而在顶部加劲或不加劲的钢板。当组合桥面板的跨度较大且钢板没有加劲的情况下,需要验算施工阶段(尚未形成组合作用之前)浇筑混凝土时的变形和应力(通常需要将钢板的挠度限制在桥面板厚度的 0.05 倍以内)。必要时需在施工阶段设置临时支撑,以防止钢板产生过大的挠度。

验算整体受力时,组合桥面板的有效翼缘宽度取值方法可参考普通钢筋混凝土桥面板;验算局部受力时,同样可参考钢筋混凝土桥面板的有关规定,将钢板视为钢筋混凝土桥面板的配筋。

2. 第一体系下的桥面板承载力验算

在第一体系中,组合桥面板作为组合梁翼缘参与桥梁纵向整体受弯。在组合梁桥正弯矩区,位于桥梁顶部的组合桥面板主要作为受压翼缘承受轴向压力,在负弯矩区则作为受拉翼缘承受拉力。由于剪力滞效应的影响,在结构整体弯矩作用下,钢板-混凝土组合桥面板的轴向应力分布也不均匀。作为一种简化处理方式,也可采用有效宽度 b_{eff} 来定义桥面板的有效工作截面。设计时可将有效宽度范围内的桥面板(钢板和混凝土)作为组合梁的翼缘,然后通过换算截面法进行计算。

组合桥面板有效宽度 b_{eff} 的取值方法可参考普通混凝土桥面板[32]。组合梁各跨跨中及中间支座处的桥面板有效宽度 b_{eff} 应按下式计算,且不应大于桥面板的实际宽度。

$$b_{eff} = b_0 + \sum b_{ef,i} \tag{10-1}$$

$$b_{ef,i} = \frac{L_{e,i}}{6} \leqslant b_i \tag{10-2}$$

式中,b_0——外侧抗剪连接件中心间的距离;

$b_{ef,i}$——外侧抗剪连接件一侧的桥面板有效宽度,如图 10-10(c)所示;

b_i——外侧抗剪连接件中心至相邻钢梁腹板上方的外侧剪力件中心距离的一半,或外侧抗剪连接件中心至桥面板自由边间的距离;

$L_{e,i}$——等效跨径,简支梁应取计算跨径,连续梁应按图 10-10(a)选取。

简支梁支点和连续梁边支点处的桥面板有效宽度 b_{eff} 应按下式计算:

$$b_{eff} = b_0 + \sum \beta_i b_{ef,i} \tag{10-3}$$

$$\beta_i = 0.55 + 0.025 L_{e,i}/b_i \leqslant 1.0 \tag{10-4}$$

式中,$L_{e,i}$——边跨的等效跨径,如图 10-10(a)所示。

桥面板有效宽度 b_{eff} 沿梁长的分布可假设为图 10-10(b)所示的形式。

在计算钢板-混凝土组合桥面板的轴向受压承载力时,可取有效宽度 b_{eff} 范围内的钢板和混凝土板作为受压构件,并同时考虑二阶效应的削弱作用(二阶效应的计算方法可参见欧洲规范 2[33] 的 5.8 节)。组合桥面板的抗压承载力可按下式验算[34]:

$$\gamma_0 C_d \leqslant 0.9 [f_{cd} b_{eff}(h-t) + f_{sd} b_{eff} t] \tag{10-5}$$

式中,γ_0——结构的重要性系数;

C_d——有效宽度范围内所有荷载引起的轴向压力设计值;

f_{cd}——混凝土的抗压强度设计值;

h——组合桥面板的总厚度;

t——钢板的厚度;

f_{sd}——钢板的抗拉强度设计值。

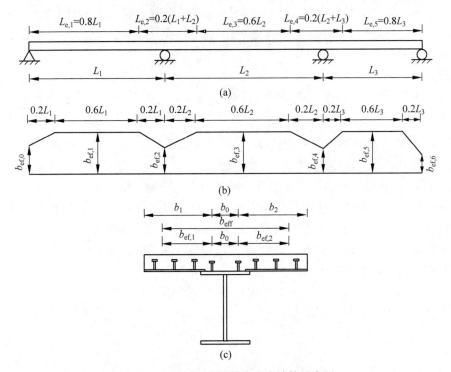

图 10-10　桥面板有效翼缘宽度计算示意图

(a) 等效跨径；(b) 有效宽度沿跨长分布；(c) 截面尺寸

计算钢板-混凝土组合桥面板的轴向抗拉承载力时,可取有效宽度 b_{eff} 范围内钢板和钢筋的抗拉承载力之和。组合桥面板的抗拉承载力可按下式验算:

$$\gamma_0 T_d \leqslant f_{sd} b_{eff} t + f_{rd} A_r \tag{10-6}$$

式中, T_d——有效宽度范围内所有荷载引起的轴向拉力设计值;

f_{rd}——钢筋的抗拉强度设计值;

A_r——有效宽度范围内钢筋的截面面积。

若抗剪连接件的纵向间距和横向间距不超过组合板厚度的 3 倍,组合桥面板的纵向抗剪验算可参照钢筋混凝土桥面板的方法,将钢底板视为横向抗剪钢筋。具体的潜在剪切面及纵向剪力的计算方法可参考相关规范。由于钢底板充当了配筋率很大的抗剪钢筋,组合桥面板的纵向抗剪承载力通常较容易满足要求。

3. 第二体系下的桥面板承载力验算

在第二体系中,钢板-混凝土组合桥面板将纵梁和横梁(横隔板)作为支承,按单向板或双向板承受车轮等局部荷载的作用考虑。第二体系的内力可按弹性方法计算,假设组合桥面板未开裂,且不考虑纵梁和横梁(横隔板)上翼缘与钢板-混凝土组合桥面板的组合作用。计算中,认为钢底板和混凝土完全组合成为一个整体,忽略钢板与混凝土之间的界面滑移。按照《公路钢结构桥梁设计规范》(JTG D64—2015)的要求,在计入冲击系数的车辆荷载作用下,组合桥面板的挠度应不大于跨度的 1/1000[35]。

桥面板在轮载作用下,其板宽度方向(垂直于板跨方向)的应力分布也不均匀。计算时也可采用有效宽度的概念,把桥面板分解成具有一定宽度的矩形板带(图 10-11),按简支板

或连续板来进行计算,并假设在板宽方向上的应力分布是相同的,而板带之外的桥面板
不参与受力。组合桥面板的有效宽度可参考混
凝土桥面板的计算方法,根据《公路钢筋混凝土
及预应力混凝土桥涵设计规范》(JTG D62—
2012)[36]的规定,计算整体单向板时,通过车轮
传递到板上的荷载分布宽度 a 应按下列规定
计算:

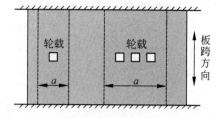

图 10-11 轮载作用下桥面板有效宽度示意图

(1)当单个车轮在板的跨中时:

$$a = (a_1 + 2h_1) + L/3 \geqslant 2L/3 \tag{10-7}$$

(2)多个相同车轮在板的跨中,当各单个车轮按式(10-7)计算的荷载分布宽度有重
叠时:

$$a = (a_1 + 2h_1) + d + L/3 \geqslant 2L/3 + d \tag{10-8}$$

(3)车轮在板的支承处时:

$$a = (a_1 + 2h_1) + h \tag{10-9}$$

(4)车轮在板的支承附近,距支点的距离为 x_1 时:

$$a = (a_1 + 2h_1) + h + 2x_1 \leqslant \text{车轮在板的跨径中部的分布宽度} \tag{10-10}$$

式中,L——板的计算跨径;

a_1——垂直于板跨方向的车轮着地尺寸;

h_1——铺装层厚度;

h——组合板的总厚度;

d——多个车轮时外轮之间的中距。

按上述各式计算得到的分布宽度,均不得大于板的全宽度。

组合桥面板的抗弯承载力可参照钢筋混凝土构件,将钢底板视为配筋,按弹性方法或塑
性方法进行计算。弹性设计方法假设钢和混凝土均为线弹性材料,截面满足平截面假定,忽
略钢板-混凝土之间的界面滑移,且不计混凝土的开裂。弹性分析需要考虑施工阶段对结构
应力的影响,采用应力叠加法来求解组合桥面板的应力,并保证钢板与混凝土的应力满足规
范要求。

采用塑性方法计算承载力时,不考虑施工阶段的影响,直接根据极限状态求解组合桥面
板的抗弯承载力。对于布置了足够数量抗剪连接件的情况,组合桥面板在弯曲破坏前不会
发生钢板失稳等现象,其极限状态的特征为钢板受拉屈服、混凝土压溃。一般情况下组合桥
面板的塑性中性轴位于混凝土内,忽略混凝土的受拉作用,组合桥面板的正弯矩抗弯承载力
可按下式计算:

$$f_{cd}x = f_{sd}t \tag{10-11}$$

$$\gamma_0 M_d \leqslant f_{cd}b_c x \left(h - \frac{x}{2} - \frac{t}{2}\right) \tag{10-12}$$

式中,x——混凝土的受压区高度;

M_d——所有荷载引起的弯矩设计值;

b_c——组合桥面板的宽度。

组合桥面板的抗剪承载力按抗冲切承载力考虑,组合桥面板的冲切破坏模式如图 10-12

所示。设计中需要根据冲切力判断是否设置抗冲切钢筋,这种情况下可不考虑钢板的贡献[34]。组合桥面板支承处单位宽度的抗冲切承载力按下式计算:

$$\gamma_0 F_{ld} \leqslant 0.7 f_{td}(h-t) \tag{10-13}$$

式中,F_{ld}——全部荷载引起的冲切力设计值,即组合桥面板计算跨径内的端部剪力值;

f_{td}——混凝土的抗拉强度设计值。

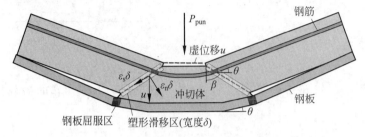

图 10-12   组合桥面板的冲切破坏模式

式(10-13)未考虑钢板的作用,常得到过于保守的结果。根据钢板-UHPC 组合桥面板的冲切性能试验,基于刚塑性理论并考虑斜裂缝发展和混凝土施工质量对 UHPC 抗冲切能力的折减作用,组合板的抗冲切承载力可按下式计算[37]:

$$P_{pun} = k_c P_c + P_s + P_r \tag{10-14}$$

$$P_c = \frac{5h(4a + \pi h \tan\beta)}{\sqrt{60m-6}} f_c \tag{10-15}$$

$$P_s = f_y A_s \sin\theta \tag{10-16}$$

$$P_r = f_r A_r \sin\theta \tag{10-17}$$

$$A_s = (4a + 2\pi h \tan\beta)t \tag{10-18}$$

$$A_r = \frac{4a + 2\pi h_0 \tan\beta}{s} A_{s0} \tag{10-19}$$

$$\tan\beta = \frac{10m-7}{2\sqrt{60m-6}} \tag{10-20}$$

式中,P_{pun}——钢板-UHPC 组合桥面板的抗冲切承载力;

k_c——考虑斜裂缝发展和混凝土施工质量对 UHPC 抗冲切能力的折减系数,取 0.22;

P_c——UHPC 冲切体塑性区对抗冲切的贡献;

P_s——钢板屈服对抗冲切的贡献;

P_r——钢筋屈服对抗冲切的贡献;

h——UHPC 的厚度;

a——加载区域的边长;

β——冲切角;

m——UHPC 的压、拉强度之比;

f_c——UHPC 的轴心抗压强度;

f_y——钢板的屈服强度;

f_r——钢筋的屈服强度;

θ——板面转角；

A_s——穿过冲切体塑性区的钢板截面面积；

A_r——穿过冲切体塑性区的钢筋截面面积；

t——钢板的厚度；

h_0——钢筋截面中心距顶面的平均高度；

s——钢筋间距；

A_{s0}——单根钢筋面积。

4. 抗剪连接件设计

钢板-混凝土组合桥面板多采用栓钉作为抗剪连接件，本节以栓钉为例介绍组合桥面板中抗剪连接件的设计。为防止混凝土受剪开裂，可在混凝土内栓钉高度之下配置一定数量的钢筋。对抗剪连接件进行疲劳验算和正常使用极限状态验算时，需要考虑局部效应(如轮压)和整体效应(如桥梁的整体受弯)下的共同作用。抗剪连接件的剪力设计值取顺桥向和横桥向两个方向上的剪力的矢量和。对于工程中常见的单向板，抗剪连接件的设计方法与钢-混凝土组合梁类似，先以弯矩绝对值最大点及零弯矩点为界限逐段划分剪跨区。每个剪跨区段内钢梁与混凝土桥面板交界面的纵向剪力 V_s 应按下列方法确定。

(1) 位于正弯矩区段的剪跨：

$$V_s = \min\{f_{sd}A_s, f_{cd}A_c\} \tag{10-21}$$

式中，A_s——钢板的截面面积；

A_c——混凝土的截面面积。

(2) 位于负弯矩区段的剪跨：

$$V_s = f_{rd}A_r \tag{10-22}$$

此外，也可以将连续板相邻两个正弯矩幅值截面之间的区段合并为一个剪跨段来配置栓钉连接件，合并后的区段的纵向剪力应符合下列规定：

$$V_s = f_{cd}A_c + f_{rd}A_r \tag{10-23}$$

每个剪跨区段内栓钉连接件可均匀布置，数目 n_f 应满足下式要求(N_v 为单个抗剪连接件的抗剪承载力)：

$$n_f \geqslant V_s/N_v \tag{10-24}$$

需要注意的是，组合桥面板承受的活载占总荷载的比例较高，通常应按影响线加载，很难给出明确的剪跨区，此时可采用弹性方法来计算界面剪力[1]。钢梁与混凝土桥面板界面单位长度上的纵向剪力可根据组合截面承担的竖向剪力计算，此时可以只考虑钢梁与混凝土桥面板形成组合作用之后施加到结构上的荷载和其他作用。钢梁与混凝土桥面板交界面上的剪力由两部分组成。一部分是形成组合作用之后施加到结构上的准永久荷载所产生的剪力，需要考虑荷载的长期效应，即需要考虑混凝土收缩、徐变等长期效应的影响，因此应按照长期效应下的换算截面计算；另一部分是可变荷载产生的剪力，不需要考虑荷载的长期效应，因此应按照短期效应下的换算截面计算。形成组合截面后，钢梁与混凝土翼板交界面单位长度上的纵向剪力计算式为

$$v_s = \frac{V_g s_0^c}{I_0^c} + \frac{V_q s_0}{I_0} \tag{10-25}$$

式中，V_g、V_q——计算截面处分别由形成组合截面之后施加到结构上的准永久荷载和除准永久荷载外的可变荷载所产生的竖向剪力设计值；

s_0^c——考虑荷载长期效应时，钢梁与混凝土翼板交界面以上换算截面对组合梁弹性中性轴的面积矩；

s_0——不考虑荷载长期效应时，钢梁与混凝土翼板交界面以上换算截面对组合梁弹性中性轴的面积矩；

I_0^c——考虑荷载长期效应时，组合梁的换算截面惯性矩；

I_0——不考虑荷载长期效应时，组合梁的换算截面惯性矩。

按式(10-25)可得到组合梁单位长度上的剪力 v_s 及其剪力分布图，如图 10-13 所示。将剪力图分成若干段，用每段的面积即该段总剪力值，除以单个抗剪连接件的抗剪承载力 N_v，即可得到该段所需的抗剪连接件数量。为方便布置并简化施工，当采用栓钉等柔性连接件时，连接件的数量可按梁长范围内的平均剪力计算并按等间距布置，但应保证各连接件所受到的最大剪力不大于其抗剪承载力的 1.1 倍。

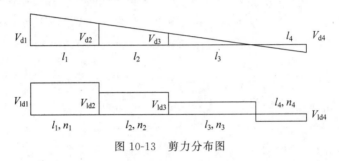

图 10-13　剪力分布图

承载能力极限状态下，栓钉连接件的抗剪承载力设计值可按下式计算[32]：

$$N_v = \min \left\{ 0.43 A_s \sqrt{E_c f_{cd}}, 0.7 A_s f_{su} \right\} \tag{10-26}$$

式中，N_v——承载能力极限状态下栓钉连接件抗剪承载力设计值；

A_s——栓钉钉杆截面面积；

E_c——混凝土弹性模量；

f_{cd}——混凝土轴心抗压强度设计值；

f_{su}——栓钉材料的抗拉强度最小值。

抗剪连接件的疲劳荷载模型，采用规范规定的车道荷载形式，其集中荷载为 $0.7 P_k$，均布荷载为 $0.3 q_k$，计算时应计入多车道的影响，多车道系数按相关规定计算。抗剪连接件应根据下列公式进行疲劳验算[32]。

(1) 抗剪连接件位于始终承受压应力的钢梁翼缘时：

$$\gamma_{Ff} \Delta \tau_{E2} \leqslant \frac{\Delta \tau_c}{\gamma_{Mf,s}} \tag{10-27}$$

式中，γ_{Ff}——疲劳荷载分项系数，取 1.0；

$\gamma_{Mf,s}$——抗剪连接件的疲劳抗力分项系数，取 1.0；

$\Delta \tau_{E2}$——疲劳荷载计算模型Ⅱ或模型Ⅲ作用下抗剪连接件等效剪应力幅，按《公路钢结构桥梁设计规范》(JTG D64—2015)[35]的相关规定计算，其中计算损伤等效系数 γ 时，$\gamma_1 = 1.55$；

$\Delta\tau_c$——对应于200万次应力循环的抗剪连接件疲劳设计强度,取90MPa。

(2) 抗剪连接件位于承受拉应力的钢梁翼缘时:

$$
\begin{cases}
\dfrac{\gamma_{Ff}\Delta\sigma_{E2}}{\dfrac{\Delta\sigma_c}{\gamma_{Mf}}} + \dfrac{\gamma_{Ff}\Delta\tau_{E2}}{\dfrac{\Delta\tau_c}{\gamma_{Mf,s}}} \leqslant 1.3 \\[4mm]
\dfrac{\gamma_{Ff}\Delta\sigma_{E2}}{\dfrac{\Delta\sigma_c}{\gamma_{Mf}}} \leqslant 1.0 \\[4mm]
\dfrac{\gamma_{Ff}\Delta\tau_{E2}}{\dfrac{\Delta\tau_c}{\gamma_{Mf,s}}} \leqslant 1.0
\end{cases}
\tag{10-28}
$$

式中,$\Delta\sigma_{E2}$、$\Delta\sigma_c$——疲劳荷载作用下钢梁翼缘等效正应力幅、钢材疲劳抗力,按《公路钢结构桥梁设计规范》(JTG D64—2015)[35]的相关规定计算;

γ_{Mf}——疲劳抗力分项系数。

10.2.2　带加劲肋的钢板-混凝土组合桥面板

本节介绍带加劲肋的钢板-混凝土组合桥面板的设计计算方法。钢面板底部的加劲肋可采用闭口U肋、T肋、球扁钢肋或板肋等。正交异性钢桥面板即属于这类钢结构。带加劲肋的钢板-混凝土组合桥面板的钢结构部分往往在施工阶段具备足够的刚度,可直接作为现浇混凝土层的模板。与10.2.1节介绍的平钢板-混凝土组合桥面板不同,带加劲肋的钢板-混凝土组合桥面板的混凝土层厚度通常可以更薄,在弯矩作用下的截面中性轴通常位于钢结构内。下面以国内工程中已有较多应用的正交异性钢板-UHPC组合桥面板为例,说明此类结构的设计方法[25-27,31,38-39]。

1. 一般规定

对于采用正交异性钢板-UHPC组合桥面板的组合桥梁,应对其中的构件和抗剪连接件进行如下计算:

(1) 根据承载能力极限状态的要求,开展持久状况和偶然状况的承载力、整体稳定验算。

(2) 根据正常使用极限状态的要求,开展持久状况的挠度、应力、耐久性和抗裂性验算。

(3) 根据短暂状况的受力要求,开展施工等工况的验算。

正交异性钢板-UHPC组合桥面板中,UHPC层的有效宽度b_{eff}按照《公路钢混组合桥梁设计与施工规范》(JTG/T D64-01—2015)[32]的5.3.2条取值。

正交异性钢板-UHPC组合桥面板的温度作用按下列规定计算:

(1) 对于均匀温度作用引起的效应,应从结构受到约束时的温度开始,计算所处环境的最高和最低有效温度的作用效应。若没有实测数据,最高和最低有效温度的标准值可按《公路桥涵设计通用规范》(JTG D60—2015)[40]取值。

(2) 对于竖向梯度温度引起的效应,应采用图10-14所示的温度梯度计算图示。其中的参数取值按下列公式计算。

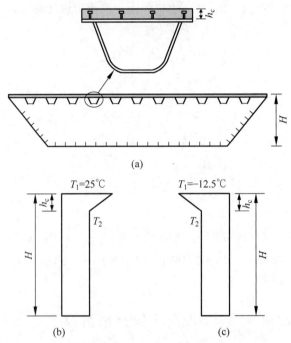

说明：h_c 为UHPC层的厚度；H 为组合截面全高。

图 10-14　温度梯度计算图示

（a）截面尺寸示意；（b）温升；（c）温降

① 温升时，T_2 根据下式计算：

$$T_2 = 25 - \frac{25 - 6.7}{100} h_c \tag{10-29}$$

式中，h_c——UHPC 层的厚度，mm。

② 温降时，T_2 根据下式计算：

$$T_2 = -12.5 - \frac{-12.5 + 3.3}{100} h_c \tag{10-30}$$

正交异性钢板-UHPC 组合桥面板的设计计算可参考《钢-超高韧性混凝土轻型组合结构桥面技术规范》(DB43/T 1173—2016)[39]，同时还应满足其他相关国标和行业标准的规定。

2. 承载能力极限状态验算

在第一体系下，正交异性钢板-UHPC 组合桥面板作为组合梁的顶板参与主梁的整体受力，主梁截面的抗弯和抗剪承载力可采用塑性设计方法。

验算含正交异性钢板-UHPC 组合桥面板的组合桥梁的正弯矩区抗弯承载力时，由于 UHPC 层较薄，一般情况下满足 $A_c f_{cd} + A_r f_{sd} < A_s f_d$，因此，中性轴始终在钢主梁截面内（图 10-15），抗弯承载力应按照下式验算：

$$\gamma_0 M \leqslant M_u = A_c f_{cd} y_1 + A_{sc} f_d y_2 + A_r f_{sd} y_3 \tag{10-31}$$

$$A_{sc} = \frac{A_s f_d - A_c f_{cd} - A_r f_{sd}}{2 f_d} \tag{10-32}$$

式中，γ_0——桥梁结构的重要性系数；

M——正弯矩设计值；

M_u——截面在正弯矩作用下的抗弯承载力设计值；

A_c——UHPC 层的截面面积；

A_{sc}——钢主梁受压区的截面面积；

A_r——正弯矩区 UHPC 层有效宽度范围内的纵向钢筋截面面积；

A_s——钢主梁的截面面积；

y_1——UHPC 层截面形心至钢主梁受拉区截面形心的距离；

y_2——钢主梁受压区截面形心至钢主梁受拉区截面形心的距离；

y_3——UHPC 层内钢筋截面形心至钢主梁受拉区截面形心的距离；

f_{cd}——UHPC 的轴心抗压强度设计值；

f_d——钢材的抗拉强度设计值；

f_{sd}——UHPC 板内纵向钢筋的抗拉强度设计值。

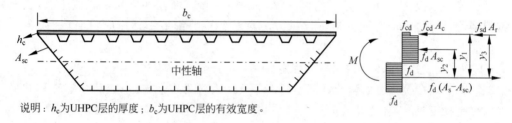

说明：h_c为UHPC层的厚度；b_c为UHPC层的有效宽度。

图 10-15　正弯矩极限状态下组合梁截面及应力分布示意图

验算含正交异性钢板-UHPC 组合桥面板的组合桥梁的负弯矩区抗弯承载力时，由于 UHPC 层较薄，一般情况下满足 $A_c f_{td} + A_{rt} f_{sd} < A_s f_d$，因此，中性轴也在钢主梁截面内（图 10-16），抗弯承载力应符合下式要求：

$$\gamma_0 M' \leqslant M'_u = A_c f_{td} y'_1 + A_{st} f_d y'_2 + A_{rt} f_{sd} y'_3 \tag{10-33}$$

$$A_{sc} = \frac{A_s f_d - A_c f_{td} - A_{rt} f_{sd}}{2 f_d} \tag{10-34}$$

式中，γ_0——桥梁结构的重要性系数；

M'——负弯矩设计值；

M'_u——截面在负弯矩作用下的抗弯承载力设计值；

A_c——UHPC 层的截面面积；

A_{st}——钢主梁受拉区的截面面积；

A_{rt}——负弯矩区 UHPC 层有效宽度范围内的纵向钢筋截面面积；

A_s——钢主梁的截面面积；

y'_1——UHPC 层截面形心至钢主梁受压区截面形心的距离；

y'_2——钢主梁受拉区截面形心至钢主梁受压区截面形心的距离；

y'_3——UHPC 层内钢筋截面形心至钢主梁受压区截面形心的距离；

f_{td}——UHPC 的轴心抗拉强度设计值；

f_d——钢材的抗拉强度设计值；

f_{sd}——UHPC 板内纵向钢筋的抗拉强度设计值。

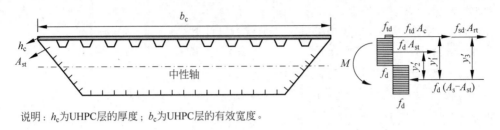

说明：h_c为UHPC层的厚度；b_c为UHPC层的有效宽度。

图 10-16   负弯矩极限状态下组合梁截面及应力分布示意图

主梁截面的抗剪承载力可不考虑 UHPC 层的贡献,将主梁视为纯钢梁来计算。

当正交异性钢板采用闭口加劲肋时,不需要进行整体稳定性验算。当加劲肋为开口肋时(例如倒 T 型钢、角钢等),若开口纵向加劲肋受压翼缘的自由长度与其总宽度的比值较大,应开展整体稳定性验算,具体可参考相关规范的规定。

正交异性钢板-UHPC 组合桥面板在疲劳验算时,UHPC 层可采用名义应力法,正交异性钢板则可采用热点应力法。当热点应力法对某些疲劳细节不适用时,也可采用名义应力法。

UHPC 层的疲劳强度应按照下列规定验算:

(1) UHPC 层及接缝的疲劳强度用容许等效最大应力水平来定义,其中容许等效最大应力水平是指 UHPC 层的等效最大名义应力与其静力名义弯拉应力容许值的比值。500万次疲劳寿命时 UHPC 的容许等效最大应力水平为 0.48,200 万次疲劳寿命时 UHPC 的容许等效最大应力水平为 0.51。疲劳验算时,UHPC 的设计等效最大应力水平根据下式计算:

$$S_{max}^{e} = S_{max} - \frac{5.17}{16.76}S_{min} \tag{10-35}$$

式中,S_{max}——UHPC 中的最大应力水平 $\frac{\sigma_{max}}{f_t^r}$,其中 f_t^r 为配筋 UHPC 的静力名义弯拉应力容许值;

S_{min}——UHPC 中的最小应力水平 $\frac{\sigma_{min}}{f_t^r}$。

(2) UHPC 层需要验算的疲劳细节分类主要有 UHPC 层连续区域、UHPC 层接缝区域,具体可参考《钢-超高韧性混凝土轻型组合结构桥面技术规范》(DB43/T 1173—2016)[39]第6.2.4.8 条中的表 1-3。

正交异性钢板的疲劳强度应符合以下规定:

(1) 钢板的疲劳强度应根据《公路钢结构桥梁设计规范》(JTG D64—2015)[35]第 5.5.8条中的图 5.5.8-1 和图 5.5.8-2 的曲线确定。

(2) 采用闭口加劲肋的正交异性钢板需要验算的疲劳细节有纵肋通过横梁处、在横梁处中断的纵肋、纵肋接头的全熔透对接焊缝、横梁腹板开孔间最不利截面、盖板与梯形或 V形加劲肋的连接焊缝、部分熔透焊缝和角焊缝;采用开口加劲肋的正交异性钢板需要验算的疲劳细节为连续纵肋与横梁的连接;正交异性钢板需要验算的其他疲劳细节有钢面板顶面的焊接栓钉剪力件、钢面板顶面的焊接钢筋网连接件、带焊接栓钉的钢面板、带焊接钢筋网的钢面板。疲劳细节可参考《钢-超高韧性混凝土轻型组合结构桥面技术规范》(DB43/T 1173—2016)[39]第 6.2.4.8 条中的表 14～表 16。

3. 正常使用极限状态验算

正常使用极限状态的设计,应对正交异性钢板-UHPC 组合桥面板的截面应力、抗裂性和挠度等进行验算。计算组合桥面板的挠度和应力时应考虑施工过程,并考虑 UHPC 的收缩(若未进行高温蒸汽养护)、徐变和温度等的作用效应。正交异性钢板-UHPC 组合桥面板弹性阶段的计算可基于下列假定:

(1) 钢与 UHPC 均为理想线弹性体。若考虑 UHPC 的非线性轴拉应力-应变关系时,可以参考《钢-超高韧性混凝土轻型组合结构桥面技术规范》(DB43/T 1173—2016)[39]第 5.1.13 条的规定。

(2) 在弯矩作用下,UHPC 和钢主梁截面各自符合平截面假定,材料服从胡克定律。

由于正交异性钢桥面板构造复杂,难以用理论方法来求解,宜建立实用的有限元模型来进行计算。建模时,可用梁单元建立第一体系的整体模型,再用板壳单元或实体单元建立一个局部模型来考虑第二和第三体系。叠加两个模型的计算结果,即可得到组合桥面结构的实际受力状态。注意,局部有限元模型需要合理划分网格。

在计算第一体系的总体荷载效应时,可不考虑钢主梁与 UHPC 层间的界面滑移;在计算第二和第三体系的局部荷载效应时,则应考虑界面滑移。计算中忽略磨耗层,且可偏安全地不考虑 UHPC 层的配筋。

根据计算结果,应对 UHPC 层、抗剪连接件和正交异性钢板分别进行应力验算。在总体荷载效应计算中,弯矩作用下 UHPC 层和正交异性钢板的法向应力按照材料力学方法计算。对于局部荷载效应,应关注 UHPC 层的峰值应力,尤其是负弯矩区的拉应力,包括主梁腹板或纵隔板顶面、横隔板顶面、纵肋腹板顶面-相邻横隔板间的跨中处、纵肋腹板顶面位置-横隔板断面处等位置。

UHPC 的相邻预制部分存在接缝。由于 UHPC 接缝界面处钢纤维的不连续性,接缝部位的抗裂强度将弱于整浇部位。因此,需要采取构造措施来增强接缝的抗裂性能。UHPC 的接缝形式宜为锯齿接缝、矩形接缝或异形钢板接缝。此外,宜将接缝设置在低拉应力的位置。横向接缝应设置在两横隔板之间,如图 10-17 所示,而纵向接缝则应设置在两纵肋之间。

图 10-17　设置于低拉应力区的 UHPC 接缝

对于钢桥面板与 UHPC 层间的抗剪连接件,应通过计算得到其最大剪力,且单个抗剪连接件承担的剪力设计值不应超过连接件抗剪承载力设计值的 75%。由于 UHPC 抗压强度较高,通常发生栓钉剪断破坏,UHPC 中栓钉连接件的抗剪承载力设计值可按下式计算[39]:

$$N_v^c = 1.19 A_{stud} f_{stud} \left(\frac{E_c}{E_s}\right)^{0.2} \left(\frac{f_{cu}}{f_{stud}}\right)^{0.1} \tag{10-36}$$

式中，N_v^c——栓钉的抗剪承载力设计值；

$\quad E_c$、E_s——UHPC 和栓钉的弹性模量；

$\quad f_{cu}$——UHPC 抗压强度标准值（边长 100mm 的立方体试块）；

$\quad A_{stud}$——栓钉钉杆截面面积；

$\quad f_{stud}$——栓钉抗拉强度，取 400MPa。

由于正交异性钢板-UHPC 组合桥面板中的活载占比较大，抗剪连接件的内力计算可采用有限元分析法。分别建立整体模型和局部模型，并将计算结果叠加来得到抗剪连接件的实际内力。在局部计算模型中，抗剪连接件可采用弹簧单元来模拟，且应考虑车轮竖向荷载和车轮刹车水平荷载的作用，其中车轮刹车水平荷载可按照车轮竖向荷载的 1/2 考虑。

对 UHPC 的应力验算应满足接缝处和非接缝位置的设计拉应力分别不大于接缝处和非接缝位置配筋 UHPC 的名义弯拉应力容许值，由此可确保 UHPC 层的裂缝宽度小于 0.05mm。

计算正交异性钢板-UHPC 组合桥面板在轮载作用下的局部挠度时，应满足以下要求[39]：

（1）组合桥面板在纵肋间的相对挠度不应超过 0.2mm。

（2）组合桥面板的变形曲率半径不小于 40m。

10.3 工程实例

本节将结合工程实例，介绍钢板-混凝土组合桥面结构在典型实际工程中的应用情况，包括桥面结构的方案设计、施工等，同时对相关的试验和研究情况进行简要说明。

10.3.1 东平大桥

1. 工程介绍

东平大桥位于广东省佛山市禅城区南部，跨越东平河，是新城区连接东平河两岸的标志性大桥，于 2006 年建成通车。主桥采用主副拱肋空间组合体系的中承式钢桁拱-连续梁协作体系方案，主桥长 578m，跨径组合为（43.5+95.5+300+95.5+43.5）m。桥梁设计荷载为：汽车-超 20 级，挂-120 级。

2. 平钢板-混凝土组合桥面板方案

东平大桥采用平钢板-混凝土组合桥面板，最小板厚为 120mm，最大板厚为 200mm。桥面梁由 3 道主纵梁（即钢系杆）、次纵梁、主横梁、次横梁组成格子桥面梁，格子梁上再架设平钢板-混凝土组合桥面板[12]。如图 10-18 所示，组合板中的钢板与混凝土通过开孔板连接件形成组合作用。桥面板混凝土掺入了钢纤维，以防止钢板约束导致的混凝土收缩开裂。桥面铺装为 50mm 厚的改性沥青混凝土。

3. 组合桥面板的静力与疲劳性能研究

为了对东平大桥采用的平钢板-混凝土组合桥面板的工作性能进行验证，开展了大比例

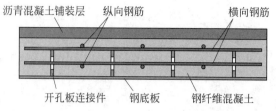

图 10-18　平钢板-混凝土组合桥面板截面示意图

尺模型试验[11-12]。试验按照应力等效原则进行,试件板的平面尺寸为 2400mm×6000mm。组合板的总厚度为 128mm,开孔钢板连接件高 100mm,钢底板厚 8mm,混凝土采用厚度 120mm 的 C40 钢纤维混凝土(每立方米添加 100kg 端钩型钢纤维)。

为模拟轮载作用,通过分配梁将液压千斤顶的力分配到 2 个加载点,每个加载点布置 1 块 260mm×660mm 的厚钢板。试验的加载工况及顺序如下:

(1) 使用荷载工况:以较小的荷载增幅进行加载,观察结构的变形以及是否开裂,之后逐步加载到设计荷载(试验时考虑超载 10%)后卸载,循环 3 次。

(2) 疲劳加载工况:疲劳试验采用常幅正弦波荷载,试验机加载频率采用 7Hz,加载次数共 200 万次。

(3) 静力破坏试验工况:参照静载程序(1),逐级施加到静力设计荷载后,以静力设计荷载的 10%~20% 为增量,加载到静力设计荷载的 1.5 倍;然后改用位移控制,加载直至破坏。

在静载(使用荷载)阶段,组合板保持线弹性,未出现可见裂缝,超载 10% 时的挠跨比为 1/1692。在疲劳荷载阶段,组合板的挠度和应力变化幅度均较小,受拉区裂缝没有较大范围的扩展。随疲劳荷载次数的增加,开孔板连接件的应力增加很小,且应力值较低,开孔板连接件表现出很好的抗疲劳性能。在破坏荷载阶段,组合板的挠度随荷载增加由线性变化转为非线性变化,极限承载力约为 2200kN,破坏时混凝土板压溃,结构丧失承载能力,最大挠跨比超过 1/100。

模型试验表明,在使用荷载阶段、疲劳荷载阶段和破坏荷载阶段,平钢板-混凝土组合桥面板均表现出良好的受力性能,且结构具有较高的安全储备。

10.3.2　富龙西江特大桥

1. 工程介绍

富龙西江特大桥位于广东省佛山市,为佛山一环西拓的重要节点工程。主桥全长 1070m,跨径布置为(69+176+580+176+69)m,主桥结构形式为双塔双索面混合梁斜拉桥(组合梁+混凝土梁),如图 10-19 所示。

桥梁设计为双向 8 车道,桥面全宽为 41.4m。边跨主梁为混凝土主梁,采用整体式单箱三室箱形断面,按全预应力混凝土设计,纵、横向预应力材料均采用高强钢绞线。次边跨(176m)及中跨(580m)主梁为钢-UHPC 组合梁,采用整体式箱形断面,如图 10-19(b)所示,桥面顶宽 38.9m,中心梁高 3.5m,设双向 2% 横坡,组合梁采用整体式梁段吊装施工。UHPC 桥面板按全预应力混凝土设计;中跨合龙采用体外预应力。

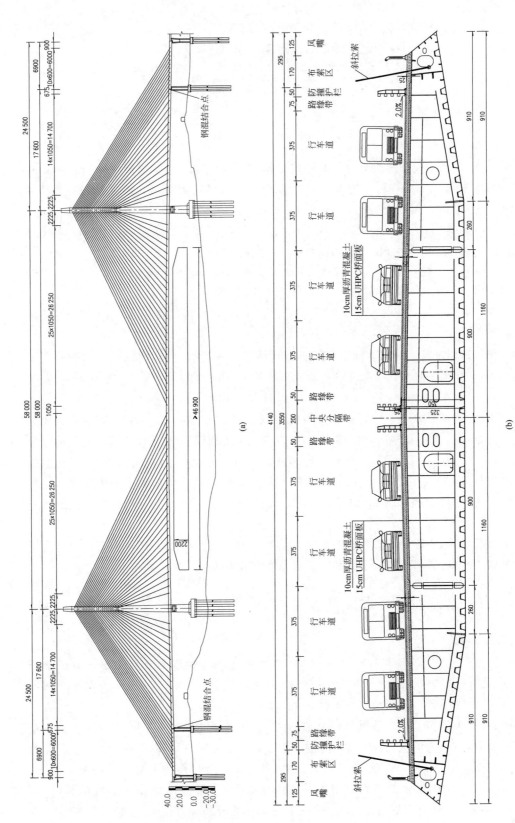

图 10-19 富龙西江特大桥

(a) 桥型布置图；(b) 主梁标准横截面图

2. 平钢板-UHPC 组合桥面板方案

主跨采用平钢板-UHPC 组合桥面板（图 10-20），该桥面板由 8mm 钢底板＋150mm UHPC 面板构成，采用栓钉和开孔板连接件来进行连接，具体构造如图 10-20 所示。其中 8mm 钢板既构成钢-UHPC 组合桥面结构的一部分来参与受力，又作为浇筑 UHPC 的模板。行车道桥面铺装采用改性沥青混凝土铺装，总厚度为 100mm。预制桥面板端部为燕尾榫形状，现场浇筑横向的 UHPC 燕尾榫湿接缝。

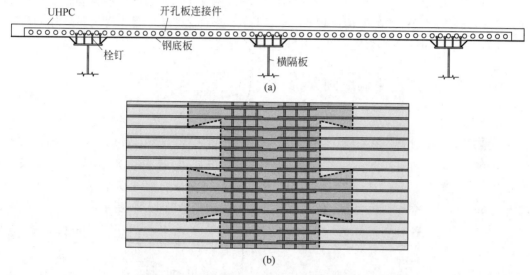

图 10-20　平钢板-UHPC 组合桥面板构造示意图

（a）桥面板纵剖面；（b）燕尾榫湿接缝

组合桥面板的钢底板与钢箱梁顶板（位于两个内腹板和两个外腹板上方）、横隔板（标准间距 3.5m）上翼缘焊接，连接处桥面板加厚至 250mm（呈板托状）。

相比于传统组合梁斜拉桥的钢筋混凝土桥面板，本桥主跨及次边跨采用平钢板-UHPC 组合桥面板，可以减小桥梁恒载，从而减少索塔、基础和斜拉索的工程量。由于主梁重量轻，施工工序简单，能够降低对施工设备的要求和施工风险。

3. 组合桥面结构计算

桥面板的局部应力属于第二体系分析，采用有限元方法对其受力规律进行详细计算分析。其中，混凝土桥面板采用实体单元来模拟，钢主梁、钢横梁采用壳单元来模拟。荷载包括考虑二期铺装、车辆荷载的轮载及日照梯度温度等。

综合考虑短暂状况与持久状况时的各种工况，包括自重、施工荷载、预应力、预应力二次力、收缩徐变次内力、非线性温差、活载、基础变位等作用，对箱梁施工、使用阶段各截面的内力、应力、位移，进行了计算分析，并按规范进行验算，各项指标均满足要求。

4. 组合桥面结构施工方法

钢-UHPC 轻型组合桥面系采用工厂预制＋现场拼装的施工方案。

首先，在工厂中加工整体式钢箱梁节段，每个标准梁段长度为 10.5m。将钢底板和开孔钢板进行焊接，钢底板和开孔钢板应预设 10～15mm 的反变形，避免焊接导致钢底板不平整。钢底板及开孔连接件构成桥面板的下缘受力钢筋及架立钢筋,并兼做桥面板的底模,在桥面板施工前完成模板与钢梁的连接及表面处理。浇筑超高性能混凝土后形成预制组合梁段,在预制节段浇筑完 UHPC 后,进行 48h、90℃保温蒸养以消除后期收缩应变,并减少徐变变形。整个梁段的桥面板浇筑时,要求一次完成,中间不设施工缝。

按上述流程先将预制桥面板在工厂内与钢箱梁形成整体,再将其运输至工地进行吊装,并完成新旧节段的钢结构焊接。浇筑湿接缝前应对新旧 UHPC 界面进行凿毛,凿毛深度为 5~10mm,使钢纤维外露。浇筑现浇缝 UHPC 之前,还应分别对各部位的预埋钢筋外露部分进行表面清理。现浇缝的连接钢筋采用单面焊接,并确保连接牢靠。浇筑湿接缝 UHPC 后进行现场蒸养,并采取必要措施来防止出现收缩裂缝。

10.3.3 杭瑞高速洞庭湖大桥

1. 工程简介

杭瑞高速洞庭湖大桥位于洞庭湖入长江交汇口处岳阳市七里山,桥位东起岳阳,西接君山。岳阳洞庭湖大桥采用双向六车道高速公路标准设计,设计车速为 100km/h,全长为 2390.18m,主跨为 1480m。主桥悬索桥为双塔双跨钢桁梁悬索桥,垂跨比为 1/10,主梁桁高为 9.0m,共 115 个节段。主桥的桥型布置和加劲梁截面如图 10-21 所示。

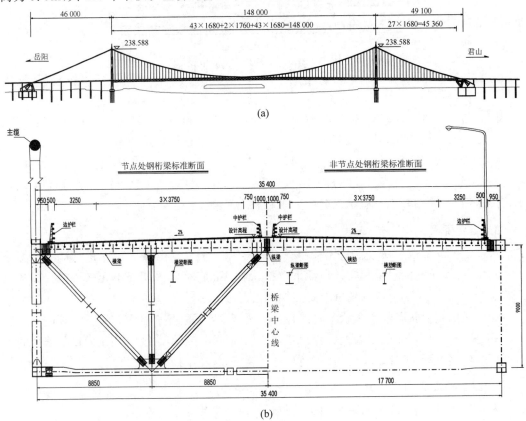

图 10-21 洞庭湖大桥

(a) 总体布置图;(b) 加劲梁横断面图

2. 正交异性钢板-UHPC 组合桥面板方案

洞庭湖大桥采用正交异性钢板-UHPC 组合桥面板,桥面板横向支撑于主桁上弦杆和中央纵梁,纵向支撑于横梁和横肋,桥面板与主桁架焊接连接,横肋与主桁螺栓连接。组合桥面板由厚 12mm 的正交异性钢板和 50mm 的 UHPC 层构成,表面铺设 30mm 沥青混凝土铺装层。桥面构造形式如图 10-22 所示。

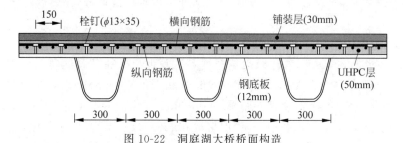

图 10-22　洞庭湖大桥桥面构造

3. 组合桥面板湿接缝受力性能研究

由于桥面系采用装配化施工,因此组合桥面板中存在湿接缝。不同于现浇 UHPC 层,UHPC 湿接缝处缺少有效的钢纤维桥接作用,从而导致湿接缝处混凝土微裂缝的扩展得不到有效的控制,因而其抗拉强度低于现浇 UHPC 层。该工程在设计阶段,对不同的湿接缝构造措施进行了对比试验研究[38]。

湿接缝的过渡构造有如下几种形式:

(1) 加粗钢筋接缝:加粗湿接缝处的纵向钢筋及密配钢筋,限制湿接缝处裂缝的发展。

(2) 斜向接缝:侧面斜向过渡,以减小接缝界面拉应力,如图 10-23(b)所示。

(3) 锯齿接缝:平面锯齿形过渡,以减小接缝界面拉应力,如图 10-23(c)所示。

(4) 矩形接缝:平面矩形过渡,通过受剪界面保证荷载传递,如图 10-23(d)所示。

(5) 异形钢板接缝:在接缝处设置异形钢板,限制湿接缝处裂缝的发展,如图 10-23(e)所示。

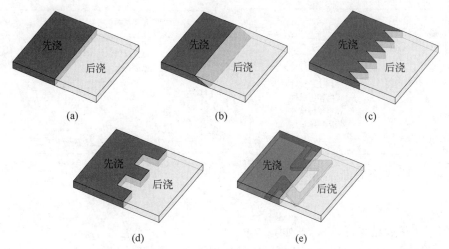

图 10-23　不同的湿接缝构造形式

(a) 传统接缝;(b) 斜向接缝;(c) 锯齿接缝;(d) 矩形接缝;(e) 异形钢板接缝

其中加粗钢筋接缝和异形钢板接缝是通过在接缝处加强构造来提高湿接缝受力性能，而斜向接缝、锯齿接缝和矩形接缝是通过改变接缝界面过渡形式来提高其受力性能。

设计了7块钢-UHPC组合板受拉试件，试件宽度为450mm，长度为1200mm，湿接缝设置在中部。钢底板厚12mm，UHPC层厚50mm，钢-UHPC界面采用直径为13mm、高为35mm的短栓钉连接。此外，还制作了4个受弯试件。受弯试验采用了锯齿接缝、矩形接缝两种湿接缝构造形式，并设计加工了整体浇筑试件和传统接缝试件，作为这两种构造形式的对比。

受拉试验采用10 000kN轴拉试验机对试件施加轴拉荷载。在UHPC开裂前每级加载25kN，开裂后每级加载50kN，并记录裂缝宽度等试验现象。在荷载达到750kN时（此时混凝土表面名义拉应力约为20MPa），进行一次卸载和再加载。卸载和再加载仍然采用分级加载方案，每级荷载为50kN。受弯试验采用5000kN轴压试验机来进行加载，试验机荷载通过分配梁两点加载于试件加劲肋处，使湿接缝在试件的纯弯段并处于受拉状态。

受拉试验的荷载-位移曲线和最大裂缝宽度-名义拉应力曲线如图10-24所示。

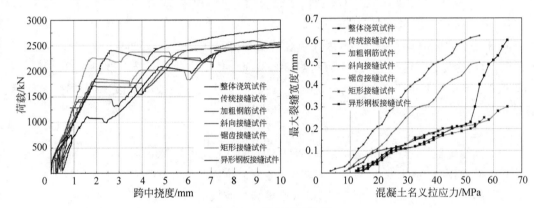

图 10-24　受拉试验曲线

受弯试验的荷载-位移曲线和最大裂缝宽度-荷载级别曲线如图10-25所示。

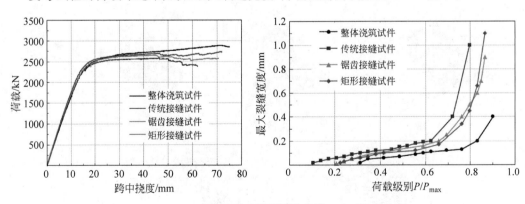

图 10-25　受弯试验曲线

根据上述试验结果，可以得到如下结论：

（1）受拉试验表明，锯齿接缝试件、矩形接缝试件和异形钢板接缝试件的UHPC层抗裂性能与整体浇筑试件相当，可应用于工程设计。由于试件表面原有一条直线的新旧混凝土交界面,传统接缝试件、加粗钢筋试件和斜向接缝试件的抗裂性能较差,在实际工程中不建议使用此类构造。

(2) 受弯试验表明,由于接缝的存在使 UHPC 层受拉贡献减小,因此传统接缝试件的承载力相对整体浇筑试件降低 10.5%。同时,传统接缝试件的抗裂性能较差,不建议在实际工程中推广使用。锯齿接缝试件和矩形接缝试件的初裂荷载和抗裂性能相对于传统接缝试件显著提高,其荷载-位移曲线和裂缝宽度发展曲线介于整体浇筑试件和传统接缝试件之间。

(3) 受拉试验与受弯试验的开裂应力与裂缝发展结果有较大差别,主要原因是两者的受力模式不同。受拉试验受力特点与纯 UHPC 材料受拉相似,而受弯试验受力特点与实际桥梁结构相似。对于实际结构设计来说,建议以受力特点更相近的受弯试验为依据,而将受拉试验结论作为湿接缝方案比选的参考。

(4) 为实现更经济、合理的设计,高钢纤维掺量 UHPC 材料不宜使用开裂荷载作为设计指标,而应综合考虑耐久性影响后以最大裂缝宽度(例如 0.05mm)所对应的应力作为设计控制指标。当以最大裂缝宽度 0.05mm 作为控制指标时,对于试验中所采用的构造方式,整浇结构在受拉与受弯作用下的名义拉应力可分别达到 18.7MPa 和 32.7MPa;对于试验中所采用的优化构造方式,湿接缝在受拉与受弯作用下的名义拉应力分别为 20.3MPa 和 26.1MPa。

4. 组合桥面板短栓钉连接件疲劳性能研究

在正交异性钢板-UHPC 组合桥面板中,短栓钉连接件的疲劳性能是控制结构长期工作性能的关键因素之一。因此,结合工程对组合桥面板短栓钉连接件的疲劳性能进行了试验和理论研究[30]。

首先,通过计算分析得到短栓钉连接件的等效应力幅。为准确模拟 UHPC 组合板中栓钉的受力状态,同时节省计算成本,可建立多尺度分析模型,即在一定范围(例如 1 个节段)内建立精细有限元模型,其中栓钉可按照刚度或承载力简化为弹簧单元,在其他范围内建立简化的杆系模型。多尺度模型可保证精细有限元节段具有准确的边界条件,同时可确定节段内任意位置栓钉的影响线(面)。得到栓钉的影响面后,采用《公路钢结构桥梁设计规范》[35]建议的等效疲劳车辆来进行影响面加载,经过适当的修正后得到栓钉的应力幅。确定应力幅的技术路线如图 10-26 所示。经计算,与疲劳极限状态对应的栓钉等效剪应力幅为 59.2MPa(正弯矩区)和 42.6MPa(负弯矩区)。

梁式疲劳试验采用计算分析中得到的栓钉应力幅来进行等效的等幅周期加载。UHPC组合梁试件分为正弯矩试件和负弯矩试件两种,共计 7 个试件。正弯矩试件长 3.0m,宽0.8m,用于模拟跨中(桥面两个横梁之间)的栓钉;负弯矩试件长 2.1m,宽 0.8m,用于模拟支承处(横梁附近)的栓钉。试件包含 2 个高 192mm 的板肋,UHPC 层厚 50mm。

在疲劳试验中,正弯矩标准试件先后进行了 2 次和 200 万次加载的疲劳试验,名义剪应力幅分别为 60MPa 和 120MPa;负弯矩标准试件先后进行了名义剪应力幅为 75MPa(200 万次疲劳加载)和 225MPa(50 万次疲劳加载)的疲劳加载。试验中未发生任何疲劳破坏现象:没有观察到钢板开裂、混凝土裂缝和界面滑移;测量数据表明试件处于弹性阶段,试件刚度和界面曲率未发生显著变化。据此,纵向间距为 250mm 的短栓钉连接件的疲劳性能可满足洞庭湖大桥的要求。

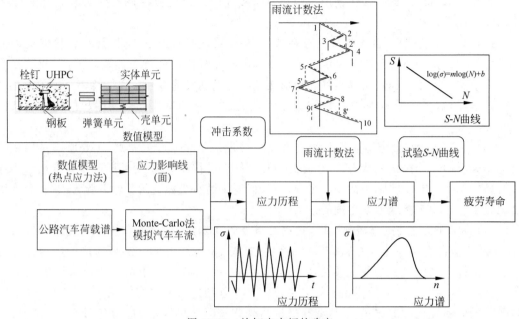

图 10-26　栓钉应力幅的确定

参考文献

［1］　聂建国.钢-混凝土组合结构桥梁［M］.北京：人民交通出版社,2012.

［2］　王衍,邵旭东,曹君辉,等.含小型粗骨料 UHPC 板抗弯性能研究［J］.土木工程学报,2020,53(3)：
67-79.

［3］　杨勇,祝刚,周丕健,等.钢板-混凝土组合桥面板受力性能与设计方法研究［J］.土木工程学报,2009,
42(12)：135-141.

［4］　GAO Q F,DONG Z L,CUI K M,et al. Fatigue performance of profiled steel sheeting-concrete bridge
decks subjected to vehicular loads［J］. Engineering Structures,2020,213：110558.

［5］　JEONG Y J,KIM H Y,KOO H B. Longitudinal shear resistance of steel-concrete composite slabs
with perfobond shear connectors［J］. Journal of Constructional Steel Research,2009,65：81-8.

［6］　JEONG Y J. Simplified model to predict partial-interactive structural performance of steel-concrete
composite slabs［J］. Journal of Constructional Steel Research,2008,64：238-246.

［7］　杨梦月.波形顶板-UHPC 组合桥面板正弯矩作用下的受力性能研究［D］.成都：西南交通大
学,2019.

［8］　YANG Y,LIU R Y,HUO X D,et al. Static experiment on mechanical behavior of innovative flat steel
plate-concrete composite slabs［J］. International Journal of Steel Structures,2018,18：473-485.

［9］　KIM H Y,JEONG Y J. Experimental investigation on behaviour of steel-concrete composite bridge
decks with perfobond ribs［J］. Journal of Constructional Steel Research,2006,62：463-471.

［10］　冯霞.钢-混凝土组合桥面板单向板与双向板区分界限的研究.［D］.成都：西南交通大学,2015.

［11］　占玉林,赵人达,毛学明,等.承受正弯矩作用的钢-混凝土组合桥面板受力性能试验［J］.桥梁建设,
2006(5)：5-8.

［12］　任剑.钢-混凝土组合结构疲劳性能试验研究［D］.成都：西南交通大学,2006.

［13］　STEINBERG E. Structural reliability of prestressed UHPC flexure models for bridge girders［J］.

Journal of Bridge Engineering,2010,15(1):65-72.

[14] WANG D,SHI C J,WU Z,et al. A review on ultra high performance concrete:Part II. Hydration, microstructure and properties[J]. Construction and Building Materials,2015,96:368-377.

[15] GARAS V Y,KAHN L F,KURTIS K E. Short-term tensile creep and shrinkage of ultra-high performance concrete[J]. Cement and Concrete Composite,2009,31(3):147-152.

[16] 黄卫.大跨径桥梁钢桥面铺装设计[J].土木工程学报,2007,40(9):65-77.

[17] 崔冰,吴冲,丁文俊,等.车辆轮迹线位置对钢桥面板疲劳应力幅的影响[J].建筑科学与工程学报, 2010,27(3):19-23.

[18] 王春生,成锋.钢桥腹板间隙面外变形疲劳应力分析[J].建筑科学与工程学报,2010,27(1):65-72.

[19] 王迎军,朱桂新,陈旭东.虎门大桥钢桥面铺装的使用和维护[J].公路交通科技,2004,21(8): 64-67.

[20] WOLCHUK,ROMAN. Lessons from weld cracks in orthotropic decks on three european bridges [J]. Journal of Structural Engineering,1990,116(1):75-84.

[21] WALTER R,OLESEN J F,STANG H,et al. Analysis of an orthotropic deck stiffened with a cement-based overlay[J]. Journal of Bridge Engineering,2007,12(3):350-363.

[22] MURAKOSHI J,YANADORI N,ISHII H. Research on steel fiber reinforced concrete pavement for orthotropic steel deck as a countermeasure for fatigue[C]. Proc.,2nd International Orthotropic Bridge Conference. New York:ASCE,2008.

[23] BOERSMA P D,JONG F B P. Techniques and solutions for rehabilitation of orthotropic steel bridge decks in the Netherlands[C]. Proc.,10th Int. Conf. and Exhibition for Structural Faults and Repair. Washington,DC:Transport Research Board,2003.

[24] YU G Y,WALRAVEN J,DEN U J. Study on bending behavior of an UHPC overlay on a steel orthotropic deck, proceedings of the second international symposium on ultra high performance concrete[C]. Kassel,Germany,Kassel University Press,2008:639-646.

[25] 邵旭东,曹君辉,易笃韬,等.正交异性钢板-薄层RPC组合桥面基本性能研究[J].中国公路学报, 2012,25(2):40-45.

[26] 邵旭东,胡建华.钢-超高性能混凝土轻型组合桥梁结构[M].北京:人民交通出版社,2015.

[27] 李嘉,冯啸天,邵旭东,等.STC钢桥面铺装新体系的力学计算与实桥试验对比分析[J].中国公路学 报,2014,27(3):39-44,50.

[28] 孙启力,路新瀛,聂鑫,等.非蒸养UHPC-钢板结构界面的受拉和剪切性能试验研究[J].工程力学, 2017,34(9):167-174,192.

[29] OLLGAARD J,SLUTTER R,FISHER J. Shear strength of stud connectors in lightweight and normal-weight concrete[J]. AISC Engineering Journal,1971,8(2):55-64.

[30] 刘诚,樊健生,聂建国,等.钢-超高性能混凝土组合桥面系中栓钉连接件的疲劳性能研究[J].中国公 路学报,2017,30(3):139-146.

[31] WANG Z,NIE X,FAN J S,et al. Experimental and numerical investigation of the interfacial properties of non-steam-cured UHPC-steel composite beams [J]. Construction and Building Materials,2019,195(20):323-339.

[32] 中华人民共和国交通运输部.公路钢混组合桥梁设计与施工规范:JTG/T D64-01—2015[S].北京: 人民交通出版社,2015.

[33] EN 1992-1-1:2004. Eurocode 2. Design of concrete structures. Part 1-1:General rules and rules for buildings[S]. European Committee for Standardization,Brussels,Belgium,2004.

[34] 吴志勇.钢混合成桥面板设计关键技术[J].市政技术,2019,37(5):106-109,129.

[35] 中华人民共和国交通运输部.公路钢结构桥梁设计规范:JTG D64—2015[S].北京:人民交通出版 社,2015.

［36］ 中华人民共和国交通运输部.公路钢筋混凝土及预应力混凝土桥涵设计规范：JTG D62—2012［S］.北京：人民交通出版社,2012.

［37］ 樊健生,白浩浩,韩亮,等.钢-超高性能混凝土组合板冲切性能试验研究和承载力计算［J］.建筑结构学报,2020,42(6)：150-159.

［38］ PAN W H,FAN J S,NIE J G,et al. Experimental study on tensile behavior of wet joints in a prefabricated composite deck system composed of orthotropic steel deck and ultrathin reactive-powder concrete layer［J］. Journal of Bridge Engineering,2016,21(10)：04016064.

［39］ 湖南省质量技术监督局.钢-超高韧性混凝土轻型组合结构桥面技术规范：DB43/T 1173—2016［S］.北京：人民交通出版社,2016.

［40］ 中华人民共和国交通运输部.公路桥涵设计通用规范：JTG D60—2015［S］.北京：人民交通出版社,2015.

第11章

钢板-混凝土组合索塔

11.1 概述

　　索塔是大跨缆索体系桥的关键组成部分,其承担了桥梁主跨的几乎全部荷载,同时也是影响桥梁景观效果的关键因素之一。索塔承担主桥、缆索体系的重量以及自重,也受到活载下缆索传递的不平衡水平力以及风荷载等水平荷载,处在压弯状态,以轴压为主。由于索塔高度很大,设计时通常不希望沿桥梁纵向承受过大的弯矩,因此对于大跨度悬索桥或斜拉桥,设计时需要精心考虑索塔刚度与其内力状态之间的关系。在横桥向,索塔大多数情况由两个塔柱组成,并根据需要设置一道或多道横梁,从而形成横向的框架体系来承受整个上部结构的横向荷载。斜拉桥和悬索桥的典型索塔形式如图 11-1 和图 11-2 所示[1,2]。

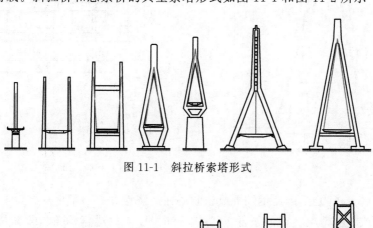

图 11-1　斜拉桥索塔形式

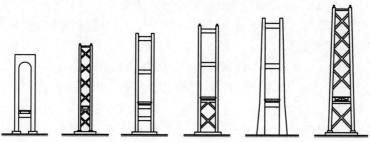

图 11-2　悬索桥索塔形式

在已建成的大跨悬索桥和斜拉桥中,索塔多采用钢结构或混凝土结构。美国和日本的悬索桥多采用钢结构索塔,我国及欧洲则多采用混凝土索塔。随着工程需求的发展和建设条件的变化,钢-混凝土组合结构索塔也在世界范围内开始探索性应用,并显示出良好的效果和很大的发展潜力。

11.1.1 大跨缆索桥索塔

钢结构具有较高的承载力和延性,自重较轻。但在相同截面外形尺寸条件下,钢索塔压、弯刚度均较混凝土结构小,为满足刚度要求,其外轮廓尺寸相对较大,且为了避免局部屈曲,需要布置许多加劲肋,导致整体用钢量高、建设成本亦较高。我国采用钢结构索塔的桥梁实例较少,其中南京长江三桥是我国首座采用钢索塔的大跨斜拉桥[3,4](图 11-3)。目前已建成的世界上主跨跨度最大的桥梁日本明石海峡大桥也采用了钢索塔。

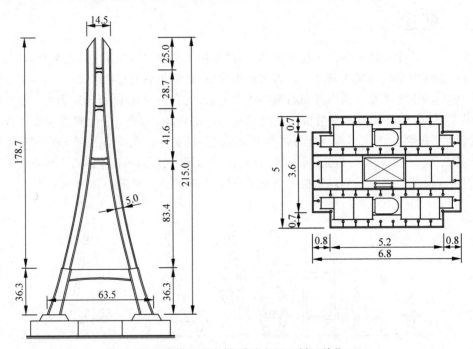

图 11-3　钢索塔工程实例(南京长江三桥)(单位:m)

由于索塔以受压为主,因此钢筋混凝土索塔在经济性方面通常更具有竞争力,特别是在地震烈度较低或地基情况良好的条件下。我国95%以上的缆索承重桥梁索塔采用混凝土索塔,其典型代表有南京长江二桥(图 11-4)、苏通长江大桥、西堠门跨海大桥等。混凝土索塔结构刚度大,稳定性好,建设成本较钢索塔低。混凝土索塔的施工需经历劲性骨架安装、钢筋绑扎、模板安装与调整、混凝土浇筑等复杂的工序,施工作业主要依靠人工。所以,混凝土索塔施工标准化及工厂化程度低,施工工期长,现场作业强度大、风险高,设备占用周期长,人工投入高,施工组织复杂,施工质量易受人为因素干扰,对环境负面影响大。同时,混凝土索塔增大刚度的方式一般是增大截面。增加索塔截面就会影响桥面宽度及自重,从而影响下部结构尺寸,使整体桥梁成本增加较大。

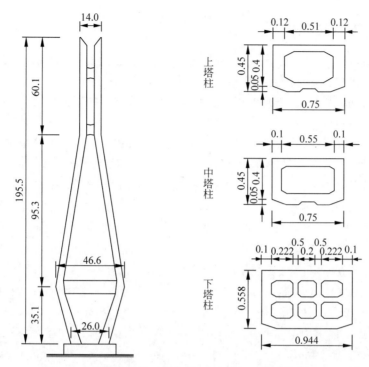

图 11-4 混凝土索塔工程实例(南京长江二桥)(单位：m)

近年来,斜拉桥跨度不断加大,结构造型也更加多样。现如今,斜拉桥单孔跨径已超过千米并在考虑经济性的条件下逐渐接近上限。为进一步增加桥梁的跨越能力,多塔斜拉桥成为重要发展方向。在多塔斜拉桥中,中间索塔没有端锚索有效限制塔顶位移,结构整体刚度不足,荷载作用下的变形过大[5]。提高多塔斜拉桥刚度的措施包括提高索塔刚度、增加主梁刚度、加强拉索体系等,其中最有效的方式是直接提高索塔自身刚度[6]。但是在传统的钢结构索塔和混凝土结构索塔截面尺寸已经较大的情况下,再增大截面尺寸、增加材料用量会导致成本和施工难度的迅速增加,而采用刚度大、经济性好的钢-混凝土组合结构是一个较好的选择。

悬索桥索塔在受力特点、材料选择等方面与斜拉桥索塔有类似之处,但也有其自身特点。悬索桥索塔有刚性、柔性、半刚性半柔性之分[7]。早期悬索桥跨度小,索塔较矮,多为刚性索塔,一般在塔顶和索鞍之间设置辊轴来释放缆索的不平衡水平力。随着悬索桥跨度的增加,索塔高度增加,现代悬索桥多为柔性或者半刚性半柔性体系,索塔刚度相对于主缆提供的刚度较小,主缆的不平衡水平力不会引起塔底的过大弯矩。但是对于超大跨度的悬索桥来说,索塔很高,其稳定性要求更加突出,因此索塔的刚度也不能过小,而应保持在合理范围内。

悬索桥的跨越能力要大于斜拉桥,常见的悬索桥多采用双塔三跨的形式。而近年来,随着跨越需求的增大,也有一些多塔悬索桥建成,如鹦鹉洲长江大桥(2014 年建成)、马鞍山长江大桥(2013 年建成)。由于中塔受边缆的约束小,其刚度对多塔悬索桥整体刚度影响显著,因此需要合理选择多塔悬索桥的中塔刚度。

11.1.2　组合结构索塔

桥梁工程的持续发展,对索塔在受力性能、经济性特别是施工便捷性、耐久性、美观性等方面提出了更高要求,钢-混凝土组合结构索塔是有竞争力的重要发展方向。钢-混凝土组合结构索塔包括钢管混凝土、钢骨混凝土、钢板-混凝土等多种构造方案,其中钢管混凝土和钢骨混凝土在工程中应用较早。

钢板-混凝土组合索塔是指塔壁由钢板和混凝土通过连接件组合形成整体、共同受力的索塔。混凝土对钢板有支撑作用,可以提高钢板抵抗局部失稳的能力,避免或延缓钢板的局部屈曲。而钢板可以作为混凝土浇筑的永久模板,与钢筋混凝土索塔相比,可以节省模板费用,加快施工进度。外包钢板还可以隔绝混凝土与外界空气的接触,减小混凝土的干燥收缩和徐变,避免索塔表面开裂,提升结构的耐久性。此外,相比于混凝土表面,钢板表面的光洁度、平整度更高,具有独特的景观效果。

组合结构形式在索塔中的应用自 20 世纪末开始出现。西班牙于 1992 年建成的塞尔维亚 Alamillo 大桥为世界上首座无背索大跨斜拉桥,该桥跨度为 200m,其倾斜索塔采用了外包钢板-混凝土结构[8]。日本于 1994 年建成的鹤见航道桥,出于提高耐久性的目的并考虑到现场条件,主塔下部采用了劲性骨架钢筋混凝土结构[9]。作为大型现代斜拉桥代表之一的法国诺曼底大桥建成于 1994 年,主跨为 856m,其索塔下部为 140m 的 A 形混凝土结构,上部为钢塔,并在局部采用了钢骨混凝土结构[10]。

我国于 1996 年建成的广东南海紫洞大桥是全世界第一座采用钢管混凝土索塔的大型斜拉桥,索塔结构为钢管混凝土单柱[11]。2001 年建成的重庆万州万安大桥也属于钢管混凝土斜拉桥,索塔结构为钢管混凝土双柱。2009 年建成的香港昂船洲大桥,索塔底部 175m 为钢筋混凝土结构,175~293m 为圆钢管混凝土结构,顶部 5m 为钢结构[12]。2013 年建成的甘肃刘家峡黄河大桥为主跨 536m 的悬索桥,索塔采用了钢管混凝土门式框架,其中钢管直径为 3m,壁厚为 50mm,这也是第一座采用钢管混凝土索塔的大型悬索桥[13]。

2020 年建成通车的南京长江五桥主桥为中央双索面三塔组合梁斜拉桥(图 11-5),主跨为 2×600m,该桥索塔为纵向钻石型布置,采用钢板-混凝土组合结构[14],主梁为钢-超高性能混凝土组合结构。

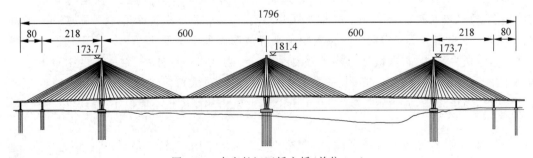

图 11-5　南京长江五桥主桥(单位:m)

南京长江五桥的钢板-混凝土组合索塔的中索塔全高为 177.4m,其中,下、中、上三部分塔柱分别高 40.9m、82.3m、54.2m,采用纵向打开的钻石型,构造如图 11-6 所示。下塔柱为纵向双肢,每肢为单箱三室的外侧带凹槽的六边形截面,底部顺桥向截面长度 14m,向上逐步分离,至下塔柱顶部最大开口间距 21m(边塔刚度需求较低,开口为 17.6m)。中塔柱为纵向双肢,每肢为单箱单室的外侧带凹槽的四边形截面,向上两塔肢逐步靠拢,至中塔柱顶部合并成整体。上塔柱合并为单箱单室。桥面高度位置设一道横梁,用于提高索塔的稳定性。

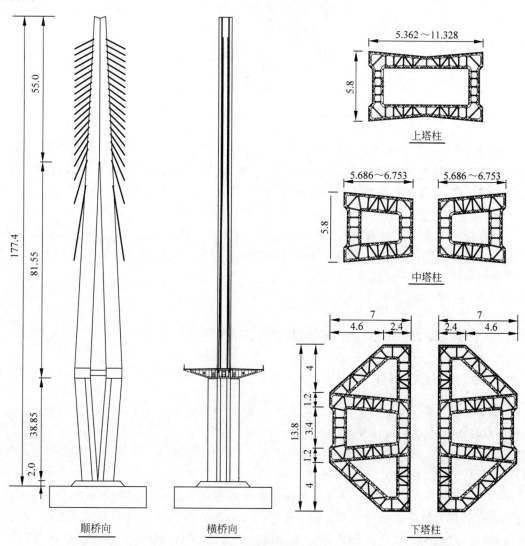

图 11-6　南京长江五桥钢板-混凝土组合结构索塔(单位:m)

索塔钢材为 Q345C,混凝土为 C50。外层钢壁板的标准厚度为 12mm,在索塔底部加厚至 20mm,内层钢壁板的厚度为 6mm。两层钢壁板的内侧均设置竖向和水平向开孔板连接件,间距分别为 360mm 和 450mm,开孔内设置受力钢筋,如图 11-7 所示。连接件同时起到加劲肋的作用。总体上看,塔壁内发挥主导作用的钢材为外层钢板,钢筋也起到补充作用。为提高钢结构部分在运输和施工阶段的刚度,防止浇筑混凝土时钢板产生过大的面外变形,每间隔一道水平加劲肋,设置一道起拉结作用的加劲桁架。

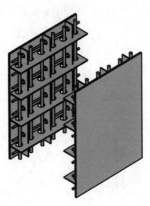

图 11-7　南京长江五桥索塔钢板结构及配筋

索塔的钢结构部分采用装配化施工[15]。钢结构外壳在工厂加工制作,现场节段拼装。为方便施工,索塔内部钢筋也采用工厂内定位、组装,现场机械式连接的方式,从而省略了钢筋绑扎的工序,有效提高了施工速度。根据现场实施情况,索塔的施工速度达到了 1.2m/天,远超混凝土索塔通常约 0.7m/天的速度,同时也减少现场人工约 2/3。

当前钢板-混凝土组合索塔结构的应用较少,但随着桥梁跨度需求的不断增大,以及多塔斜拉桥和多塔悬索桥应用的增加,钢板-混凝土组合索塔结构因其在力学性能、耐久性、施工便捷性和经济性等方面的优点,将会成为非常有竞争力的一种结构形式。

11.2　钢板-混凝土组合索塔受力性能

11.2.1　试验概述

索塔作为大跨斜拉桥中承担竖向荷载的主要构件,处在压弯状态,以轴力作用为主。组合结构索塔的相关工程应用及基础研究工作较少。其中大尺度组合塔壁中钢、混凝土之间的协同工作性能是值得重点研究的关键问题之一。本节以南京长江五桥组合结构索塔为背景,介绍相关研究情况。

对于钢板-混凝土组合塔壁结构,连接件是保证钢板与混凝土二者协调共同工作的关键。南京长江五桥组合结构索塔,采用薄开孔板连接件作为界面抗剪和抗拔连接构造,该连接件同时也起到对塔壁钢板进行加劲的作用。为验证这种新型连接构造的受力性能并提出设计方法,首先对其进行了详细的试验研究[16],相关结果可参考本书 2.4.2 节相关内容。

在构件层面上,针对南京长江五桥组合结构索塔的构造特点和实际需求,对组合塔壁结构的协同工作性能也开展了足尺模型试验。为在有限的加载能力下实现足尺加载,选取处于受拉及受压的组合索塔受力最不利位置组合来进行四点弯曲梁式试验,研究钢、混凝土的界面工作性能及协调受力状况。

组合索塔实际处在压弯状态,采用梁式试验和实际状态有一定差别。但在正常工作状态下,斜拉桥索塔的轴压比较小,且纯弯试验中应变梯度高于实际组合桥塔,当钢板处于一定的压应变水平时,较高的应变梯度将导致试件中混凝土较低的平均压应变。混凝土处于受压时有利于提升连接件的受力性能,因此混凝土平均压应变偏小(即采用梁式试验)对于试验结果是偏于安全的。另外,采用梁式试验保证了钢板尺寸、连接件构造、钢筋尺寸与实际组合索塔尺寸完全一致,因此,试验可以较为准确地反映组合索塔最关键的界面连接性能和钢-混凝土协同工作性能。

组合索塔塔壁的截面及其关键受拉、受压局部的区域示意如图 11-8 所示。将其中的受拉塔壁试验区域及受压塔壁试验区域重新组合形成新的试验构件。根据组合索塔合理设计参数,分别选择塔壁厚度为 14mm 及 20mm 的节段来进行试验研究。试件钢结构部分与实际塔壁钢结构的构造相同;混凝土部分受加载能力限制,厚度较实际结构减小;纵、横肋布置以及钢筋混凝土榫的布置与设计方案保持一致。共设计 3 个试件,其中,TL1 为顶、底钢板厚度为 14mm 的组合试件,TL2 为顶、底钢板厚度为 20mm 的组合试件。另外设计一个与 TL1(钢板厚 14mm)含钢率(体积用钢量)相同的钢筋混凝土试件 TL3 作为对照试件。纵、横肋间距均为 400mm,加劲肋开孔间距均为 200mm。试件的具体参数如表 11-1 及图 11-9 所示。

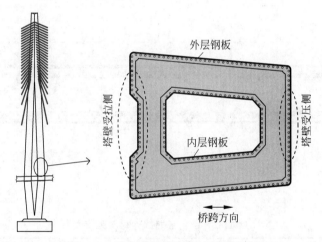

图 11-8 组合索塔受拉、受压关键区域

表 11-1 薄开孔板连接件抗拔性能试验参数设计

试件编号	结构类型	顶、底钢板厚度 t_d/mm	上/下宽度 /mm	上/下高度 /mm	抗剪腹板厚度 t_f/mm	含钢率/%	用钢量 /(kg/m³)
TL1	组合	14	800/1600	450/400	35	4.58	362
TL2	组合	20	800/1600	450/400	40	6.02	476
TL3	钢筋混凝土	—	800/1600	450/400	35	4.58	362

注:表中用钢量指标为试验梁跨中段单位体积使用钢板及钢筋的总质量。

在正式加载前对贯穿钢筋、开孔钢板和混凝土进行了材性试验。试件中各种直径的钢筋及各种厚度的钢板的屈服强度和极限强度如表 11-2 所示。其中混凝土极限强度为边长为 150mm 的立方体试块的平均抗压强度。根据材性试验结果,钢材弹性模量取 2.07×10^5 MPa。

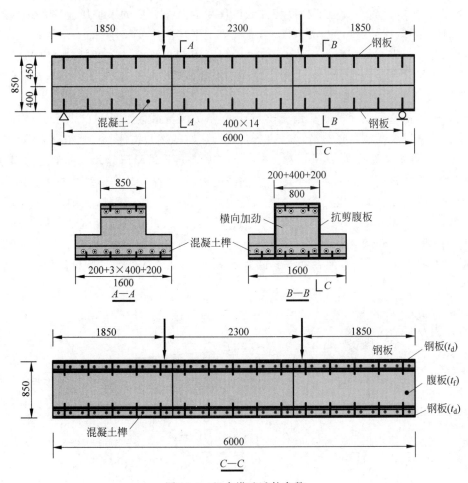

图 11-9　组合塔壁试件参数

表 11-2　组合塔壁试件材料强度表

材　　　料	屈服强度/MPa	极限强度/MPa
$\phi22$ 钢筋	454	558
$\phi32$ 钢筋	435	609
$\phi36$ 钢筋	465	637
10mm 钢板	382	540
14mm 钢板	374	560
20mm 钢板	357	546
混凝土	—	54.4

11.2.2　加载和量测方案

　　试验采用 20 000kN 重型结构多功能空间加载试验装置加载。试验加载示意如图 11-10 所示,构件上方为分配梁,将千斤顶的荷载分配到跨中两侧预先设定好的加载点,实现对试验件的四点弯曲加载。施加的荷载指两个加载点竖向力之和。试件跨中为纯弯段,其上、下侧分别用于模拟索塔塔壁在受压和受拉状态下的受力性能。试件两侧露出钢板的区域为剪跨段,已经通过设置钢腹板来提高其抗剪承载力,避免剪切破坏。

图 11-10　足尺塔壁试件四点弯曲加载

11.2.3　试验结果

TL1、TL2 试件最终表现为典型的弯曲破坏模态,如图 11-11(a)、(b)所示。观察逐步破坏的过程,可以发现,在达到极限状态时,最先发生受压区混凝土压溃破坏。当混凝土完全压溃而退出工作之后,受压钢板由于无法承受增加的荷载才逐步发生鼓曲。受压区钢板的纵向、横向屈曲形态都受到了加劲肋的影响。这表明,纵、横向加劲肋的布置对钢板受压屈曲提供了足够的约束,提高了受压钢板的屈曲承载力,满足了受压钢板屈曲不先于混凝土压溃破坏的设计要求。纵向加劲肋与钢板之间的焊缝没有脱开,开孔板连接件在钢板鼓曲引起的拉拔作用下发生了严重变形,但是未发生明显破坏。由此可以推断,开孔板连接件的抗拉拔作用对于防止受压钢板过早屈曲具有重要贡献。TL3 梁表现为弯曲破坏模态,如图 11-11(c)所示。受压区混凝土压溃之后结构迅速丧失承载力,发生破坏。

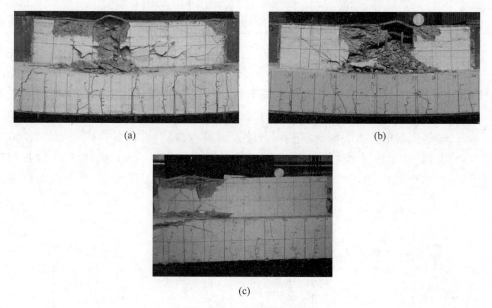

图 11-11　试件破坏形态
(a) TL1; (b) TL2; (c) TL3

试件的荷载-位移曲线如图 11-12 所示。组合构件 TL1、TL2 总体在承载力、刚度、延性方面均表现较好,在受拉及受压区的协同工作性能良好。组合试件 TL1 的初始刚度和极限承载力均高于具有相同含钢率的钢筋混凝土试件 TL3。钢板厚度较大的试件 TL2 在初始刚度、极限承载力方面高于试件 TL1。

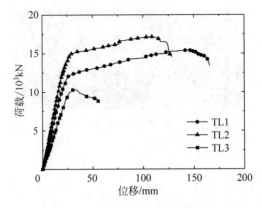

图 11-12　塔壁试件荷载-位移曲线

将 3 组试验的相关量化结果汇总,如表 11-3 所示。量化数据反映的总体规律与荷载-位移曲线一致,以下为具体分析。

表 11-3　塔壁试件试验结果

试件	屈服荷载 /kN	极限荷载 /kN	屈服挠度 /mm	极限挠度 /mm	初始刚度 /(kN/mm)	开裂荷载 /kN	延性系数
TL1	11 973	15 392	26	165	533	2500	6.3
TL2	14 695	17 150	28	125	624	3500	4.5
TL3	10 206	10 304	30	56	347	1000	1.9

注:极限挠度取承载力下降到极限的85%对应的数据点的挠度;屈服点采用通用屈服荷载法来确定。

对组合试件 TL1、TL2 受拉、受压区钢板-混凝土界面纵向滑移性能进行分析。如图 11-13 所示(图中纵坐标荷载等级指当前荷载与该试件极限承载力的比值),总体来看受压区滑移大于受拉区滑移,这是因为,在受拉区混凝土较早退出工作,混凝土的纵向应变和钢板协同发展,引起的二者界面滑移相对较小。试件 TL2 的滑移量总体小于试件 TL1 的滑移量,这是因为,在相同荷载等级下(两者极限承载力相差并不大),试件 TL1 钢板相对更薄,所以应力水平更高,界面滑移量也更大。在加载初期,受压区钢板-混凝土界面纵向滑移

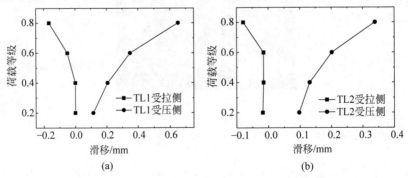

图 11-13　试件 TL1、TL2 受拉(压)区界面滑移曲线

(a) TL1;(b) TL2

量很小,不超过 0.1mm。随着荷载水平的不断提升,界面滑移量逐渐增大。但是在荷载等级达到 0.8 时,界面滑移量依然控制在 1mm 以下,其中 TL2 试件界面滑移甚至小于 0.5mm。这一量级的滑移对于组合结构受力影响很小,可认为钢板-混凝土协同受力性能良好。

从图 11-14 可以看出,在不同荷载水平下,同一截面内的钢筋、钢板应变沿高度基本保持线性分布。尤其是在荷载水平低于极限荷载的 60% 时,钢筋与钢板在截面内的应变分布线性情况良好。所以,钢板-混凝土组合结构索塔试件在试验中基本符合平截面假定,在设计荷载工况下组合结构索塔可以基于平截面假定进行设计,这也证明了组合索塔中钢板与混凝土满足协同受力、共同工作。

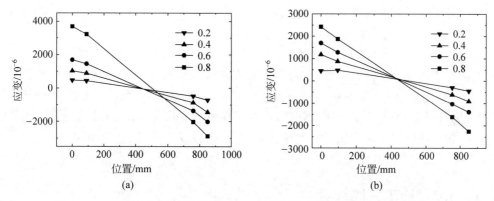

图 11-14　不同荷载水平下试件 TL1、TL2 中钢筋及钢板应变沿截面分布情况
(a) TL1；(b) TL2

11.2.4　小结

通过一组足尺塔壁四点弯曲试验,研究了组合索塔塔壁的钢与混凝土协同工作性能。试件包括两个组合结构试件 TL1、TL2 以及混凝土结构试件 TL3,具体结论如下:

(1)组合结构试件中钢与混凝土具有良好的协同工作性能,受压侧钢板在屈服前不会因屈曲、滑移而降低其承载能力,受拉侧钢与混凝土相对滑移很小,可以充分发挥出组合结构的力学性能优势。

(2)组合结构试件在加载过程中的开裂荷载、刚度、极限承载力、延性等力学性能指标较相同含钢率的钢筋混凝土结构试件明显提高。

(3)增加钢板厚度能在一定程度上提高组合索塔的刚度和承载力,但同时可能降低构件的延性,所以组合结构索塔在设计过程中需要重点考虑钢板厚度的合理选择。

(4)剪力连接件的合理设置是钢与混凝土协同工作的关键,完全组合的钢板-混凝土组合索塔可保证钢与混凝土保持良好的协同受力性能,可以基于平截面假定进行截面设计计算。

11.3　钢板-混凝土组合索塔设计方法

大跨度斜拉桥或悬索桥中,索塔多为中空截面,适合采用双钢板-混凝土组合索塔结构。本节以双钢板-混凝土组合索塔为例,给出设计方法,可供读者参考[14]。

11.3.1　设计总则

根据双钢板-混凝土组合索塔的受力及施工特性,给出其设计的一般要求:

(1) 需分别进行施工阶段和成桥阶段的验算,其中:施工阶段主要包括索塔混凝土浇筑过程中钢板的受力及变形验算;成桥阶段设计内容主要包括成桥后的索塔强度验算、刚度验算、稳定性验算及剪力连接件设计等。

(2) 构件正截面承载力验算满足以下基本假设:符合平截面假定;设计中不考虑截面受拉混凝土的抗拉强度;满足设计要求的连接件可有效保障钢与混凝土充分协同工作。

(3) 外钢板厚度应根据强度、刚度等设计要求确定,一般不宜小于 10mm,同时不宜过厚,应避免构件出现超筋破坏,影响结构延性。

(4) 内钢板厚度应根据施工阶段应力、变形等控制条件确定,一般不宜小于 6mm。

(5) 对于加劲肋及薄开孔板连接件,需要满足以下构造要求:钢板加劲肋厚度不宜小于 8mm;加劲肋开孔孔径不宜小于贯穿钢筋直径与 2 倍骨料最大粒径之和,宜接近 3 倍贯穿钢筋直径;贯穿钢筋应采用螺纹钢筋,直径不宜小于 12mm;开孔底距宜接近 1 倍孔径。

(6) 构件应按承载能力极限状态验算强度,作用效应组合按《公路桥涵设计通用规范》(JTG D60—2015)[17] 规定计算。

11.3.2　施工阶段设计

除吊装验算外,节段混凝土浇筑过程需考虑以下几个方面作用力:内、外钢板自重;新浇筑混凝土湿重;新浇筑混凝土对钢板的侧压力;振捣混凝土时产生的振动荷载;混凝土浇筑时产生的水平方向冲击荷载;以及其他可能的荷载,如风荷载、雪荷载、冬季保温设施等。综合组合索塔的受力性能研究及实际设计经验,节段混凝土浇筑过程中钢板应力及变形应满足以下规定。

1) 钢塔壁区格变形控制

在混凝土浇筑过程中,由钢板及纵、横向加劲形成的钢塔壁区格中,内、外钢塔壁区格变形应符合下式规定:

$$\frac{\delta'_{out}}{b} \leq \frac{1}{800} \tag{11-1}$$

$$\frac{\delta'_{in}}{b} \leq \frac{1}{400} \tag{11-2}$$

式中,δ'_{out}——外钢塔壁区格的最大相对变形;

δ'_{in}——内钢塔壁区格的最大相对变形;

b——钢塔壁加劲板区格的较小边长。

2) 钢板变形控制

在混凝土浇筑过程中,内、外钢板面外变形应符合下式规定:

$$\frac{\delta_{out}}{h} \leq \frac{1}{2000} \tag{11-3}$$

$$\frac{\delta_{in}}{h} \leq \frac{1}{1000} \tag{11-4}$$

式中,δ_{out}——外钢板的最大面外变形;

　　　δ_{in}——内钢板的最大面外变形;

　　　h——塔壁每次浇筑节段的高度。

3) 钢板应力控制

在混凝土浇筑过程中,组合索塔内、外钢板平均应力不应超过钢板屈服强度的 30%。

11.3.3　成桥阶段设计

组合索塔成桥以后受轴力、弯矩、剪力的复合作用,且由于截面尺度原因不考虑钢板混凝土的约束效应,其受力特性与钢板组合剪力墙相似。参照相关规范,给出以下组合索塔需要满足的界面连接及整体受力性能要求。

1) 连接件设计

连接件是保证组合索塔钢-混凝土界面性能的关键,只有连接件满足设计要求,钢板-混凝土组合索塔截面才可以基于平截面假定设计。当采用薄开孔板连接件时,通常需要满足以下要求。

(1) 间距设计

为防止组合索塔钢板发生局部屈曲,薄开孔板连接件(即钢板纵、横向加劲肋)间距与钢板厚度应满足下式要求[18]:

$$s_n/t_s \leqslant 40\varepsilon_k \tag{11-5}$$

式中,s_n——连接件间距;

　　　t_s——钢板厚度;

　　　ε_k——钢材强度修正系数,$\varepsilon_k = \sqrt{\dfrac{235}{f_y}}$。

(2) 抗剪设计

薄开孔板连接件在剪切荷载作用下,由于结构钢板的辅助作用,不会发生钢板剪坏破坏模式,所以薄开孔板连接件的抗剪设计与常规开孔板连接件相同。为了实现组合索塔的完全剪力连接,薄开孔板连接件需要满足下式:

$$V_n \leqslant V_{pud} \tag{11-6}$$

式中,V_n——单孔开孔板连接件抗剪需求值;

　　　V_{pud}——开孔板连接件抗剪承载力设计值。

其中:

$$V_s = \min\{A_s f_y, b_e h_{c1} f_c\} \tag{11-7}$$

$$V_n = \frac{V_s}{n_f} \tag{11-8}$$

式中,V_s——钢-混凝土界面的纵向剪力;

　　　A_s——相邻连接件宽度上钢板截面面积;

　　　f_y——钢板强度设计值;

　　　b_e——混凝土有效宽度;

　　　h_{c1}——混凝土等效受压区高度;

f_c——混凝土抗压强度设计值；

n_f——该方向同一剪跨区段内配置的连接件数目。

开孔板连接件抗剪承载力设计值可参照《公路钢混组合桥梁设计与施工规范》(JTG/T D64-01—2015)相关规定来进行计算，具体可见 2.3.2 节。

（3）抗拔设计

薄开孔板连接件抗拔设计可采用基于强度-刚度相关关系的连接件抗拔设计方法，具体见 2.4.2 节。

2）截面承载力验算

组合索塔受力工况主要包括压、弯、剪及其组合。对于截面内配有纵向受力钢筋的矩形截面钢板-混凝土索塔，其承载能力极限状态设计的具体方法如下所述。

（1）塔壁厚度

为充分发挥组合结构的性能优势，组合索塔塔壁厚度与塔壁钢板厚度之比应该符合下式规定[18]：

$$25 \leqslant t_{tc}/t_s \leqslant 100 \tag{11-9}$$

式中，t_{tc}——组合索塔塔壁厚度；

t_s——钢板厚度。

（2）压弯构件承载力设计

索塔结构为偏心受压构件，其极限承载力应符合下式规定：

$$\gamma_0 N_d \leqslant f_{cd}bx + f'_{sd}A'_s + \eta_{rs}f'_{rd}A'_r - f_{sd}A_s - \eta_{rs}f_{rd}A_r \tag{11-10}$$

$$\gamma_0 N_d e \leqslant f_{cd}bx\left(h_0 - \frac{x}{2}\right) + f'_{sd}A'_s(h_0 - a'_s) + \eta_{rs}f'_{rd}A'_r(h_0 - a'_r) \tag{11-11}$$

$$e = e_i + \frac{h}{2} - a \tag{11-12}$$

$$e_i = e_0 + e_a \tag{11-13}$$

式中，γ_0——桥梁结构重要性系数；

e——轴向力作用点至截面受拉侧纵向钢筋和钢结构外壁板合力点的距离；

e_0——轴力对截面中性轴的偏心距，$e_0 = M_d/N_d$，其中，N_d 为轴力设计值；M_d 为相应于轴力的弯矩设计值；

e_a——附加偏心距，其值宜取 20mm 和偏心方向截面尺寸的 1/30 两者中的较大者；

f_{cd}——混凝土轴心抗压强度设计值；

f_{sd}、f'_{sd}——纵向普通钢筋抗拉强度设计值和抗压强度设计值；

f_{rd}、f'_{rd}——纵向钢加劲板抗拉强度设计值和抗压强度设计值；

η_{rs}——钢板承载能力系数，根据索塔组合截面剪力连接程度 γ 确定，$\gamma \geqslant 1$ 时，$\eta_{rs}=1$；

A_s、A'_s——受拉区、受压区纵向普通钢筋截面面积；

A_r、A'_r——受拉区、受压区钢板及其竖向加劲板净截面面积之和；

b——截面宽度，可随截面高度变化；

a——截面受拉侧纵向钢筋及钢板合力点至近端边缘的距离；

a'_s——受压区竖向普通钢筋合力点至受压区边缘的距离；

a'_r——受压区钢板及其竖向加劲板合力点至受压区边
缘的距离。

各参数定义可参见图 11-15。

受压区高度应符合下式要求：

$$x \leqslant \xi_b h_0 \tag{11-14}$$

式中，h_0——截面有效高度，$h_0 = h - a$，此处 h 为截面全高。

组合索塔剪力设计值一般远低于截面抗剪承载力的
50%，可不考虑剪应力影响下的钢板强度折减系数。

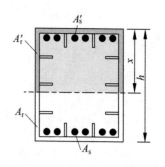

图 11-15 组合索塔正截面承载力计算参数示意

（3）截面抗剪设计

由于组合索塔截面中混凝土面积占比较大，需要依据规
范[19]考虑其抗剪贡献，抗剪承载力应符合下式规定：

$$\gamma_0 V \leqslant V_u \tag{11-15}$$

$$V_u = V_{cs} + V_{ss} \tag{11-16}$$

$$V_{cs} = 0.45 \times 10^{-3} bh_0 \sqrt{(2 + 0.6P)} \sqrt{f_{cu,k}} \rho_{sv} f_{sv} \tag{11-17}$$

$$V_{ss} = 0.6 f_y A_{sw} \tag{11-18}$$

式中，V——组合索塔的剪力设计值；

V_u——组合索塔抗剪承载力设计值；

A_{sw}——索塔受力截面内的钢板面积；

P——斜截面内纵向受拉钢筋的配筋百分率，$P = 100\rho$，当 $P > 2.5$ 时，取 $P = 2.5$；

$f_{cu,k}$——边长为 150mm 的混凝土立方体抗压强度标准值；

ρ_{sv}——箍筋配筋率（与水平加劲肋平行的钢筋）；

f_{sv}——箍筋抗拉强度设计值。

3）截面刚度计算

在连接件满足设计要求的情况下，按照钢、混凝土协同工作计算组合索塔刚度，考虑到
混凝土开裂的影响，偏于安全地忽略混凝土对抗拉刚度的贡献，抗弯及抗压刚度如下式
所示[18-19]：

$$EI = E_s I_s + 0.8 E_c I_c \tag{11-19}$$

$$EA = E_s A_s + 0.8 E_c A_c \tag{11-20}$$

式中，EI——组合索塔的截面弯曲刚度；

EA——组合索塔的截面轴压刚度；

$E_s I_s$——组合索塔钢板部分的截面弯曲刚度；

$E_s A_s$——组合索塔钢板部分的截面轴压刚度；

$E_c I_c$——组合索塔混凝土部分的截面弯曲刚度；

$E_c A_c$——组合索塔混凝土部分的截面轴压刚度。

4）整体稳定性

对组合索塔应进行施工阶段和成桥阶段结构整体稳定性设计，弹性屈曲稳定安全系数
不宜小于4，当不能满足弹性屈曲稳定要求时，应进行非线性稳定验算，其稳定系数不应小
于2。

参考文献

[1] HOLGER S. Cable-stayed bridges, 40 years of experience worldwide [M]. Berlin: Ernst & Sohn, 2012.

[2] PIPINATO A. Innovative bridge design handbook, construction, rehabilitation and maintenance[M]. Oxford: Elsevier Science, 2015.

[3] 崔冰. 南京长江第三大桥关键技术介绍[J]. 公路, 2009(5): 30-34

[4] 崔冰, 赵灿晖, 董萌, 等. 南京长江第三大桥主塔钢混结合段设计[J]. 公路, 2009(5): 100-107.

[5] 李忠三. 基于静动力特性的多塔长跨斜拉桥结构体系刚度研究[D]. 北京: 北京交通大学, 2014.

[6] 李政圜. 多塔组合斜拉桥结构体系及其长期性能研究[D]. 北京: 清华大学, 2019.

[7] 孟凡超. 悬索桥[M]. 北京: 人民交通出版社, 2011.

[8] GUEST J K, DRAPER P, BILLINGTON D P. Santiago Calatrava's Alamillo bridge and the idea of the structural engineer as artist[J]. Journal of Bridge Engineering, 2013, 18(10): 936-945.

[9] 杜亚凡. 鹤见航道桥的施工[J]. 国外桥梁, 1995(4): 256-271.

[10] VIRLOGEUX M. Normandie bridge design and construction[J]. Structures & Buildings, 1993, 104(3): 357-360.

[11] 代向群, 毛健. 南海紫洞大桥钢管混凝土斜拉桥的设计[J]. 公路交通科技, 2002(2): 74-78.

[12] SHAM S H R, WYATT T A. Construction aerodynamics of cable-stayed bridges for record spans: Stonecutters Bridge[J]. Structures, 2016, 8: 94-110.

[13] 闫秋林. 刘家峡大桥钢管混凝土索塔模型试验设计及受力性能分析[D]. 兰州: 兰州交通大学, 2012.

[14] 朱尧于. 钢板-混凝土组合结构桥塔受力机理及设计方法研究[D]. 北京: 清华大学, 2020.

[15] 陈平, 华乐. 南京长江第五大桥钢混组合塔钢壳制造关键技术[J]. 世界桥梁, 2019, 47(3): 20-25.

[16] 朱尧于, 聂鑫, 樊健生, 等. 薄开孔板连接件抗拔性能试验及理论研究[J]. 中国公路学报, 2018, 31(9): 65-74.

[17] 中华人民共和国交通运输部. 公路桥涵设计通用规范: JTG D60—2015[S]. 北京: 人民交通出版社, 2015.

[18] 中华人民共和国住房和城乡建设部. 钢板剪力墙技术规程: JGJ/T 380—2015[S]. 北京: 中国建筑工业出版社, 2015.

[19] 中华人民共和国交通运输部. 公路钢筋混凝土及预应力混凝土桥涵设计规范: JTG 3362—2018[S]. 北京: 人民交通出版社, 2018.